Günter Zumpe

Angewandte Mechanik

Band 3

ANGEWANDTE MECHANIK

Band 3

Graphische Umformung und Verknüpfung von Vektormengen

von

Prof. Dr.-Ing. habil. Günter Zumpe

Mit 7 Tafeln und 241 Abbildungen

Akademie-Verlag Berlin

Gesamt-ISBN 3-05-500410-8
Band 3-ISBN 3-05-500413-2

Erschienen im Akademie-Verlag Berlin, Leipziger Str. 3—4, Berlin, DDR-1086

Lizenznummer: 202 · 100/509/89
Printed in the German Democratic Republic
Gesamtherstellung: VEB Druckhaus „Maxim Gorki", Altenburg, 7400
Lektor: Renate Trautmann
LSV 1124, 3784
Bestellnummer: 761 926 5 (5557/3)

Vorwort

Meinen Studentinnen
und Studenten gewidmet

Die Erfahrung lehrt, daß es den Studierenden am Anfang sehr schwer fällt, die Lösung einer Aufgabe der Mechanik — wie einen Film — anschaulich vor dem geistigen Auge ablaufen zu lassen.
Dies hat vor allem zwei Ursachen.

- Einmal bedarf das Lesen einer mathematisch formulierten mechanischen Aussage, also das gedankliche Verbinden des *Abgebildeten* und des *Abzubildenden,* des *Zeichens* und der *Größe,* einer gewissen Übung. Es ist nicht einfach, im idealisierten, abstrakten, mathematischen Bild immer und gleich auch eine reale, konkret meßbare mechanische Größe zu sehen — und umgekehrt. Das Eindringen in die Gedankenwelt der Mechanik erfordert deshalb eine besonders sorgsame Führung. Es wird durch das notwendige ständige Wechselspiel zwischen Anschauung und Abstraktion solange erschwert, bis dies zu einer gedanklichen Einheit verschmilzt.
- Andererseits ist jeder bemüht, den Lösungsweg so kurz wie möglich zu halten. Obwohl die axiomatisch zugelassenen Elementarschritte sofort verständlich sind und damit der gesamte Lösungsprozeß ganz einfach wird, geht häufig durch das Zusammenfassen einer zu großen Anzahl von Einzelschritten der kausale Zusammenhang und damit die Übersichtlichkeit verloren.

Diese Erfahrungen lassen es sinnvoll erscheinen, die graphischen Operationen den analytischen vorangehen zu lassen und

1. die Lösung konsequent als Prozeß zu interpretieren, die Zulässigkeit jedes einzelnen Schrittes axiomatisch zu begründen und das Zusammenfassen von Einzelschritten weitgehend dem Leser zu überlassen sowie
2. für die systematische Ausbildung des Abstraktionsvermögens die anschauliche geometrische Darstellung aller einzelnen Schritte des Lösungsweges an den Anfang zu stellen und danach dem Leser
   - durch Komprimierung all dieser Schritte in einem einzigen Bild — getrennt allerdings in Lage- und Kräfteplan — eine methodisch vollständige Darstellung vorzulegen, aus der durch die zulässigen Kürzungen schließlich das Verfahren entsteht, ihn aber gleichzeitig
   - durch Weglassen der Skizzen (also einer speziellen geometrischen Anordnung) zunächst zur symbolischen Darstellung und danach — indem die sich wiederholenden Vorgänge als Schleifen abgebildet werden — zum Flußdiagramm zu führen.

Anfänglich wird der Studierende alle fünf Darstellungsarten vergleichend verfolgen, bald aber die geometrische Bildfolge oder methodische Darstellung nur noch als Stütze nutzen und die Flußdiagramme bevorzugen. Auf diese Weise bahnt er sich den Weg von der Anschauung über die Abstraktion zum Algorithmus.

Tafel V.1

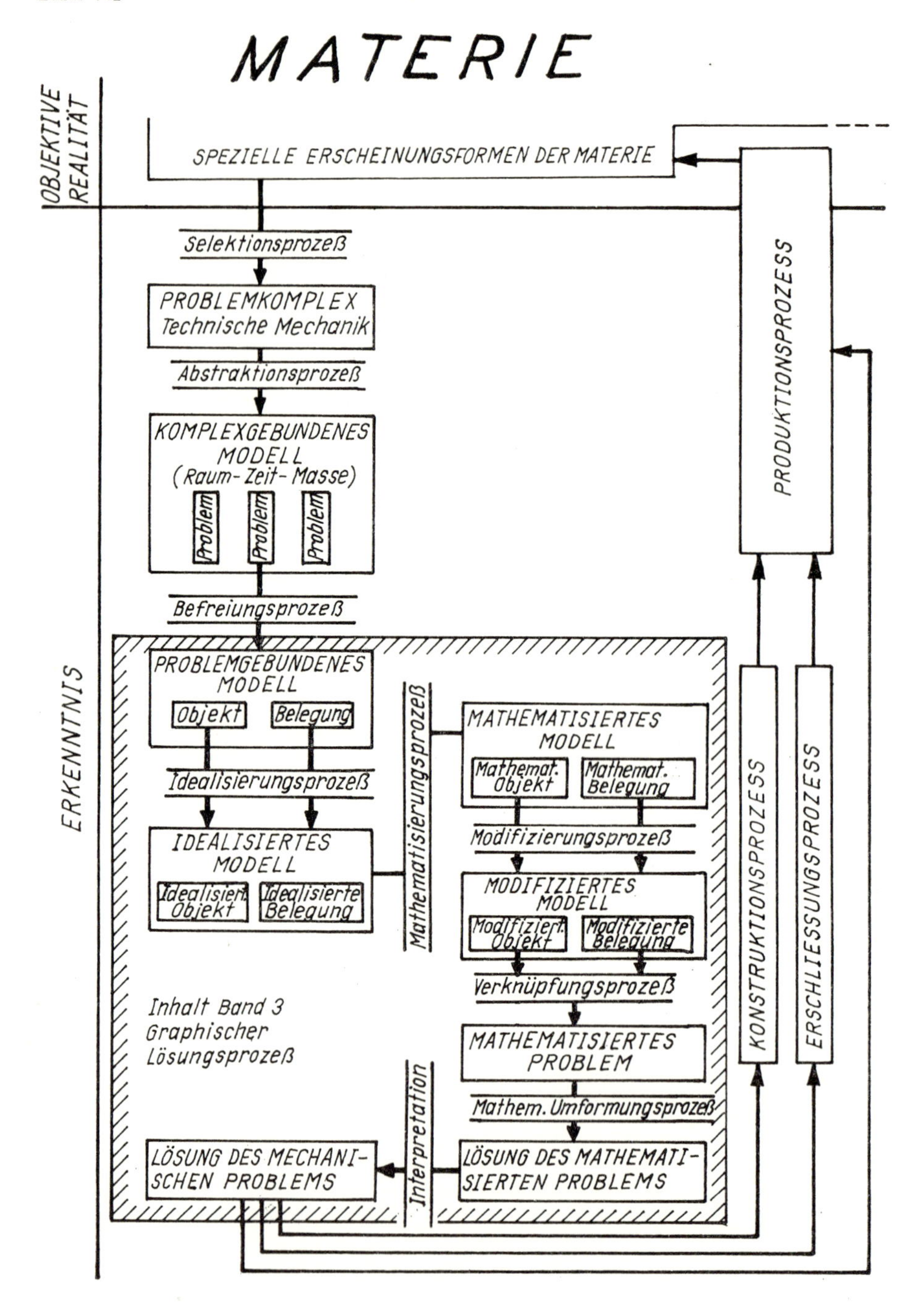
MATERIE
OBJEKTIVE REALITÄT
SPEZIELLE ERSCHEINUNGSFORMEN DER MATERIE
Selektionsprozeß
PROBLEMKOMPLEX Technische Mechanik
Abstraktionsprozeß
KOMPLEXGEBUNDENES MODELL (Raum-Zeit-Masse)
Problem
Problem
Problem
Befreiungsprozeß
PROBLEMGEBUNDENES MODELL
Objekt
Belegung
Idealisierungsprozeß
IDEALISIERTES MODELL
Idealisiert. Objekt
Idealisierte Belegung
Mathematisierungsprozeß
MATHEMATISIERTES MODELL
Mathemat. Objekt
Mathemat. Belegung
Modifizierungsprozeß
MODIFIZIERTES MODELL
Modifiziert. Objekt
Modifizierte Belegung
Verknüpfungsprozeß
MATHEMATISIERTES PROBLEM
Mathem. Umformungsprozeß
LÖSUNG DES MATHEMATISIERTEN PROBLEMS
Interpretation
LÖSUNG DES MECHANISCHEN PROBLEMS
Inhalt Band 3
Graphischer Lösungsprozeß
ERKENNTNIS
PRODUKTIONSPROZESS
KONSTRUKTIONSPROZESS
ERSCHLIESSUNGSPROZESS

Darüber hinaus muß sich der Studierende einen Blick für die (zumindest qualitative) Richtigkeit der Ergebnisse aneignen. Dies ist aber nur durch wiederholtes, selbständiges Lösen von Aufgaben und durch das Studium der Auswirkungen von System- und Belastungsänderungen möglich. Zur effektiven Gestaltung dieser Übungen werden dem Studierenden neben den 14 ausführlichen Beispielen im Text

3. in einem Anhang für 160 Aufgaben die Ergebnisse mitgeteilt, um ihm

- das eigenständige Festigen bereits verstandener Denkwege,
- das skizzenhafte Nachvollziehen bekannter Lösungen und
- durch die Möglichkeit des systematischen Vergleichens von Ergebnissen auch das Erkennen von Zusammenhängen, die vor allem für die Kontrollen von Bedeutung sind,

zu erleichtern.

Band 3 enthält deshalb die graphische Abbildung (*Mathematisierungsprozeß*), die graphische Umformung (*Modifizierungsprozeß*), die graphische Erfassung des Wechselwirkungsaxioms und der Gleichgewichtsbedingungen (*Verknüpfungsprozeß*), die daraus folgenden Antivalenzbetrachtungen (*mathematische Umformung*) und schließlich die *Interpretation* (Darstellung der Stütz-, Verbindungs- und Schnittgrößen sowie die Stabkräfte einschließlich der Zustandslinien für die Schnittgrößen und die Diskussion ihres Verlaufes), also die vollständige graphische Lösung mechanischer (genauer statischer) Probleme (Tafel V.1). Bei der graphischen Ermittlung der Reaktionen muß natürlich auch der *Befreiungsprozeß* durchgeführt werden.

Eine besondere Schwierigkeit hat die Wahl geeigneter Bezeichnungen für die Axiome, Prozesse und Befehle bereitet, weil sich die unterschiedlichen Anforderungen an die Namengebung teilweise ausschließen und deshalb Kompromisse unvermeidlich sind. Es sollte u. a.

- die Bezeichnung möglichst anschaulich das Ziel eines Prozesses (Projektion, Reduktion) oder die Erzeugung der Größe (Projektion(svektor), Reduktionsmoment) widerspiegeln und möglichst kurz sein,
- die Bezeichnung aller Größen eines Prozesses möglichst einheitlich sein (Reduktionsprozeß, Reduktionszentrum, Reduktionsprojektion, Reduktionsmoment, Reduktionspaar),
- die Bezeichnung möglichst mit Hilfe des international üblichen Fremdwortschatzes verständlich sein (Conversion, Mutation),
- jede Bezeichnung möglichst mit einem anderen Anfangsbuchstaben beginnen, damit dieser auch als Befehlssymbol benutzt werden kann (**R!**, **D!**, **S!**).

Natürlich kann auf diesen oder jenen Begriff verzichtet werden, wenn eine verbale Beschreibung als ausreichend angesehen wird. Die symbolischen Darstellungen verlangen aber ebenso eindeutige Definitionen wie die Flußdiagramme, die den Weg zur analytischen computergestützten Mechanik öffnen sollen.

Das Buch ist vornehmlich für das individuelle Selbststudium geschrieben und soll den Studierenden im Direkt- wie im Fernstudium helfen, die mit der gebotenen Kürze in der Vorlesung vorgetragenen Gedankengänge nachzuvollziehen. Es soll ihn zu streng axiomatischem Denken erziehen, vor allem aber auch zu eigenen Übungen anregen, um sich die für die Entscheidungsfindung in der Ingenieurpraxis erforderliche geistige

Beweglichkeit anzueignen. Es soll dem Studierenden helfen, den Weg von der Anschauung (Kraft, Pfeil) zur Abstraktion (Vektor) zu finden und ihm den Weg bahnen über die Anschaulichkeit der graphischen Lösung (die in der Praxis fast nur noch für Plausibilitätsbedingungen herangezogen wird) zum Verständnis der analytischen Verfahren zu gelangen. Es soll dazu beitragen, *das Bewahrenswerte* des historisch gewachsenen, graphikorientierten Gedankengutes für unsere numerikorientierte Gegenwart *bewahren zu helfen.* Die für das tiefere Eindringen im Selbststudium erforderliche Ausführlichkeit wird sicherlich von den Studierenden begrüßt. Ebenso sicher wird aber diese Darstellung der graphischen Lösung bis hin zu den Flußdiagrammen auch zu kritischen Hinweisen Anlaß geben, für deren Zusendung ich wiederum sehr verbunden wäre.

Mit Band 3, der der Umformung und Verknüpfung von Vektormengen gewidmet ist, sollte die Einführung in die Mechanik starrer Körper abgeschlossen werden. Das Anliegen, den graphischen Anteil der Umformung und Verknüpfung von Kräftemengen axiomatisch aufzubauen, ihn zur Veranschaulichung des Lösungsprozesses und des Wechselspieles zwischen Anschauung und Abstraktion zu nutzen und durch eine hinreichende Anzahl von Beispielen für das Selbststudium zu ergänzen, erlaubte es nicht, auch die analytische Umformung von Vektormengen und deren Verknüpfung in der Statik und Kinetik aufzunehmen. Diese analytischen Darlegungen müssen einer späteren Publikation vorbehalten bleiben.

Die Herren Prof. Dr. sc. techn. F. Kerbach und Prof. Dr.-Ing. habil. Dr. rer. nat. K. Reinschke haben an der Entstehung dieses Bandes unmittelbaren Anteil genommen und mir in persönlichen Gesprächen manchen wertvollen Hinweis gegeben. Herr Dipl.-Ing. H.-J. Scholze hat sich besonders für die Bearbeitung vieler Beispiele des Exercitiums eingesetzt. Frau A. Meissner und Frau R. Riemann haben mir bei der Bearbeitung des Manuskriptes geholfen, und Frau S. Stenzke hat in mustergültiger Form für alle Bilder die klischeefertigen Zeichnungen angefertigt. Gewissenhaft und kritisch haben mich meine Mitarbeiter Dr.-Ing. C. Neuberg, Dipl.-Gwl. Ch. Heinze und Dipl.-Ing. H.-J. Scholze bei der Durchsicht des Manuskriptes unterstützt. Darüber hinaus hat Herr Dr.-Ing. C. Neuberg umsichtig und mit großer Sorgfalt das Korrekturlesen des Umbruches und die Vorbereitung für die Erteilung der Imprimatur besorgt. Beim Akademie-Verlag hat die Betreuung wiederum in den bewährten Händen der stellvertretenden Cheflektorin Frau R. Helle und den Fachlektorinnen Frau R. Trautmann und Frau U. Heilmann gelegen, die sich mit viel Geduld und großem Engagement bemüht haben, das vielschichtige Anliegen dieses Bandes verwirklichen zu helfen und mit den anderen Mitarbeitern des Verlages, insbesondere der Herstellerin Frau H. Winkler, für die ansprechende Gestaltung gesorgt haben. Ihnen allen möchte ich für ihre Unterstützung recht herzlich danken.

Dresden, im März 1989 Günter Zumpe

Inhaltsverzeichnis

Verzeichnis der Bildkennzeichnungen

Werden zur Lösung einer Aufgabe verschiedene Darstellungsarten benutzt, so ändert sich die Bildnummer nicht. Die Darstellungsart wird in einem Zusatzsymbol nach der Bildnummer vermerkt. Es bedeuten

F: Flußdiagrammdarstellung
G: Geometrische Darstellung (der einzelnen Konstruktionsschritte in aufeinanderfolgenden Bildern)
I: Isometrische Darstellung
K: Konstruktion in der Ebene
M: Methodische Darstellung (der Lösung: vollständig, allerdings getrennt in Lage- und Kräfteplan)
S: Symbolische Darstellung
  SD: Symbolische Darstellung der Disduktion
  SR: Symbolische Darstellung der Reduktion
V: Verfahren
Z: Darstellung der Zustandslinien

Werden mehrere Varianten der gleichen Darstellungsart angegeben, so werden diese mit arabischen Ziffern bezeichnet, z. B.:

G 1: Geometrische Darstellung Weg 1
G 2: Geometrische Darstellung Weg 2

Werden mehrere Aussagen zum gleichen Problem dargestellt, so werden diese hinter der gleichbleibenden Bildnummer mit römischen Ziffern gekennzeichnet, z. B.:

I: Aussage I
II: Aussage II

Verzeichnis der wichtigsten Befehle

A! Adaptiere!
B! Bivektorisiere!
C! Convertiere!
D! Disduziere!
E! Ergänze!
L! Liniiere (verschiebe linienflüchtig)!
M! Mutiere!
P! Projiziere!
R! Reduziere!
S! Substituiere!
T! Transformiere!
V! Vertiere!
Y! Verzweige!
⅄! Vereinige!
Z! Zentralisiere!

b! Bezeichne!
d! Definiere!
p! Prüfe!
w! Wähle!
z! Zeichne!

BP! Führe den Befreiungsprozeß durch!
EP! Führe den Erstarrungsprozeß durch!

EG: C! Ermittle graphisch die Stützgrößen!
EG: C, V! Ermittle graphisch die Stütz- und Verbindungsgrößen!
EG: M, N, Q! Ermittle graphisch die Schnittgrößen!
EG: S! Ermittle graphisch die Stabkräfte!

8. Graphische Umformung von Vektormengen in der Dynamik

Führt der Mathematisierungsprozeß zu einem System von Kräften, die alle in der gleichen Ebene liegen, so lassen sich diese als „Pfeile" auf einem Zeichenblatt abbilden. Nach dieser Abbildung kann die Modifizierung des Kräftesystems als Umformung einer „Pfeilmenge" geometrisch veranschaulicht werden.

Für diese geometrische Umformung wurden leistungsfähige Verfahren entwickelt, wie die Konstruktion der Mittelkraft, der Mittelkraftlinie, des Seilecks oder der CULMANN*schen Geraden, deren Herleitung und Anwendung im folgenden gezeigt werden soll.*

Aber auch die besondere Stellung des Kräftepaares und die Suche nach einer zweckmäßigen Darstellung desselben, die schließlich zur Einführung des Momentes führte, werden vorgestellt. Der daran anschließende Substitutionsprozeß, der den äquivalenten Ersatz einer Kraft in jedem beliebigen Punkt ermöglicht, und seine Anwendungen in der Konstruktionspraxis geben uns eine sehr anschauliche Grundlage für die analytische Umformung beliebiger, räumlich angeordneter Kräftemengen, für deren Modifizierung die graphischen Verfahren zu aufwendig sind.

8.1. Grundlagen des graphischen Modifizierungsprozesses

Die graphische Modifizierung eines Kräftesystems kann als Umformung eines Systems von Pfeilen geometrisch konstruiert werden. Dabei bedarf der Vollzug jedes einzelnen Konstruktionsschrittes eines Befehles. Da nun der gesamte graphische Modifizierungsprozeß in elementare Konstruktionsschritte oder — wie wir sagen wollen — in Elementarprozesse zerlegt werden kann, ist zur Aktivierung der Umformung eine Befehlsfolge erforderlich.

Wir stellen deshalb zunächst die axiomatisch zugelassenen Elementarprozesse mit den zugeordneten Elementarbefehlen zusammen und beschreiben danach sowohl die Abbildung des mechanischen Objektes auf einem Zeichenblatt als auch die Darstellungsarten des graphischen Lösungsprozesses.

8.1.1. Elementarprozesse und Elementarbefehle

Der Modifizierungsprozeß ist ein Umwandlungsvorgang, der schrittweise zu neuen Modellen — in der Dynamik[1]) zu neuen Kräftemengen — führt:[2]) *Die an einem Körper angreifenden Kräfte werden zusammengefaßt oder zerlegt.* Schritt für Schritt entstehen auf diese Weise veränderte Kräfteverteilungen, die aber alle dem gleichen Körper, auf den

[1]) Vgl. Bd. 1, Abschnitt 1.7.3. und Anmerkungen zu Abschnitt 1.8.

[2]) Vgl. Modifizierungsprozeß, Bd. 1, Abschnitt 2.4.1.

sie einwirken, die gleiche Beschleunigung erteilen müssen, die alle die gleiche Wirkung hervorrufen müssen und die demnach alle definitionsgemäß[1]) äquivalent sind.

Der Modifizierungsprozeß genügt also dem Äquivalenzprinzip. Angewandt auf die Dynamik sagt dies:

Die Modifizierung einer auf einen freien oder befreiten Körper einwirkenden Kräftemenge ist nur dann zulässig, wenn dessen Beschleunigung (im besonderen Falle auch sein Ruhezustand) erhalten bleibt.

Jede Umwandlung spiegelt einen Prozeß wider, der aus einer endlichen Anzahl einfacher, nicht mehr teilbarer Elementarprozesse besteht, die natürlich *axiomatisch zugelassen* sein müssen. Ohne Verletzung des Fundamentalpostulates[2]) darf nach dem 1. Äquivalenztheorem[3]) der Superpositions- und Ergänzungsprozeß[4]) angewendet werden. Wir wollen deshalb zunächst diese beiden Elementarprozesse für die graphische Modifizierung aufbereiten.

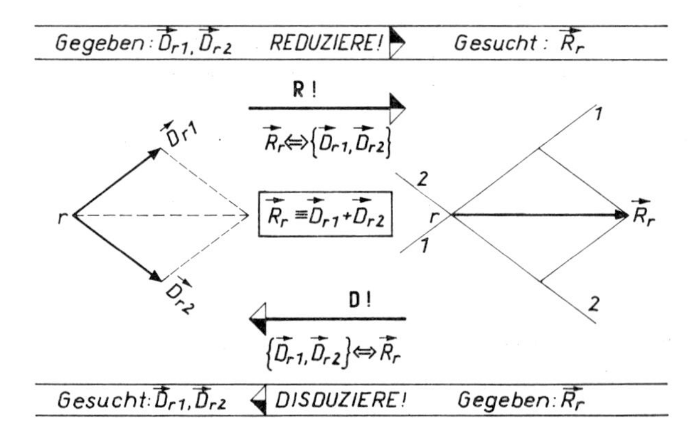

Bild 8.1. Superpositionsprozeß

Das *Superpositionsaxiom* läßt zwei elementare Umwandlungen zu (Bild 8.1), nämlich

1. die *Reduktion* zweier gleichzeitig am gleichen Punkt (r) angreifenden Kräfte ($\boldsymbol{D}_{r1}$ und $\boldsymbol{D}_{r2}$) zur resultierenden Kraft ($\boldsymbol{R}_r$) und
2. die *Disduktion* einer an einen Punkt (r) gebundenen Kraft ($\boldsymbol{R}_r$) in zwei Komponenten ($\boldsymbol{D}_{r1}$ und $\boldsymbol{D}_{r2}$), deren Wirkungslinien ($\overline{11}$ und $\overline{22}$) Disduktionsgeraden oder Disduktionslinien heißen und bekannt sein müssen.

Beide vektoriellen Modifizierungen sind durch das STEVINsche Axiom[5]) abgesichert und werden graphisch mit Hilfe des Parallelogrammgesetzes vollzogen, indem die Resultierende durch die Diagonale (die durch r hindurchgeht) und die zwei Komponenten durch die zwei Parallelogrammseiten (die sich in r treffen) abgebildet werden.

[1]) Vgl. Bd. 1, Abschnitt 2.4.3.5., und Bd. 2., Abschnitt 7.3.1.
[2]) Vgl. Bd. 1, Abschnitt 2.2.
[3]) Vgl. Bd. 1, Abschnitt 2.4.3.5., und Bd. 2, Abschnitt 7.3.2.
[4]) Vgl. Bd. 1, Abschnitte 2.4.3.3. und 2.4.3.4.
[5]) Vgl. Bd. 1, Abschnitt 2.4.3.1.

Jeder dieser beiden Elementarprozesse soll künftig durch einen Elementarbefehl ausgelöst werden:[1])

R! bedeutet Reduziere!
D! bedeutet Disduziere!

Mit Hilfe dieser beiden Prozesse können aber nur Kräfte modifiziert werden, die definitionsgemäß *gleichzeitig* am *gleichen* Punkt angreifen. Liegen demnach Kräfte mit verschiedenen Angriffspunkten vor, so läßt das Superpositionsaxiom allein eine Modifizierung noch nicht zu.

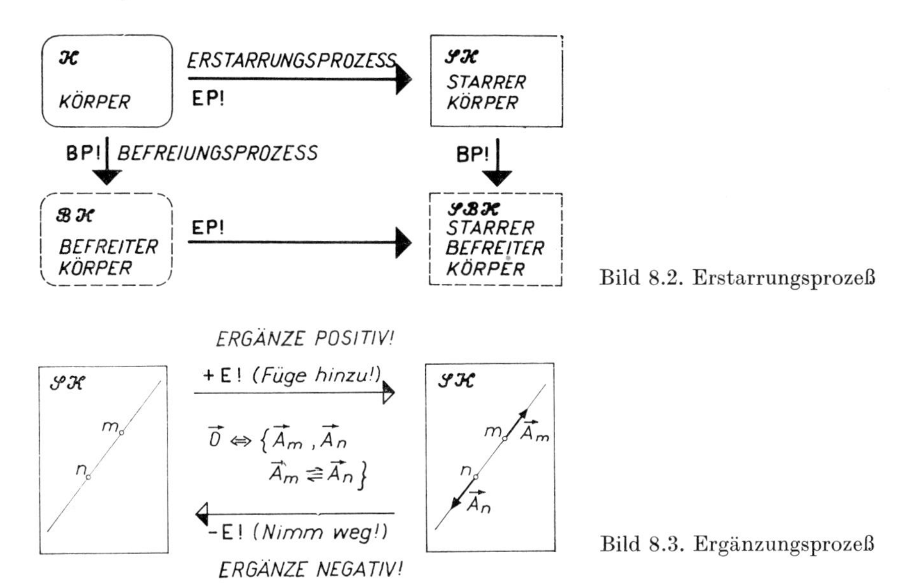

Bild 8.2. Erstarrungsprozeß

Bild 8.3. Ergänzungsprozeß

Betrachten wir — um auch dieses Problem zu lösen — einen Eisenbahnzug, der mit n Rädern auf einer Brücke steht. Diese n parallelen Einzelkräfte (Raddrücke) können ganz sicher durch das Gesamtgewicht des Eisenbahnzuges, also durch eine einzige Kraft, ihre Resultierende, aquivalent ersetzt werden. Diese Resultierende übt auf die Lagerkörper den gleichen Druck aus, wie die n Einzelkräfte. Ganz offensichtlich existiert diese Resultierende gänzlich unabhängig von den Verformungen der Brücke.

Aber auch die Lagerkräfte werden dann, wenn der Brückenträger statisch bestimmt[2]) gestützt ist, von dessen Durchbiegungen nicht beeinflußt.

Man darf also vor der Ermittlung der Resultierenden und der Lagerkräfte den Brückenträger auch *erstarren* lassen, ohne das Ergebnis zu verfälschen. Diese Erkenntnis ist von großer Bedeutung. Läßt nämlich das Erstarrungsaxiom den Erstarrungsprozeß zu (Bild 8.2.), so wird durch das *Ergänzungsaxiom* nun auch dar Ergänzungsprozeß[3]) zugelassen, der das Hinzufügen und Wegnehmen (also Ergänzen) von Ergänzungspaaren (Aufhebungspaaren) am starren Körper gestattet (Bild 8.3, Bild 8.4, vgl. auch Bd. 1, Bild 2.18).

[1]) Das Ergebnis des Prozesses wird bei äquivalenten Modifizierungen ($\Leftrightarrow$) zuerst genannt.
[2]) Vgl. Bd. 1, S. 166 und Tafel A.26.
[3]) Vgl. Bd. 1, Abschnitt 2.4.3.4.

Führen wir für die Aktivierung dieser beiden Elementarprozesse die folgenden Befehle ein:

> **EP!** Führe den Erstarrungsprozeß durch! und
> **+E!** Ergänze positiv!
> (d. h. füge ein Ergänzungspaar hinzu!) bzw.
> **—E!** Ergänze negativ!
> (d. h. nimm ein Ergänzungspaar weg!),

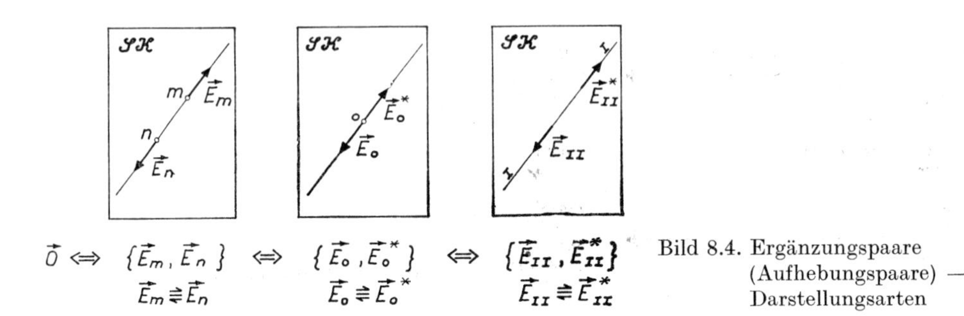

Bild 8.4. Ergänzungspaare (Aufhebungspaare) — Darstellungsarten

so läßt sich zeigen (Bild 8.5 G, S, F), daß unter ausschließlicher Inanspruchnahme der bisher eingeführten Elementarprozesse (**EP!**, **+E!**, **—E!** oder **R!**) die ursprünglich in $\bar{a}$ gebundene Kraft $\boldsymbol{F}_{\bar{a}}$ an jedem beliebigen anderen Punkt a der Wirkungslinie $\overline{aa}$ durch die Kraft $\boldsymbol{F}_a$ mit gleichem Richtungssinn und gleichen Betrag äquivalent ersetzt werden darf.

Diese Erkenntnis formulieren wir als Verschiebungs- oder Lineationstheorem:

> *Nach der Durchführung des Erstarrungsprozesses sind alle gebundenen Kräfte linienflüchtig.*

Die linienflüchtige Verschiebung wird durch den Befehl

> **L!** Verschiebe linienflüchtig! oder Liniiere!

ausgelöst.

Symbolisch wird die Linienflüchtigkeit eines Vektors durch zwei gleiche Indizes, die die Wirkungslinie repräsentieren, ausgedrückt. Dabei kennzeichnet der

1. Index einen beliebigen Punkt a als augenblicklichen Angriffspunkt auf der Wirkungslinie $\overline{aa}$ und der
2. Index — wie üblich[1]) — die Richtung. Demnach beschreibt

$\boldsymbol{F}_a$ den Vektor $\boldsymbol{F}$, der in a gebunden ist,
$\boldsymbol{F}_{\bar{a}a}$ den Vektor $\boldsymbol{F}$, der in $\bar{a}$ gebunden und in Richtung a orientiert ist,
$\boldsymbol{F}_{ai}$ die Komponente des Vektors $\boldsymbol{F}$, der in a gebunden ist, in Richtung i und
$\boldsymbol{F}_{aa}$ den Vektor $\boldsymbol{F}$, der auf $\overline{aa}$ linienflüchtig ist.

[1]) Vgl. Bd. 2, Abschnitt 4.1.3.2.

Im graphischen Modifizierungsprozeß wird die Linienflüchtigkeit zweifach in Anspruch genommen, nämlich

1. mit der Durchführung des Erstarrungsprozesses (dabei werden alle gebundenen Kräfte linienflüchtig, Bild 8.6):

$$\textbf{EP!}\ \mathcal{K} \Rightarrow \mathcal{S}\mathcal{K},$$

$$\boldsymbol{F}_a \Rightarrow \boldsymbol{F}_{aa},$$

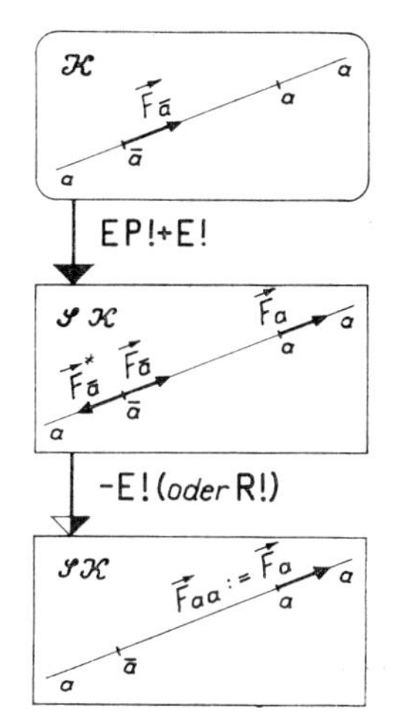

G: Geometrische Darstellung

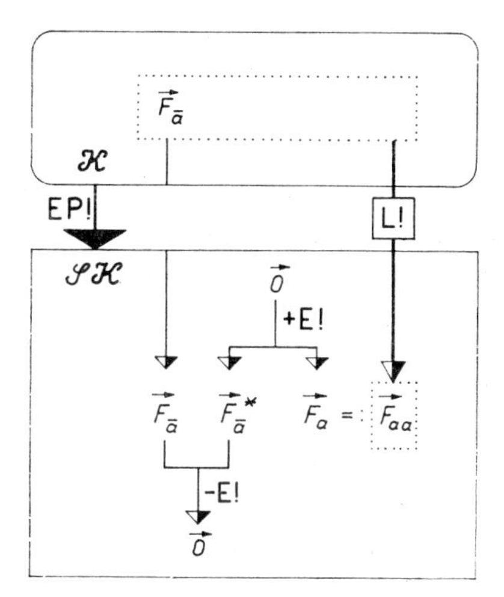

S: Symbolische Darstellung

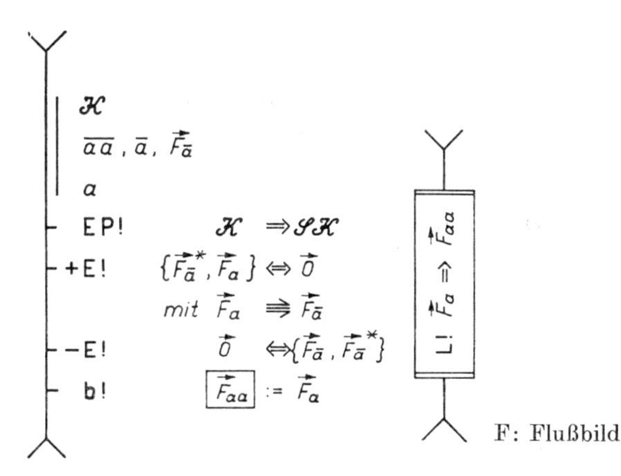

F: Flußbild

Bild 8.5. Lineation: Linienflüchtige Verschiebung

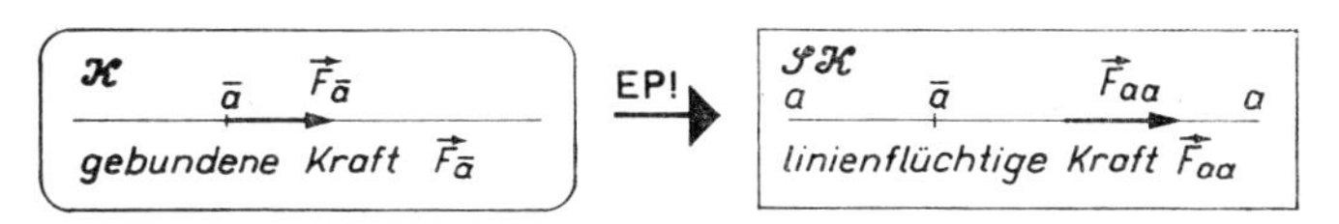

Bild 8.6. Erstarrungsprozeß und Linienflüchtigkeit

2. wenn die linienflüchtige Kraft $\boldsymbol{F}_{aa}$ nach einem ausgezeichneten Punkt $\bar{a}$ ihrer Wirkungslinie $\overline{aa}$ verschoben werden soll:

$$\mathbf{L!}\ \boldsymbol{F}_{aa} \Rightarrow \boldsymbol{F}_{\bar{a}a}.$$

Anmerkung: Da am starren Körper alle Kräfte linienflüchtig sind, bezeichnen wir die linienflüchtige Verschiebung ebenfalls als Elementarprozeß und damit **L!** auch als Elementarbefehl, obwohl der Erstarrungs- und der Ergänzungsprozeß vorausgesetzt werden.

Es stehen also zur Aktivierung des graphischen Modifizierungsprozesses vorläufig die folgenden Elementarbefehle zur Verfügung:

- Für die *Modifizierung des Objektes:*

EP! Führe den Erstarrungsprozeß durch!
Wandle den Körper (die Scheibe), an dem (der) die Kräfte angreifen, mit einer hinreichend großen Umgebung in einen starren Körper (eine starre Scheibe) um!

$$\mathbf{EP!}\ \mathcal{K} \Rightarrow \mathcal{S}\mathcal{K}.$$

- Für die *Modifizierung der Kräfte:*

R! Reduziere!
Fasse zwei gleichzeitig am gleichen Punkt angreifende Kräfte zur resultierenden Kraft zusammen!

$$\mathbf{R!}\ \boldsymbol{R}_r \equiv \boldsymbol{D}_{r1} + \boldsymbol{D}_{r2} \quad \text{oder} \quad \boldsymbol{R}_r \Leftrightarrow \{\boldsymbol{D}_{r1}, \boldsymbol{D}_{r2}\}.$$

D! Disduziere!
Zerlege eine Kraft nach zwei Richtungen, die mit der Kraft in der gleichen Ebene liegen und die sich mit der Wirkungslinie der Kraft im gleichen Punkt schneiden!

$$\mathbf{D!}\ \boldsymbol{D}_{r1} + \boldsymbol{D}_{r2} \equiv \boldsymbol{R}_r \quad \text{oder} \quad \{\boldsymbol{D}_{r1}, \boldsymbol{D}_{r2}\} \Leftrightarrow \boldsymbol{R}_r.$$

±E! Ergänze!
Füge am starren Körper ein Aufhebungspaar hinzu!

$$\mathbf{+E!}\ \{\boldsymbol{A}_m, \boldsymbol{A}_m^*\} \Leftrightarrow 0$$

oder: nimm ein Aufhebungspaar weg!

$$\mathbf{-E!}\ 0 \Leftrightarrow \{\boldsymbol{A}_m, \boldsymbol{A}_m^*\}.$$

L! Liniiere!
Verschiebe eine Kraft $\boldsymbol{F}_{aa}$ am starren Körper auf ihrer Wirkungslinie $\overline{aa}$ bis zum Punkt $\bar{a}$!

$$\mathbf{L!}\ \boldsymbol{F}_{aa} \Rightarrow \boldsymbol{F}_{\bar{a}a}.$$

- Für die *geometrischen Operationen*
  sind darüber hinaus noch die folgenden Befehle erforderlich, die wir mit kleinen Buchstaben bezeichnen:

w! Wähle!

z. B. Wähle den Punkt 1 auf einer Geraden $\overline{11}$!

w! 1 auf $\overline{11}$.

b! Bezeichne!

z. B. Bezeichne den Schnittpunkt ($\times$) der Geraden $\overline{11}$ und $\overline{22}$ mit III!

b! III $:= \times\ (\overline{11}, \overline{22})$.

z! Zeichne!

z. B. Zeichne die Parallele $\overline{pp}$ zu $\overline{ii}$ durch r!

z! $\overline{pp} \parallel \overline{ii}$ durch r.

d! Definiere!

z. B. Definiere $\boldsymbol{R}^I$ als Nullvektor!

d! $\boldsymbol{R}^I := \boldsymbol{0}$.

p! Prüfe!

z. B. Prüfe, ob der Punkt $\bar{2}$ als Schnittpunkt der Geraden $\overline{\text{II II}}$ und $\overline{22}$ brauchbar ist!

p! $\bar{2} := \times(\overline{\text{II II}}, \overline{22})$ brauchbar?

8.1.2. Abbildung eines graphischen Modifizierungsprozesses

Die graphische Umformung fordert die Abbildung der Kräfte mit ihrer geometrischen Zuordnung in punktgebundene Pfeile auf einer Zeichnung.

Allgemein ausgedrückt, ist also die Abbildung eines *Originals O* in ein *Bild B* vorzunehmen, wobei in unserem Fall das Original eine Kraft, eine Strecke, ein Punkt oder ein Winkel sein kann und als Bild ein Pfeil, eine Strecke, ein Punkt oder ein Winkel entsteht. Dabei erfahren Punkte und Winkel keine Änderung. Die Strecke wird in der Regel verkürzt, das bedeutet eine Änderung der Maßzahl, während bei der Abbildung einer Kraft in einen Pfeil Maßzahl und Maßeinheit zu ändern sind.

Das Verhältnis Original O zu Bild B wird als Maßstabsgröße m bezeichnet. Diese Maßstabsgröße ist die mit der Maßeinheit [m] behaftete Maßzahl $\{m\}$. Die Maßzahl $\{m\}$ heißt Maßstabsfaktor:

$$\frac{\text{Original}}{\text{Bild}} = \frac{O}{B} = m = \{m\} \cdot [\text{m}].$$

Ist das Original eine Länge und wählt man für das Original und das Bild die gleiche Maßeinheit, so kürzt sich diese heraus. Der reziproke Wert des Maßstabsfaktors bildet in diesem Fall den Maßstab.

Bezeichnen wir die Längeneinheiten des Bildes mit $\overline{LE}$, die Längeneinheiten des Originales mit LE und die Krafteinheiten mit KE, so gilt für den

● *Kräfteplan:*

$m = \varkappa = \{\varkappa\}\,[\varkappa]$,	z. B. $\varkappa = 5\,\frac{\text{kN}}{\text{cm}}$,
$1\,\overline{LE} \triangleq \varkappa\overline{LE}$,	z. B. $1\text{ cm} \triangleq 5\,\frac{\text{kN}}{\text{cm}}\text{ cm} = 5\text{ kN}$,
oder	
$1\,\overline{LE} \triangleq \{\varkappa\}\,KE$,	z. B. $1\text{ cm} \triangleq 5\text{ kN}$;

● *Lageplan:*

$m = \lambda = \{\lambda\}\,[\lambda]$,	z. B. $\lambda = 2\,\frac{\text{m}}{\text{cm}}$,
$1\,\overline{LE} \triangleq \lambda\overline{LE}$,	z. B. $1\text{ cm} \triangleq 2\,\frac{\text{m}}{\text{cm}}\text{ cm} = 2\text{ m}$,
oder	
$1\,\overline{LE} \triangleq \{\lambda\}\,LE$,	z. B. $1\text{ cm} \triangleq 2\text{ m}$,
oder	
$1\,\overline{LE} \triangleq \{\lambda^*\}\,LE$,	z. B. $1\text{ cm} \triangleq 200\text{ cm}$,
Maßstab	
$1:\{\lambda^*\}$,	z. B. $1:200$.

Um nicht so viele unterschiedliche Symbole einführen zu müssen, wird das Original der Größe G auch mit G, das Bild der Größe G mit $\overline{G}$ bezeichnet:

$$\text{Größe } G \begin{cases} \text{Original:} & G \\ \text{Bild:} & \overline{G}\,. \end{cases}$$

8.1.3. Darstellung des graphischen Modifizierungsprozesses

Die schrittweise Umwandlung eines Kräftesystems können wir auf fünf verschiedene Arten widerspiegeln.

1. Die *geometrische Darstellung* zeigt die einzelnen Modelle, die nach Ablauf eines jeden Teilprozesses vorliegen, so daß eine geordnete Bildfolge entsteht, die — beinahe wie die Einzelbilder eines Filmes — das „Fließen" der Kräfte veranschaulichen. Die Pfeile zwischen den Bildern geben die Richtung der Modifizierung, die danebenstehenden Befehle den jeweils ausgelösten Teilprozeß an.
2. Die *symbolische Darstellung* löst sich von der speziellen geometrischen Zuordnung und demonstriert den gleichen „Kräftefluß", aber mit Hilfe der Kraftvektorsymbole. Dabei wird natürlich jede Wiederholung von Teilprozessen wieder angegeben. Diese Wiederholungen können eingeschränkt werden, wenn wir

3. die *Flußbilddarstellung* wählen, die auch *Flußdiagrammdarstellung* genannt wird, da hier die Wiederholung gleicher Prozesse als Schleife gekennzeichnet werden darf. Mit ihrer Hilfe kann man sich auch noch vom speziell vorgegebenen Belastungszustand lösen.

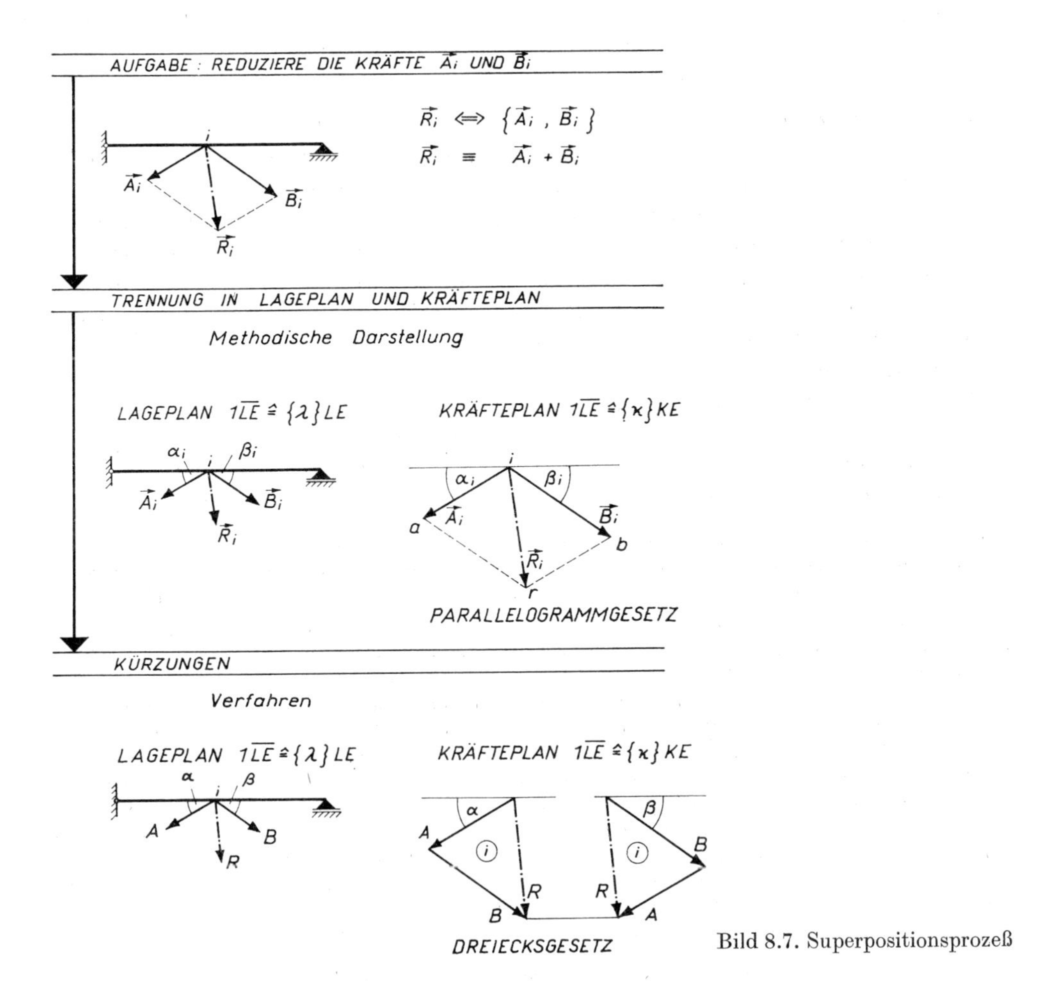

Bild 8.7. Superpositionsprozeß

Natürlich läßt sich der ganze Modifizierungsprozeß auch in einem einzigen Bild konstruieren. Da dies aber leicht unübersichtlich wird, wird die graphische Umwandlung in der Regel in zwei Zeichnungen, in — wie man sagt — zwei „Plänen" dargestellt (Bild 8.7).

- Im LAGEPLAN finden wir maßstabsgetreu alle Angaben zur Geometrie. Die Lage der Punkte und damit die Abstände der Punkte, die Streckenlängen, die Winkel, die Lage und die Richtung von Kraftwirkungslinien werden dem Lageplan entnommen. Kraftvektoren werden im Lageplan nur als „Richtungspfeil", also ohne Rücksicht auf den Betrag, aber mit genauer Lage der Wirkungslinie, mit Richtungssinn und gegebenenfalls Angriffspunkt dargestellt.

- Im KRÄFTEPLAN finden wir maßstabsgetreu den Betrag der Kraft sowie ihre Richtung und ihren Richtungssinn. Der Angriffspunkt und die Wirkungslinie einer Kraft werden im Lageplan festgehalten.

Durch diese Trennung können alle Operationen mit Kräften im Kräfteplan, alle Lageänderungen im Lageplan verfolgt werden, wodurch die Übersichtlichkeit der Darstellung sehr gewinnt. Unter Benutzung dieser beiden Pläne können zwei weitere Darstellungsarten des Modifizierungsprozesses unterschieden werden:

4. Die *methodische Darstellung* hat das Ziel, den gesamten Umwandlungsvorgang in vollständiger Darstellung abzubilden. Die Kräfte werden als Vektoren dargestellt, (im ersten Index der Kräfte im Kräfteplan ist deren Angriffspunkt zu erkennen usw.). Diese Darstellung ist für den Aufbau des graphischen Lösungsweges von großem Wert. Für die Anwendung ist sie jedoch zu zeitraubend — weil zu vollständig. Deshalb bemühen wir uns durch Weglassen aller für die praktische Handhabung nicht erforderlichen Angaben um „*Kürzungen*“, die zu gerade noch eindeutigen, prüfbaren und leicht nachvollziehbaren Konstruktionen führen. Diese repräsentieren die fünfte Darstellungsart.
5. Das *Verfahren* hat das Ziel, die Darstellung des Umwandlungsvorganges so weit wie möglich zu vereinfachen. Die Vektorpfeile über den Buchstaben, gegebenenfalls auch die Pfeilspitzen und Zwischenergebnisse sowie Indizes werden weggelassen, wenn die Eindeutigkeit der graphischen Darstellung dabei erhalten bleibt.

Ein typisches Beispiel für die Suche nach Kürzungen bei der Entwicklung eines Verfahrens aus der methodischen Darstellung ist der Übergang vom Parallelogrammgesetz zum Dreiecksgesetz (Bild 8.7). Bezeichnen wir die Punkte, die von den Spitzen der Vektoren $\boldsymbol{A}_i$, $\boldsymbol{B}_i$, $\boldsymbol{R}_i$ markiert werden, mit a, b und r, so ist im Parallelogramm $i—a—r—b$ ganz offensichtlich $\overline{ib} = \overline{ar}$, so daß auch die Parallelogrammseite $\overline{ar}$ als Repräsentant der Kraft $\boldsymbol{B}_i$ angesehen werden kann. Die Reduktion wird dann schon durch das Dreieck $i—a—r$ erhalten. Dabei wird allerdings die graphische Widerspiegelung der Voraussetzung, daß die Kräfte $\boldsymbol{A}_i$ und $\boldsymbol{B}_i$ am gleichen Punkt angreifen, gewandelt: Die Kräfte, die am gleichen Punkt angreifen, bilden nun ein Dreieck. Erhebt man diese Überlegungen zu Vereinbarungen, so wird das „*Parallelogrammgesetz*“ äquivalent durch das „Dreiecksgesetz“ ersetzt. Bei der Anwendung des *Dreiecksgesetzes* sind zwei Striche weniger zu zeichnen; dem von den Kräften gebildeten Dreieck im Kräfteplan entspricht immer ein Punkt im Lageplan (z. B. i, das ist der Angriffspunkt der Kräfte, da ja nach dem Axiom von STEVIN nur Kräfte zusammengefaßt werden dürfen, die gleichzeitig am gleichen Punkt angreifen); bei der Reduktion mehrerer Kräfte entstehen dann mehrere Kraftdreiecke, die so zusammengeschoben werden können, daß gleiche Teilresultierende aufeinanderfallen, also nicht zweimal gezeichnet werden müssen und so Übertragungsfehler vermieden werden (vgl. Bild 8.19.M).

Anmerkung: Die analogen Überlegungen gelten, wenn wir in Bild 8.7 anstelle des Dreiecks $i—a—r$ das Dreieck $i—b—r$ wählen, woraus folgt, daß die Reihenfolge der Kräfte ($\boldsymbol{A}$, $\boldsymbol{B}$, $\boldsymbol{R}$ oder $\boldsymbol{B}$, $\boldsymbol{A}$, $\boldsymbol{R}$) beliebig ist.

Wir benutzen je nach der Problemstellung einige oder auch alle Darstellungsarten.

8.2. Graphische Modifizierung elementarer Kräftesysteme

Eine Kraft, die im Schwerpunkt eines Körpers angreift, ist in der Lage, den Körper zu verschieben. Sie ist aber nicht in der Lage, ihn zu verdrehen. Um einem Körper eine *beliebige* Bewegung aufzuzwingen, um ihn transferieren *und* rotieren zu lassen, sind mindestens zwei Kräfte erforderlich. Wir nennen deshalb zwei Kräfte dann, wenn sie gleichzeitig am gleichen Körper angreifen, ein „*elementares Kräftesystem*".[1]) Liegen die beiden Kräfte in einer Ebene, so bezeichnen wir sie genauer als *Komplanarpaar*.

Für die graphische Reduktion zweier Kräfte $\boldsymbol{F}_i$ und $\boldsymbol{F}_k$ ist es bedeutungsvoll, ob sich ihre Wirkungslinien $\overline{ii}$ und $\overline{kk}$ — nichtschleifend — auf dem Zeichenblatt schneiden, ob also die beiden Wirkungslinien einen für die graphische Lösung *brauchbaren* Schnittpunkt haben, den wir $\bar{c}$ nennen, da er auch ein spezieller Punkt der Wirkungslinie $\overline{cc}$ der gesuchten Resultierenden $\boldsymbol{R}_{cc}$ ist. Wir prüfen dies, indem wir anweisen:

> Ermittle den Schnittpunkt ($\times$) der beiden Wirkungslinien $\overline{ii}$ und $\overline{kk}$, nenne ihn $\bar{c}$, und prüfe, ob er brauchbar ist!
>
> Symbolisch:
>
> **p!** $\bar{c} := \times(\overline{ii}, \overline{kk})$ brauchbar?

Ist der Schnittpunkt $\bar{c}$ im obigen Sinne brauchbar, so liegt ein *einfaches* zentrales Komplanarpaar (mit $\bar{c}$ als Zentralpunkt) vor. Ist der Schnittpunkt $\bar{c}$ nicht brauchbar, so nennen wir das zentrale Komplanarpaar *nichteinfach*. In diesem Falle muß das nichteinfache Komplanarpaar zunächst in ein einfaches Komplanarpaar umgewandelt werden.

Die analogen Überlegungen gelten für die Disduktion einer Kraft in ein Komplanarpaar. Hier müssen die Wirkungslinie der Kraft und die Disduktionsgeraden einen brauchbaren Schnittpunkt haben.

Diese Aufgaben sind von grundlegender Bedeutung für die graphische Modifizierung beliebig umfangreicher komplanarer Kräftesysteme. Wir wenden uns deshalb im folgenden der Reduktion und Disduktion einfacher und nichteinfacher Komplanarpaare sowie der praktisch wichtigen Parallelpaare und Kräftepaare zu.

8.2.1. Modifizierung des einfachen Komplanarpaares

Reduktion und Disduktion sind — wenn die entsprechenden Bestimmungsstücke vorliegen — umkehrbar eindeutige Prozesse (vgl. Bild 8.8).

8.2.1.1. Reduktion eines einfachen Komplanarpaares

Sollen die beiden Kräfte $\boldsymbol{D}_a$ und $\boldsymbol{D}_b$, die an einem Körper $\mathcal{K}$ in den Punkten a und b angreifen, reduziert werden, so müssen wir zunächst den Erstarrungsprozeß durchführen (**EP!**). Dieser überführt den Körper $\mathcal{K}$ gedanklich in den starren Körper $\mathcal{SK}$ ($\mathcal{K} \Rightarrow \mathcal{SK}$) und läßt dabei die beiden Kräfte linienflüchtig werden ($\boldsymbol{D}_a \Rightarrow \boldsymbol{D}_{aa}$, $\boldsymbol{D}_b \Rightarrow \boldsymbol{D}_{bb}$). Haben die beiden Wirkungslinien $\overline{aa}$ und $\overline{bb}$ einen brauchbaren Schnittpunkt $\bar{c}$, so dürfen wir die Kräfte $\boldsymbol{D}_{aa}$ und $\boldsymbol{D}_{bb}$ linienflüchtig nach $\bar{c}$ verschieben und dort (da sie nun gleichzeitig am gleichen Punkt angreifen) mit Hilfe das Parallelogramm- oder Dreieckgesetzes zur Resultierenden $\boldsymbol{R}_{\bar{c}c}$ zusammenfassen, die — auf ihrer Wirkungslinie linienflüchtig verschoben — schließlich die gesuchte Resultierende $\boldsymbol{R}_{cc}$ darstellt. Die Wirkungslinie $\overline{cc}$ der Resultierenden $\boldsymbol{R}_{cc}$ wird *Zentrallinie* genannt.

[1]) Vgl. Bd. 2, Abschnitt 4.2.3. und Tafel 4.2.

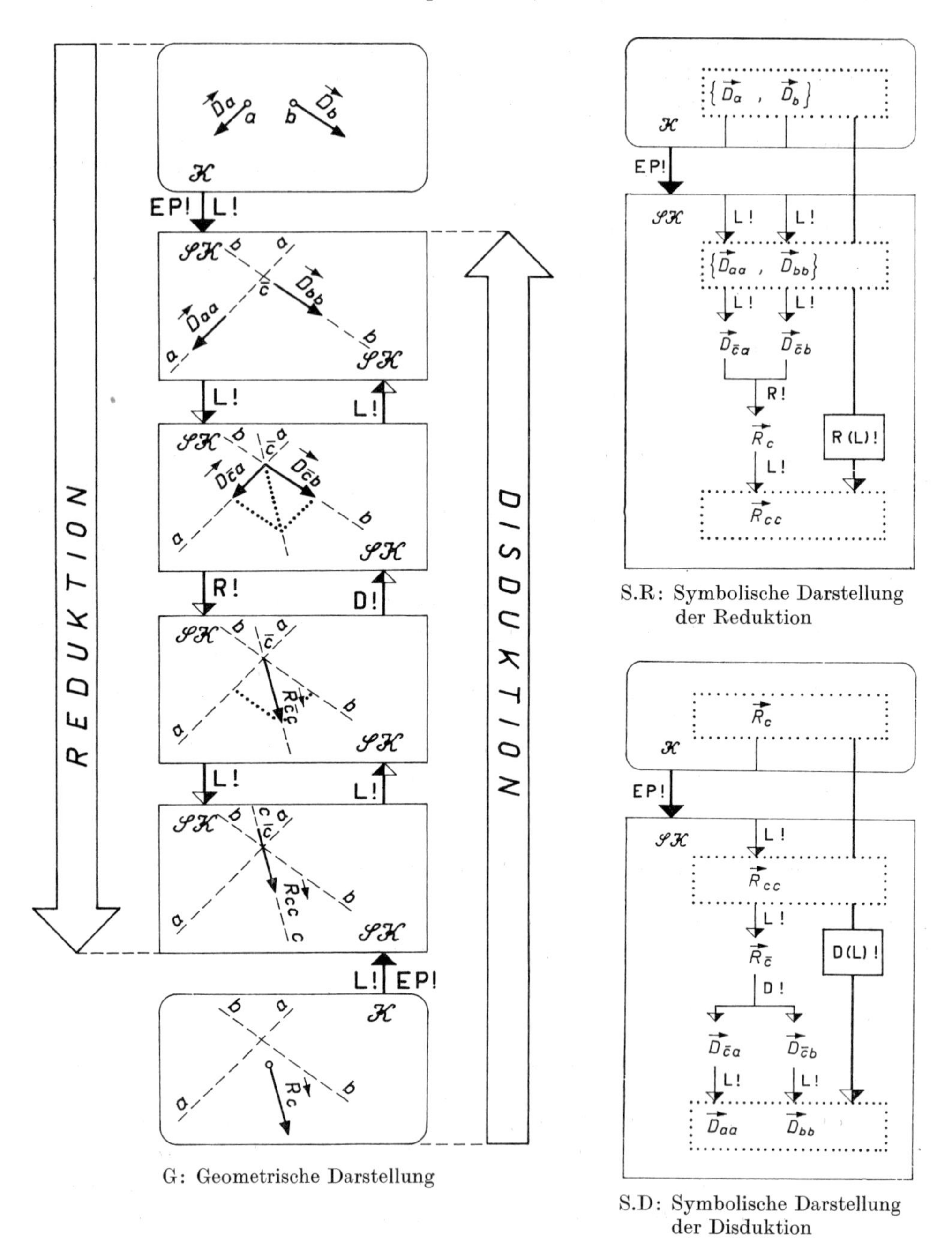

G: Geometrische Darstellung

S.R: Symbolische Darstellung der Reduktion

S.D: Symbolische Darstellung der Disduktion

Bild 8.8. Einfaches Komplanarpaar: Reduktion und Disduktion

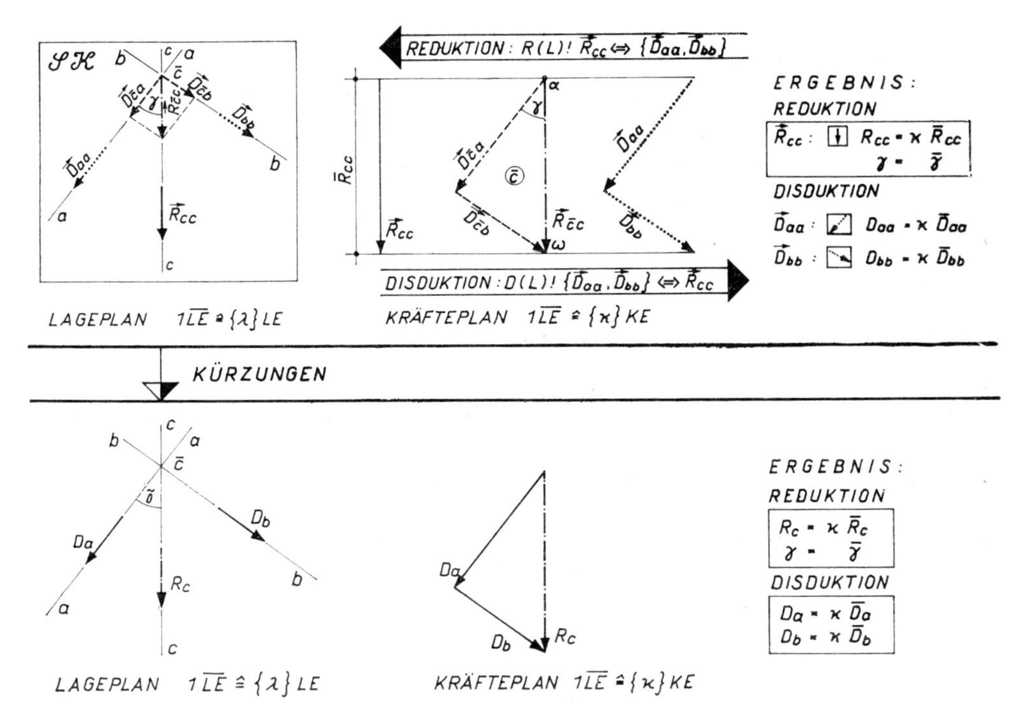

M: Methodische Darstellung und V: Verfahren

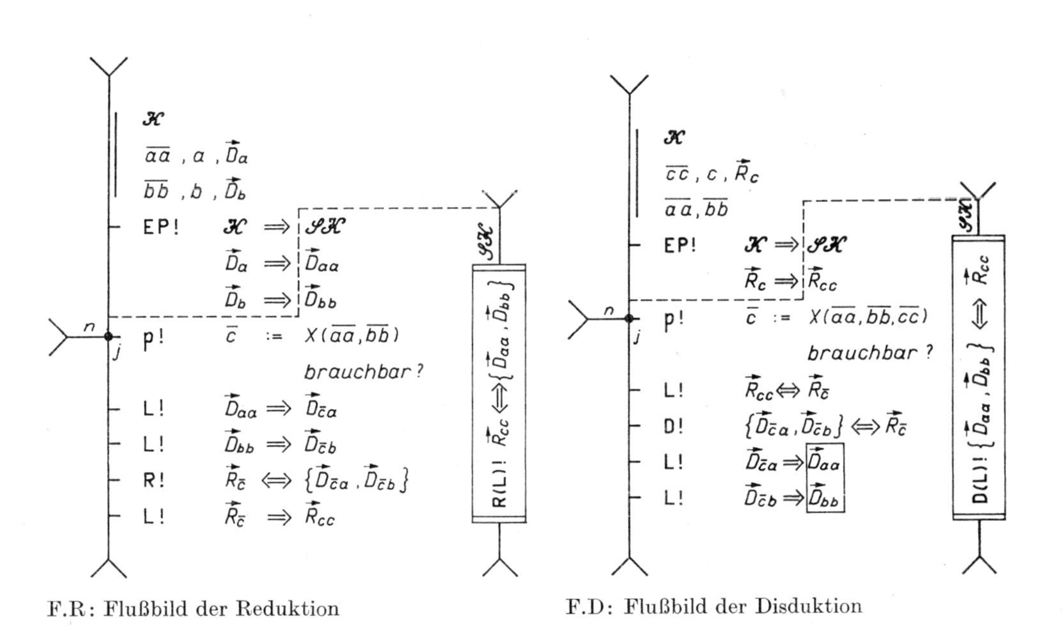

F.R: Flußbild der Reduktion

F.D: Flußbild der Disduktion

Bild 8.8. Einfaches Komplanarpaar: Reduktion und Disduktion

Die Reduktion läßt sich sowohl in der geometrischen Darstellung als auch in der symbolischen Darstellung und in der Flußbilddarstellung mühelos verfolgen. Die methodische Darstellung zeigt die Trennung in Lageplan und Kräfteplan (dem Dreieck $(\bar{c})$ im Kräfteplan entspricht der Punkt $\bar{c}$ im Lageplan), und das Verfahren läßt erkennen, daß nur wenige Striche und Symbole erforderlich sind, um zum Ergebnis zu gelangen.

Die erforderlichen Verfahrensschritte sind:

- Wähle einen Maßstab

  für den Lageplan: $1\,\overline{LE} \triangleq \{\lambda\}\ LE$,

  für den Kräfteplan: $1\,\overline{LE} \triangleq \{\varkappa\}\ KE$.

- Trage die Wirkungslinien $\overline{aa}$, $\overline{bb}$ der bekannten Kräfte in den Lageplan ein und gib den Richtungssinn jeder Kraft durch eine Pfeilspitze, praktisch durch einen Richtungspfeil an, bezeichne diesen mit D_a bzw. D_b.
- Prüfe, ob der Schnittpunkt der beiden Wirkungslinien $\overline{aa}$ und $\overline{bb}$ brauchbar ist; wenn ja, nenne ihn $\bar{c}$.
- Zeichne die Kräfte $\boldsymbol{D}_a$ und $\boldsymbol{D}_b$ (aneinandergereiht) maßstabsgetreu in den Kräfteplan ein und bezeichne sie mit D_a und D_b.
- Verbinde im Kräfteplan den Anfangspunkt α der Kraft D_a mit dem Endpunkt ω der Kraft D_b. Die gerichtete Strecke $\overrightarrow{\alpha\omega}$ repräsentiert im Kräfteplan maßstabsgetreu die gesuchte Resultierende $\boldsymbol{R}_c$.
- Zeichne im Lageplan durch den Punkt $\bar{c}$ die Parallele zur Resultierenden $\boldsymbol{R}_c$ im Kräfteplan. Diese Parallele ist die gesuchte Wirkungslinie der Resultierenden, die sogenannte Zentrallinie. Nenne sie $\overline{cc}$ und trage den Richtungssinn von $\boldsymbol{R}_c$ auf $\overline{cc}$ durch einen Richtungspfeil ein.
- Gib das Ergebnis an:
  Miß im Kräfteplan $\bar{R}_c$ und im Lageplan $\bar{\gamma}$, multipliziere $\bar{R}_c$ mit $\varkappa$ und schreibe die Ergebnisse auf.

Diesen gesamten Reduktionsprozeß sehen wir künftig als einen Teilprozeß an und lösen ihn durch den folgenden Befehl aus:

R(L)! Reduziere ein einfaches Komplanarpaar am starren Körper mit Inanspruchnahme der Linienflüchtigkeit!

R(L)! $\boldsymbol{R}_{cc} \Leftrightarrow \{\boldsymbol{D}_{aa}, \boldsymbol{D}_{bb}\}$.

8.2.1.2. Disduktion einer Kraft in ein einfaches Komplanarpaar

Soll eine Kraft $\boldsymbol{R}_c$ am Körper $\mathcal{K}$ nach zwei Richtungen, $\overline{aa}$ und $\overline{bb}$, disduziert werden, die sich mit der Wirkungslinie $\overline{cc}$ der Kraft $\boldsymbol{R}_c$ in einem Punkt $\bar{c}$ schneiden, so ist zunächst zu prüfen, ob dieser Punkt $\bar{c}$ brauchbar ist. Ist dies gewährleistet, so wird nach dem Erstarrungsprozeß, der den Körper $\mathcal{K}$ in den starren Körper $\mathcal{SK}$ überführt und $\boldsymbol{R}_c$ linienflüchtig werden läßt, $\boldsymbol{R}_{cc}$ nach $\bar{c}$ linienflüchtig verschoben, dort mit Hilfe des Parallelogramm- oder Dreieckgesetzes in die Komponenten $\boldsymbol{D}_{\bar{c}a}$ und $\boldsymbol{D}_{\bar{c}b}$ in Richtung der Geraden $\overline{aa}$ und $\overline{bb}$ zerlegt. Verschiebt man diese Komponenten linienflüchtig beliebig auf ihren Wirkungslinien, so erhält man die gesuchten Disduktionskräfte $\boldsymbol{D}_{aa}$ und $\boldsymbol{D}_{bb}$.

Auch die Disduktion läßt sich in den verschiedenen Darstellungsarten mühelos verfolgen. Wir betrachten diesen gesamten Disduktionsprozeß künftig ebenfalls als einen Teilprozeß und aktivieren ihn durch den Befehl:

D(L)! Disduziere eine Kraft am starren Körper in ein einfaches Komplanarpaar mit Inanspruchnahme der Linienflüchtigkeit!

D(L)! $\{\boldsymbol{D}_{aa}, \boldsymbol{D}_{bb}\} \Leftrightarrow \boldsymbol{R}_{cc}$

8.2.2. Modifizierung des nichteinfachen Komplanarpaares

Ist der Schnittpunkt $\bar{c}$ der Wirkungslinien $\overline{11}$ und $\overline{22}$ der beiden Kräfte $\boldsymbol{F}_1$ und $\boldsymbol{F}_2$, die reduziert werden sollen (Bild 8.9.G.1), oder aber der Schnittpunkt $\bar{c}$ der beiden Disduktionslinien $\overline{aa}$ und $\overline{bb}$ mit der Wirkungslinie $\overline{cc}$ der Kraft $\boldsymbol{R}_c$, die nach $\overline{aa}$ und $\overline{bb}$ disduziert werden soll (Bild 8.11.G.), *nicht brauchbar*, so muß das nichteinfache Komplanarpaar $\{\boldsymbol{F}_1, \boldsymbol{F}_2\}$ bzw. die Resultierende $\boldsymbol{R}_c$ zunächst in ein einfaches Komplanarpaar mit dem brauchbaren Schnittpunkt $\bar{\bar{c}}$ umgewandelt werden.

8.2.2.1. Reduktion des nichteinfachen Komplanarpaares

Sollen die beiden Kräfte $\boldsymbol{F}_1$ und $\boldsymbol{F}_2$, die an einem Körper $\mathcal{K}$ in den Punkten 1 und 2 angreifen, reduziert werden, so müssen wir zunächst den Erstarrungsprozeß durchführen **(EP!)**. Dieser überführt den Körper $\mathcal{K}$ gedanklich in den starren Körper $\mathcal{SK}$ und läßt dabei die beiden Kräfte linienflüchtig werden ($\boldsymbol{F}_1 \Rightarrow \boldsymbol{F}_{11}$, $\boldsymbol{F}_2 \Rightarrow \boldsymbol{F}_{22}$). Haben die beiden Wirkungslinien $\overline{11}$ und $\overline{22}$ einen brauchbaren Schnittpunkt $\bar{c}$, so wird die Reduktion durch den Befehl **R(L)!** ausgelöst. Ist $\bar{c}$ unbrauchbar, so erfolgt die Umwandlung in ein einfaches Komplanarpaar. Wir skizzieren drei mögliche Wege und betrachten zunächst den

- Weg 1: Reduktion mittels **D(L)**, **R(L)** (Bild 8.9.G.1).

Wir wählen auf $\overline{11}$ einen Punkt $\bar{1}$ sowie zwei durch diesen Punkt $\bar{1}$ gehende Geraden $\overline{\mathrm{I\,I}}$ und $\overline{\mathrm{II\,II}}$. Die Wahl dieses Punktes und der beiden Geraden ist zwar beliebig, sie muß aber so erfolgen, daß $\bar{1}$ brauchbar ist, $\overline{\mathrm{II\,II}}$ mit $\overline{22}$ einen ebenfalls brauchbaren Schnittpunkt $\bar{2}$ hat und die folgende Disduktion **(D(L)!)** der Kraft $\boldsymbol{F}_{11}$ nach den beiden Richtungen $\overline{\mathrm{I\,I}}$ und $\overline{\mathrm{II\,II}}$ graphisch darstellbare Kräfte $\boldsymbol{D}_{\mathrm{I\,I}}$ und $\boldsymbol{D}_{\mathrm{II\,II}}$ ergibt.

Ist dies gesichert und die Disduktion durchgeführt, so kann man $\boldsymbol{D}_{\mathrm{II\,II}}$ und $\boldsymbol{F}_{22}$ reduzieren **(R(L)!)** und erhält die Teilresultierende $\boldsymbol{R}_{\mathrm{III\,III}}$, deren Wirkungslinie $\overline{\mathrm{III\,III}}$ sich mit der Wirkungslinie $\overline{\mathrm{I\,I}}$ der Kraft $\boldsymbol{D}_{\mathrm{I\,I}}$ in einem Punkt schneidet.

Ist der Schnittpunkt nicht brauchbar, so muß der Umwandlungsprozeß wiederholt werden; ist er aber brauchbar, so bezeichnen wir ihn mit $\bar{\bar{c}}$ und haben damit das nichteinfache Komplanarpaar $\{\boldsymbol{F}_{11}, \boldsymbol{F}_{22}\}$ in das einfache Komplanarpaar $\{\boldsymbol{D}_{\mathrm{I\,I}}, \boldsymbol{R}_{\mathrm{III\,III}}\}$ umgewandelt.

Wir lösen diesen Prozeß künftig durch den Befehl

V! Vertiere (ein nichteinfaches Komplanarpaar oder auch ein Parallelpaar in ein einfaches Komplanarpaar)!

V! $\{\boldsymbol{D}_{\mathrm{I\,I}}, \boldsymbol{R}_{\mathrm{III\,III}}\} \Leftrightarrow \}\boldsymbol{F}_{11}, \boldsymbol{F}_{22}\}$

aus (lat. vertere: verändern).

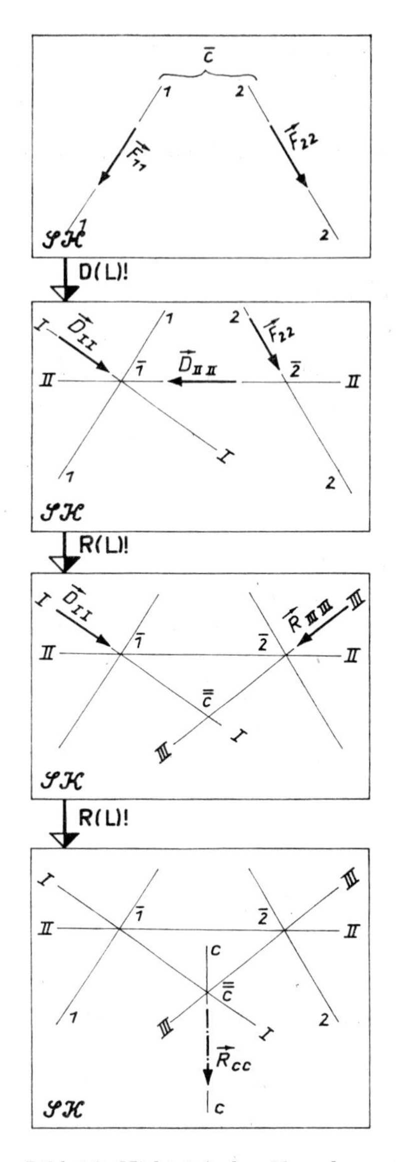

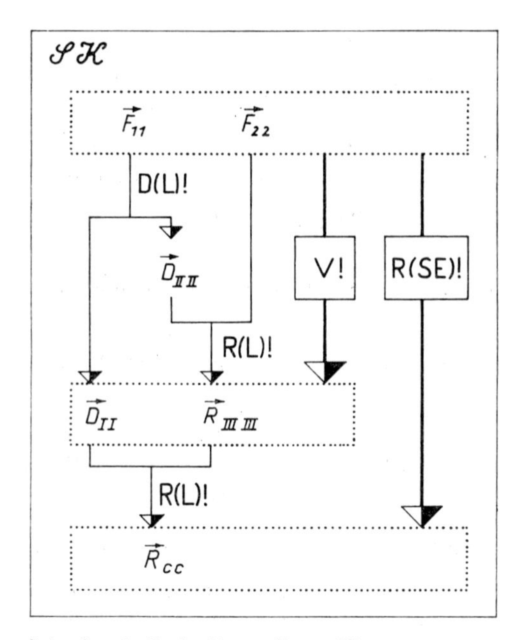

S.1: Symbolische Darstellung, Weg 1

G.1: Geometrische Darstellung, Weg 1

Bild 8.9. Nichteinfaches Komplanarpaar: Reduktion

Nach dieser Umwandlung kann die Reduktion des nun vorliegenden einfachen Komplanarpaares in bekannter Weise durch den Befehl **R(L)!** veranlaßt werden, womit die Reduktion abgeschlossen ist.

Die Wirkungslinien $\overline{\mathrm{I\,I}}$, $\overline{\mathrm{II\,II}}$, $\overline{\mathrm{III\,III}}$ bilden den gleichen Polygonzug, den ein Seil annimmt, wenn es in dem beliebigen Punkt $\overline{0}$ auf $\overline{\mathrm{I\,I}}$ und $\overline{3}$ auf $\overline{\mathrm{III\,III}}$ festgehalten und durch die Kräfte $\boldsymbol{F}_{\bar{1}}$ und $\boldsymbol{F}_{\bar{2}}$ belastet würde. Die Kräfte $\boldsymbol{D}_{\mathrm{I\,I}}$, $\boldsymbol{D}_{\mathrm{II\,II}}$ und $\boldsymbol{R}_{\mathrm{III\,III}}$ wären dann entgegengesetzt gleich den Seilkräften $\boldsymbol{Z}_{\mathrm{I\,I}}$, $\boldsymbol{Z}_{\mathrm{II\,II}}$ und $\boldsymbol{Z}_{\mathrm{III\,III}}$ (Bild 8.10.).

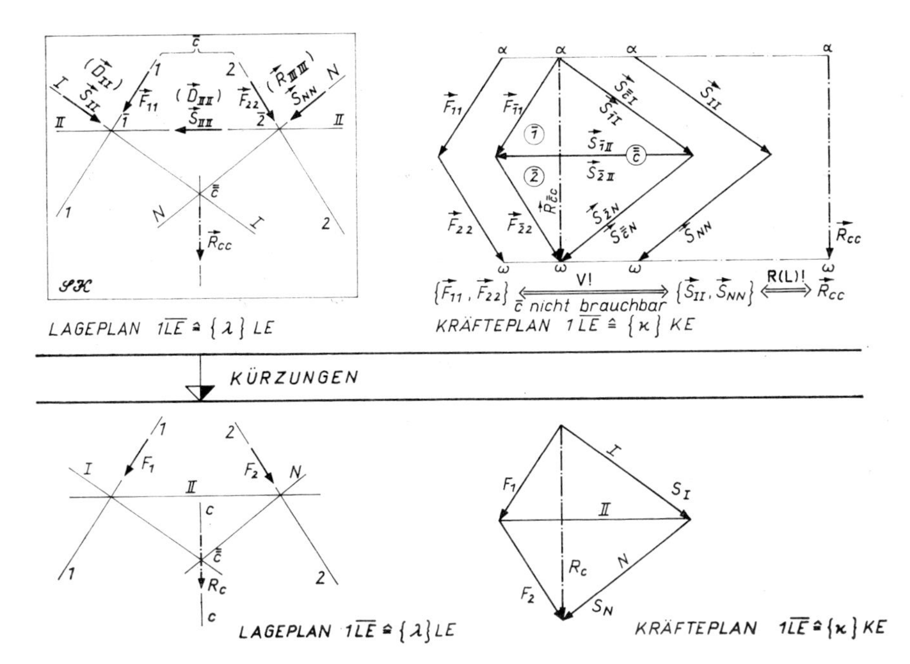

M.1: Methodische Darstellung, Weg 1 und V: Verfahren

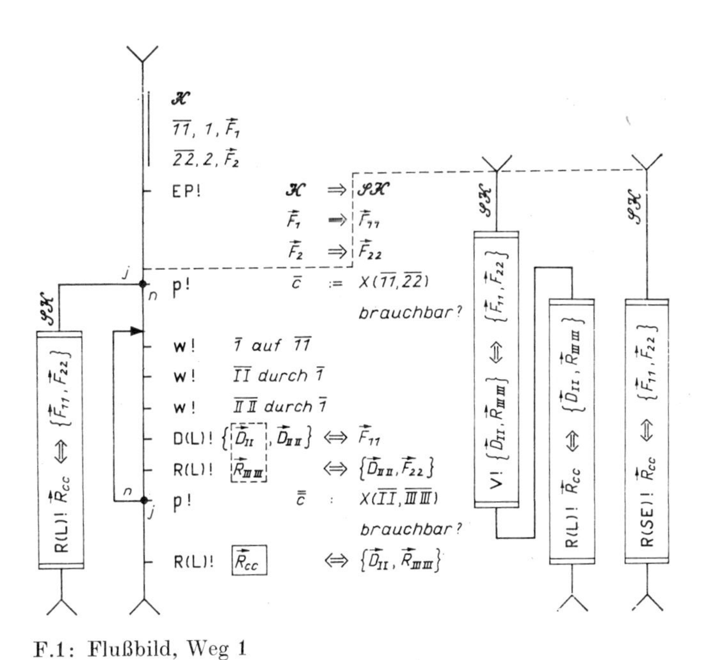

F.1: Flußbild, Weg 1

Bild 8.9. Nichteinfaches Komplanarpaar: Reduktion

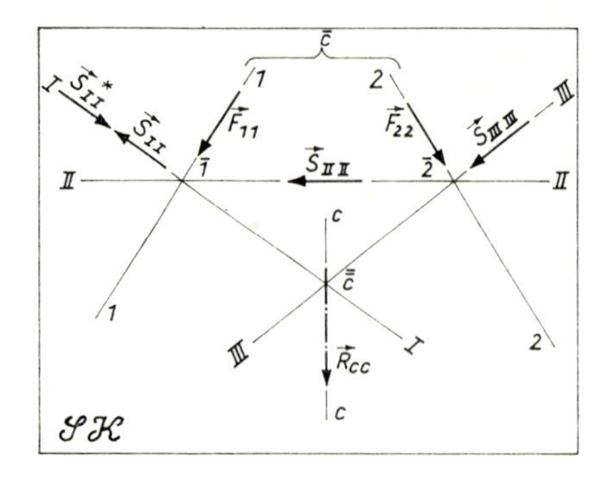

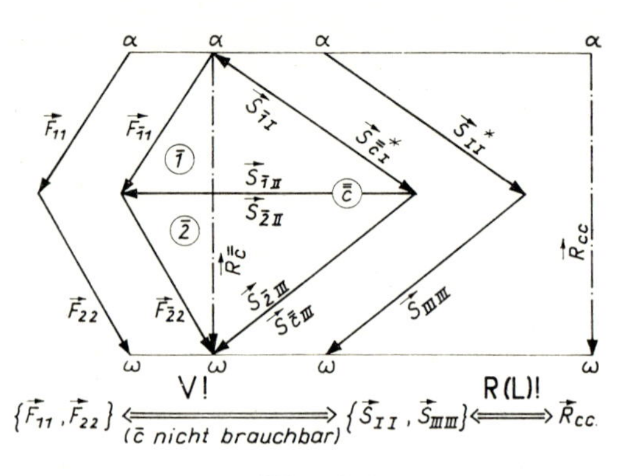

M.2. Methodische Darstellung, Weg 2

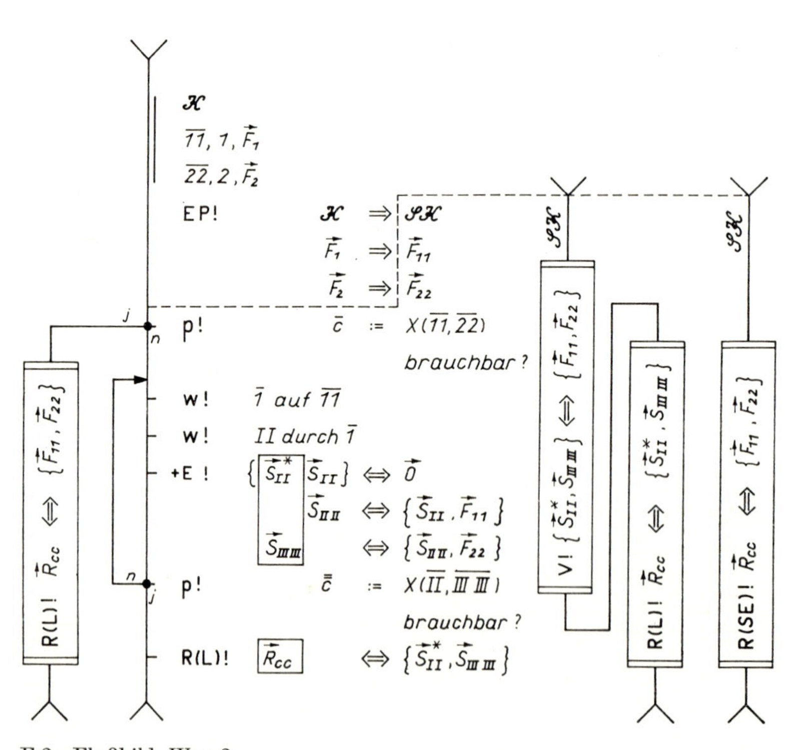

F.2: Flußbild, Weg 2

Bild 8.9. Nichteinfaches Komplanarpaar: Reduktion

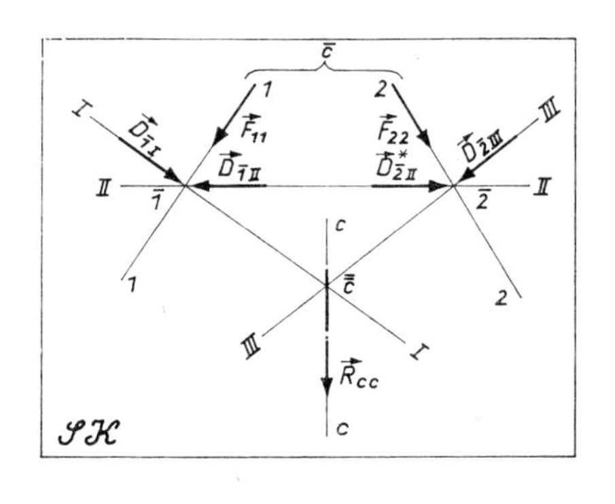

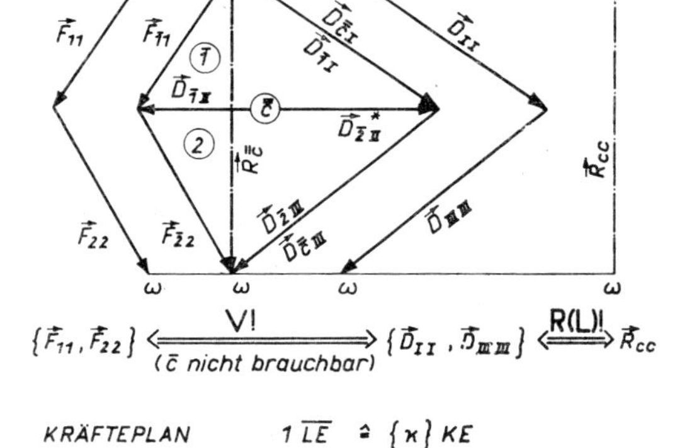

LAGEPLAN $1\,\overline{LE} \mathrel{\hat=} \{\lambda\}$ LE   KRÄFTEPLAN $1\,\overline{LE} \mathrel{\hat=} \{\varkappa\}$ KE

M.3: Methodische Darstellung, Weg 3

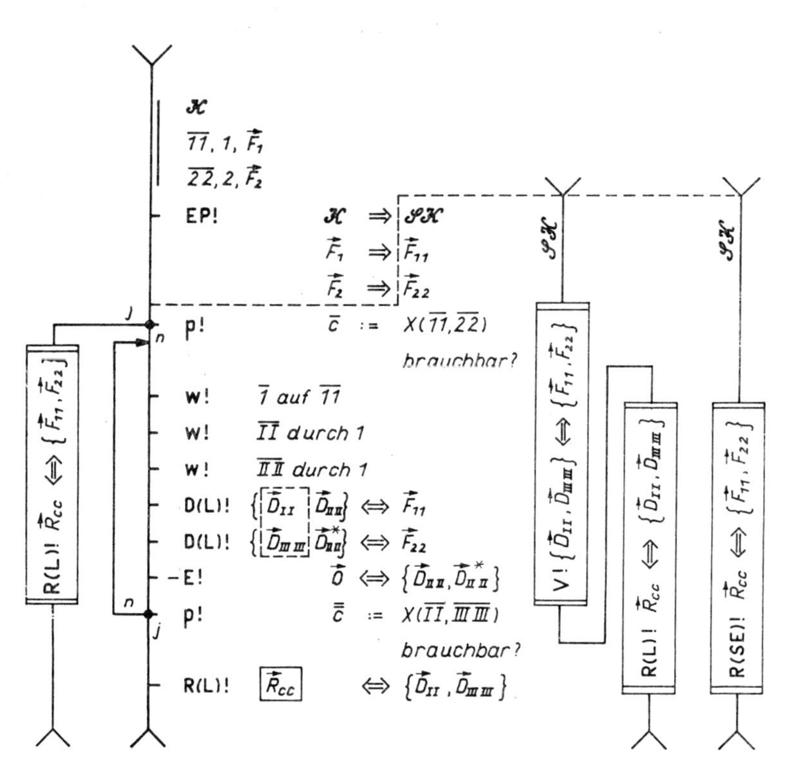

F.3: Flußbild, Weg 3

Bild 8.9. Nichteinfaches Komplanarpaar: Reduktion

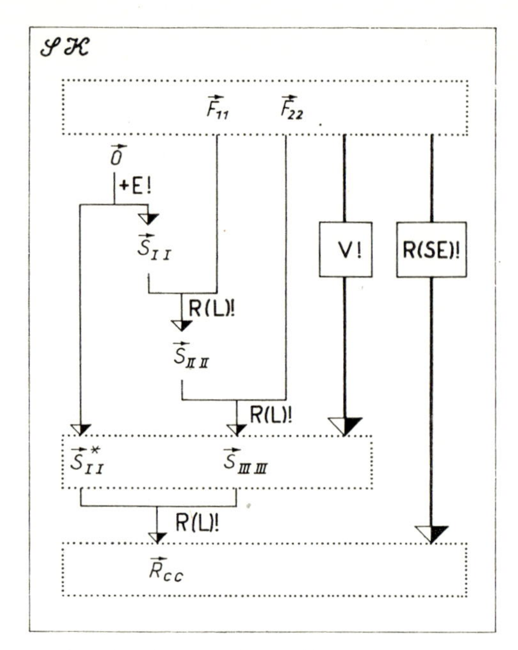

S.2: Symbolische Darstellung, Weg 2

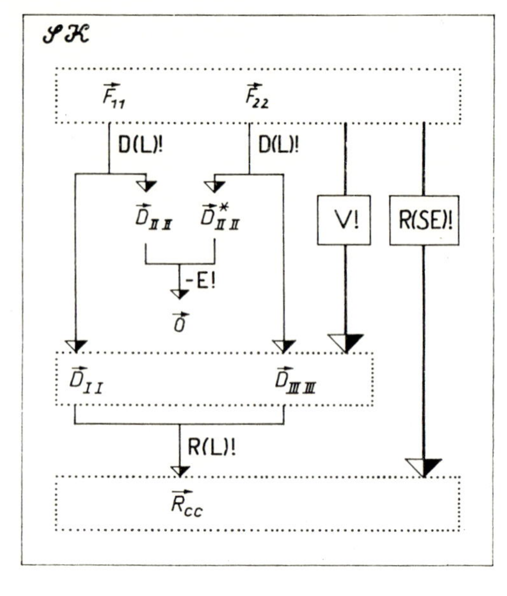

S.3: Symbolische Darstellung, Weg 3

Bild 8.9. Nichteinfaches Komplanarpaar: Reduktion

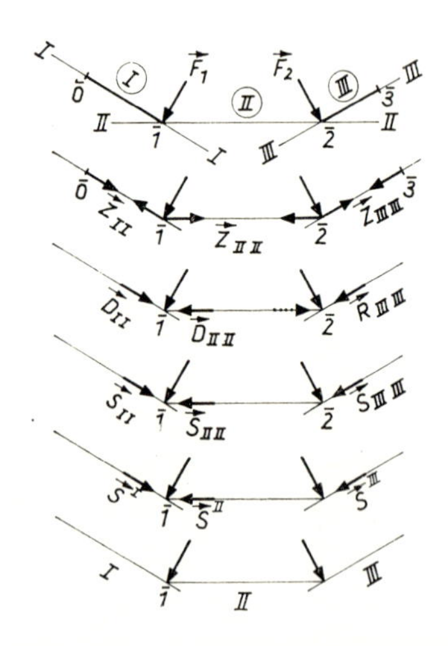

$\vec{D}_{II} =: \vec{S}_{II} =: \vec{S}^{I} =: I$ erste Seilkraft

$\vec{D}_{II\,II} =: \vec{S}_{II\,II} =: \vec{S}^{II} =: II$

$\vec{R}_{III\,III} =: \vec{S}_{III\,III} =: \vec{S}^{III} =: III$

allgemein

$\vec{S}_{NN} =: \vec{S}^{N} =: N$ letzte Seilkraft

vereinfachte Bezeichnung im Verfahren

hochgestellter Index $J | J = I, \ldots, N$ kennzeichnet Bereich $J := \overline{i-1}, i$ (zwischen Punkten $\overline{i-1}$ und i).

tiefgestellte Indizes $JJ | J = I, \ldots, N$ kennzeichnen Wirkungslinie der Seilkraft im Bereich Ⓙ.

Bild 8.10. Bezeichnung der Seilkräfte
(Korrektur: $\vec{F}_{\bar{1}}$, $\vec{F}_{\bar{2}}$ anstatt $\vec{F}_1$, $\vec{F}_2$)

Dieser bildhaften Analogie wegen werden die Geraden $\overline{\text{I I}}$, $\overline{\text{II II}}$, $\overline{\text{III III}}$ *Seilstrahlen* und der Polygonzug $\overline{\text{I I}}$, $\overline{\text{II II}}$, $\overline{\text{III III}}$ *Seilpolygon* oder *Seileck* genannt. Die Kräfte auf den Seilstrahlen haben unabhängig davon, ob eine Gleichgewichts- oder Äquivalenzaufgabe vorliegt, den Namen „*Seilkraft*" erhalten. Sie werden in der Regel mit $\boldsymbol{S}$ bezeichnet. In der methodischen Darstellung (Bild 8.9.M.1) wird deshalb $D_{\text{II}} = S_{\text{II}}$, $D_{\text{II II}} = S_{\text{II II}}$ und $R_{\text{III III}} = S_{NN}$ gesetzt. Im Verfahren (Bild 8.9.V.) verwenden wir schließlich die vereinfachte Bezeichnung (I, II, N) entsprechend Bild 8.10.

Die Einführung der Punkte $\bar{0}$ und $\bar{3}$ läßt die Markierung von Bereichen zu, die für die praktische Anwendung zweckmäßig ist. Wir bezeichnen die Punkte mit arabischen Ziffern i ($i = 0, \ldots, n$), den Bereich zwischen zwei aufeinanderfolgenden Punkten $i - 1$ und i mit einer römischen Ziffer J ($J = I, \ldots, N$) und nennen den Bereich J nach dem Endpunkt i, dann gilt:

$$J := i - 1,\ i \text{ (Bereich zwischen } i - 1 \text{ und } i).$$

Der gesamte Reduktionsprozeß läßt sich in allen Darstellungsarten mühelos verfolgen. Er kann in zwei Teilprozesse

V! $\{\boldsymbol{D}_{\text{I I}}, \boldsymbol{R}_{\text{III III}}\} \Leftrightarrow \{\boldsymbol{F}_{11}, \boldsymbol{F}_{22}\}$

R(L)! $\boldsymbol{R}_{cc} \Leftrightarrow \{\boldsymbol{D}_{\text{I I}}, \boldsymbol{R}_{\text{III III}}\}$

zerlegt oder als ein einziger Prozeß aufgefaßt und durch den Befehl

R(SE)! Reduziere mit Hilfe des Seileckes!

R(SE)! $\boldsymbol{R}_{cc} \Leftrightarrow \{\boldsymbol{F}_{11}, \boldsymbol{F}_{22}\}$

aktiviert werden.

In der methodischen Darstellung beachte man, daß den Punkten $\bar{1}$, $\bar{2}$ und $\bar{\bar{c}}$ im Lageplan je ein Dreieck $(\widehat{\underset{\smile}{1}})$, $(\widehat{\underset{\smile}{2}})$, $(\widehat{\underset{\smile}{\bar{c}}})$ im Kräfteplan zugeordnet ist und daß die das Dreieck bildenden Kraftvektoren den Angriffspunkt $\bar{1}$, $\bar{2}$, $\bar{\bar{c}}$ als ersten Index tragen.

Neben dem Aufbau des Seileckes durch Disduktion **(D(L)!)** mit anschließender Reduktion **(R(L)!)** sind — bei Inanspruchnahme des Ergänzungsprozesses — noch zwei weitere Wege denkbar, die im folgenden kurz vorgestellt werden:

- Weg 2: Reduktion mittels **+E!**, **R(L)!**, **R(L)!** (Bild 8.9.M.2).

Nach Wahl eines geeigneten Punktes $\bar{1}$ auf $\overline{11}$ und einer zweckmäßigen Geraden $\overline{\text{I I}}$ durch $\bar{1}$ wird auf $\overline{\text{I I}}$ das Aufhebungspaar $\{\boldsymbol{S}_{\text{I I}}, \boldsymbol{S}^*_{\text{I I}}\}$ ergänzt **(+E!)**, danach $\boldsymbol{S}_{\text{II II}}$ durch Reduktion **(R(L)!)** von $\{\boldsymbol{S}_{\text{I I}}, \boldsymbol{F}_{11}\}$ und schließlich $\boldsymbol{S}_{\text{III III}}$ durch Reduktion **(R(L)!)** von $\{\boldsymbol{S}_{\text{II II}}, \boldsymbol{F}_{22}\}$ ermittelt. Damit ist das nichteinfache Komplanarpaar $\{\boldsymbol{F}_{11}, \boldsymbol{F}_{22}\}$ in das einfache Komplanarpaar $\{\boldsymbol{S}^*_{\text{I I}}, \boldsymbol{S}_{\text{III III}}\}$ umgewandelt worden, dessen Resultierende $\boldsymbol{R}_{cc}$ sich durch Reduktion **(R(L)!)** — wenn $\bar{\bar{c}}$ brauchbar ist — leicht ermitteln läßt.

In der methodischen Darstellung stören hier die beiden übereinanderliegenden Seilkräfte $\boldsymbol{S}_{\text{I I}}$ und $\boldsymbol{S}^*_{\text{I I}}$ im Kräfteplan und im Lageplan. Für die Flußbilddarstellung ist jedoch die ausschließliche Anwendung der Reduktion **(R(L)!)** nach der Ergänzung **(+E!)** des Aufhebungspaares vorteilhaft.

• Weg 3: Reduktion mittels **D(L)!**, **D(L)!**, **—E!** (Bild 8.9.M.3.).

Nach Wahl eines geeigneten Punktes $\bar{1}$ auf $\overline{11}$ und zweier Richtungen $\overline{\mathrm{I\,I}}$, $\overline{\mathrm{II\,II}}$ durch $\bar{1}$ wird $\boldsymbol{F}_{11}$ nach $\overline{\mathrm{I\,I}}$ und $\overline{\mathrm{II\,II}}$ disduziert, wobei die Disduktionskräfte $\boldsymbol{D}_{\mathrm{I\,I}}$ und $\boldsymbol{D}_{\mathrm{II\,II}}$ entstehen.

Schneidet sich $\overline{\mathrm{II\,II}}$ mit $\overline{22}$ brauchbar in $\bar{2}$ (was schon bei der Wahl von $\overline{\mathrm{II\,II}}$ zu beachten ist), so ist dort ebenfalls eine Disduktion von $\boldsymbol{F}_{22}$ möglich, die dann eindeutig zu der Disduktionslinie $\overline{\mathrm{III\,III}}$ und dem Disduktionsvektor $\boldsymbol{D}_{\mathrm{III\,III}}$ führt, wenn man $\overline{\mathrm{II\,II}}$ als die eine Disduktionslinie und $\boldsymbol{D}^*_{\mathrm{II\,II}} \rightleftharpoons \boldsymbol{D}_{\mathrm{II\,II}}$ als den zugeordneten Disduktionsvektor wählt. In diesem Falle bilden nämlich $\boldsymbol{D}_{\mathrm{II\,II}}$ und $\boldsymbol{D}^*_{\mathrm{II\,II}}$ ein Aufhebungspaar und dürfen aus dem Modell entfernt werden **(—E!)**, so daß im Modell lediglich die Kräfte $\boldsymbol{D}_{\mathrm{I\,I}}$ und $\boldsymbol{D}_{\mathrm{III\,III}}$ verbleiben. Damit ist wiederum das nichteinfache Komplanarpaar $\{\boldsymbol{F}_{11}, \boldsymbol{F}_{22}\}$ in das einfache Komplanarpaar $\{\boldsymbol{D}_{\mathrm{I\,I}}, \boldsymbol{D}_{\mathrm{III\,III}}\}$ umgewandelt worden, dessen Resultierende $\boldsymbol{R}_{cc}$ sich durch Reduktion **(R(L)!)** — wenn $\bar{c}$ brauchbar ist — leicht ermitteln läßt.

8.2.2.2. Disduktion einer Kraft in ein nichteinfaches Komplanarpaar

Soll eine Kraft $\boldsymbol{R}_c$ nach zwei Richtungen $\overline{aa}$ und $\overline{bb}$ disduziert werden, deren Schnittpunkt $\bar{c}$ mit der Wirkungslinie $\overline{cc}$ der Kraft $\boldsymbol{R}_c$ *nichtbrauchbar* ist (Bild 8.11), so muß nach der Durchführung des Erstarrungsprozesses die nun linienflüchtige Kraft $\boldsymbol{R}_{cc}$ in ein zweckmäßiges einfaches Komplanarpaar umgewandelt werden. Dies geschieht, indem man zunächst einen Punkt $\bar{c}$ auf $\overline{cc}$ wählt, durch diesen zwei Geraden $\overline{\alpha\alpha}$ und $\overline{\beta\beta}$ zeichnet, die die vorgegebenen Disduktionsgeraden $\overline{aa}$ und $\overline{bb}$ in $\bar{a}$ und $\bar{b}$ brauchbar schneiden, und danach $\boldsymbol{R}_{cc}$ nach $\overline{\alpha\alpha}$ und $\overline{\beta\beta}$ disduziert.

D(L)! $\{\boldsymbol{D}_{\alpha\alpha}, \boldsymbol{D}_{\beta\beta}\} \Leftrightarrow \boldsymbol{R}_{cc}$.

Zerlegt man nun die beiden Kräfte $\boldsymbol{D}_{\alpha\alpha}$ bzw. $\boldsymbol{D}_{\beta\beta}$ in $\bar{a}$ bzw. $\bar{b}$ auf die gleiche Weise in Richtung der Disduktionslinien $\overline{aa}$ bzw. $\overline{bb}$ und der Verbindungslinie $\overline{\bar{a}\bar{b}}$, so erhält man die beiden gesuchten Disduktionskräfte $\boldsymbol{D}_{aa}$ bzw. $\boldsymbol{D}_{bb}$ und die Kräfte $\boldsymbol{S}_{\bar{a}\bar{b}}$ bzw. $\boldsymbol{S}_{\bar{b}\bar{a}}$, die — wie man sich im Kräfteplan leicht überzeugen kann — ein Aufhebungspaar bilden und herausgenommen werden dürfen **(—E!)**. Da nur mit dieser Zerlegung in Richtung $\overline{\bar{a}\bar{b}}$ und anschließender „Herausnahme" des auf diese Weise erhaltenen Aufhebungspaares der Disduktionsprozeß „*abgeschlossen*" werden kann, nennt man diese Gerade $\overline{\bar{a}\bar{b}}$ „*Schlußlinie*" und die beiden Kräfte $\boldsymbol{S}_{\bar{a}\bar{b}}$ und $\boldsymbol{S}_{\bar{b}\bar{a}}$ „*Schlußlinienkräfte*". Dieses Verfahren wird bei der graphischen Zerlegung einer Kraft nach zwei parallelen Richtungen benutzt.

Da die Konstruktion auch als Seileck aufgefaßt werden kann, rufen wir diesen gesamten Disduktionsprozeß künftig durch den Befehl

D(SE)! Disduziere mit Hilfe des Seileckes!

D(SE)! $\{\boldsymbol{D}_{aa}, \boldsymbol{D}_{bb}\} \Leftrightarrow \boldsymbol{R}_{cc}$

auf.

8.2.2.3. Vertierungstheorem für Komplanarpaare

Für die Reduktion eines Komplanarpaares bzw. die Disduktion in ein Komplanarpaar gibt es also jeweils zwei Verfahren: Ist der Schnittpunkt $\bar{c}$ der beiden Kraftwirkungslinien $\overline{11}$ und $\overline{22}$ bzw. der beiden Disduktionslinien $\overline{aa}$ und $\overline{bb}$ brauchbar, so erfolgt die

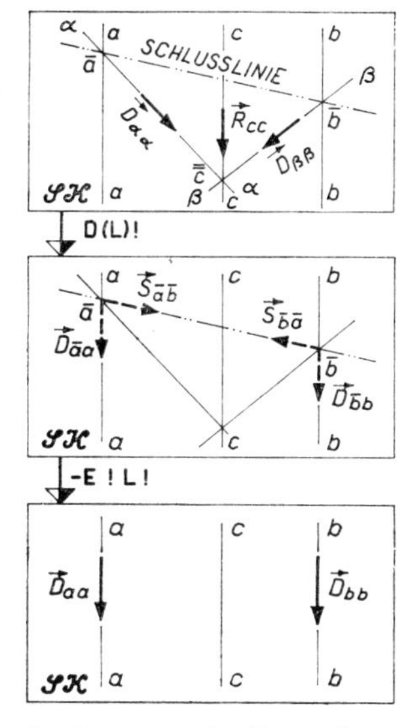

G: Geometrische Darstellung

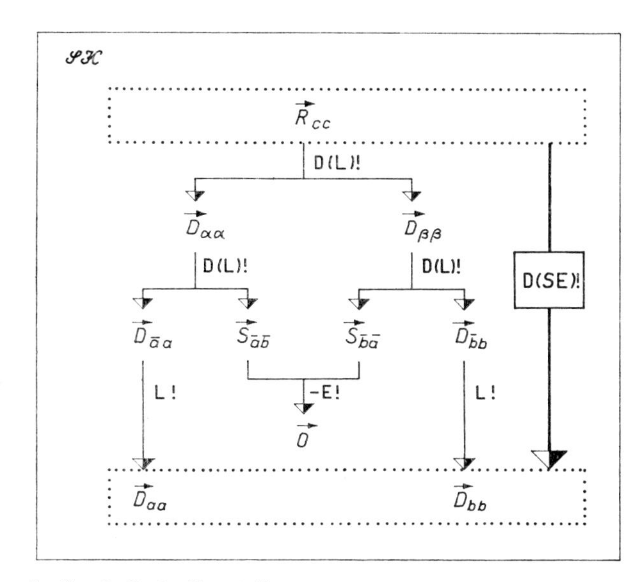

S: Symbolische Darstellung

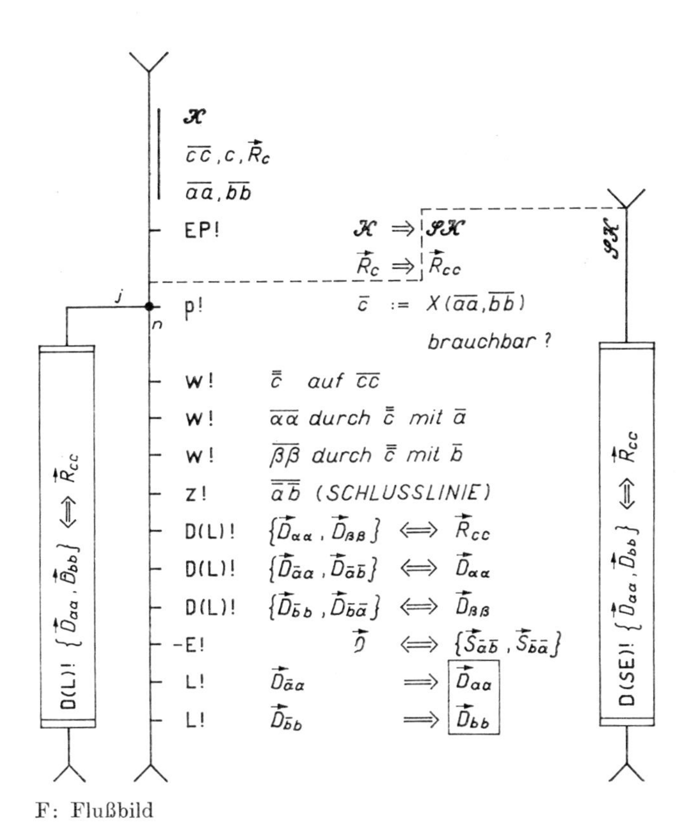

F: Flußbild

Bild 8.11. Nichteinfaches Komplanarpaar: Disduktion

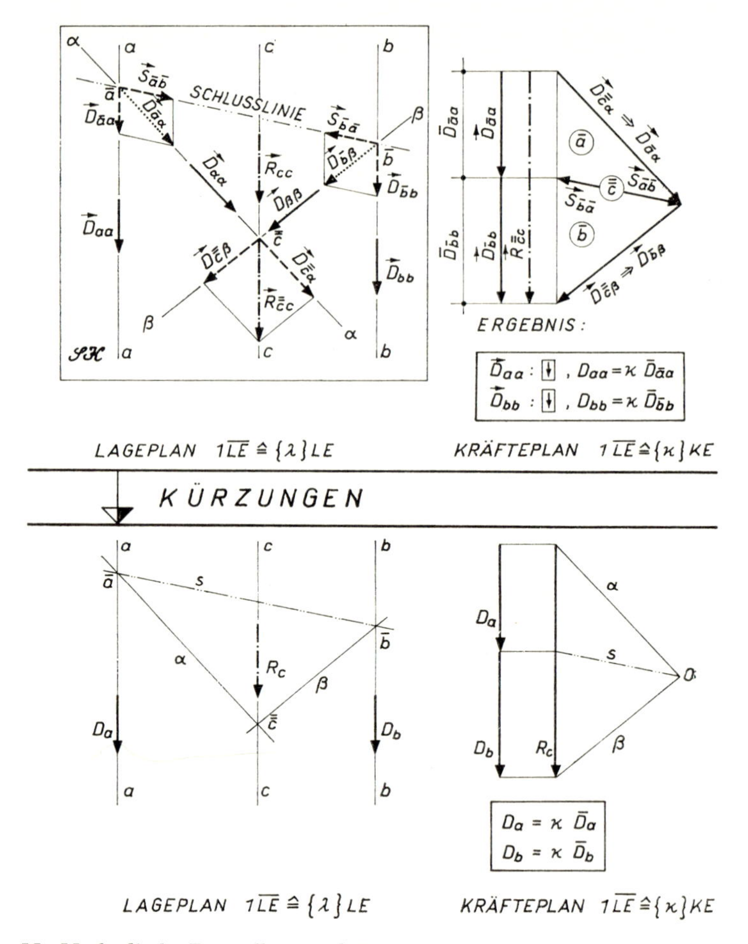

M: Methodische Darstellung und V.1: Verfahren, allgemeiner Fall

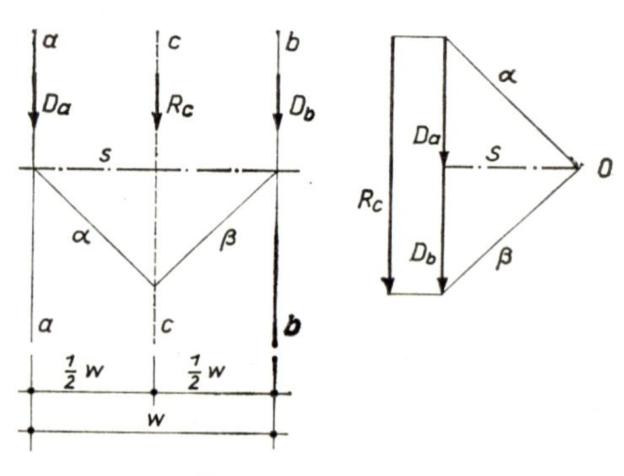

V.2: Verfahren, Sonderfall

Bild 8.11. Nichteinfaches Komplanarpaar: Disduktion

Reduktion bzw. Disduktion ausschließlich unter Inanspruchnahme der Linienflüchtigkeit. Ist $\bar{c}$ nicht brauchbar, wird das Seileck benutzt (Bild 8.12.).

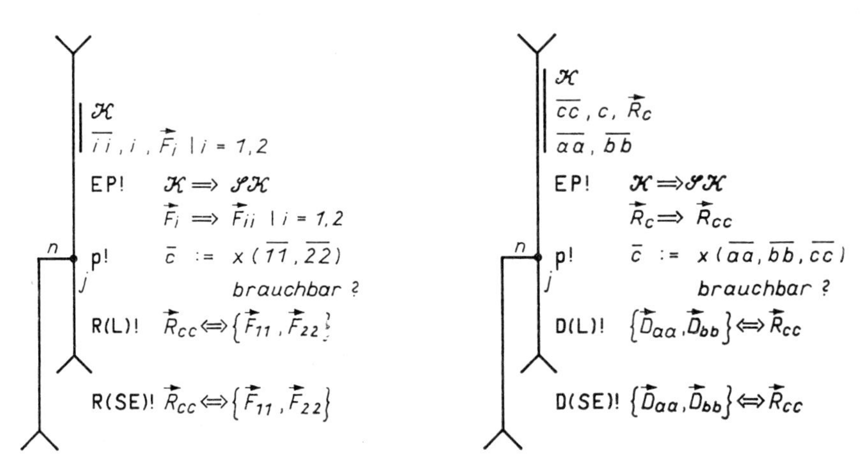

Bild 8.12. Komplanarpaare
Flußbilder zur Reduktion und Disduktion

Da bei der Konstruktion des Seileckes der Punkt $\bar{1}$ im Lageplan und der Pol im Kräfteplan (damit also Betrag und Richtung der Vektoren des Aufhebungspaares) beliebig gewählt werden können, gibt es theoretisch $3 \cdot \infty$ viele Seilecke und ebensoviele Versionen des vertierten Komplanarpaares. Alle diese Versionen haben aber die gleiche Resultierende in der gleichen Zentrallinie ($\boldsymbol{R}_{cc}$) und damit drei gemeinsame Merkmale, die man als Invarianten des Komplanarpaares auffassen kann, nämlich:

- Betrag,
- Richtungssinn (der die Richtung mit einschließt) und
- Lage.

Diese Erkenntnis läßt die Formulierung des Vertierungstheorems für Komplanarpaare zu:

Ein Komplanarpaar darf durch ein anderes Komplanarpaar äquivalent ersetzt werden, wenn seine Invarianten (Betrag, Richtungssinn und Lage der Resultierenden) erhalten bleiben.

8.2.2.4. Modifizierung des parallelen Komplanarpaares

Das parallele Komplanarpaar ist ein Sonderfall des nichteinfachen Komplanarpaares.

In Bild 8.13 ist die Reduktion für die einzelnen Fälle des parallelen Komplanarpaares dargestellt. Läßt man die Umformung rückwärts ablaufen, so erkennt man in den Fällen I, II, III, IV und VI die Disduktion einer Kraft nach zwei Richtungen. Fall V demonstriert die Modifizierung eines Kräftepaares.

Das Bild läßt folgendes erkennen:

- Sind beide Kräfte *gleichgerichtet* ($\boldsymbol{A} \upuparrows \boldsymbol{B}$), so ist der Betrag der Resultierenden gleich der Summe der Beträge der beiden Kräfte; ihre Richtung und ihr Richtungssinn

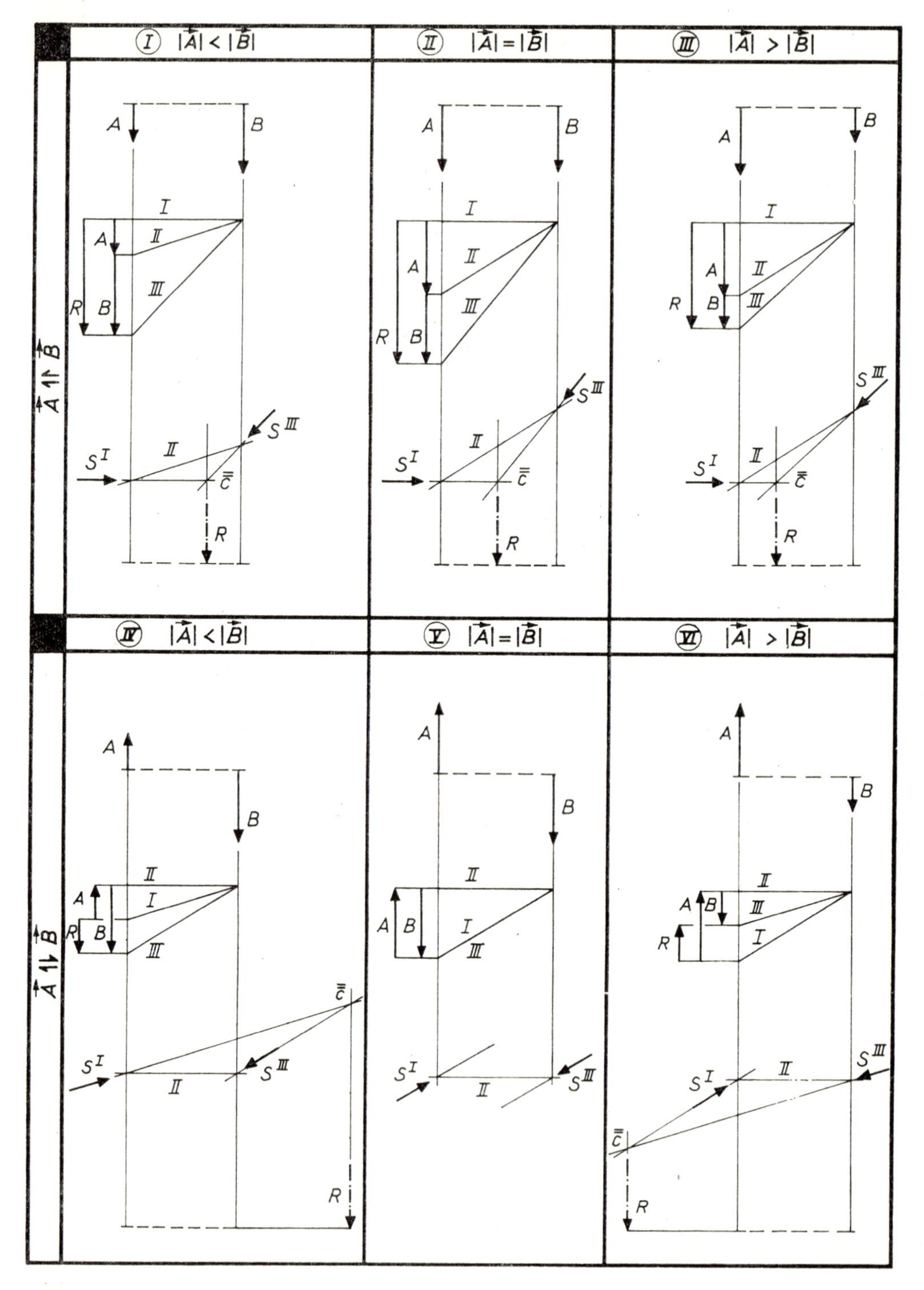

Bild 8.13. Parallele Komplanarpaare: Reduktion
(Korrektur: Feld VI, Pfeilspitze von R zeigt nach oben)

sind gleich denen der beiden Kräfte und ihre Wirkungslinie (die Zentrallinie) liegt zwischen beiden Kräften näher der größeren Kraft.
Sind beide Kräfte *gleich* ($\boldsymbol{A} \rightleftarrows \boldsymbol{B}$), so liegt die Zentrallinie genau in der Mitte.

● Sind beide Kräfte *entgegengesetzt gerichtet* ($\boldsymbol{A} \uparrow\downarrow \boldsymbol{B}$), so ist der Betrag der Resultierenden gleich der Differenz der Beträge der beiden Kräfte, Richtung und Richtungssinn der Resultierenden sind gleich denen der größeren Kraft, und die Zentrallinie liegt außerhalb auf der Seite der größeren Kraft.
Sind beide Kräfte *gegengleich* ($\boldsymbol{A} \rightleftharpoons \boldsymbol{B}$), so ist der Betrag der Resultierenden Null; ihre Richtung und ihr Richtungssinn sind nicht bestimmbar, und die Zentrallinie liegt im Unendlichen. Dieser Fall repräsentiert ein *Kräftepaar*, das nur eine Umwandlung in ein äquivalentes Kräftepaar zuläßt.

Die Tatsache, daß Kräftepaare keine Resultierende haben, ist von so grundlegender Bedeutung, daß wir der Modifizierung von Kräftepaaren einen eigenen Abschnitt widmen.

8.2.3. Die Modifizierung des Kräftepaares

8.2.3.1. Graphische Durchführung

Greift an einen starren Körper $\mathcal{SK}$ ein Kräftepaar an, das aus den Kräften $\boldsymbol{F}_{11}$ und $\boldsymbol{F}_{22}$ besteht, deren Wirkungslinien $\overline{11}$ und $\overline{22}$ den Abstand h haben (Bild 8.14.G), und sind in der gleichen Ebene die jeweils parallelen Geraden $\overline{33}$ und $\overline{44}$ mit dem Abstand h, $\overline{55}$ und $\overline{66}$ ebenfalls mit dem Abstand h sowie $\overline{77}$ und $\overline{88}$ mit dem Abstand k gegeben, so läßt sich zeigen, daß das gegebene Kräftepaar $\{\boldsymbol{F}_{11}, \boldsymbol{F}_{22}\}$ durch die Kräftepaare $\{\boldsymbol{F}_{33}, \boldsymbol{F}_{44}\}$, $\{\boldsymbol{F}_{55}, \boldsymbol{F}_{66}\}$ sowie $\{\boldsymbol{F}_{77}, \boldsymbol{F}_{88}\} = \{\boldsymbol{T}_{77}, \boldsymbol{T}_{88}\}$ äquivalent ersetzt werden darf.

Verschieben wir nämlich die Kraft $\boldsymbol{F}_{11}$ bzw. $\boldsymbol{F}_{22}$ linienflüchtig nach a bzw. b, um sie dort nach den Richtungen $\overline{33}$ und $\overline{ab}$ bzw. $\overline{44}$ und $\overline{ba}$ zu zerlegen, dann sind die beiden Kräfteparallelogramme, die durch die Superposition

$$\boldsymbol{F}_{a3} + \boldsymbol{A}_{ab} \equiv \boldsymbol{F}_{a1},$$

$$\boldsymbol{F}_{b4} + \boldsymbol{A}_{ba} \equiv \boldsymbol{F}_{b2}$$

entstehen, kongruent, da $|\boldsymbol{F}_{a1}| = |\boldsymbol{F}_{b2}|$ ist, die Diagonalen also gleich und alle Seiten parallel sind. Die Kräfte $\boldsymbol{A}_{ab}$ und $\boldsymbol{A}_{ba}$ bilden demnach ein Aufhebungspaar, das wir aus dem Modell entfernen dürfen, so daß nach der Disduktion und der linienflüchtigen Verschiebung

$$\boldsymbol{F}_{a3} \Rightarrow \boldsymbol{F}_{33}, \qquad \boldsymbol{F}_{b4} \Rightarrow \boldsymbol{F}_{44}$$

nur das Kräftepaar $\{\boldsymbol{F}_{33}, \boldsymbol{F}_{44}\}$ im Modell verbleibt.

Da dieses Kräftepaar $\{\boldsymbol{F}_{33}, \boldsymbol{F}_{44}\}$ ausschließlich durch linienflüchtiges Verschieben, Superposition und Ergänzung aus dem Kräftepaar $\{\boldsymbol{F}_{11}, \boldsymbol{F}_{22}\}$ entstanden ist, sind beide Kräftepaare äquivalent[1]) (Bild 8.14.S.1).

[1]) Vgl. Bd. 2, Abschnitt 7.3.2. (7.15).

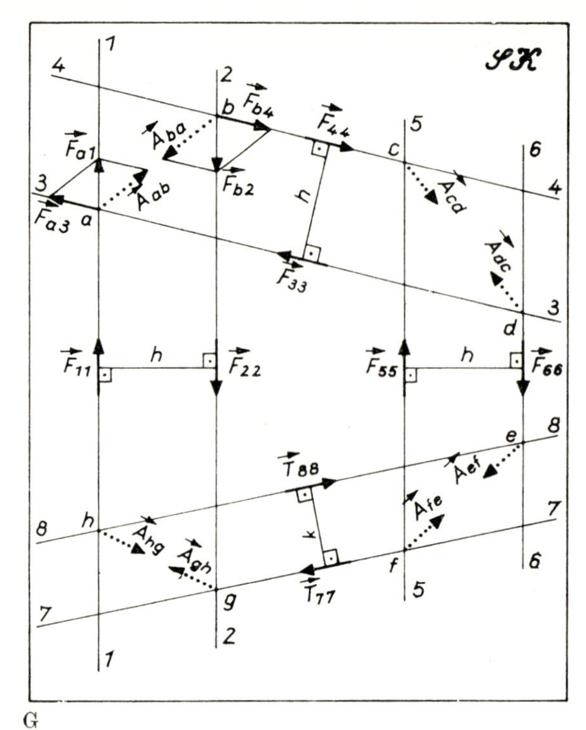

G

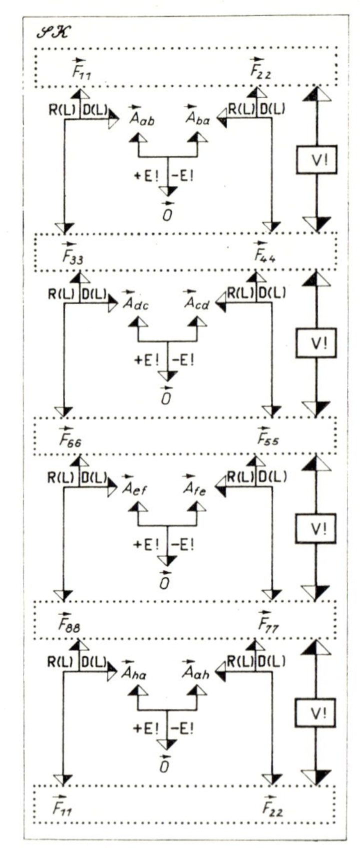

S.1

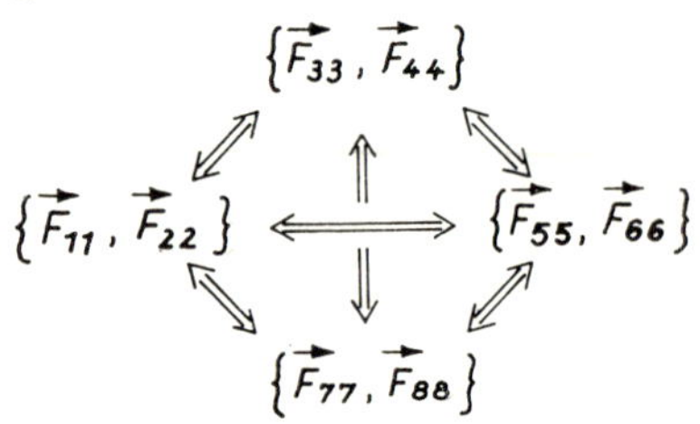

S.2

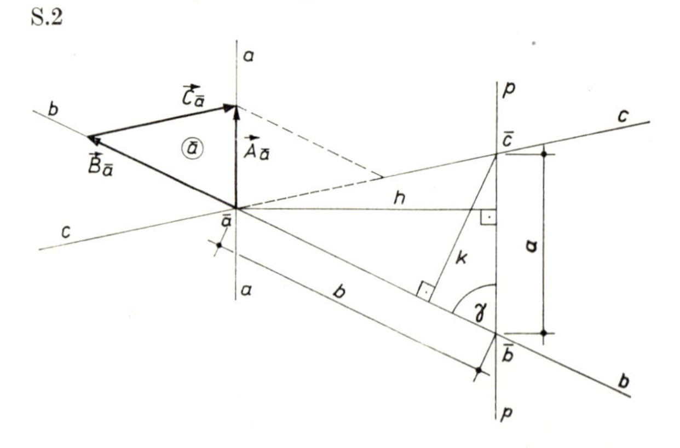

$$\frac{|\vec{A}_{\bar{a}}|}{|\vec{B}_{\bar{a}}|} = \frac{a}{b} = \frac{a \cdot \sin\gamma}{b \cdot \sin\gamma} = \frac{k}{h} \Rightarrow |\vec{A}_a| \cdot h = |\vec{B}_a| \cdot k$$

K

Bild 8.14. Kräftepaare: Vertierungsprozeß

G: Geometrische Darstellung

S.1: Symbolische Darstellung des Ablaufes (Anmerkung: Für **R(L)!** bzw. **D(L)!** ist abgekürzt **R(L)** bzw. **D(L)** gesetzt)

S.2: Symbolische Darstellung der Äquivalenzbeziehungen

K: Konstruktion zum Nachweis der Konstanz des Produktes aus Seite und zugeordneter Höhe in Dreiecken

In analoger Weise erhalten wir auch die äquivalenten Kräftepaare $\{\boldsymbol{F}_{55}, \boldsymbol{F}_{66}\}$ und $\{\boldsymbol{F}_{77}, \boldsymbol{F}_{88}\} = \{\boldsymbol{T}_{77}, \boldsymbol{T}_{88}\}$. Der Weg läßt sich sowohl in der geometrischen als auch in der symbolischen Darstellung (Bild 8.14.S.1) mühelos verfolgen[1]).

Bei der Modifizierung eines Kräftepaares können sich demnach sowohl die beiden Kräfte (und zwar hinsichtlich ihrer Richtung und ihres Betrages) ändern, als auch deren Abstand.

Invariant bleiben lediglich der *Drehsinn* und das Produkt aus dem Betrag einer Kraft und dem senkrechten Abstand der beiden parallelen Wirkungslinien[2]), das im folgenden kurz *Produkt* genannt wird (z. B. $|\boldsymbol{F}_{55}| \cdot h = |\boldsymbol{F}_{77}| \cdot k$).

8.2.3.2. Vertierungstheoreme für Kräftepaare

Das Kräftepaar darf also ebenso wie das Komplanarpaar seine Gestalt ändern; es darf in beliebige, äquivalente *Versionen* verwandelt (vertiert) werden.

Wir lösen diese Gestaltsänderung wieder durch folgenden Befehl aus:

V! Vertiere (ein Kräftepaar in eine andere äquivalente Version)

[1]) Man kann diesen Umwandlungsvorgang auch in entgegengesetzter Richtung laufen lassen (vgl. Bild 8.14), nur muß dann an die Stelle der Disduktion **(D(L)!)** mit anschließendem Herausnehmen (**—E!**) der Aufhebungspaare ein Hinzufügen (**+E!**) entsprechender Aufhebungspaare mit anschließender Reduktion **(R(L)!)** treten.

[2]) Schneidet sich die Wirkungslinie $\overline{aa}$ der Kraft $\boldsymbol{A}$ mit den Geraden $\overline{bb}$ und $\overline{cc}$ im Punkt $\bar{a}$, so kann $\boldsymbol{A}_{\bar{a}}$ nach diesen beiden Richtungen disduziert werden (Bild 8.14.K.). Wir erhalten

$$\boldsymbol{B}_{\bar{a}} + \boldsymbol{C}_{\bar{a}} \equiv \boldsymbol{A}_{\bar{a}}.$$

Die graphische Disduktion ergibt das von den Vektoren $\boldsymbol{A}_{\bar{a}}$, $\boldsymbol{B}_{\bar{a}}$ und $\boldsymbol{C}_{\bar{a}}$ gebildete Kraftdreieck. Eine beliebige Parallele $\overline{pp}$ zu $\overline{aa}$ schneidet die Geraden $\overline{bb}$ in $\bar{b}$ sowie $\overline{cc}$ in $\bar{c}$ und läßt ein Dreieck mit den Seiten a, b, die den Winkel γ einschließen, und den Höhen h bzw. k entstehen. — Dieses Dreieck ist dem Kraftdreieck ähnlich, da je zwei Seiten parallel sind. Auf Grund dieser Ähnlichkeit gilt

$$\frac{|\boldsymbol{A}|}{|\boldsymbol{B}|} = \frac{a}{b}.$$

Da außerdem

$$\sin \gamma = \frac{h}{b} = \frac{k}{a}$$

ist, muß auch

$$\frac{a}{b} = \frac{k}{h}$$

sein und demnach

$$\frac{|\boldsymbol{A}|}{|\boldsymbol{B}|} = \frac{k}{h}$$

gelten, woraus folgt, daß die Produkte

$$|\boldsymbol{A}| \cdot h = |\boldsymbol{B}| \cdot k$$

konstant sind.

Symbolisch dürfen wir dann beispielsweise schreiben

$$\mathbf{V!}\ \{\boldsymbol{F}_{77}, \boldsymbol{F}_{88}\} \Leftrightarrow \{\boldsymbol{F}_{11}, \boldsymbol{F}_{22}\}.$$

Da im Bild 8.14.G die Geraden $\overline{11}$ und $\overline{22}$, $\overline{33}$ und $\overline{44}$ sowie $\overline{55}$ und $\overline{66}$ den gleichen Abstand h haben und außerdem die Geraden $\overline{11}$, $\overline{22}$, $\overline{55}$ und $\overline{66}$ parallel sein sollen, läßt die dort gezeigte äquivalente Gestaltsänderung die Formulierung der folgenden zwei Vertierungstheoreme zu:

1. Ein Kräftepaar darf in seiner Ebene beliebig verschoben und verdreht werden.

Ein Kräftepaar darf auch aus seiner Ebene heraus in eine andere parallele Ebene verschoben werden, was aber im Rahmen der graphischen Umwandlung komplanarer Kräftesysteme nicht interessiert und deshalb nicht weiter verfolgt wird.

2. Ein Kräftepaar darf durch ein anderes Kräftepaar äquivalent ersetzt werden, wenn seine Invarianten (Produkt und Drehsinn) erhalten bleiben.

8.3. Graphische Substitution

Das **Superpositionsaxiom** allein läßt lediglich die Reduktion eines zentralen Komplanarpaares im *Zentralpunkt* zu, und das auch nur dann, wenn die beiden Kräfte gleichzeitig unmittelbar im Zentralpunkt angreifen. Das **Erstarrungsaxiom** gestattet eine Umwandlung des Kontinuums, auf das die Kräfte einwirken, in einen starren Körper und läßt gemeinsam mit dem Ergänzungsaxiom die Kräfte linienflüchtig werden, wonach in Verbindung mit dem Superpositionsaxiom die Reduktion eines zentralen Komplanarpaares, dessen Kräfte nicht im Zentralpunkt angreifen, in die *Zentrallinie* gelingt.

Die Reduktion in einen beliebigen Punkt des Körpers, also in bezug auf ein *beliebiges Reduktionszentrum* wird aber erst durch das **Mutationsaxiom** möglich.

8.3.1. Das Mutationsaxiom

Wollen wir in Bild 8.15.G.1 die in i angreifende Kraft $\boldsymbol{F}_i$ ohne Verletzung des Fundamentalpostulates in einem anderen Punkt r äquivalent ersetzen, so ergänzen wir zunächst in diesem Punkt r nach dem Erstarrungsprozeß das folgende Aufhebungspaar:

$$+\mathbf{E!}\ \{\boldsymbol{P}_r, \boldsymbol{F}_r \mid \boldsymbol{F}_r \rightleftarrows \boldsymbol{P}_r \rightrightarrows \boldsymbol{F}_i\} \Leftrightarrow \mathbf{0}.$$

Dadurch erreichen wir, daß eine der gegebenen Kraft $\boldsymbol{F}_i$ gleiche Größe $\boldsymbol{P}_r$ in r angreift, wobei allerdings gleichzeitig das angegliederte Kräftepaar

$$\{\boldsymbol{F}_i, \boldsymbol{F}_r \mid \boldsymbol{F}_i \rightleftarrows \boldsymbol{F}_r\}$$

entsteht.

Dieses Kräftepaar können wir natürlich vertieren.

Dabei lassen sich eine Vielzahl Versionen des Kräftepaares konstruieren, die alle dadurch ausgezeichnet sind, daß eine ihrer Kräfte ($\boldsymbol{F}_r$, $\boldsymbol{S}_r$, $\boldsymbol{H}_r$) in r angreift. Die andere Kraft bewegt sich derart um diesen Punkt, daß Drehsinn und Produkt des Kräftepaares erhalten bleiben. Der Punkt r hat also für alle denkbaren Versionen des angegliederten Kräftepaares eine *polare* Stellung, weshalb er auch als *Pol* bezeichnet wird.

Da jede dieser Versionen zwei Merkmale hat, nämlich ihren Drehsinn und ihr Produkt, die sich während des Vertierens nicht ändern, ist es erkenntnistheoretisch zulässig und in denkökonomischer Hinsicht zweckmäßig, diese beiden Invarianten des

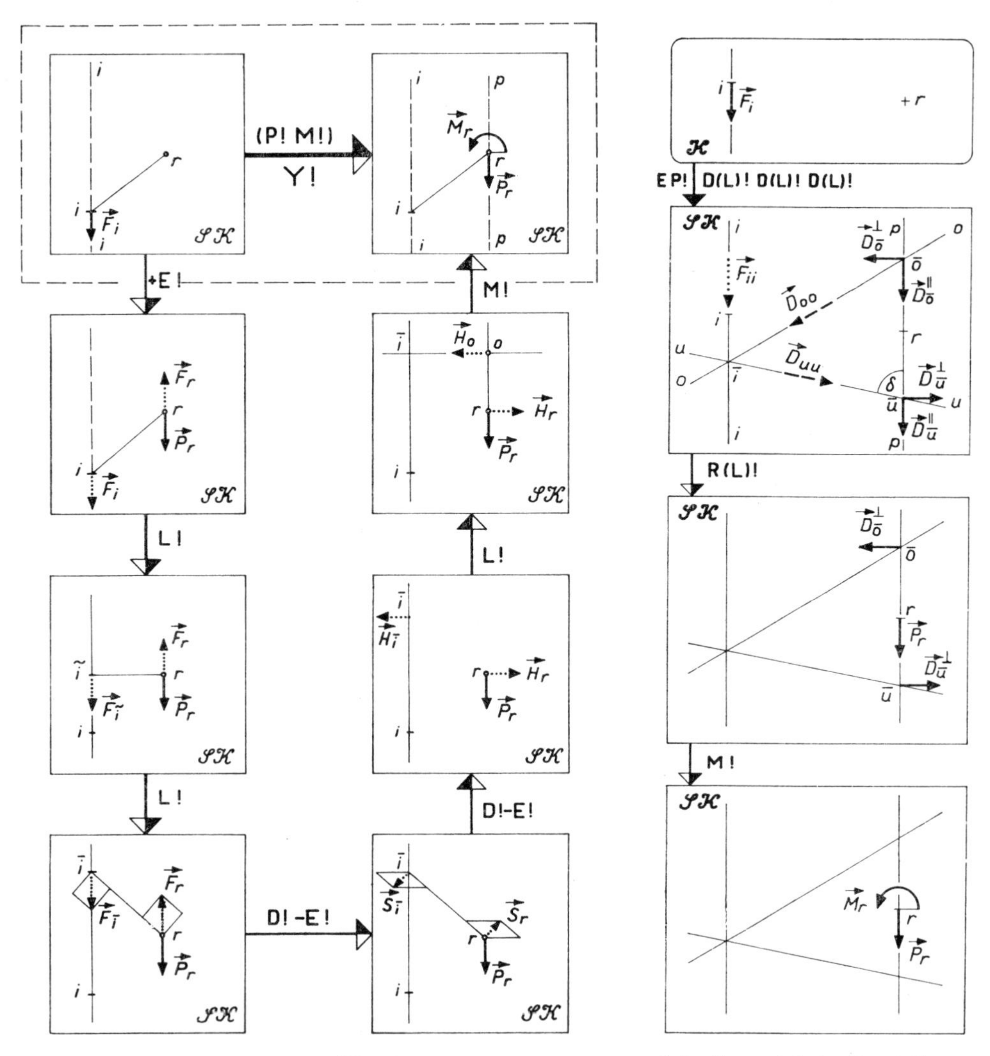

G.1: Geometrische Darstellung, Weg 1

G.2: Geometrische Darstellung, Weg 2

Bild 8.15. Substitutionspaar einer Kraft

Kräftepaares als Merkmale *einer* gerichteten Größe aufzufassen, die das Kräftepaar vollinhaltlich ersetzt, und zwar

- den Drehsinn als Richtungssinn (der die (Dreh-) Richtung — um eine Achse senkrecht zur Ebene des Kräftepaares — selbstverständlich mit einschließt)[1]) und
- das Produkt als Betrag.

[1]) Als Richtungssinn wählt man in der Regel die Rechtsschraubung, als Symbol den senkrecht auf der Drehebene stehenden Pfeil (ggf. mit Doppelspitze) oder den in der Drehebene liegenden mit einer Pfeilspitze versehenen Halbkreis. Vgl. Bd. 2, Bilder 4.1., 6.1, 6.3, 6.19, 6.24. Vgl. auch die Auffassung des Drehwinkels als Vektor, Bd. 2, Abschnitt 6.1.1.4.

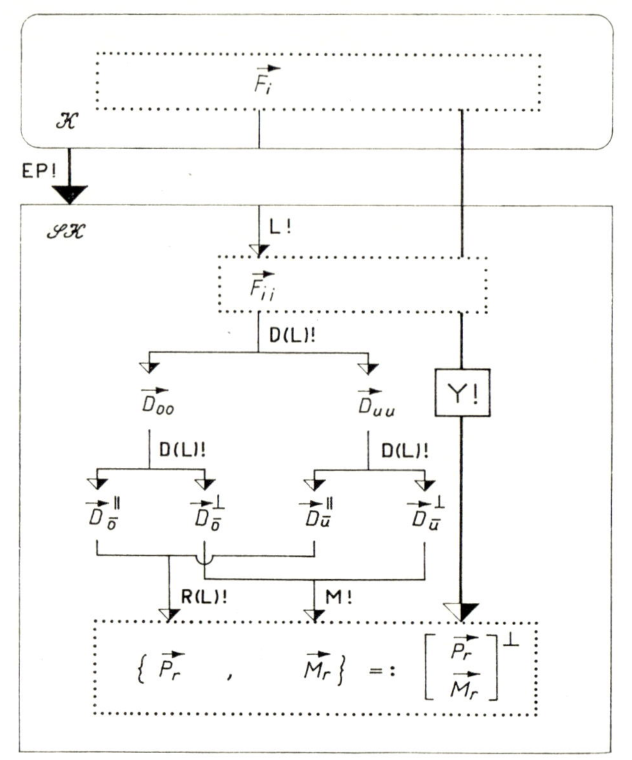

S.2: Symbolische Darstellung, Weg 2

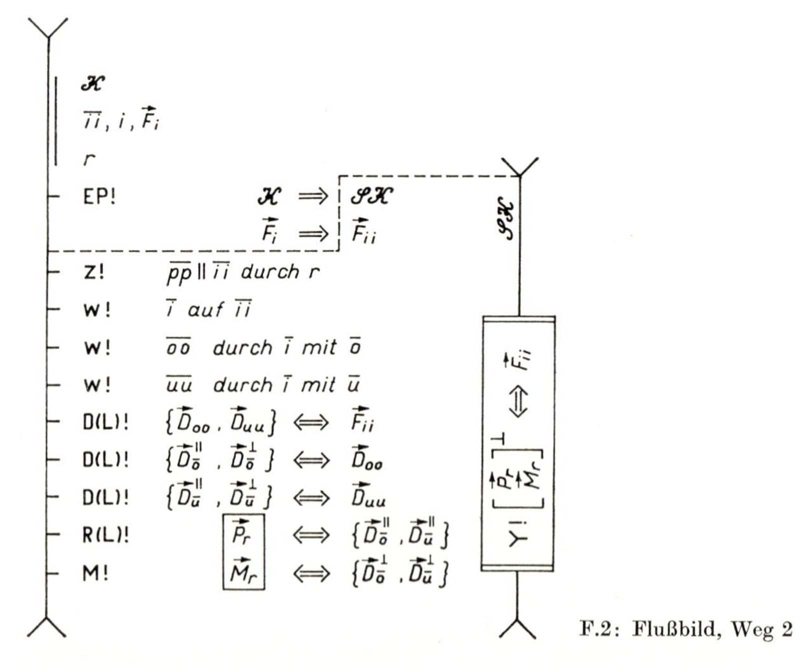

F.2: Flußbild, Weg 2

Bild 8.15. Substitutionspaar einer Kraft

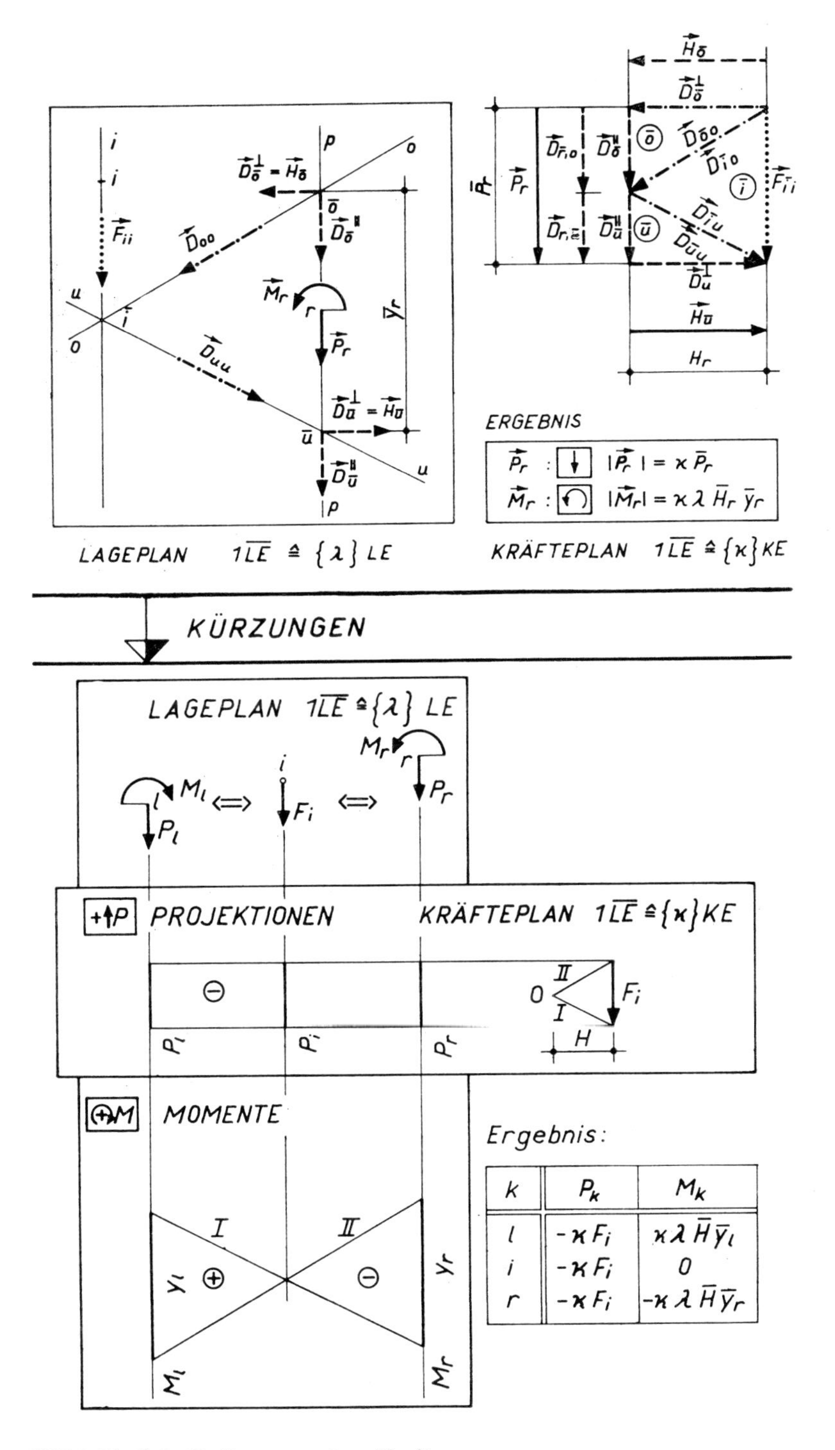

Bild 8.15. Substitutionspaar einer Kraft
M.2: Methodische Darstellung, Weg 2 und V.2: Verfahren, Weg 2

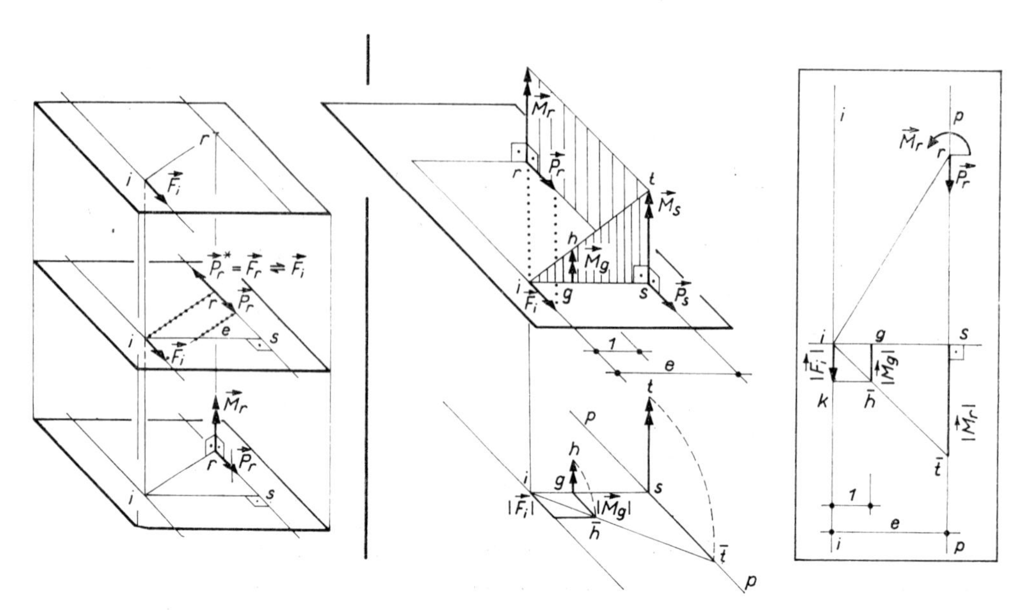

I.1: Isometrische Darstellung, Weg **1**

K.1: Konstruktion des Substitutionsmomentes in der Ebene, Veranschaulichung durch Momentenfeld

Bild 8.15. Substitutionspaar einer Kraft

Da der Betrag dieser neuen gerichteten Größe das gleichzeitige (momentane) Wirken, das Verschmelzen von Kraft und Abstand erfaßt, wird die Größe selbst „(Kraft-) *Moment*" genannt. Da als Abstand die senkrechte Entfernung der Kraftwirkungslinie vom *Pol* gemeint ist, bezeichnen wir sie genauer als *polares* (Kraft-) *Moment*.

Durch die Umwandlung des Kräftepaares in ein Moment wird eine völlig neue Größe eingeführt, die für die rein graphische Lösung zwar nicht erforderlich ist, aber eine sehr anschauliche Brücke zu der analytischen Vorgehensweise schlägt.

Diesem Qualitätssprung — der auch rückwärts verlaufen kann — geben wir seiner fundamentalen Bedeutung wegen einen eigenen Namen: Wir nennen ihn *Mutation* und aktivieren ihn durch den Befehl:

M! Mutiere ein Kräftepaar in ein Moment oder ein Moment in ein Kräftepaar.

Die Erkenntnis formulieren wir im Mutationsaxiom:

Am starren Körper darf ein Kräftepaar in einen Momentenvektor und ein Momentenvektor in ein Kräftepaar mutiert werden, wenn die Invarianten erhalten bleiben.

8.3.2. Das Substitutionspaar einer Kraft

Mit Hilfe des Erstarrungs-, Ergänzungs- und Mutationsprozesses kann also eine gebundene Kraft in jedem beliebigen *Pol* durch zwei vektorielle Größen äquivalent ersetzt werden (Weg 1). Der Vektor, der das angegliederte Kräftepaar repräsentiert, wird *polares Moment* genannt. Da der zweite Vektor durch schiefe Parallelprojektion der Kraft $\boldsymbol{F}_i$ auf die zu $\overline{ii}$ parallele Gerade $\overline{pp}$ konstruiert werden kann (Bild 8.15.G.1, 8.15.I.1) (vgl. auch Bild 5.1, Abschnitt 5.1.1., Bd. 2, S. 34) und ebenfalls an den Pol gebunden ist, bezeichnen wir ihn als *polare Projektion*.

Für die Kraft $\boldsymbol{F}_i$ werden also im Pol r die polare Projektion $\boldsymbol{P}_{r,i}$ und das polare Moment $\boldsymbol{M}_{r,i}$ substituiert. Durch die beiden polaren Vektoren wird zugleich die „*Polarität*" (Gegensätzlichkeit) ihrer Wirkungen angedeutet: Die polare Projektion würde am freien starren Körper eine Translation, das polare Moment eine Rotation verursachen, wenn Angriffspunkt und Schwerpunkt zusammenfallen.

$\boldsymbol{P}_r$ und $\boldsymbol{M}_r$ bilden in r ein Elementarpaar, das seiner Zweckbestimmung entsprechend auch *Substitutionspaar*[1]) der Kraft $\boldsymbol{F}_i$ genannt wird. Die polare Projektion heißt dann *substituierte Projektion* oder kurz *Substitutionsprojektion*, das polare Moment analog *substituiertes Moment* oder *Substitutionsmoment*.

Der Substitutionsprozeß wird genauer Verzweigungsprozeß genannt und durch den Befehl[2])

> **Y!** Substituiere (für die Kraft das Substitutionspaar)!
> oder genauer:
> Verzweige die Kraft in Kraftprojektion und Kraftmoment!

aktiviert, z. B. in Bild 8.15.G.1:

$$\mathbf{Y!}\ \begin{bmatrix} \boldsymbol{P}_{r,i} \\ \boldsymbol{M}_{r,i} \end{bmatrix}^{\perp} \Leftrightarrow \boldsymbol{F}_i .$$

Das Symbol **Y** deutet mit seiner Ver*zwei*gung an, daß während der Substitution die Kraft $\boldsymbol{F}_i$ durch *zwei* Vektoren äquivalent zu ersetzen ist (z. B. Bild 8.15.S.2).

Die graphische Konstruktion der polaren Projektion $\boldsymbol{P}_r$ bedarf keiner Erklärung.

Der Betrag des polaren Momentenvektors ist gleich dem Produkt des angegliederten Kräftepaares, mit den Bezeichnungen in Bild 8.15.K.1 also $|\boldsymbol{M}_r| = |\boldsymbol{F}_i| \cdot e$. Er ist linear abhängig von e und läßt sich deshalb in der Zeichenebene mittels einer Geraden leicht konstruieren, wenn man die Momentenvektoren in die Zeichenebene umklappt.

Für $e = \overline{ig}$ nimmt in Bild 8.15.K der Betrag des Momentes den Wert $|\boldsymbol{F}_i| \cdot \overline{ig}$ an. Bezeichnet man diesen mit $|\boldsymbol{M}_g|$, trägt $|\boldsymbol{M}_g| = \overline{g\bar{h}}$ senkrecht zu $\overline{is}$ in g auf und zeichnet die durch die Punkte i und $\bar{h}$ bestimmte Gerade, so trifft diese $\overline{pp}$ in $\bar{t}$, wodurch mit $\overline{s\bar{t}}$ der Betrag des Momentes $|\boldsymbol{M}_s| = |\boldsymbol{M}_r|$ ablesbar wird, denn es ist offensichtlich

$$\overline{s\bar{t}} = \overline{g\bar{h}}\,\frac{\overline{is}}{\overline{ig}} = |\boldsymbol{F}_i| \cdot \overline{ig} \cdot \frac{e}{\overline{ig}} = |\boldsymbol{F}_i| \cdot e = |\boldsymbol{M}_r| .$$

[1]) Vgl. Bd. 2, Abschnitt 7.5.1.1., Bild 7.10.

[2]) Das Symbol **Y** benutzen wir immer dann, wenn angedeutet werden soll, daß mit dieser Substitution ein Übergang von dem Kräfteraum in den Elementarpaarraum erfolgt, also *genauer ausgedrückt* eine Abbildung (Imagination, lat. imago: Bild), nämlich die Abbildung einer Kraft in ein Elementarpaar, vorgenommen wird (vgl. Anmerkung 2 zu Abschnitt 8.3.5., Abschnitt 8.8. und Bild 8.50), wobei eine Größe anderer Qualität entsteht.

Das Symbol **S** soll vor allem der Substitution eines Elementarpaares (z. B. in r) für ein Elementarpaar (z. B. in s) vorbehalten bleiben, also eine Transfiguration, eine Änderung der Gestalt der zu ersetzenden Größe einleiten (nicht aber die Abbildung in eine Größe anderer Qualität.) (Vgl. Abschn. 8.3.4.).

Für die graphische Konstruktion wählt man $\overline{ig} = 1\,\overline{LE}$, so daß sich $\overline{gh} = |\boldsymbol{F}_i| \cdot 1\,\overline{LE}$ ergibt und $\bar{h}$ als Schnittpunkt der Parallelen zu $\overline{ii}$ durch g mit der Parallelen zu $\overline{is}$ durch k gefunden werden kann, wenn $|\boldsymbol{F}_i|$ maßstabsgetreu aufgetragen worden ist.

Der Substitutionsprozeß besteht also aus zwei Teilprozessen, die durch die Befehle

P! Bilde die polare Projektion! und
M! Bilde das polare Moment!

aktiviert werden und im Falle einer äquivalenten Umformung immer *gleichzeitig* ablaufen müssen.

Die Bildung des polaren Momentes stimmt inhaltlich mit der Mutation überein, weshalb kein neues Symbol für den Befehl gewählt worden ist.

Da man bei praktischen Aufgaben nicht nur ein Moment, sondern mehrere, häufig sogar alle Momente eines bestimmten Bereiches ermitteln muß und für die Darstellung dieser Momente eine übersichtliche graphische Anordnung haben möchte, wird die graphische Substitution häufig in der Folge: Disduktion, Reduktion, Mutation (Weg 2) durchgeführt.

Gegeben ist in Bild 8.15.G.2 der Körper $\mathcal{K}$, an dem die Kraft $\boldsymbol{F}_i$ im Punkt i angreift, und der Punkt r, in dem für die Kraft $\boldsymbol{F}_i$ das ihr äquivalente Substitutionspaar substituiert werden soll.

Nach dem Erstarrungsprozeß, der die Kraft $\boldsymbol{F}_i$ linienflüchtig werden läßt, wird die Problemstellung geometrisch vorbereitet. Wir zeichnen **(z!)** eine Parallele $\overline{pp}$ zu $\overline{ii}$ durch r, wählen **(w!)** einen geeigneten Punkt $\bar{i}$ auf $\overline{ii}$ sowie zwei durch $\bar{i}$ verlaufende Geraden $\overline{oo}$ und $\overline{uu}$, die die Parallele $\overline{pp}$ in $\bar{o}$ bzw. $\bar{u}$ schneiden.

Danach wird die Kraft $\boldsymbol{F}_{ii}$ am starren Körper unter Inanspruchnahme der Linienflüchtigkeit nach $\overline{oo}$ und $\overline{uu}$ disduziert **(D(L)!)**. Die Disduktionskräfte $\boldsymbol{D}_{oo}$ und $\boldsymbol{D}_{uu}$ werden in $\bar{o}$ bzw. $\bar{u}$ in Richtung ($\|$) von $\overline{pp}$ und senkrecht ($\perp$) zu $\overline{pp}$ zerlegt, wonach die parallelen Komponenten ($\boldsymbol{D}^{\|}$) in r zu $\boldsymbol{P}_r$ reduziert und das verbleibende, aus den orthogonalen Komponenten ($\boldsymbol{D}^{\perp}$) bestehende Kräftepaar in den Momentenvektor $\boldsymbol{M}_r$ mutiert werden. Der Lösungsvorgang läßt sich in den Bildern 8.15.G.2, 8.15.S.2, 8.15.F.2, 8.15.M.2, 8.15.V.2, also sowohl in der geometrischen als auch in der symbolischen Darstellung, im Flußbild und in der methodischen Darstellung mühelos verfolgen.

Als Ergebnis erhalten wir (vgl. Bild 8.15.V.2 und Bild 8.15.M.2)

1. die *Substitutionsprojektion* $\boldsymbol{P}_r$:

   - Betrag, Richtung und Richtungssinn finden wir im Kräfteplan. Den Betrag erhalten wir, indem wir das Bild $\overline{\boldsymbol{P}}_r$ im Kräfteplan (z. B. 2 cm) mit dem Maßstabsvektor $\varkappa$ (z. B. 3 kN/cm) multiplizieren:

     $$|\boldsymbol{P}_r| = \varkappa \cdot \overline{P}_r,$$

   - die Wirkungslinie $\overline{pp}$ finden wir als Parallele zu $\boldsymbol{P}_r$ (im Kräfteplan) durch r im Lageplan;

2. das *substituierte Kräftepaar* $\{\boldsymbol{H}_{\bar{o}}, \boldsymbol{H}_{\bar{u}}; y_r\}$, bestehend aus den beiden gegengleichen, parallelen $\boldsymbol{H}$-Kräften mit dem Abstand y_r auf $\overline{pp}$.

   - Betrag, Richtung und Richtungssinn der $\boldsymbol{H}$-Kräfte finden wir im Kräfteplan

     $$|\boldsymbol{H}_r| = \varkappa \cdot \overline{H}_r,$$

- den Abstand y_r auf $\overline{pp}$ (abgegrenzt durch die beiden Seilstrahlen I und II) entnehmen wir dem Lageplan

$$y_r = \lambda \bar{y}_r .$$

Dieses substituierte Kräftepaar wird in das *Substitutionsmoment* $\boldsymbol{M}_r$ mutiert, dessen Betrag sich zu

$$|\boldsymbol{M}_r| = |\boldsymbol{H}_r| \cdot y_r = \varkappa \cdot \lambda \cdot \bar{H}_r \cdot \bar{y}_r$$

ergibt, dessen Richtungssinn durch den Drehsinn des Kräftepaares festgelegt ist, dessen Angriffspunkt der Punkt r (oder ein beliebiger Punkt auf $\overline{pp}$) ist (und dessen Richtung stets senkrecht auf der Zeichenebene steht, auf der Ebene also, in der die Substitution vorgenommen worden ist).

Der Abstand y_r wird auch als *Öffnung* des Seileckes bezeichnet, die mit zunehmendem Abstand e von der Zentrallinie linear anwachsen kann (variabel ist), konstant bleibt (wenn die Seilkräfte ein Kräftepaar bilden) oder Null ist. Im letzten Falle bilden die Seilkräfte ein Aufhebungspaar, die Seilstrahlen sind dann kollinear, und man sagt: das Seileck „*schließt*“ sich.

Im Verfahren Bild 8.15.V legen wir je einen Vergleichsvektor fest, geben ihn neben dem Diagramm der Projektionen bzw. Momente an und nennen alle Projektionen bzw. Momente dann, wenn ihr Richtungssinn mit dem des festgelegten Vergleichsvektors übereinstimmt, „positiv“, sonst „negativ“. Dieser Vergleich heißt *Adaption*[1]).

8.3.3. Das Substitutionspaar eines Kräftepaares

Soll im Pol r das Substitutionspaar für das Kräftepaar $\{\boldsymbol{F}_i, \boldsymbol{F}_k \mid \boldsymbol{F}_i \rightleftharpoons \boldsymbol{F}_k\}$ ermittelt werden (Bild 8.16), so wird man in r zunächst das Substitutionspaar für die Kraft $\boldsymbol{F}_i$, danach dasjenige für die Kraft $\boldsymbol{F}_k$ substituieren und anschließend die beiden Substitutionsprojektionen ebenso wie die beiden Substitutionsmomente superponieren. Bild 8.16 läßt erkennen, daß dabei

- die resultierende Substitutionsprojektion verschwindet und
- das resultierende Substitutionsmoment den Betrag $|\boldsymbol{M}_r| = |\boldsymbol{F}| \cdot c$ annimmt, also völlig unabhängig vom Pol gleich dem Produkt des Kräftepaares ist.

[1]) In der analytischen Lösung muß die zu ermittelnde Unbekannte (z. B. $\boldsymbol{P}_r$) von Anfang an mit Angriffspunkt und Richtung (die bekannt sind) in die Berechnung aufgenommen werden, unbekannt bleiben Betrag und Richtungssinn. Um rechnen zu können, wird zunächst ein Richtungssinn angenommen. Als Ergebnis erhält man dann den Betrag (z. B. $|\boldsymbol{P}_r|$) und eine Aussage darüber, ob der angenommene Richtungssinn richtig (+) oder falsch (—) war, mit anderen Worten: ob der Richtungssinn des errechneten Vektors (z. B. $\boldsymbol{P}_r$) mit dem angenommenen Richtungssinn übereinstimmt oder nicht. Der vorzeichenbehaftete Betrag wird dort Koordinate genannt, z. B.

$$P_r = \pm |\boldsymbol{P}_r| .$$

In der graphischen Lösung ist diese Unterscheidung von Betrag und Koordinate an sich nicht nötig, da nur die Richtung festgelegt wird und sich der Betrag als Ergebnis ergibt. Das Vorzeichen findet in graphischen Lösungen nur über die sogenannte Adaption Eingang, die vor allem im Abschnitt 8.5.3.1.2. ausführlich erklärt wird. Deshalb wird in graphischen Lösungen der Betrag eines Vektors $\boldsymbol{F}$ durch sein Buchstabensymbol ohne Pfeil, also durch F, gekennzeichnet:

$$|\boldsymbol{P}_r| = P_r \quad \text{bzw.} \quad |\boldsymbol{M}_r| = M_r .$$

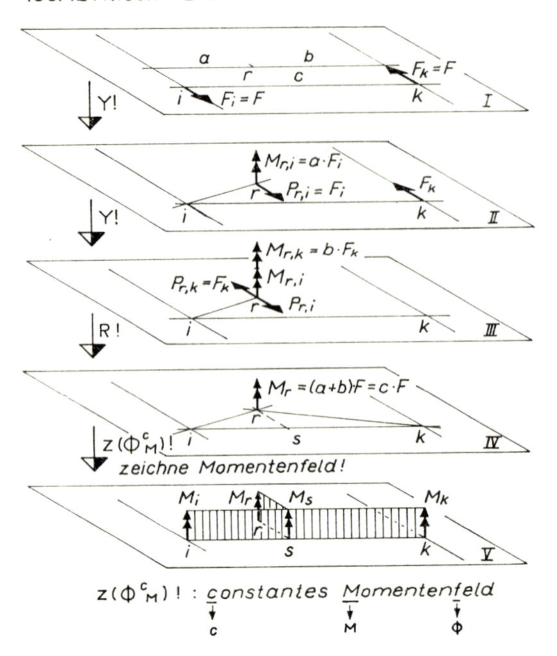

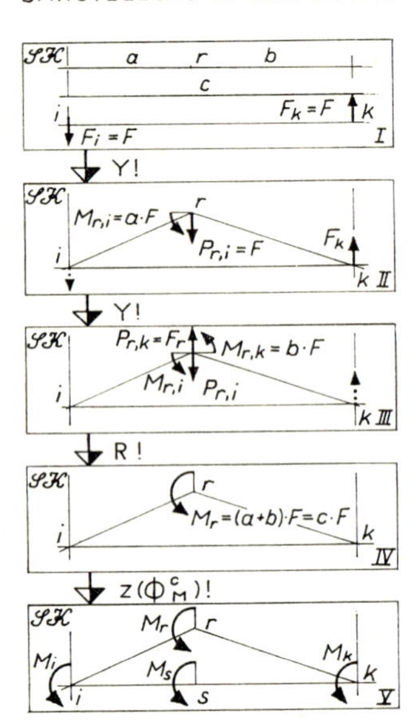

I: Isometrische und ebene Darstellung der Imagination und Superposition

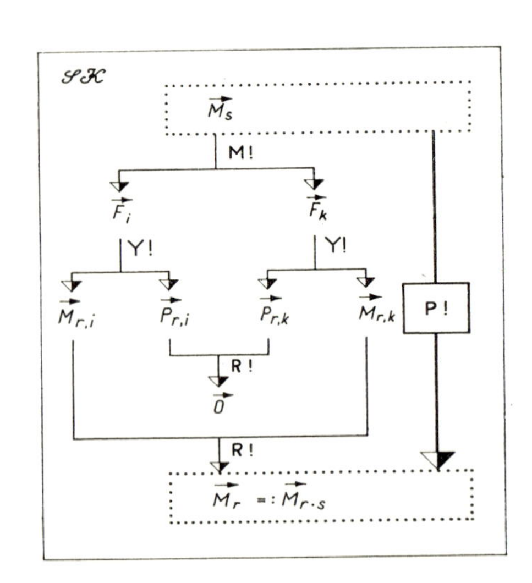

S: Zum Projektionstheorem für Momentenvektoren — Symbolische Darstellung (in Anlehnung an Bild 8.16.I: von M_S ausgehend äquivalente Vektoren in r suchend; vgl. Bild 8.16.F)

𝒦
$s, \vec{M}_s$
r

EP!	𝒦	⇒	𝒮𝒦
z!	$\overline{gg} \perp \vec{M}_s$ durch s		
w!	i, k auf $\overline{gg}$		
M!	$\{\vec{F}_i, \vec{F}_k\}^{\perp}$	⟺	$\vec{M}_s$
Y!	$[\vec{P}_{r,i}, \vec{M}_{r,i}]^{\perp}$	⟺	$\vec{F}_i$
Y!	$[\vec{P}_{r,k}, \vec{M}_{r,k}]$	⟺	$\vec{F}_k$
R!	$\vec{0}$	≡	$\vec{P}_{r,i} + \vec{P}_{r,k}$
R!	$\vec{M}_r$	≡	$\vec{M}_{r,i} + \vec{M}_{r,k}$
b!	$\vec{M}_{r \cdot s}$	:=	$\vec{M}_s$

P! $\vec{M}_{r \cdot s} \Leftrightarrow \vec{M}_s$

F: Zum Projektionstheorem für Momentenvektoren — Flußbild (in Anlehnung an Bild 8.16: von M_S ausgehend äquivalente Vektoren in r suchend; vgl. Bild 8.16.S)

Bild 8.16. Substitutionspaar eines Kräftepaares

Das Substitutionspaar entartet und tritt nur als Substitutionsmoment in Erscheinung

$$\mathbf{Y!}\begin{bmatrix}\mathbf{0}\\ \boldsymbol{M}_r\end{bmatrix} \Leftrightarrow \{\boldsymbol{F}_i, \boldsymbol{F}_k \mid \boldsymbol{F}_i \rightleftarrows \boldsymbol{F}_k\},$$

$$\Downarrow$$

$$\mathbf{M!}\ \boldsymbol{M}_r \Leftrightarrow \{\boldsymbol{F}_i, \boldsymbol{F}_k \mid \boldsymbol{F}_i \rightleftarrows \boldsymbol{F}_k\}.$$

Die graphische Substitution beschränkt sich demnach auf die Ermittlung des Produktes und die Einzeichnung des Substitutionsmomentenvektors entsprechend Bild 8.16.I, Zeile IV (wodurch auch der Drehsinn erfaßt wird).

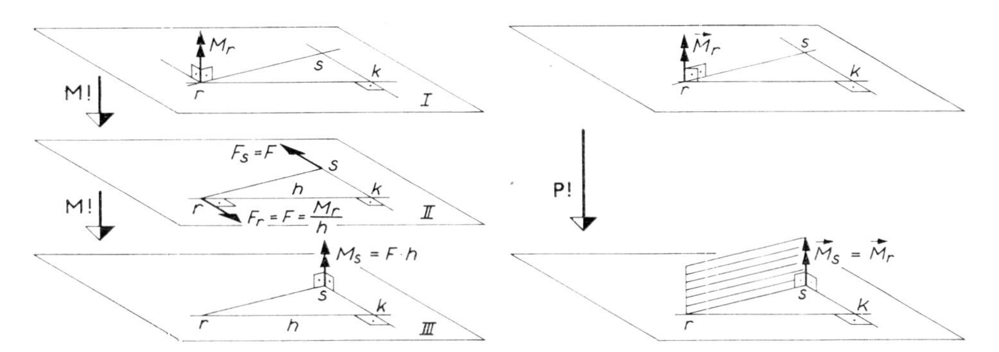

Bild 8.16. Substitutionspaar eines Kräftepaares
G: Geometrische Darstellung der Projektion des Momentenvektors

Die gleichzeitig vorgestellte Gesamtheit aller denkbaren Substitutionsmomente bildet somit ein konstantes Feld, das nur in isometrischer Darstellung angedeutet werden kann (Bild 8.16.I, Zeile V, vgl. auch Bild 6.24, Bd. 2, S. 91), während die Substitutionsprojektionen ein Nullvektorfeld bilden (vgl. Bd. 2, Abschnitte 5.2.3.2.1. und 6.2.3.2.1.).

Hat man also das Substitutionsmoment eines Kräftepaares für einen beliebigen Pol r ermittelt, so erhält man das Substitutionsmoment desselben Kräftepaares in jedem beliebigen anderen Pol s durch *Parallelprojektion*[1]) (vgl. Bild 8.16.G). Diese Überlegung führt zum

Projektionstheorem für Momentenvektoren:

> *Das Substitutionsmoment (in s) für ein Moment (in r) erhält man als polare Projektion desselben:*

$$\mathbf{P!}\ \boldsymbol{M}_{s.r} = \boldsymbol{M}_r$$

(Punkt r bedeutet: infolge eines Momentes in r).

[1]) Da die Momentenvektoren des Momentenfeldes eines Kräftepaares alle gleich sind, werden Momentenvektoren häufig als „freie" Vektoren bezeichnet, was natürlich streng genommen nicht richtig ist und z. B. schon für die Momentenvektoren des Momentenfeldes einer Kraft nicht zutrifft (vgl. Bd. 2, Bilder 6.18 und 6.14.; vgl. auch Bd. 2, Abschnitt 6.1.4.2. und Bild 6.19).

8.3.4. Das Substitutionspaar eines Elementarpaares

Es sei in Bild 8.17 im Pol i das Substitutionspaar der Kraft $\boldsymbol{R}_c$ ermittelt worden. Vergessen wir diese Entstehungsgeschichte, so liegt im Punkt i ein Elementarpaar vor. Soll für das Elementarpaar in i das Substitutionspaar im Pol r bestimmt werden, so muß man für die beiden Vektoren $\boldsymbol{P}_i$ und $\boldsymbol{M}_i$ getrennt das jeweils zugeordnete Substitutionspaar ermitteln und die getrennt erhaltenen Ergebnisse jeweils superponieren.

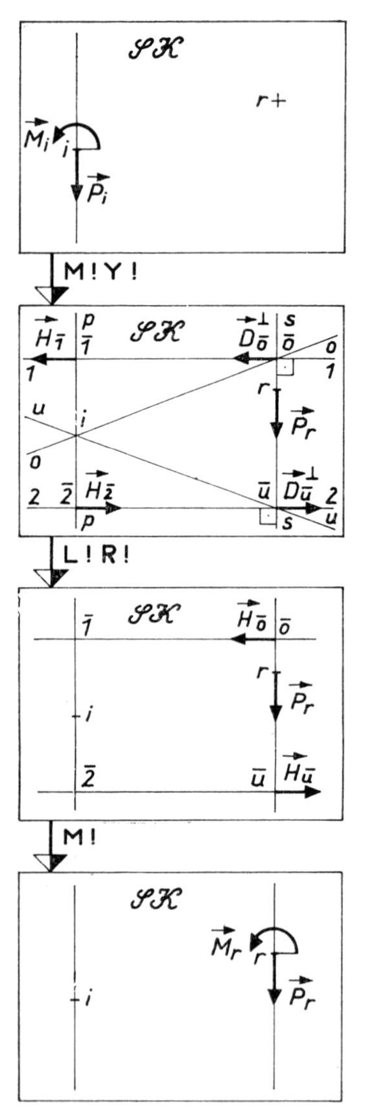

G: Geometrische Darstellung

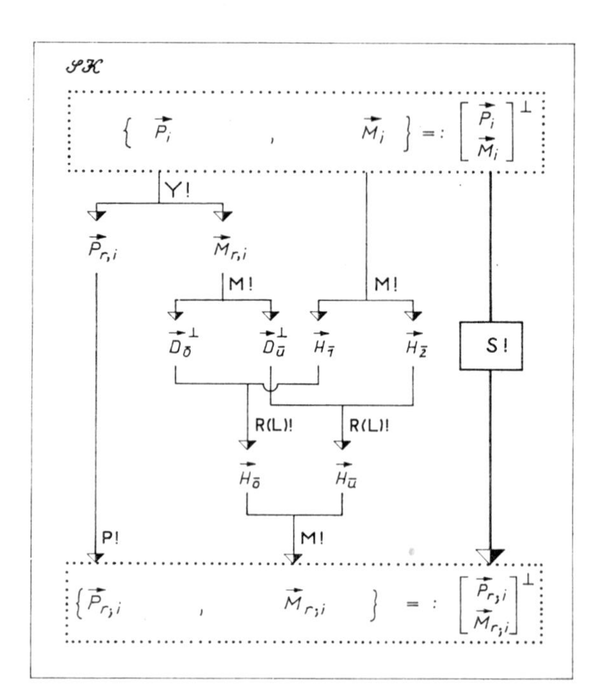

I: Isometrische Darstellung

S: Symbolische Darstellung

Bild 8.17. Substitutionspaar eines Elementarpaares

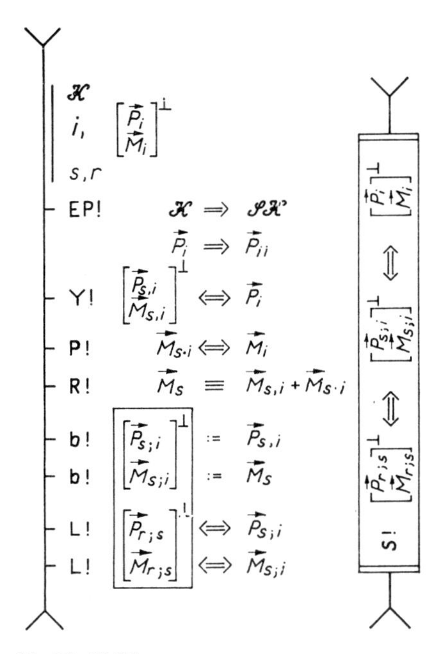

F: Flußbild

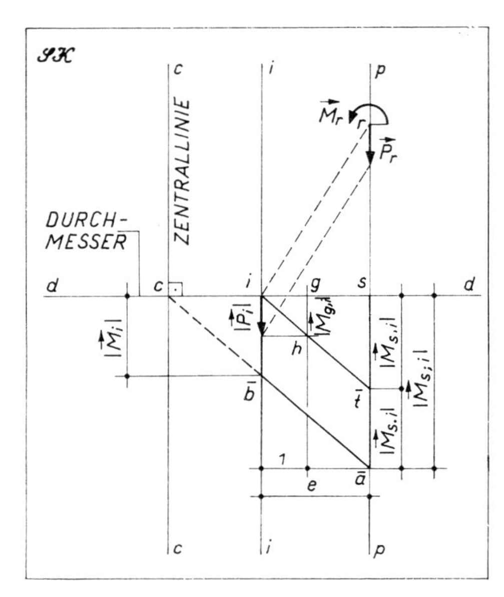

K: Konstruktion des Substitutionsmomentes in der Ebene

Kräfteplan 1 $LE \triangleq \{\varkappa\}\ KE$

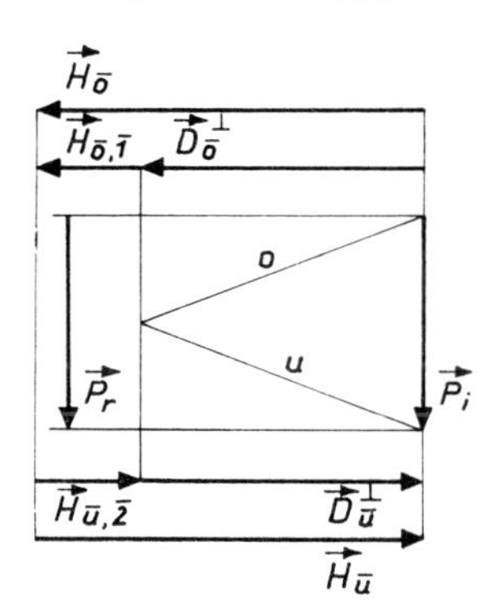

M: Methodische Darstellung des Kräftepaares

Bild 8.17. Substitutionspaar eines Elementepaares

Es gilt nach Abschnitt 8.3.2.:

$$\mathbf{Y!}\begin{bmatrix}\boldsymbol{P}_{r,i}\\ \boldsymbol{M}_{r,i}\end{bmatrix}^{\perp} \Leftrightarrow \boldsymbol{P}_i$$

(Komma i bedeutet: infolge einer Projektion in i).

Nach Abschnitt 8.3.3. folgt:

$$\begin{bmatrix} \mathbf{0} \\ \boldsymbol{M}_{r,i} \end{bmatrix} \Leftrightarrow \boldsymbol{M}_i$$

oder vereinfacht

$$\textbf{P!}\ \boldsymbol{M}_{r.i} = \boldsymbol{M}_i$$

(Punkt i bedeutet: infolge eines Momentes in i).
Fassen wir die beiden Substitutionspaare zusammen, so erhalten wir

$$\textbf{S!}\ \begin{bmatrix} \boldsymbol{P}_{r;i} \\ \boldsymbol{M}_{r;i} \end{bmatrix}^{\perp} = \begin{bmatrix} \boldsymbol{P}_{r,i} + \mathbf{0} \\ \boldsymbol{M}_{r,i} + \boldsymbol{M}_{r.i} \end{bmatrix}^{\perp} \Leftrightarrow \begin{bmatrix} \boldsymbol{P}_i \\ \boldsymbol{M}_i \end{bmatrix}^{\perp}$$

(Semikolon i bedeutet: infolge eines Elementarpaares in i). Den gesamten Substitutionsprozeß aktivieren wir durch den Befehl

S! Substituiere!

Die graphische Substitution in Bild 8.17.I und Bild 8.17.K erfolgt analog Bild 8.15.I und Bild 8.15.K, wobei lediglich das Moment $|\boldsymbol{M}_{s.i}| = \overline{\overline{i\bar{a}}}$ durch schiefe Parallelprojektion des Momentes $|\boldsymbol{M}_i| = \overline{\overline{\bar{i}\bar{b}}}$ zusätzlich konstruiert wird.

Bei der Durchführung nach Bild 8.17.G werden für $\boldsymbol{P}_i$ analog Bild 8.15.G.1 die Projektion $\boldsymbol{P}_r$ und das Kräftepaar $\{\boldsymbol{D}_{\bar{o}}^{\perp}, \boldsymbol{D}_{\bar{u}}^{\perp}\}$ substituiert. $\boldsymbol{M}_i$ wird nach Wahl der Wirkungslinien $\overline{11} \perp \overline{pp}$ durch $\bar{o}$ und $\overline{22} \perp \overline{pp}$ durch $\bar{u}$ in das Kräftepaar $\{\boldsymbol{H}_{\bar{1}}, \boldsymbol{H}_{\bar{2}}\}$ mutiert. Danach werden die jeweils kollinearen Kräfte $\boldsymbol{H}_{\bar{1}}$ und $\boldsymbol{D}_{\bar{o}}^{\perp}$ bzw. $\boldsymbol{H}_{\bar{2}}$ und $\boldsymbol{D}_{\bar{u}}^{\perp}$ reduziert, wobei die Kräfte $\boldsymbol{H}_{\bar{o}}$ und $\boldsymbol{H}_{\bar{u}}$ entstehen, die ein Kräftepaar bilden, das in das Substitutionsmoment $\boldsymbol{M}_r$ mutiert wird. Zur Veranschaulichung ist neben der geometrischen (Bild 8.17.G) und der symbolischen Darstellung (Bild 8.17.S) noch der Kräfteplan (Bild 8.17.M) angegeben.

8.3.5. Substitutionstheoreme

Die Erkenntnisse des Abschnittes 8.3. fassen wir in vier Substitutionstheoremen zusammen:

1. *Am starren Körper darf für eine Kraft in i in einem beliebigen anderen Punkt r ein Elementarpaar substituiert werden, wenn dessen polare Projektion gleich der Kraft ist und das polare Moment die Invarianten des angegliederten Kräftepaares widerspiegelt:*

$$\textbf{Y!}\ \begin{bmatrix} \boldsymbol{P}_{r,i} \\ \boldsymbol{M}_{r,i} \end{bmatrix}^{\perp} \Leftrightarrow \boldsymbol{F}_i .$$

2. *Am starren Körper darf für ein Kräftepaar, dessen Kräfte in i und k angreifen, in einem beliebigen anderen Punkt r ein Moment substituiert werden, wenn dies die Invarianten des Kräftepaares widerspiegelt:*

$$\textbf{M!}\ \boldsymbol{M}_{r,(ik)} \Leftrightarrow \{\boldsymbol{F}_i, \boldsymbol{F}_k \mid \boldsymbol{F}_i \rightleftharpoons \boldsymbol{F}_k\} .$$

3. *Am starren Körper darf für ein Moment in i in einem beliebigen anderen Punkt r ein Moment substituiert werden, wenn beide Momentenvektoren gleich sind:*

$$\mathbf{P!}\ \boldsymbol{M}_{r.i} = \boldsymbol{M}_i\,.$$

4. *Am starren Körper darf für ein Elementarpaar in i in jedem anderen Punkt r ein Elementarpaar substituiert werden, wenn dessen polare Projektion gleich der polaren Projektion in i ist und sich sein polares Moment als Summe aus dem polaren Moment der polaren Projektion in i und der polaren Projektion des polaren Momentes in i ergibt:*

$$\mathbf{S!}\ \begin{bmatrix} \boldsymbol{P}_{r;i} \\ \boldsymbol{M}_{r;i} \end{bmatrix}^{\perp} = \begin{bmatrix} \boldsymbol{P}_{r,i} \\ \boldsymbol{M}_{r,i} + \boldsymbol{M}_{r.i} \end{bmatrix}^{\perp} \Leftrightarrow \begin{bmatrix} \boldsymbol{P}_i \\ \boldsymbol{M}_i \end{bmatrix}^{\perp}.$$

Anmerkungen:

1. Die Substitutionstheoreme 1 und 2 ermöglichen einen Übergang vom Kräfteraum *in den* Elementarpaarraum, dessen Elemente nicht mehr Kräfte, sondern polare Projektionen und polare Momente sind. Der Übergang erfolgt durch Abbildung (Imagination) der Kräfte in Projektionen und der angegliederten Kräftepaare in Momente.
   Dieser Abbildung wegen werden beide Theoreme genauer auch als *Imaginationstheoreme* (lat. imago: Bild) bezeichnet.
2. Die Substitutionstheoreme 3 und 4 ermöglichen eine äquivalente Umformung *im* Elementarpaarraum. Dabei bleibt die Größe selbst erhalten, sie nimmt nur eine andere Gestalt (*Figur*) an, indem sie den Angriffspunkt und ggf. den Momentenvektor ändert. Dieser Figurumwandlung wegen werden derartige äquivalente Umformungen auch *Transfigurationen* (lat. transfigurare: verwandeln) genannt.

8.4. Graphische Zentralisation

Sind — wie in Bild 8.18 — im Punkt r eines starren Körpers $\mathcal{SK}$ die beiden Vektoren $\boldsymbol{P}_r$ und $\boldsymbol{M}_r$ gegeben, so können diese als Substitutionspaar der Resultierenden $\boldsymbol{R}_{cc}$ irgend eines komplanaren Kräftesystems (oder aber auch einfach als Substitutionspaar einer Kraft $\boldsymbol{F}_{cc}$) aufgefaßt werden. Die Resultierende eines Kräftesystems wird auch *Zentralkraft*, ihre Wirkungslinie *Zentrallinie* genannt. Soll diese Zentralkraft $\boldsymbol{R}_{cc}$ mit ihrer Zentrallinie $\overline{cc}$ (bzw. die Kraft $\boldsymbol{F}_{cc}$ mit ihrer Wirkungslinie $\overline{cc}$) gesucht werden, so muß man den Substitutionsprozeß (genauer Verzweigungsprozeß) gewissermaßen „zurücklaufen" lassen.

Dieser rückwärtslaufende Verzweigungsprozeß wird *Zentralisationsprozeß* (genauer Vereinigungsprozeß) genannt und durch den Befehl ausgelöst:

Z! bzw. **⅄!** Zentralisiere!

Suche die Zentrallinie und die auf ihr linienflüchtige ($\boldsymbol{P}_r$ und $\boldsymbol{M}_r$ äquivalente Zentral-) Kraft $\boldsymbol{R}_{cc}$
oder genauer:
Vereinige $\boldsymbol{P}_r$ und $\boldsymbol{M}_r$ zur Zentralkraft $\boldsymbol{R}_{cc}$!

Er ist leicht in der geometrischen und symbolischen Darstellung verfolgbar: Nach Wahl der Maßstabsfaktoren λ und $\varkappa$ und der Kraftkomponente H des Kräftepaares wird der

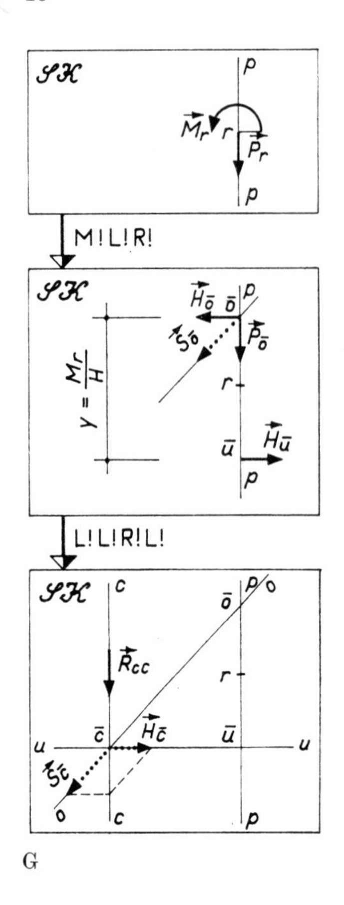

G

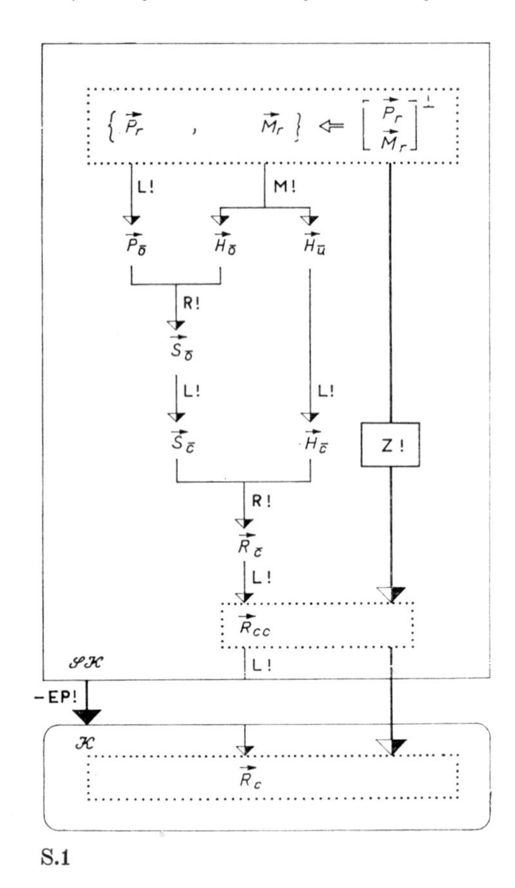

S.1

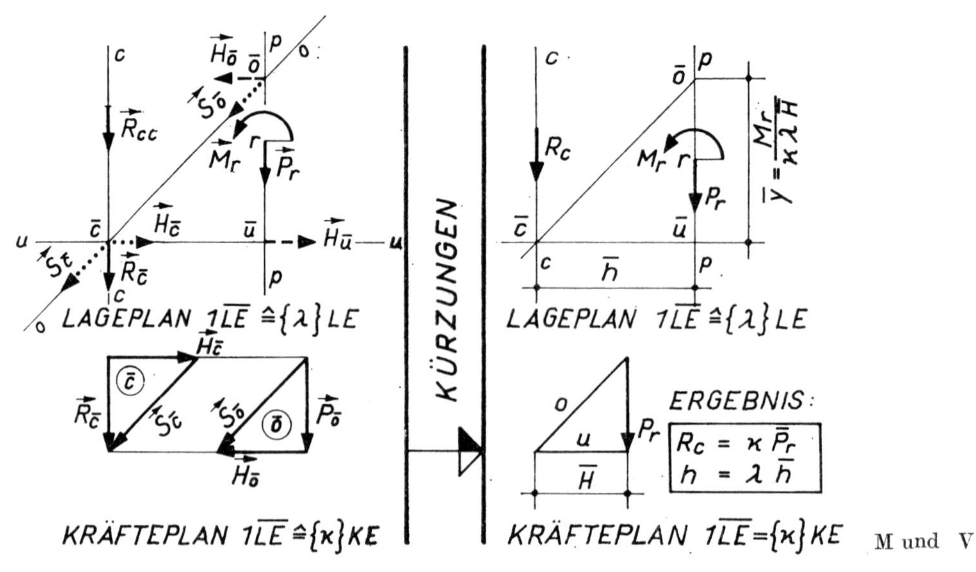

M und V

Bild 8.18. Zentralisation

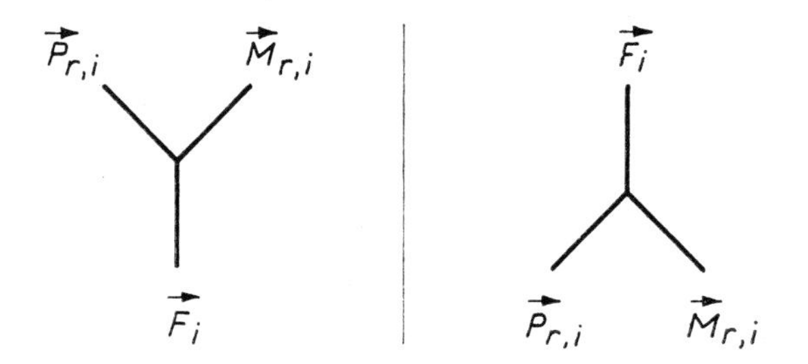

Deutung des Befehlssymbols

Y als Verzweigung der Kraft $\vec{F}_i$ in Projektion $\vec{P}_{r,i}$ und Moment $\vec{M}_{r,i}$	⅄ als Vereinigung der Projektion $\vec{P}_{r,i}$ und des Momentes $\vec{M}_{r,i}$ zur Kraft $\vec{F}_i$

S.2

Bild 8.18. Zentralisation (siehe auch Seite 46)
G: Geometrische Darstellung
S.1: Symbolische Darstellung des Lösungsweges
M: Methodische Darstellung des Kräfteplanes
V: Verfahren
S.2: Deutung des Befehlssymbols
Y als Ver*zweig*ung der Kraft $\boldsymbol{F}_i$ in Projektion $\boldsymbol{P}_{r,i}$ und Moment $\boldsymbol{M}_{r,i}$
⅄ als Ver*ein*igung der Projektion $\boldsymbol{P}_{r,i}$ und des Momentes $\boldsymbol{M}_{r,i}$ zur Kraft $\boldsymbol{F}_i$

senkrechte Abstand

$$y = \frac{M}{H} \quad \text{bzw.} \quad \bar{y} = \frac{M}{\varkappa \cdot \lambda \cdot \bar{H}}$$

ermittelt, wobei $\bar{y}$ und $\bar{H}$ die Bildgrößen im Lageplan und Kräfteplan sind. Damit ist das dem Moment äquivalente Kräftepaar bekannt und kann nach Markierung der Punkte $\bar{o}$ und $\bar{u}$ im Abstand $\bar{y}$ auf der Wirkungslinie $\overline{pp}$ von $\boldsymbol{P}_r$ in den Lageplan eingezeichnet werden. Im Kräfteplan erscheint lediglich die Kraft $\boldsymbol{H}$.

$$\mathbf{M!}\ \{\boldsymbol{H}_{\bar{o}}, \boldsymbol{H}_{\bar{u}}\} \Leftrightarrow \boldsymbol{M}_r .$$

Verschiebt man $\boldsymbol{P}_r$ linienflüchtig nach $\bar{o}$ und superponiert in $\bar{o}$ $\boldsymbol{H}_{\bar{o}}$ und $\boldsymbol{P}_{\bar{o}}$, so entsteht die Kraft $\boldsymbol{S}_{\bar{o}}$; deren Wirkungslinie $\overline{oo}$ die Wirkungslinie $\overline{uu}$ von $\boldsymbol{H}_{\bar{u}}$ in $\bar{c}$ schneidet. Linienflüchtig nach $\bar{c}$ verschoben, werden schließlich die Kräfte $\boldsymbol{S}_{\bar{c}}$ und $\boldsymbol{H}_{\bar{c}}$ zu $\boldsymbol{R}_{\bar{c}}$ superponiert, die — linienflüchtig — die gesuchte Resultierende ergibt.

Im Lageplan erhält man also die gesuchte Zentrallinie $\overline{cc}$ als Parallele zu $\overline{pp}$ durch $\bar{c}$ (dem Schnittpunkt von $\overline{oo}$ und $\overline{uu}$). Zum besseren Verständnis ist in Bild 8.18.M der Kräfteplan in methodischer Darstellung angegeben. Die Darstellung des Verfahrens bedarf keiner weiteren Erläuterung.

Anmerkung: Bei den hier behandelten ebenen Problemen steht der Momentenvektor $\boldsymbol{M}_r$ stets senkrecht auf dem Projektionsvektor $\boldsymbol{P}_r$, und die Zentralisation vereinigt diese beiden Vektoren zur Zentralkraft in der Zentrallinie.

Bei räumlichen Problemen kann nach der Reduktion der Winkel ψ_r zwischen dem Projektionsvektor $\boldsymbol{P}_r$ und dem Momentenvektor $\boldsymbol{M}_r$ von $\frac{\pi}{2}$ abweichen (vgl. Bd. 2, Bild 7.13: $\boldsymbol{P}_r \triangleq \boldsymbol{R}_r$ und Bild 7.15: $\boldsymbol{P}_r \triangleq \boldsymbol{R}_0, \boldsymbol{M}_r = \boldsymbol{M}_0$).

In diesem allgemeinen Falle muß — mit den Bezeichnungen in Bild 7.15 — zunächst der Momentenvektor $\boldsymbol{M}_0$ in eine Komponente $\boldsymbol{M}_o^{\perp}$ senkrecht zu $\boldsymbol{R}_0$ und eine Komponente $\boldsymbol{M}_o^{\parallel}$ in Richtung von (also parallel zu) $\boldsymbol{R}_0$ zerlegt werden. Danach kann man das orthogonale Elementarpaar $\{\boldsymbol{R}_o, \boldsymbol{M}_o^{\perp}\}$ zur Zentralprojektion $\boldsymbol{R}_{cc}$ vereinigen. $\boldsymbol{M}_o^{\parallel}$ läßt sich auf die Zentrallinie projizieren und heißt dann Zentralmoment $\boldsymbol{M}_{cc}$. Die Zentralprojektion $\boldsymbol{R}_{cc}$ und das Zentralmoment $\boldsymbol{M}_{cc}$ bilden das Zentralpaar mit der Zentrallinie als Wirkungslinie (Bild 7.3). Die Zentralisation führt also bei räumlichen Problemen nicht aus dem Elementarpaarraum in den Kräfteraum zurück. Sie verwandelt das beliebige Elementarpaar lediglich in ein Zentralpaar. Der Zentralisationsprozeß ist demnach genau genommen ein Transfigurationsprozeß und *beinhaltet* den Vereinigungsprozeß, d. h. die Vereinigung der Komponente $\boldsymbol{M}_r^{\perp}$ und $\boldsymbol{P}_r$ zu $\boldsymbol{R}_{cc}$.

Bei ebenen Problemen ist jedoch stets $\boldsymbol{M}_r^{\parallel} = \boldsymbol{0}$, so daß in diesen Sonderfällen Zentralisation (**Z!**) und Vereinigung (**⅄!**) zusammenfallen.

8.5. Graphische Reduktion komplanarer Kräftesysteme

Liegen mehr als zwei Kräfte in einer Ebene, so bilden diese ein komplanares Kräftesystem, dessen Reduktion mit den Prozessen erfolgt, die wir bei der Umformung der Komplanarpaare kennengelernt haben.

8.5.1. Reduktion im Zentralpunkt

Schneiden sich die Wirkungslinien $\overline{ii}$ der Kräfte $\boldsymbol{F}_i$ eines komplanaren Kräftesystems alle im gleichen Punkt, so liegt ein *zentrales Kräftesystem* vor. Der Schnittpunkt der Kraftwirkungslinien wird *Zentralpunkt* genannt. Ist dieser Zentralpunkt brauchbar (d. h., liegt er als nichtschleifender Schnittpunkt auf dem Zeichenblatt vor), so ist eine Reduktion in bezug auf diesen Zentralpunkt möglich.

Um diesen Reduktionsprozeß mit den folgenden Reduktionen (Abschnitte 8.6.2., 8.6.3.) vergleichen zu können, führen wir in Bild 8.19.G zu den Punkten 1, 2 und 3, in denen die Kräfte $\boldsymbol{F}_1$, $\boldsymbol{F}_2$ und $\boldsymbol{F}_3$ angreifen, zusätzlich die Punkte 0 (vor 1) und 4 (nach 3) ein, so daß sich die Bereiche $(\overset{\frown}{\underset{\smile}{\mathrm{I}}})$, $(\overset{\frown}{\underset{\smile}{\mathrm{II}}})$, $(\overset{\frown}{\underset{\smile}{\mathrm{III}}})$ und $(\overset{\frown}{\underset{\smile}{\mathrm{IV}}})$ markieren lassen. Die Reduktion erfolgt dann bei 0 beginnend fortschreitend bis zum Punkt 4 entsprechend Abschnitt 8.2.1.1.

Vor dem Punkt 1 oder genauer vor der Wirkungslinie $\overline{11}$ — also im Bereich $(\overset{\frown}{\underset{\smile}{\mathrm{I}}})$ — finden wir keine Kraft. Die Teilresultierende ist in diesem Bereich demnach gleich dem Nullvektor:

$$\boldsymbol{R}^{\mathrm{I}} = \boldsymbol{0}.$$

Überschreiten wir die Wirkungslinie $\overline{11}$, die Grenzlinie zwischen den Bereichen $(\overset{\frown}{\underset{\smile}{\mathrm{I}}})$ und $(\overset{\frown}{\underset{\smile}{\mathrm{II}}})$, so tritt die Kraft $\boldsymbol{F}_{11}$ in Erscheinung. Sie ist von 1 bis vor 2, oder genauer von $\overline{11}$ bis vor $\overline{22}$ — also im Bereich $(\overset{\frown}{\underset{\smile}{\mathrm{II}}})$ — die Resultierende aller Kräfte vor 2. Im Beispiel ist

$$\boldsymbol{R}^{\mathrm{II}} = \boldsymbol{F}_{11},$$

allerdings nur, weil $\boldsymbol{R}^{\mathrm{I}} = \boldsymbol{0}$ ist. Genauer müßte man also schreiben

$$\boldsymbol{R}^{\mathrm{II}} \Leftrightarrow \{\boldsymbol{R}^{\mathrm{I}}, \boldsymbol{F}_{11}\}.$$

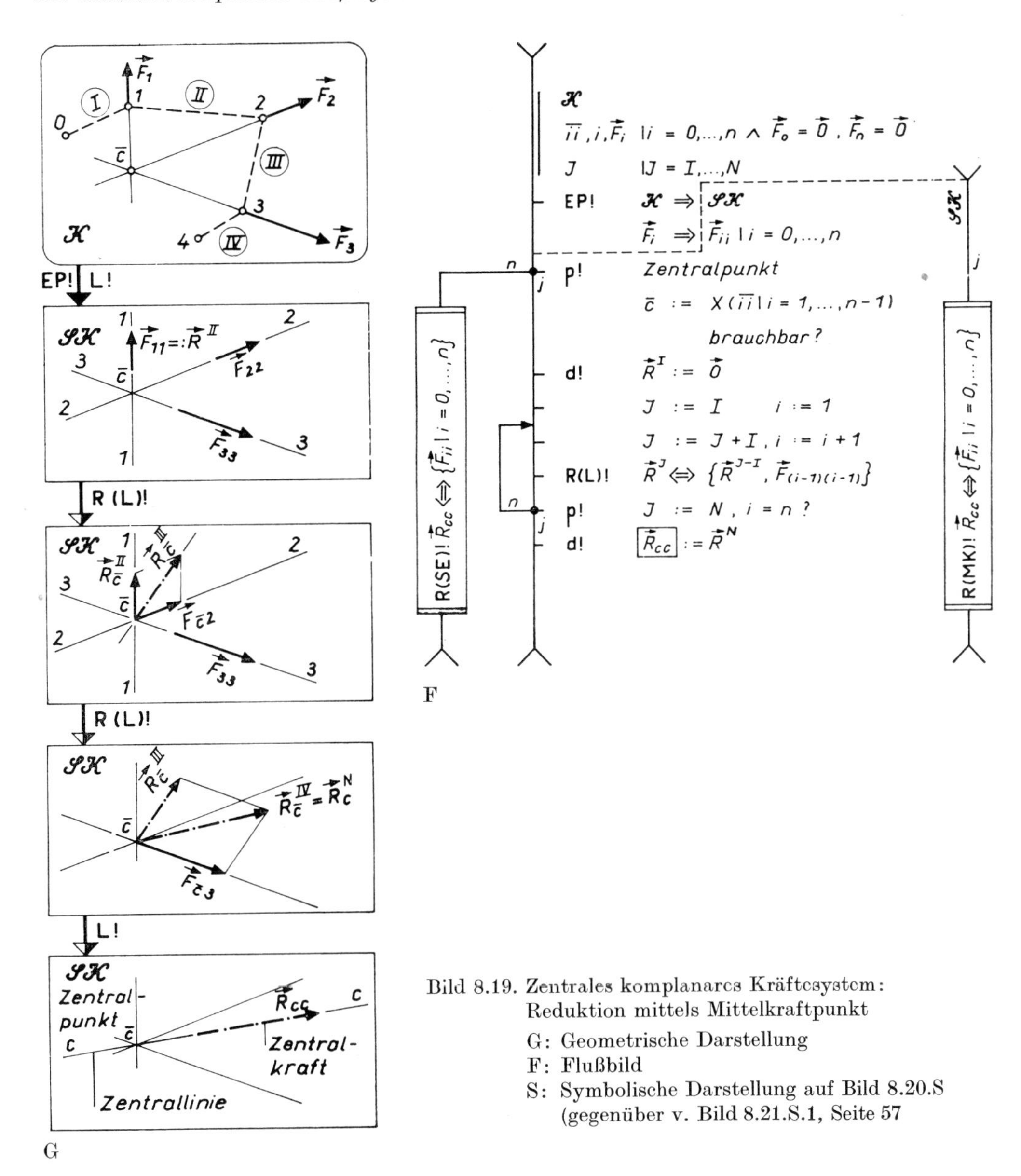

Bild 8.19. Zentrales komplanares Kräftesystem: Reduktion mittels Mittelkraftpunkt

G: Geometrische Darstellung

F: Flußbild

S: Symbolische Darstellung auf Bild 8.20.S (gegenüber v. Bild 8.21.S.1, Seite 57

Die Resultierende aller Kräfte vor 3, also $\boldsymbol{R}^{\text{III}}$, erhalten wir, indem wir $\boldsymbol{R}^{\text{II}}$ und $\boldsymbol{F}_{22}$ linienflüchtig nach dem Zentralpunkt $\bar{c}$ verschieben, dort superponieren und die so in $\bar{c}$ erhaltene Teilresultierende wieder linienflüchtig werden lassen:

$$\left.\begin{aligned}\boldsymbol{R}^{\text{II}} &\Rightarrow \boldsymbol{R}_{\bar{c}}^{\text{II}}\\ \boldsymbol{F}_{22} &\Rightarrow \boldsymbol{F}_{\bar{c}2}\end{aligned}\right\} \boldsymbol{R}_{\bar{c}}^{\text{II}} + \boldsymbol{F}_{\bar{c}2} \equiv \boldsymbol{R}_{\bar{c}}^{\text{III}} \Rightarrow \boldsymbol{R}^{\text{III}}.$$

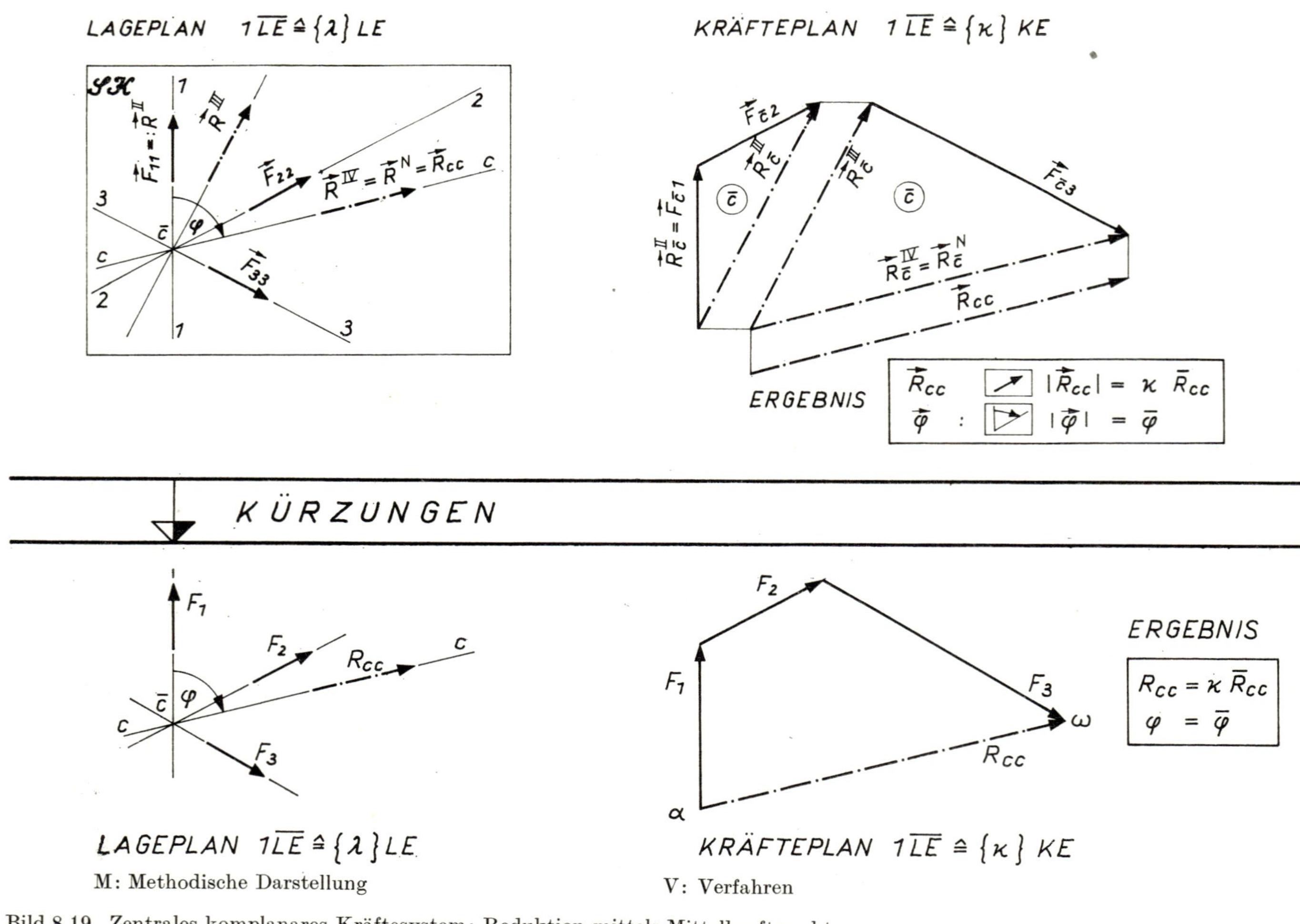

M: Methodische Darstellung

V: Verfahren

Bild 8.19. Zentrales komplanares Kräftesystem: Reduktion mittels Mittelkraftpunkt

Die Resultierende aller Kräfte vor 4, also $\boldsymbol{R}^{\mathrm{IV}}$, ergibt sich auf die gleiche Weise:

$$\left.\begin{array}{l}\boldsymbol{R}^{\mathrm{III}} \Rightarrow \boldsymbol{R}_{\bar{c}}^{\mathrm{III}} \\ \boldsymbol{F}_{33} \;\;\Rightarrow \boldsymbol{F}_{\bar{c}3}\end{array}\right\} \boldsymbol{R}_{\bar{c}}^{\mathrm{III}} + \boldsymbol{F}_{\bar{c}3} \equiv \boldsymbol{R}_{\bar{c}}^{\mathrm{IV}} \Rightarrow \boldsymbol{R}^{\mathrm{IV}} \equiv \boldsymbol{R}_{cc}.$$

$\boldsymbol{R}^{\mathrm{IV}}$ ist als Resultierende aller Kräfte vor 4 zugleich die gesuchte Resultierende $\boldsymbol{R}_{cc}$ des zentralen komplanaren Kräftesystems. Ihre Wirkungslinie, die Zentrallinie $\overline{cc}$, geht also durch den Zentralpunkt, weshalb wir diesen als speziellen Punkt von $\overline{cc}$ mit $\bar{c}$ bezeichnen. Die Lösung ist sowohl in der geometrischen Darstellung als auch in der symbolischen und methodischen Darstellung mühelos verfolgbar.

Im Verfahren werden die einzelnen Kraftdreiecke im Kräfteplan zum Kräftepolygon zusammengefügt und die nicht interessierenden Teilresultierenden weggelassen, ebenso die Vektorpfeile über den Kräftebezeichnungen in beiden Plänen. Indem wir im Kräfteplan die Kräfte $\boldsymbol{F}_1$, $\boldsymbol{F}_2$ und $\boldsymbol{F}_3$ aneinanderreihen und den Anfangspunkt (α) der ersten Kraft mit dem Endpunkt (Pfeilspitze) (ω) der letzten verbinden, erhalten wir Betrag, Richtung und Richtungssinn der Resultierenden $\boldsymbol{R}_{cc}$. Eine Parallele zu $\boldsymbol{R}_{cc}$ im Kräfteplan durch den Zentralpunkt $\bar{c}$ im Lageplan liefert ihre Wirkungslinie: die Zentrallinie $\overline{cc}$ [1]). Die Teilresultierenden $\boldsymbol{R}^J$ (J = I, II, III, IV) werden auch als *Mittelkräfte* bezeichnet. Da der Reduktionsprozeß ausschließlich durch schrittweise Ermittlung dieser Mittelkräfte erfolgt, wird er durch den Befehl aktiviert:

R(MK)! Reduziere mit Hilfe der Mittelkräfte!

R(MK)! $\boldsymbol{R}_{cc} \Leftrightarrow \{\boldsymbol{F}_i \mid i = 1, \ldots, n\}$.

8.5.2. Reduktion in die Zentrallinie

Haben die Wirkungslinien $\overline{ii}$ der komplanaren Kräfte $\boldsymbol{F}_i$ $(i = 1, 2, 3)$ keinen gemeinsamen Schnittpunkt, so kann man zwar im Kräfteplan die Resultierende nach Größe, Richtung und Richtungssinn ermitteln, die Bestimmung ihrer Lage im Lageplan bedarf aber einer besonderen Konstruktion. Wir ergänzen zunächst die Punkte 0 vor 1 sowie 4 nach 3, markieren die Bereiche $\overset{\frown}{\underset{\smile}{\text{(I)}}}$ bis $\overset{\frown}{\underset{\smile}{\text{(IV)}}}$ und reduzieren dann bei 0 beginnend fortschreitend bis zum Punkt 4. Haben die Kraftwirkungslinien $\overline{11}$ und $\overline{22}$ einen brauch-

[1]) Bei der Anwendung des Verfahrens fällt natürlich die Bezeichnung des Anfangspunktes mit α und die des Endpunktes mit ω weg. Wegen der Gültigkeit des Unabhängigkeitsaxioms (Bd. 1, Abschnitt 2.4.3.3., S. 87) ist die Reihenfolge der Reduktionen beliebig. Anstelle

$$\boldsymbol{F}_{11}, \boldsymbol{F}_{22}; \boldsymbol{F}_{33}$$

hätte auch

$$\boldsymbol{F}_{22}, \boldsymbol{F}_{33}; \boldsymbol{F}_{11}$$

oder

$$\boldsymbol{F}_{11}, \boldsymbol{F}_{33}; \boldsymbol{F}_{22}$$

gewählt werden können, wobei natürlich auch jeweils andere Bereiche entstehen.

Auch in Kraftdreiecken ist die Reihenfolge der Kräfte beliebig (vgl. Abschnitt 8.1.3.), so daß im Verfahren (Bild 8.19.V) je nach Festlegung der Reihenfolge verschiedene Formen des Kräfteplanes entstehen, die aber alle das gleiche Ergebnis liefern.

baren Schnittpunkt und ist zu erkennen, daß die Wirkungslinie der Resultierenden von $\boldsymbol{F}_{11}$ und $\boldsymbol{F}_{22}$ mit der Wirkungslinie $\overline{33}$ wiederum einen brauchbaren Schnittpunkt liefert und so fort bis zum Abschluß der Reduktion, so wählen wir als Verfahren die Konstruktion der *Mittelkraftlinie*. Ist dies nicht gesichert, so ändert man die Reihenfolge der zu reduzierenden Kräfte, zeichnet also eine andere Mittelkraftlinie oder wählt das *Seileck*.

8.5.2.1. Verfahren: Mittelkraftlinie

Wir betrachten Bild 8.20. Die Teilresultierende im Bereich (I), also die Resultierende aller Kräfte vor 1, ist gleich dem Nullvektor

$$\boldsymbol{R}^{\mathrm{I}} = \boldsymbol{0}.$$

Die Resultierende aller Kräfte vor 2, also die Teilresultierende im Bereich (II), ist gleich der Kraft $\boldsymbol{F}_{11}$

$$\boldsymbol{R}^{\mathrm{II}} = \boldsymbol{F}_{11} \quad \text{bzw.} \quad \boldsymbol{R}^{\mathrm{II}} \Leftrightarrow \{\boldsymbol{R}^{\mathrm{I}}, \boldsymbol{F}_{11}\}.$$

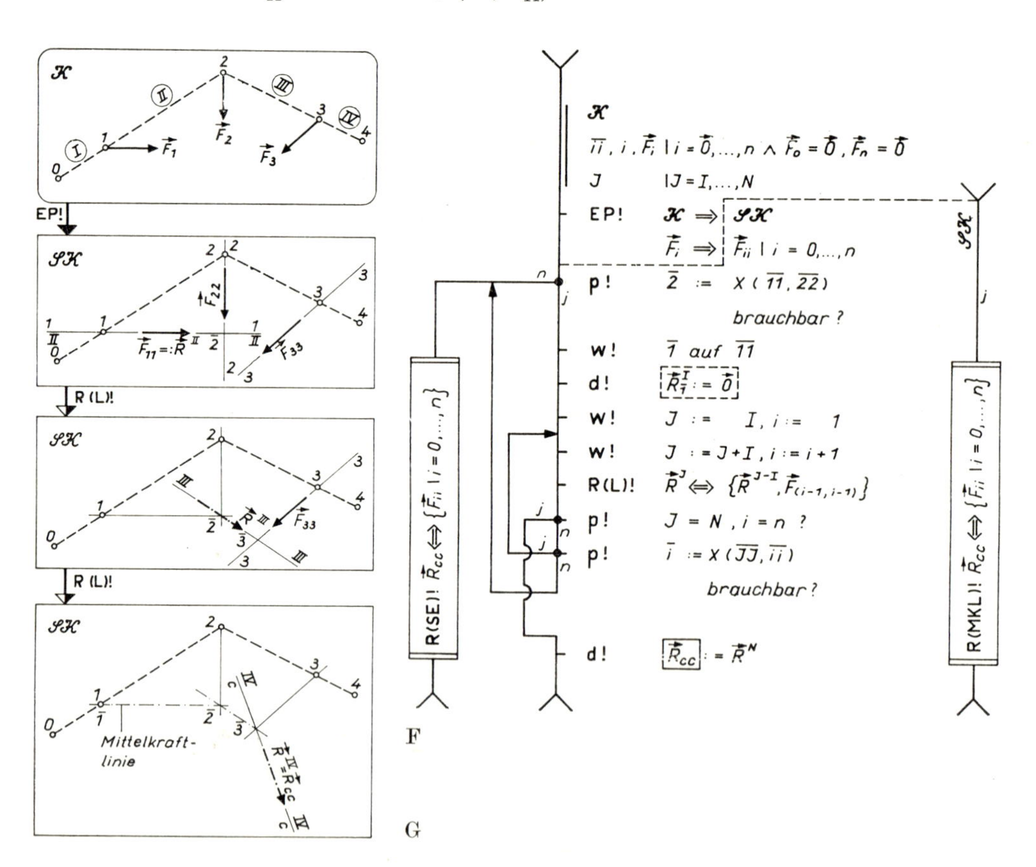

Bild 8.20. Beliebiges komplanares Kräftesystem: Reduktion mittels Mittelkraftlinie
G: Geometrische Darstellung
F: Flußbild
S: Symbolische Darstellung (auf Bild 8.21)

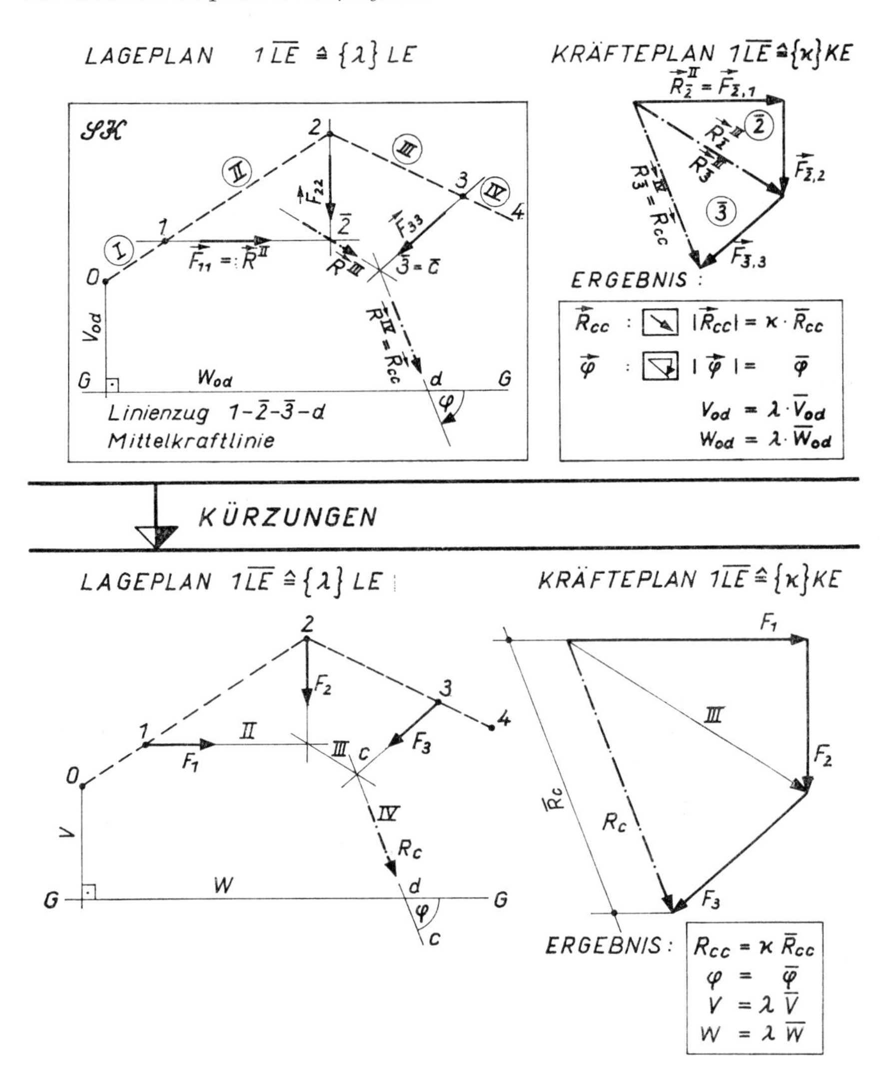

Bild 8.20. Beliebiges komplanares Kräftesystem: Reduktion mittels Mittelkraftlinie
M: Methodische Darstellung und V: Verfahren

Die Wirkungslinien $\overline{11}$ der Kraft $\boldsymbol{F}_{11}$ und $\overline{\text{II II}}$ der Teilresultierenden $\boldsymbol{R}^{\text{II}}$ fallen also zusammen. Ihr Schnittpunkt mit $\overline{22}$ heiße $\bar{2}$. Ist seine Brauchbarkeit gesichert,

$$\mathbf{p!}\ \bar{2} := \times(\overline{\text{II II}}, \overline{22}) = \times(\overline{11}, \overline{22}) \qquad \text{brauchbar?},^{1})$$

[1]) Die Frage, ob der Schnittpunkt $\bar{2}$ brauchbar ist, ist an sich schon beantwortet; allerdings als Schnittpunkt der Wirkungslinien $\overline{11}$ und $\overline{22}$, nicht aber als Schnittpunkt der Wirkungslinien $\overline{\text{II II}}$ und $\overline{22}$. Die Kontrolle der Brauchbarkeit der Schnittpunkte $\bar{2}$, $\bar{3}$ (usw.) entfällt natürlich, wenn das System als zentrales Kräftesystem erkannt oder gegeben und der Zentralpunkt $\bar{c}$ brauchbar ist.

so bilden wir die Resultierende aller Kräfte vor 3, also $\boldsymbol{R}^{\mathrm{III}}$, durch Reduktion des zentralen Komplanarpaares

R(L)! $\boldsymbol{R}^{\mathrm{III}} \Leftrightarrow \{\boldsymbol{R}^{\mathrm{II}}, \boldsymbol{F}_{22}\}$.

Bezeichnen wir die Wirkungslinie von $\boldsymbol{R}^{\mathrm{III}}$ mit $\overline{\mathrm{III\ III}}$, so folgt analog die Prüfung

p! $\bar{3} := \times(\overline{\mathrm{III\ III}}, \overline{33})$ brauchbar?

und — wenn ja —

R(L)! $\boldsymbol{R}^{\mathrm{IV}} \Leftrightarrow \{\boldsymbol{R}^{\mathrm{III}}, \boldsymbol{F}_{33}\}$.

Da $\boldsymbol{R}^{\mathrm{IV}}$ als Resultierende aller Kräfte vor 4 zugleich die gesuchte Resultierende $\boldsymbol{R}_{cc}$ des komplanaren Kräftesystems ist, finden wir mit ihrer Wirkungslinie $\overline{\mathrm{IV\ IV}}$ zugleich die Zentrallinie $\overline{cc}$.

Die Reduktion ist in allen Darstellungen leicht zu verfolgen. Der Linienzug

$1 - \bar{2} - \bar{3} - d$ (in Bild 8.20.M und V)

wird „*Mittelkraftlinie*" genannt, dabei ist d der Durchstoßpunkt der Mittelkraftlinie mit einer Bezugsgeraden $\overline{GG}$. Da in diesem Fall die Reduktion nur gelingt, wenn im Lageplan die Mittelkraftlinie konstruiert wird, rufen wir diesen Reduktionsprozeß durch den folgenden Befehl auf:

R(MKL)! Reduziere mit Hilfe der Mittelkraftlinie!

R(MKL)! $\boldsymbol{R}_{cc} \Leftrightarrow \{\boldsymbol{F}_i \mid i = 1, \ldots, n\}$.

8.5.2.2. Verfahren: Seileck

Wir betrachten Bild 8.21. Bilden die Kräfte $\boldsymbol{F}_{11}$ und $\boldsymbol{F}_{22}$ ein nichteinfaches Komplanarpaar, so muß dies erst nach Abschnitt 8.2.2.1. in ein einfaches Komplanarpaar vertiert werden:[1])

V! $\{\boldsymbol{S}^{\mathrm{I}*}, \boldsymbol{S}^{\mathrm{III}}\} \Leftrightarrow \{\boldsymbol{F}_{11}, \boldsymbol{F}_{22}\}$.

Danach wird der Schnittpunkt $\bar{3}$ der Wirkungslinien $\overline{\mathrm{III\ III}}$ und $\overline{33}$ markiert und $\boldsymbol{S}^{\mathrm{IV}}$ durch Reduktion ermittelt:

R(L)! $\boldsymbol{S}^{\mathrm{IV}} \Leftrightarrow \{\boldsymbol{S}^{\mathrm{III}}, \boldsymbol{F}_{33}\}$.

Auf diese Weise ist das ganze gegebene komplanare Kräftesystem in ein einfaches Komplanarpaar umgewandelt worden. Diese Zurückführung eines Kräftesystems auf *zwei* Vektoren nennen wir *Bi*vektorisierung und aktivieren diese durch den Befehl

B! Bivektorisiere!

B! $\{\boldsymbol{S}^{\mathrm{I}*}, \boldsymbol{S}^{\mathrm{IV}}\} \Leftrightarrow \{\boldsymbol{F}_{11}, \boldsymbol{F}_{22}, \boldsymbol{F}_{33}\}$

[1]) Für die Umwandlung wird der Weg 2 gewählt.

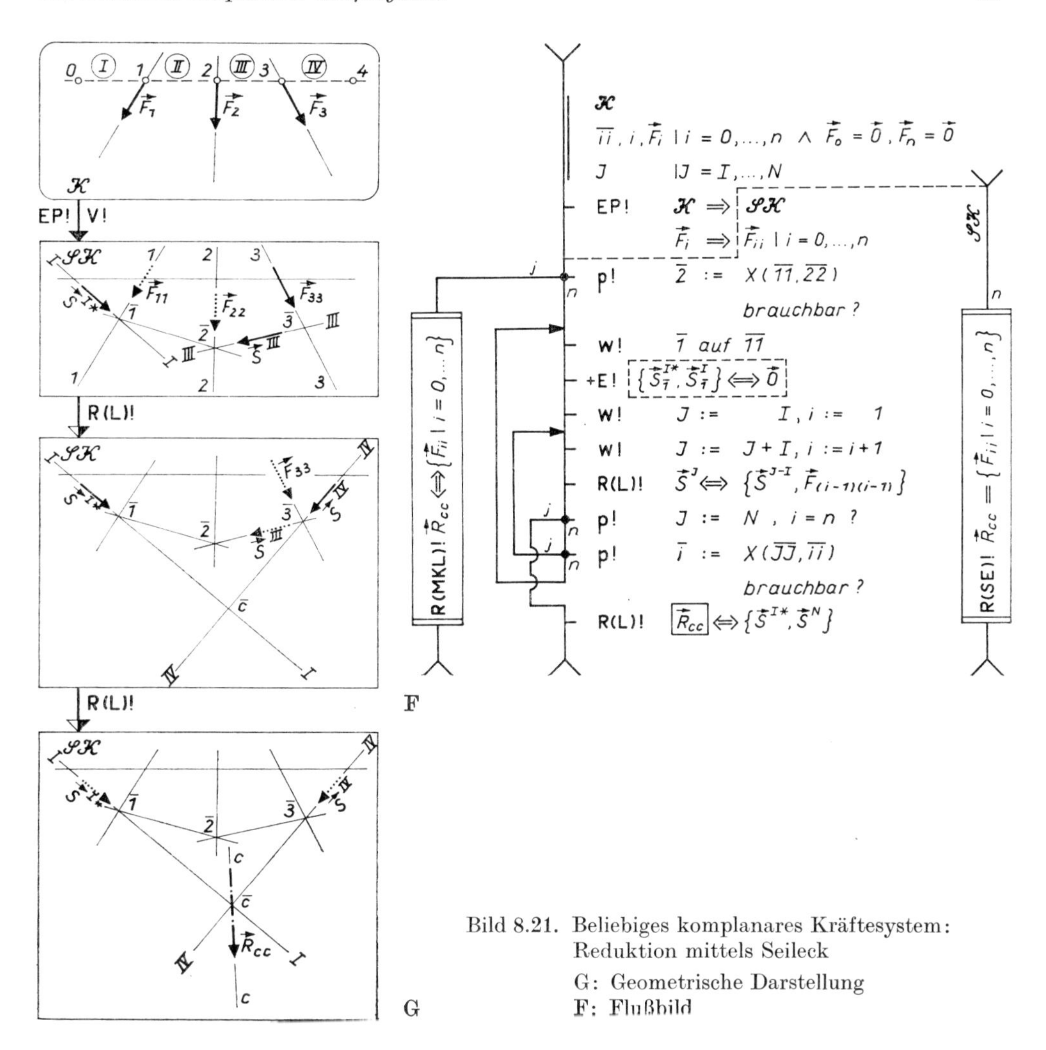

Bild 8.21. Beliebiges komplanares Kräftesystem: Reduktion mittels Seileck

G: Geometrische Darstellung

F: Flußbild

(lat. bis: zweimal). Das durch Bivektorisierung ermittelte einfache Komplanarpaar läßt sich schließlich in bekannter Weise reduzieren:

$$\textbf{R(L)!}\ \boldsymbol{R}_{cc} \Leftrightarrow \{\boldsymbol{S}^{\mathrm{I}*}, \boldsymbol{S}^{\mathrm{IV}}\}.$$

Die Reduktion läßt sich in allen Darstellungen mühelos verfolgen. Der Geradenzug I — II — III — IV im Verfahren wird *Seileck* genannt. Zur Anwendung dieses Verfahrens fordern wir mit dem Befehl auf

R(SE)! Reduziere mit Hilfe des Seileckes!

$$\textbf{R(SE)!}\ \boldsymbol{R}_{cc} \Leftrightarrow \{\boldsymbol{F}_i \mid i = 0, \ldots, n\}.$$

Fassen wir die Verfahrensschritte zusammen:

Man zeichnet zunächst im Kräfteplan das Polygon der Kräfte $\boldsymbol{F}_1$, $\boldsymbol{F}_2$, $\boldsymbol{F}_3$, verbindet den Anfangspunkt von $\boldsymbol{F}_1$ und den Endpunkt von $\boldsymbol{F}_3$ zur Resultierenden $\boldsymbol{R}_c$, wählt

LAGEPLAN $1\overline{LE} \hat{=} \{\lambda\} LE$

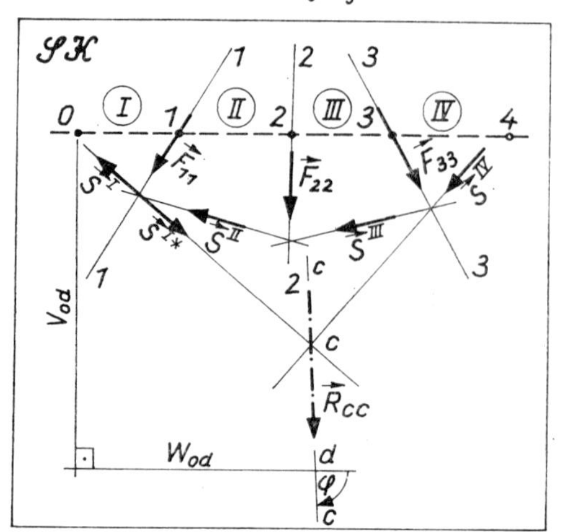

KRÄFTEPLAN $1\overline{LE} \hat{=} \{\kappa\} KE$

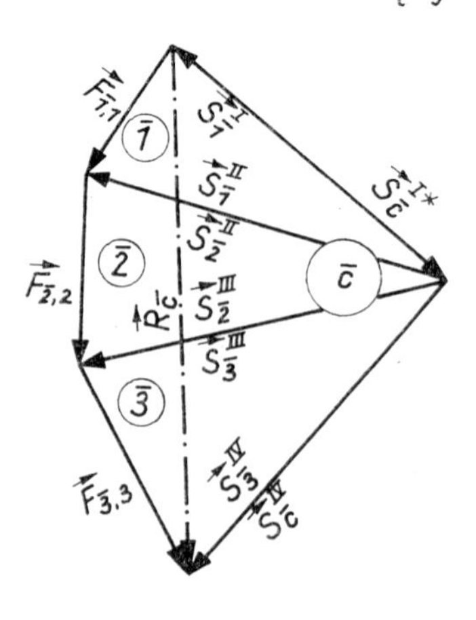

ERGEBNIS:

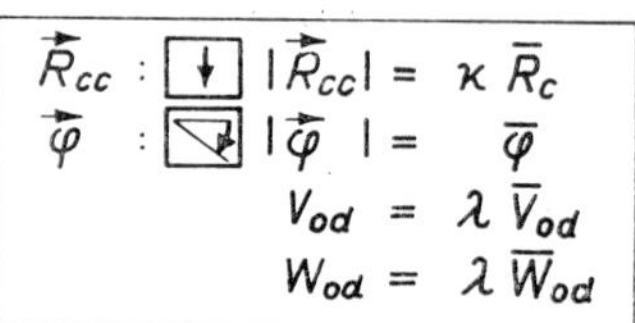

KÜRZUNGEN

LAGEPLAN $1\overline{LE} \hat{=} \{\lambda\} LE$

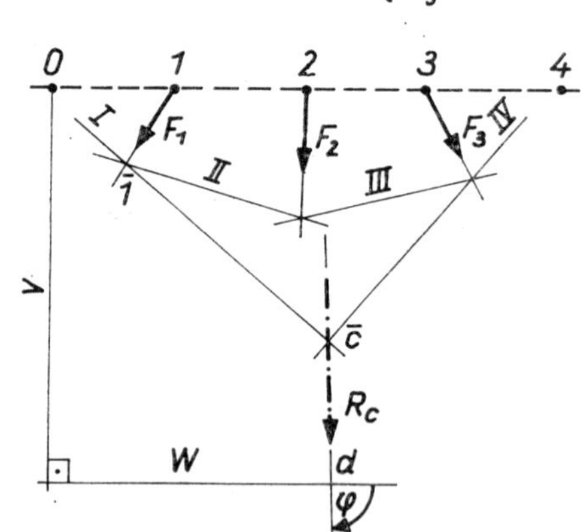

KRÄFTEPLAN $1\overline{LE} \hat{=} \{\kappa\} KE$

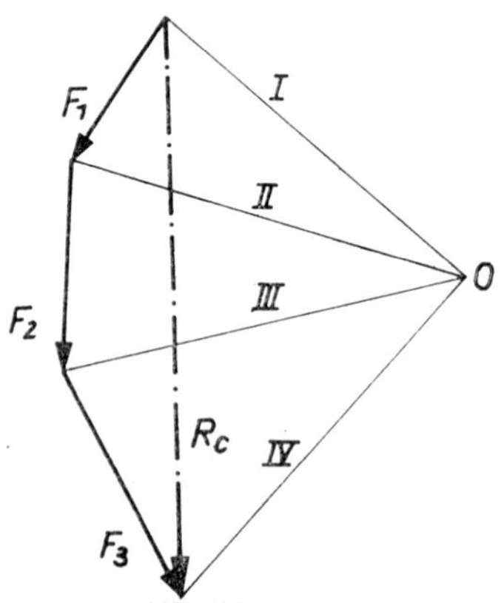

Geradenzug I-II-III-IV:
"Seileck"

ERGEBNIS:

R_c	=	$\kappa\,\bar{R}_c$
φ	=	$\bar{\varphi}$
V	=	$\lambda \cdot \bar{V}$
W	=	$\lambda \cdot \bar{W}$

Bild 8.21. Beliebiges komplanares Kräftesystem: Reduktion mittels Seileck
M: Methodische Darstellung und V: Verfahren
(Korrektur: der Schnittpunkt der Seilstrahlen $\overline{\text{II}}$ und $\overline{\text{IV IV}}$ heißt $\bar{c}$)

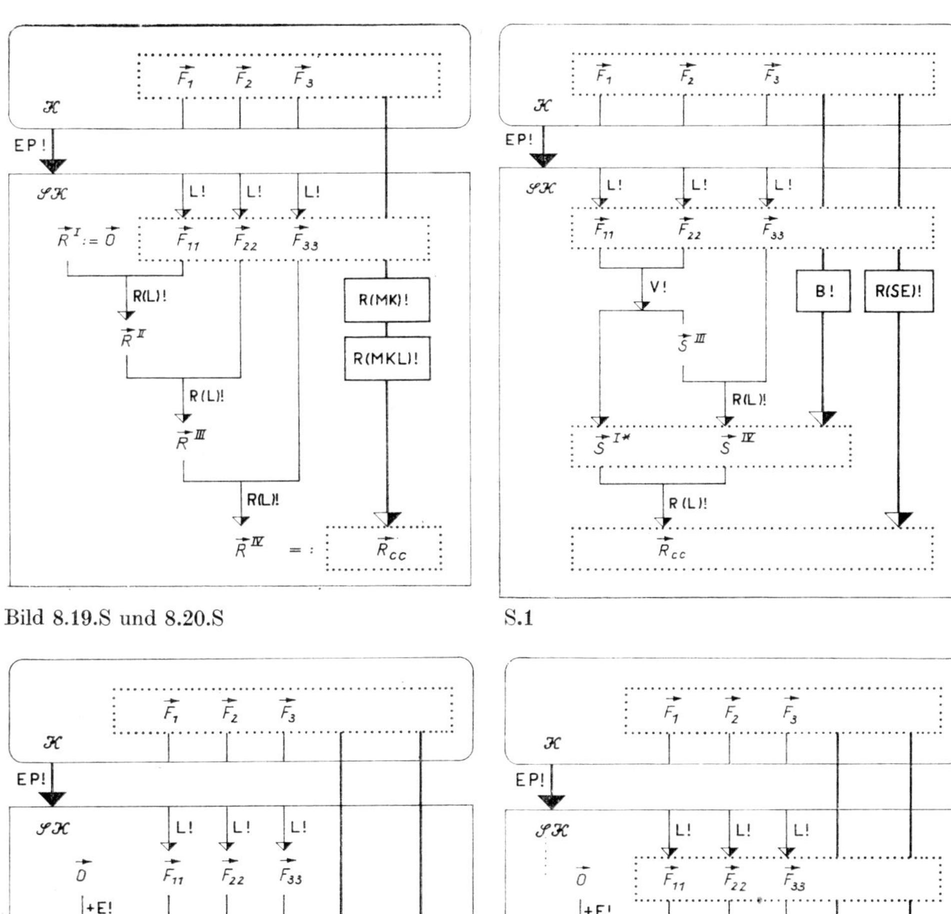

Bild 8.19.S und 8.20.S

S.1

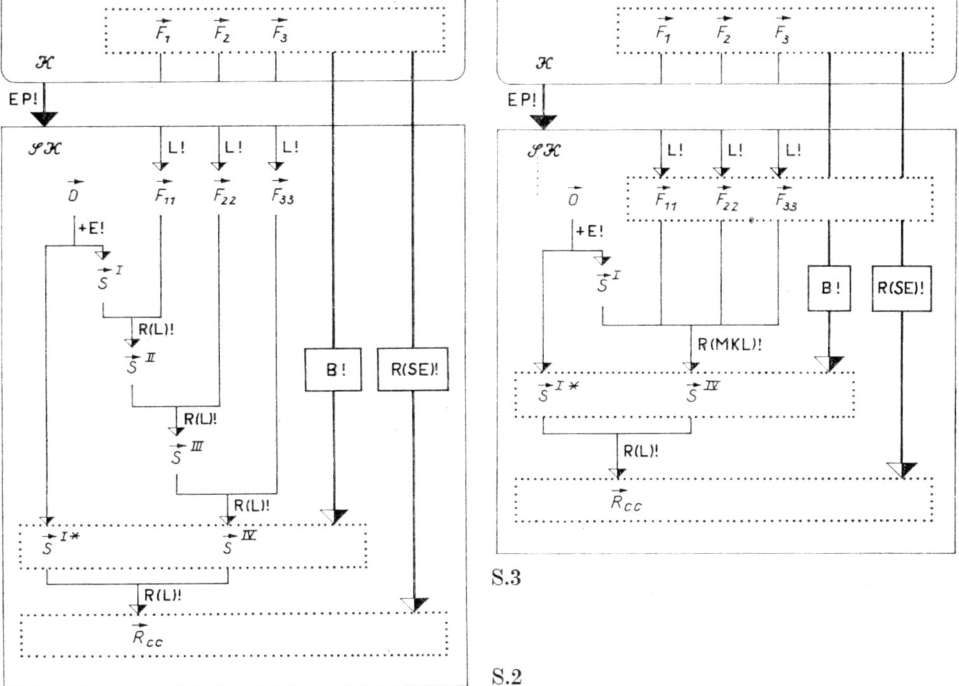

S.3

S.2

Bild 8.21. Beliebiges komplanares Kräftesystem: Reduktion mittels Seileck

S.1: Symbolische Darstellung, Weg 1 (mit Vertierung)

S.2: Symbolische Darstellung, Weg 2 (ohne Vertierung)

S.3: Symbolische Darstellung, Weg 3 (mit Mittelkraftlinie)

einen Pol 0, zeichnet im Kräfteplan die sogenannten *Polstrahlen* (d. s. die Seilkräfte $\boldsymbol{S}^J | J = \mathrm{I} \ldots \mathrm{IV}$ ohne Pfeilspitze und nur mit I...IV bezeichnet), konstruiert im Lageplan von einem geeigneten Punkt $\bar{1}$ ausgehend ebenfalls die Wirkungslinien I, II, III, IV der Seilkräfte, die parallel zu den Polstrahlen verlaufen und im Lageplan *Seilstrahlen* heißen, und zeichnet schließlich die Parallele zu $\boldsymbol{R}_{cc}$ durch den Schnittpunkt $\bar{c}$ des ersten und letzten Seilstrahles. Diese Parallele ist die Wirkungslinie der gesuchten Resultierenden $\boldsymbol{R}_{cc}$ und damit die Zentrallinie $\overline{cc}$ des Systems.

Für den Aufbau des Flußbildes ist es zweckmäßig, die Vertierung in das einfache Komplanarpaar (**V!**) in seine Teile aufzuspalten und den Weg 2 zu wählen. Damit ergibt sich die symbolische Darstellung Bild 8.21.S.II, die die Mittelkraftlinie erkennen läßt. Bild 8.21.S.III zeigt die verkürzte Darstellung mittels **R(MKL!)** und Bild 8.21.F das Flußbild.

8.5.2.3. Vergleich: Mittelkraftlinie — Seileck

Im Bild 8.22 ist das komplanare Kräftesystem $\{\boldsymbol{F}_1, \boldsymbol{F}_2, \boldsymbol{F}_3\}$ sowohl mit Hilfe der Mittelkraftlinie als auch mit Hilfe des Seileckes in die Zentrallinie reduziert worden. Die Bezeichnung für die Wirkungslinien der Teilresultierenden (z. B. $\overline{\mathrm{III\ III}}$ für $\boldsymbol{R}^{\mathrm{III}}$) und der Seilkräfte (z. B. $\overline{\mathrm{III\ III}}$ für $\boldsymbol{S}^{\mathrm{III}}$) ist nicht unterschieden. Die Knickpunkte der Mittelkraftlinie sind dagegen zweimal überstrichen (z. B. $\bar{\bar{2}}$).

Ein Vergleich der Flußbilder Bild 8.20.F und Bild 8.21.F läßt erkennen, daß die Entscheidung, welches der Verfahren angewendet werden kann, davon abhängt, ob der Schnittpunkt zweier Wirkungslinien (im allgemeinen $\overline{11}$ und $\overline{22}$) brauchbar ist. Der Unterschied beider Verfahren besteht darin, daß zur Konstruktion der Mittelkraftlinie die Teilresultierende im Bereich $\overset{\frown}{\underset{\smile}{(\mathrm{I})}}$ also $\boldsymbol{R}^{\mathrm{I}}$ gleich dem Nullvektor gesetzt wird, während für das Seileck das Aufhebungspaar $\{\boldsymbol{S}^{\mathrm{I}}, \boldsymbol{S}^{\mathrm{I}*}\}$ zu ergänzen ist.

Stößt man nach Festlegung der Reihenfolge (Reduktionsfolge) beim Zeichnen der Mittelkraftlinie auf einen *nichtbrauchbaren* Schnittpunkt $\bar{\bar{i}}$, so muß man die Reihenfolge (Reduktionsfolge) ändern oder das Seileck einsetzen. Ergibt sich während der Konstruktion des Seileckes ein *nichtbrauchbarer* Schnittpunkt $\bar{i}$, so muß man das Verfahren nach Wahl eines neuen Anfangspunktes $\bar{1}$ oder eines neuen Poles 0 (also nach Wahl geeigneter Polstrahlen I und II) wiederholen.

8.5.3. Reduktion in ein beliebiges Reduktionszentrum

Soll ein komplanares Kräftesystem durch Vektoren äquivalent ersetzt werden, die in einem einzigen Punkt r angreifen, so spricht man von einer Reduktion in diesen Punkt r und nennt r das *Reduktionszentrum*.

Diese Reduktion verläuft prinzipiell in den folgenden zwei Stufen:

1. Reduktion in die Zentrallinie (im allgemeinen mit Hilfe des Seileckes)

$$\boldsymbol{R}_{cc} \Leftrightarrow \{\boldsymbol{F}_i \mid i = 1, \ldots, n\},$$

2. Substitution im Reduktionszentrum

$$\begin{bmatrix} R\boldsymbol{P}_r \\ R\boldsymbol{M}_r \end{bmatrix}^{\perp} \Leftrightarrow \boldsymbol{R}_{cc}.$$

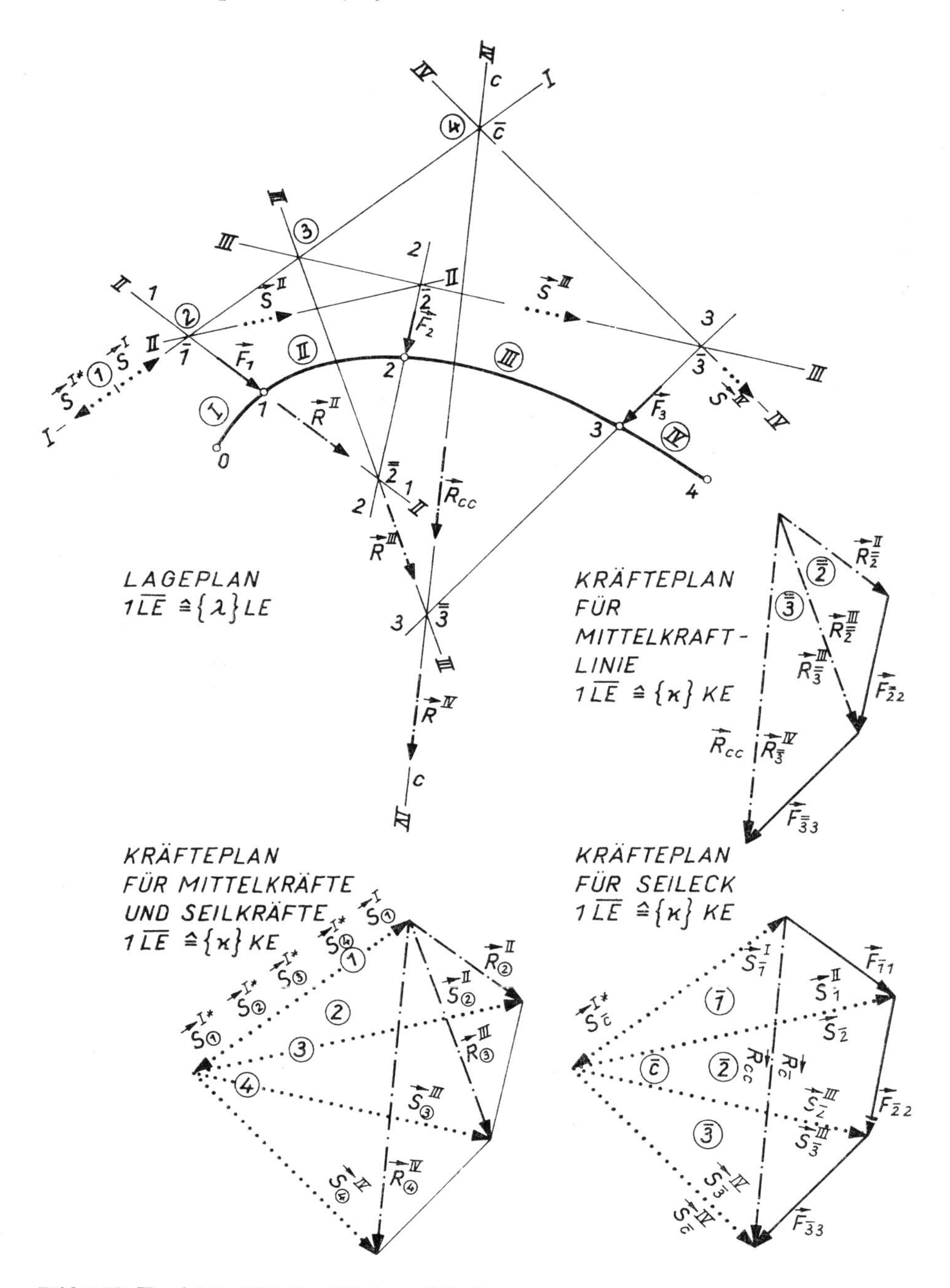

Bild 8.22. Vergleich: Mittelkraftlinie — Seileck

Das Substitutionspaar in r wird, wenn es — wie hier — die durch Reduktion entstandene Resultierende äquivalent ersetzt, auch *Reduktionspaar*[1]) genannt. In diesem Fall bezeichnen wir die Projektion und das Moment genauer.[2])

RP: reduzierte (polare) Projektion, kurz: Reduktionsprojektion,
RM: reduziertes (polares) Moment, kurz: Reduktionsmoment.

Repräsentiert das Reduktionspaar das gesamte komplanare Kräftesystem, so hat eine vollständige oder *totale Reduktion* stattgefunden (lat. totus: ganz), sollen nur Teile des Kräftesystems erfaßt werden, so ist eine teilweise oder *partielle Reduktion* vorzunehmen (lat. pars: Teil).

Für viele Aufgaben ist es zweckmäßig, die partielle Reduktion entlang der Linie zu vollziehen, die die Angriffspunkte der einzelnen Kräfte verbindet — und zwar Schritt für Schritt (Bild 8.23.) in bezug auf jeweils einen der aufeinanderfolgenden Punkte i ($i = 0, \ldots, n$) als Reduktionszentrum. Diese Linie (die bei praktischen Aufgaben z. B. als Systemlinie eines Stabtragwerkes auftritt) wird dann *Bezugslinie* genannt; die einzelnen Punkte $(i - 1)$, i haben den Abstand c_i und grenzen den Bereich $\widehat{\underset{\smile}{(J)}}$ ein; ein beliebiger Punkt zwischen $(i - 1)$ und i heißt $\bar{i}$.

Bei dieser partiellen Reduktion werden nur diejenigen Kräfte in das jeweilige Reduktionszentrum (z. B. $(i - 1)$) reduziert, die zwischen dem Anfangspunkt (0) und dem augenblicklichen Standort $(i - 1)$ liegen. Die im Standort selbst angreifende Kraft bleibt also noch unberücksichtigt. Der *Teilungspunkt* $(i - 1)$ des Kräftesystems ist gleichzeitig Reduktionszentrum und liegt *vor* dem *Standort* $(i - 1)$.

Für $(i - 1)$ erhalten wir demnach

$$\begin{bmatrix} RP_{i-1} \\ RM_{i-1} \end{bmatrix}^{\perp} \Leftrightarrow \{\boldsymbol{F}_k \mid k = 0, \ldots, i - 2\}.$$

Gehen wir einen Schritt weiter, vom Standort $(i - 1)$ zum Standort i, und lassen wir — in i stehend — den Blick *zurücklaufen*, so erkennen wir, daß wir in der nun folgenden partiellen Reduktion in i neben der Kraft in $i - 1$ auch das Reduktionspaar in $i - 1$ als Ergebnis des vorangegangenen Reduktionsschrittes (in unsere *Rücksicht* aufnehmen, also) *berücksichtigen* müssen. Da das Zurücklaufen und im übertragenen Sinne auch das Berücksichtigen lateinisch mit *recurrere* zu übersetzen ist, wird diese Art der schrittweisen partiellen Reduktion auch als *rekursive Reduktion* oder *Rekursion* bezeichnet.

Für i als Reduktionszentrum erhalten wir demnach

$$\begin{bmatrix} RP_{i} \\ RM_{i} \end{bmatrix}^{\perp} \Leftrightarrow \left\{\begin{bmatrix} RP_{i-1} \\ RM_{i-1} \end{bmatrix}^{\perp}, \boldsymbol{F}_{i-1}\right\}.$$

Wird als Anfangspunkt der Punkt 0 gewählt, arbeiten wir also die Kräfte *vorwärts* (von 0 beginnend bis n) ab, so sprechen wir von einer *progredienten Rekursion* (lat. progredi: vorwärtsschreiten), (oder — da in der Regel der Punkt 0 auf dem Zeichenblatt „links" liegt — auch von einer *Rekursion von links*). Wählen wir dagegen als Anfangspunkt den Punkt n, arbeiten wir also die Kräfte *rückwärts* (von n beginnend bis 0) ab, so nennen wir den Prozeß *regrediente Rekursion* (lat. regredi: rückwärtsschreiten), (oder

[1]) In Bd. 2, Bild 7.2, ist das Reduktionspaar für ein spatiales Kräftesystem angegeben.
[2]) Vgl. Bd. 2, 2. Auflage, Bild 7.2, (B.15) S. 201.

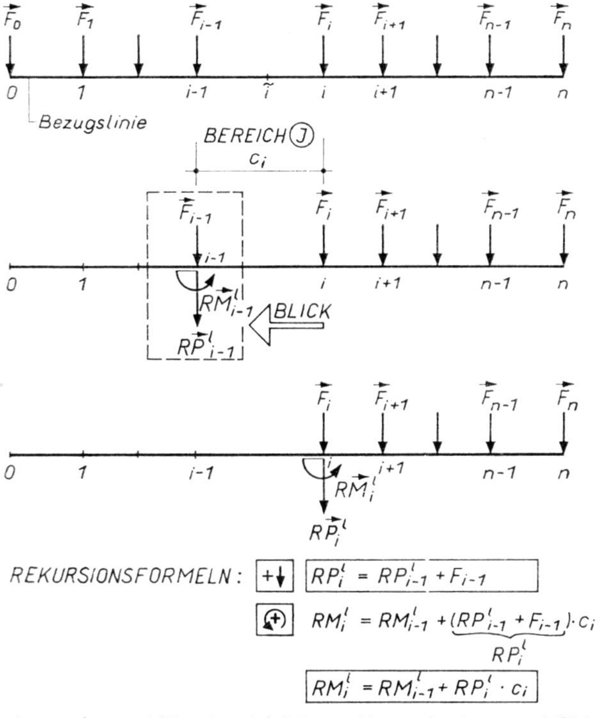

Bild 8.23. Progrediente Rekursion paralleler Kräfte

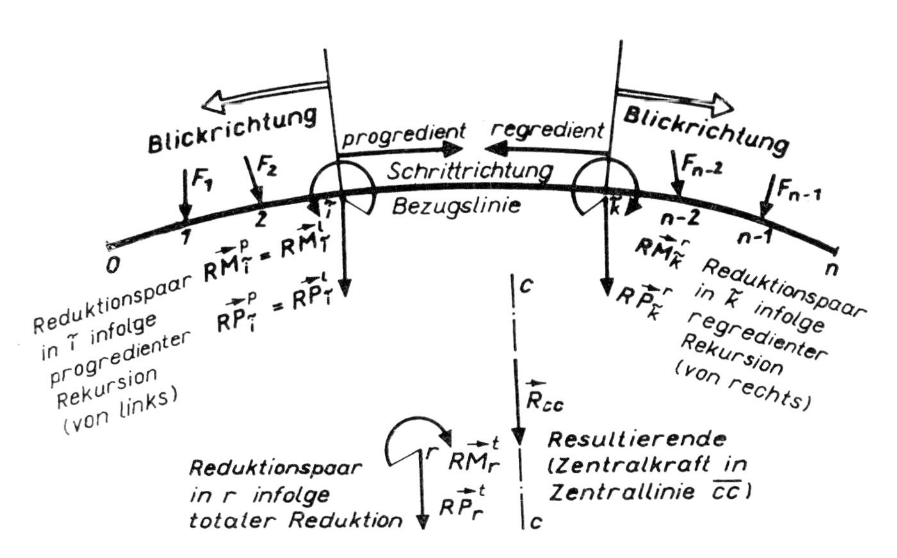

Bild 8.24. Veranschaulichung der Rekursion und Reduktion

— da in der Regel der Punkt n auf dem Zeichenblatt rechts liegt — auch *Rekursion von rechts*).

Will man im Formelsymbol mitteilen, daß das Reduktionspaar durch totale Reduktion, progrediente oder regrediente Rekursion entstanden ist, so wird man oben rechts den Index t, p bzw. l oder r vermerken (Bild 8.24).

8.5.3.1. Reduktion beliebiger komplanarer Kräftesysteme

Die graphische Reduktion eines Systems von Kräften, die beliebig in einer Ebene liegen, kann partiell, vollständig oder auch rekursiv gefordert werden.

Anmerkung: Ist ein System von Elementarpaaren gegeben, so muß es zunächst durch Zentralisation der Elementarpaare in ein Kräftesystem überführt werden (Bild 8.25 oben).

Es können ein Reduktionspaar, einige wenige oder auch alle Reduktionspaare interessieren. Die Darstellung *aller* Reduktionspaare führt bei der vollständigen Reduktion zum *Reduktionspaarfeld*[1]), das aus dem Projektions- und Momentenfeld besteht. Bei der rekursiven Reduktion führt die Darstellung *aller* Reduktionspaare dagegen zur *Reduktionspaarfunktion* (progredient, also von links, oder regredient, also von rechts), die ebenfalls in zwei Teilen, nämlich als Projektions- und als Momentenfunktion, in Erscheinung tritt.

8.5.3.1.1. Partielle Reduktion

In Bild 8.25.M wird die Reduktion der Kräfte $\{\boldsymbol{F}_k \mid k = 1, \ldots, i-1\}$ also die Reduktion eines Teiles des Kräftesystems $\{\boldsymbol{F}_k \mid k = 1, \ldots, n-1\}$ in bezug auf den Punkt $\bar{i}$ gezeigt. Zunächst wandeln wir für diese partielle Reduktion das zu reduzierende Teilsystem mit Hilfe des Seileckes in ein äquivalentes einfaches Komplanarpaar um:

$$\textbf{B!}\ \{\boldsymbol{S}^{\mathrm{I}*}, \boldsymbol{S}^{J}\} \Leftrightarrow \{\boldsymbol{F}_k \mid k = 1, \ldots, i-1\}.$$

Die Größe und Richtung sowie den Richtungssinn der Teilresultierenden $\boldsymbol{R}^J$ erhalten wir im Kräfteplan:

$$\boldsymbol{R}^J \Leftrightarrow \{\boldsymbol{F}_k \mid k = 1, \ldots, i-1\}.$$

Ihre Wirkungslinie, die Zentrallinie $\overline{zz}$ also (die wir im Lageplan als Parallele zur im Kräfteplan ermittelten Resultierenden $\boldsymbol{R}^J$ durch den Schnittpunkt $\widehat{(i)}$ der Seilstrahlen I und J finden können), interessiert bei dieser Aufgabenstellung nicht. Wir ermitteln sie nur gedanklich und substituieren für die Resultierende $\boldsymbol{R}^J$ das Substitutionspaar $\{R\boldsymbol{P}^l_{\bar{i}}, R\boldsymbol{M}^l_{\bar{i}}\}$, indem wir eine Parallele zu $\boldsymbol{R}^J$ im Kräfteplan durch $\bar{i}$ im Lageplan zeichnen, deren Schnittpunkt $\bar{J}$ mit dem Seilstrahl J und $\bar{I}$ mit dem Seilstrahl I markieren, $y_{\bar{i}} = \overline{\bar{J}\bar{I}}$ kennzeichnen und schließlich das Substitutionspaar im Angriffspunkt $\bar{i}$ mit Richtung und Richtungssinn in den Lageplan eintragen. Die Beträge ermitteln wir nach Messung der Bildgrößen $\bar{R}^J$, $\bar{H}^J$, $\bar{y}_{\bar{i}}$ durch Multiplikation mit den Maßstabsfaktoren λ und $\varkappa$ zu

$$RP^l_{\bar{i}} = \varkappa \bar{R}^J,$$
$$RM^l_{\bar{i}} = \varkappa \cdot \lambda \cdot \bar{H}^J \cdot \bar{y}_{\bar{i}}.$$

Die Flußbilddarstellung ist Bild 8.25.F zu entnehmen.

[1]) Vgl. Bd. 2, Abschnitte 7.2.2., 7.2.3. sowie S. 148.

UMWANDLUNG EINES ELEMENTARPAARSYSTEMS
IN EIN KRÄFTESYSTEM

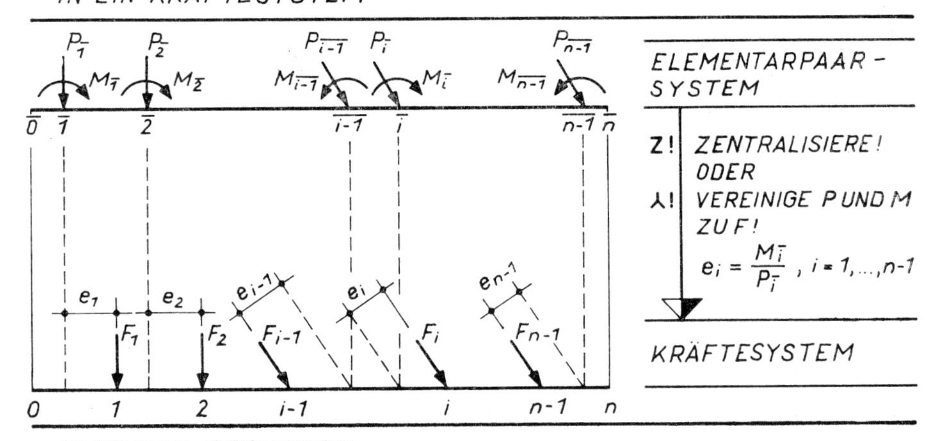

PARTIELLE REDUKTION

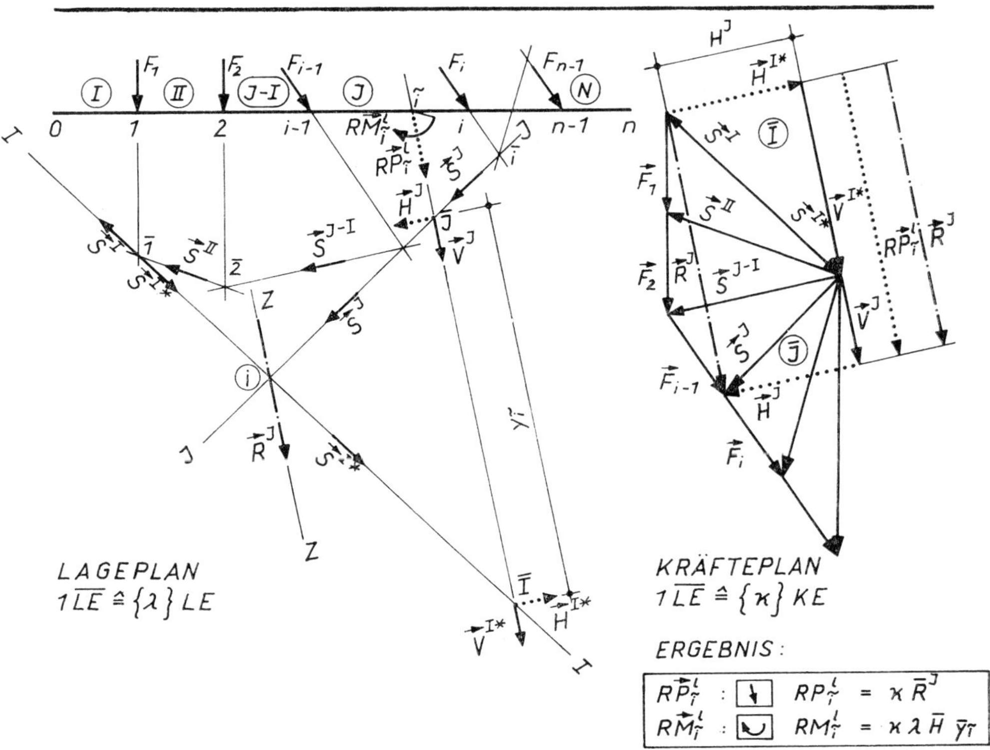

Bild 8.25. Beliebiges komplanares Elementarpaarsystem: Umwandlung in ein beliebiges komplanares Kräftesystem, partielle Reduktion
M: Methodische Darstellung

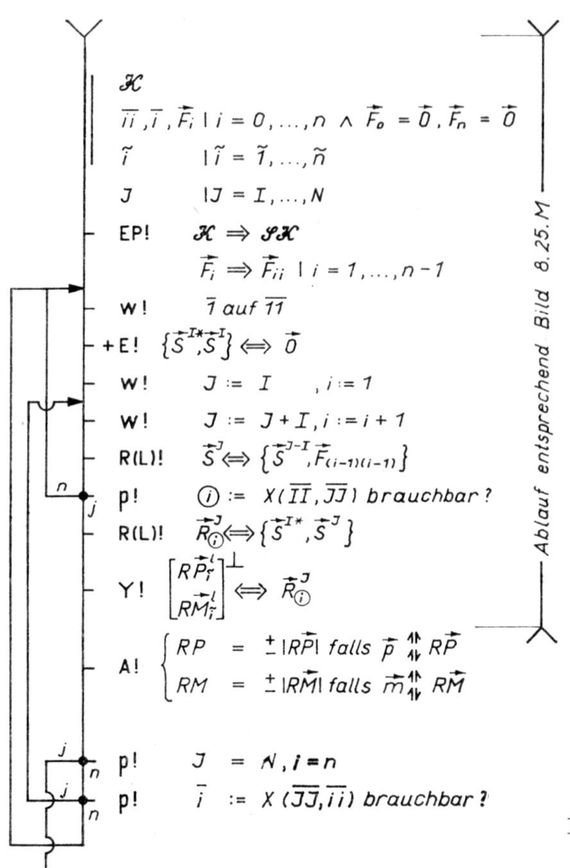

Bild 8.25.F. Beliebiges komplanares Kräftesystem: partielle Reduktion, Flußbild

8.5.3.1.2. Totale Reduktion

Die totale oder vollständige Reduktion kann als Sonderfall der partiellen Reduktion aufgefaßt werden, da hier alle Kräfte des gegebenen Kräftesystems reduziert werden. Das äquivalente einfache Komplanarpaar besteht dann aus der ersten und letzten Seilkraft.

Gibt man für jeden Punkt der Bezugslinie das vollständige Reduktionspaar, also die Projektion und das Moment der Gesamtresultierenden $\boldsymbol{R}_{cc}$ an, so entstehen das Projektions- und das Momentenfeld, die (beide gemeinsam betrachtet das Reduktionspaarfeld bilden, und) als *Vektorfeld* oder *Koordinatenfeld* dargestellt werden können (Bild 8.26). Im Vektorfeld werden für jedes Reduktionszentrum $\tilde{\imath}$ die Vektoren mit Betrag (Streckenlänge: $\overline{P}_{\tilde{\imath}}$, $\overline{y}_{\tilde{\imath}}$), Richtung (Strichrichtung, Schraffurrichtung) und Richtungssinn (Pfeilspitze der Projektion bzw. Pfeilspitzen des Kräftepaares) angegeben. Die Pfeilspitzen, (also die Darstellung des Richtungssinnes der Vektoren) bedingen natürlich einen erheblichen Zeichenaufwand und lassen sich vollständig auch gar nicht einzeichnen. Es ist deshalb vorteilhafter (obwohl es dem graphischen Konstruieren im eigentlichen Sinne widerspricht), einen Vergleichsvektor für das ganze Feld festzulegen und

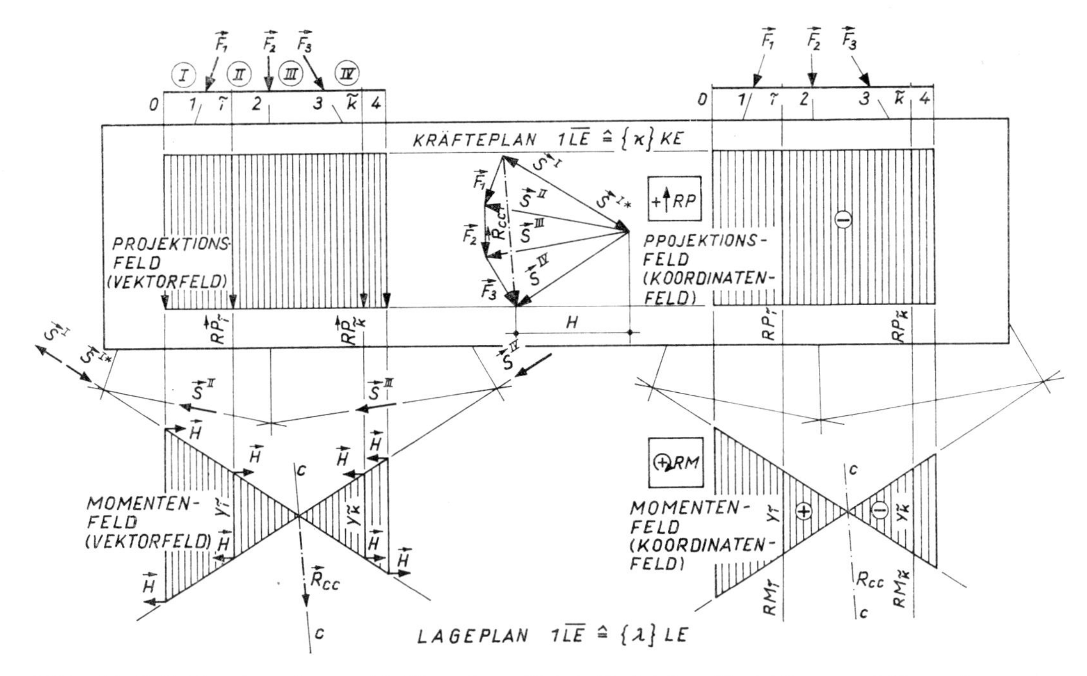

Bild 8.26. Beliebiges komplanares Kräftesystem: Totale Reduktion, Projektions- und Momentenfeld dargestellt als Vektor- bzw. Koordinatenfeld

zu vereinbaren, daß alle Vektoren dann positiv heißen, wenn ihr Richtungssinn mit dem Richtungssinn des Vergleichsvektors übereinstimmt, sonst negativ. Aus diesem Grund wird der Richtungssinn des Vergleichsvektors häufig auch *positiver Richtungssinn* genannt und die Einführung des Vergleichsvektors als *Definition des positiven Richtungssinnes* bezeichnet.

Indem wir also den Richtungssinn des Vergleichsvektors neben dem Feld angeben und die Streckenlänge mit dem entsprechenden Vorzeichen versehen, entstehen graphische Diagramme, deren Ordinaten nicht mehr Vektoren, sondern vorzeichenbehaftete Beträge, also Koordinaten repräsentieren und die deshalb „Koordinatenfelder" heißen.

Jede dieser Koordinaten $RP = \pm|\boldsymbol{RP}|$ bzw. $RM = \pm|\boldsymbol{RM}|$ wird demnach erst durch den Richtungssinn des Vergleichsvektors $\boldsymbol{p}$ bzw. $\boldsymbol{m}$ (im analytischen Sinne also durch Multiplikation mit $\boldsymbol{p}$ bzw. $\boldsymbol{m}$) zum Vektor $\boldsymbol{RP}$ bzw. $\boldsymbol{RM}$ komplettiert, z. B.

$$\boldsymbol{RP}_{\tilde{i}} = \boldsymbol{p} \cdot RP_{\tilde{i}} \mid RP_{\tilde{i}} = \begin{cases} +|\boldsymbol{RP}_{\tilde{i}}| & \text{falls} \quad \boldsymbol{RP}_{\tilde{i}} \upuparrows \boldsymbol{p} \\ -|\boldsymbol{RP}_{\tilde{i}}| & \text{falls} \quad \boldsymbol{RP}_{\tilde{i}} \updownarrows \boldsymbol{p}, \end{cases}$$

$$\boldsymbol{RM}_{\tilde{i}} = \boldsymbol{m} \cdot RM_{\tilde{i}} \mid RM_{\tilde{i}} = \begin{cases} +|\boldsymbol{RM}_{\tilde{i}}| & \text{falls} \quad \boldsymbol{RM}_{\tilde{i}} \upuparrows \boldsymbol{m} \\ -|\boldsymbol{RM}_{\tilde{i}}| & \text{falls} \quad \boldsymbol{RM}_{\tilde{i}} \updownarrows \boldsymbol{m}. \end{cases}$$

In der graphischen Darstellung geben wir den Richtungssinn des Vergleichsvektors durch einen Pfeil bzw. einen mit Pfeilspitze versehenen Halbkreis an, schreiben zur Kennzeichnung des positiven Richtungssinnes ein + daneben und geben das Buchstabensymbol (RP, RM) der Koordinate an, für die der Richtungssinn gilt, also wird

$\boldsymbol{p}$ repräsentiert durch $\boxed{+\nearrow RP}$ bzw. $\boxed{+\swarrow RP}$,

$\boldsymbol{m}$ repräsentiert durch $\boxed{\overset{\curvearrowright}{+}\ RM}$ bzw. $\boxed{\overset{\curvearrowleft}{+}\ RM}$.

Die Einführung des Vergleichsvektors und den Übergang vom Vektordiagramm zum Koordinatendiagramm nennen wir *Adaption* (lat. adaptere: anpassen). Den Adaptionsprozeß lösen wir durch den Befehl aus:

A! Adaptiere!

Beispiel (Bild 8.25.F):

$$\mathbf{A!}\quad \begin{aligned} \boldsymbol{p} \cdot RP^l_{\tilde{i}} &= \boldsymbol{RP}^l_{\tilde{i}} \Rightarrow RP^l_{\tilde{i}} = \pm|\boldsymbol{RP}^l_{\tilde{i}}|, \\ \boldsymbol{m} \cdot RM^l_{\tilde{i}} &= \boldsymbol{RM}^l_{\tilde{i}} \Rightarrow RM^l_{\tilde{i}} = \pm|\boldsymbol{RM}^l_{\tilde{i}}|. \end{aligned}$$

Dabei erhalten wir $\boldsymbol{RP}$ und $\boldsymbol{RM}$ durch die graphische Konstruktion, $RP = \pm|\boldsymbol{RP}|$ und $RM = \pm|\boldsymbol{RM}|$ dagegen durch Adaption an $\boldsymbol{p}$ und $\boldsymbol{m}$.

8.5.3.1.3. Rekursive Reduktion

Die rekursive Reduktion oder Rekursion kann progredient oder regredient erfolgen. Wir vollziehen in Bild 8.27 als Beispiel eine progrediente Rekursion nach. Durch Ergänzung des Aufhebungspaares $\{\boldsymbol{S}^{\mathrm{I}}, \boldsymbol{S}^{\mathrm{I}*}\}$ und Reduktion von $\boldsymbol{S}^{\mathrm{I}}$ und $\boldsymbol{F}_{11}$ zu $\boldsymbol{S}^{\mathrm{II}}$ entstehen die Seilkräfte $\boldsymbol{S}^{\mathrm{I}*}$ und $\boldsymbol{S}^{\mathrm{II}}$, die beide im Bereich $(\widehat{\mathrm{II}})$ die Kraft $\boldsymbol{F}_{11}$ äquivalent ersetzen und in $(\widehat{2})$ zu Teilresultierenden $\boldsymbol{R}^{\mathrm{II}}_{(\widehat{2})}$ für diesen Bereich zusammengefaßt werden können, wobei natürlich $\boldsymbol{R}^{\mathrm{II}}_{(\widehat{2})} = \boldsymbol{F}_{11}$ gilt.

Überschreiten wir den Punkt 2, begeben wir uns also in den Punkt $\tilde{3}$ des Bereiches $(\widehat{\mathrm{III}})$, so erkennen wir rückwärtsschauend, daß nunmehr die Kräfte $\boldsymbol{F}_{11}$ und $\boldsymbol{F}_{22}$ bzw. die diesen äquivalenten Kräfte $\boldsymbol{S}^{\mathrm{I}*}$, $\boldsymbol{S}^{\mathrm{II}}$ und $\boldsymbol{F}_{22}$ zu reduzieren sind. Wir superponieren zunächst $\boldsymbol{S}^{\mathrm{II}}$ und $\boldsymbol{F}_{22}$, erhalten $\boldsymbol{S}^{\mathrm{III}}$ und damit das den Kräften $\boldsymbol{F}_{11}$ und $\boldsymbol{F}_{22}$ äquivalente einfache Komplanarpaar $\{\boldsymbol{S}^{\mathrm{I}*}, \boldsymbol{S}^{\mathrm{III}}\}$, das sich in $(\widehat{3})$ zur Teilresultierenden $\boldsymbol{R}^{\mathrm{III}}_{(\widehat{3})}$ zusammenfassen läßt, aber nur im Bereich $(\widehat{\mathrm{III}})$ wirksam werden kann.

Ganz analog erhalten wir mit dem Überschreiten des Punktes 3, also für den Bereich $(\widehat{\mathrm{IV}})$, das äquivalente einfache Komplanarpaar $\{\boldsymbol{S}^{\mathrm{I}*}, \boldsymbol{S}^{\mathrm{IV}}\}$ und in $(\widehat{4})$ die Teilresultierende $\boldsymbol{R}^{\mathrm{IV}}_{(\widehat{4})}$, die — da nun alle Kräfte des vorgegebenen Systems erfaßt sind — zugleich die Gesamtresultierende $\boldsymbol{R}_{cc}$ ist.

Durch die Schraffur (die die Meßrichtung angibt) werden die für die einzelnen Bereiche gültigen Projektions- und Momentenfunktionen sichtbar. In den Punkten $\tilde{2}$, $\tilde{3}$ und $\tilde{4}$ sind die jeweiligen Projektions- und Momentenvektoren (Kräftepaare) eingezeichnet, für die übrigen Punkte ist auf die Angabe des Richtungssinnes der Vektoren verzichtet worden. Die Ergebnisse erhalten wir nach dem Messen der Bilder $\bar{\boldsymbol{R}}^J$,

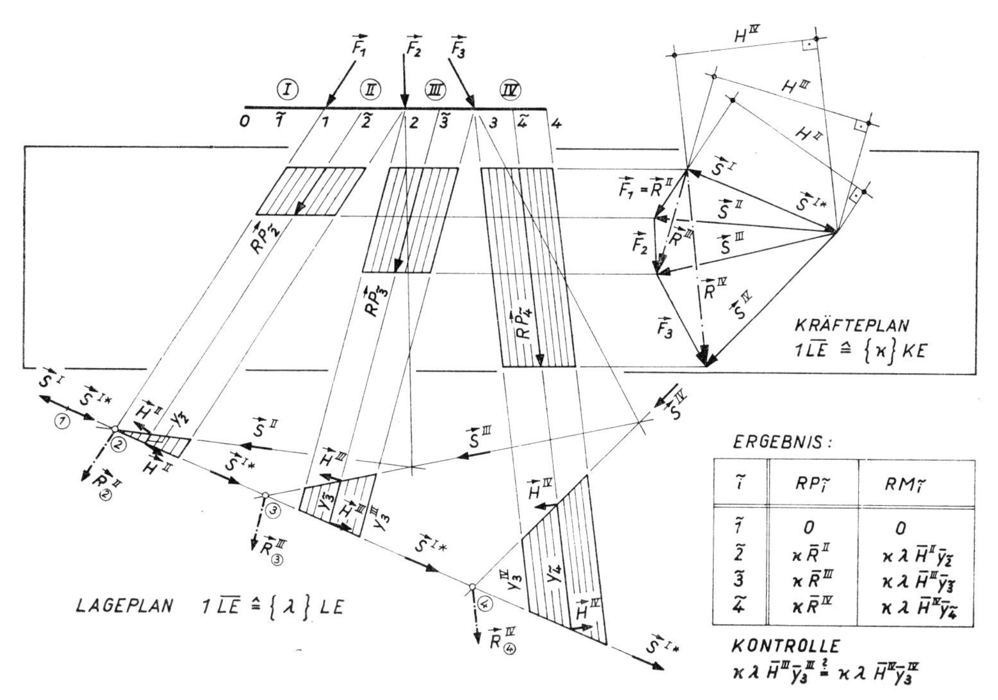

Bild 8.27. Beliebiges komplanares Kräftesystem: Progrediente Rekursion, Projektions- und Momentenfunktion

$\bar{H}^J$, $\bar{y}_{\tilde{i}}$ in bekannter Weise zu

$$RP_{\tilde{i}} = \varkappa \cdot R\bar{P}^J = \varkappa \bar{R}^J, \qquad RM_{\tilde{i}} = \varkappa \cdot \lambda \cdot \bar{H}^J \cdot \bar{y}_{\tilde{i}}.$$

Bemerkenswert (auch für die Kontrolle) sind die Identitäten

$$RM_i^J = \varkappa\lambda\bar{H}^J\bar{y}_i^J = \varkappa\lambda\bar{H}^{J+I}\bar{y}_i^{J+I} = RM_i^{J+I}.$$

8.5.3.2. Reduktion paralleler komplanarer Kräftesysteme

Bild 8.27 läßt bereits erkennen, daß sich die klaffenden Öffnungen zwischen den einzelnen Bereichen sowohl der Projektionsfunktion als auch der Momentenfunktion dann schließen, wenn alle Kräfte und damit natürlich auch alle Teilresultierenden parallel sind, weil die Schraffur der Funktionen parallel zur jeweiligen Teilresultierenden erfolgen muß. Da dieser Sonderfall in der Praxis zum Regelfall wird, betrachten wir ihn im folgenden.

8.5.3.2.1. Progrediente Rekursion durch äquivalenten Ersatz der einzelnen Kräfte

Das Axiom von der Unabhängigkeit der Krafteinwirkungen am Punkt[1]) läßt in Verbindung mit dem Lineationstheorem[2]) den Schluß zu, daß am starren Körper die Kraftwirkungen der dort linienflüchtigen Kräfte unabhängig sein müssen. Die Projektion und

[1]) Vgl. Bd. 1, Abschnitt 2.4.3.3.
[2]) Vgl. Abschnitt 8.1.1., Bild 8.6.

das Moment einer Kraft können demnach an jedem beliebigen Punkt des starren Körpers unabhängig davon gebildet werden, ob bereits das Substitutionspaar einer anderen Kraft vorliegt oder nicht.

In Bild 8.28.V.1 kann man deshalb das Reduktionspaar an der Stelle $\tilde{4}$ z. B. als Summe der Substitutionspaare der Kräfte $\boldsymbol{F}_1$, $\boldsymbol{F}_2$ und $\boldsymbol{F}_3$ am gleichen Punkt ermitteln. So ergibt sich beispielsweise

$$RP^l_{\tilde{4}} = P^l_{\tilde{4},1} + P^l_{\tilde{4},2} + P^l_{\tilde{4},3} = \varkappa(\overline{F}_1 + \overline{F}_2 + \overline{F}_3),$$

$$RM^l_{\tilde{4}} = M^l_{\tilde{4},1} + M^l_{\tilde{4},2} + M^l_{\tilde{4},3} = \varkappa\lambda\overline{H}(\overline{y}^l_{\tilde{4},1} + \overline{y}^l_{\tilde{4},2} + \overline{y}^l_{\tilde{4},3}).$$

Die Projektions- und Momentenfunktionen erscheinen als geschlossene Funktion; insbesondere gilt, wenn wir die Projektion bzw. das Moment an der Stelle i infolge einer Kraft der Stelle k mit $P_{i,k}$ bzw. $M_{i,k}$ bezeichnen, beispielsweise

$$RP_3^{\mathrm{III}l} = P^l_{3,1} + P^l_{3,2} = \varkappa(\overline{F}_1 + \overline{F}_2),$$

$$RP_3^{\mathrm{IV}l} = P^l_{3,1} + P^l_{3,2} + P^l_{3,3} = \varkappa(\overline{F}_1 + \overline{F}_2 + \overline{F}_3),$$

$$RM_3^{\mathrm{III}l} = M^l_{3,1} + M^l_{3,2} = \varkappa\lambda\overline{H}(\overline{y}^l_{3,1} + \overline{y}^l_{3,2}),$$

$$RM_3^{\mathrm{IV}l} = M^l_{3,1} + M^l_{3,2} + M^l_{3,3} = \varkappa\lambda\overline{H}(\overline{y}^l_{3,1} + \overline{y}^l_{3,2} + \overline{y}^l_{3,3})$$

und da $\overline{y}^l_{3,3} = 0$ ist, gilt

$$RM_3^{\mathrm{III}l} = RM_3^{\mathrm{IV}l}.$$

An der Kraftangriffsstelle hat also die Projektionsfunktion einen ***Sprung****, die Momentenfunktion dagegen einen* ***Knick****.*

Die Adaption wird in Abschnitt 8.5.3.2.2. beschrieben (vgl. auch Abschnitt 8.5.3.1.2.).

8.5.3.2.2. Progrediente Rekursion durch äquivalenten Ersatz der Teilresultierenden

Wie Bild 8.28.V.2 unmittelbar erkennen läßt, kann man das Reduktionspaar in $\tilde{i}$ ($\tilde{i} = \tilde{2}, \tilde{3}, \tilde{4}$) auch als Substitutionspaar der Teilresultierenden $\boldsymbol{R}^J$ ermitteln.

Will man zu erkennen geben, daß die Resultierende $\boldsymbol{R}^J$ durch progrediente Rekursion oder — wie man auch sagt — durch rekursive Reduktion von links entstanden ist, so kann man neben dem Bereichsindex J oben rechts noch ein p (progredient) oder ein l (von links) hinzufügen. Nach Ermittlung der Teilresultierenden $\boldsymbol{R}^{Jl}$ im Kräfteplan wird man diese auf die Parallele $\underline{\overline{ii}}$ (z. B. $\underline{\overline{33}}$) zu $\boldsymbol{R}^{Jl}$ durch $\tilde{i}$ (im Lageplan) projizieren. Auf diese Weise entsteht die Projektion

$$R\boldsymbol{P}^l_{\tilde{i}}: \boxed{\downarrow}, RP^l_{\tilde{i}} = \varkappa\overline{R}^{Jl},$$

und der Kräfteplan wird gewissermaßen in den Lageplan hineingeschoben. Danach zeichnet man das Seileck. Die Seilstrahlen I und J schneiden aus $\underline{\overline{ii}}$ den Abstand $y^l_{\tilde{i}}$ der

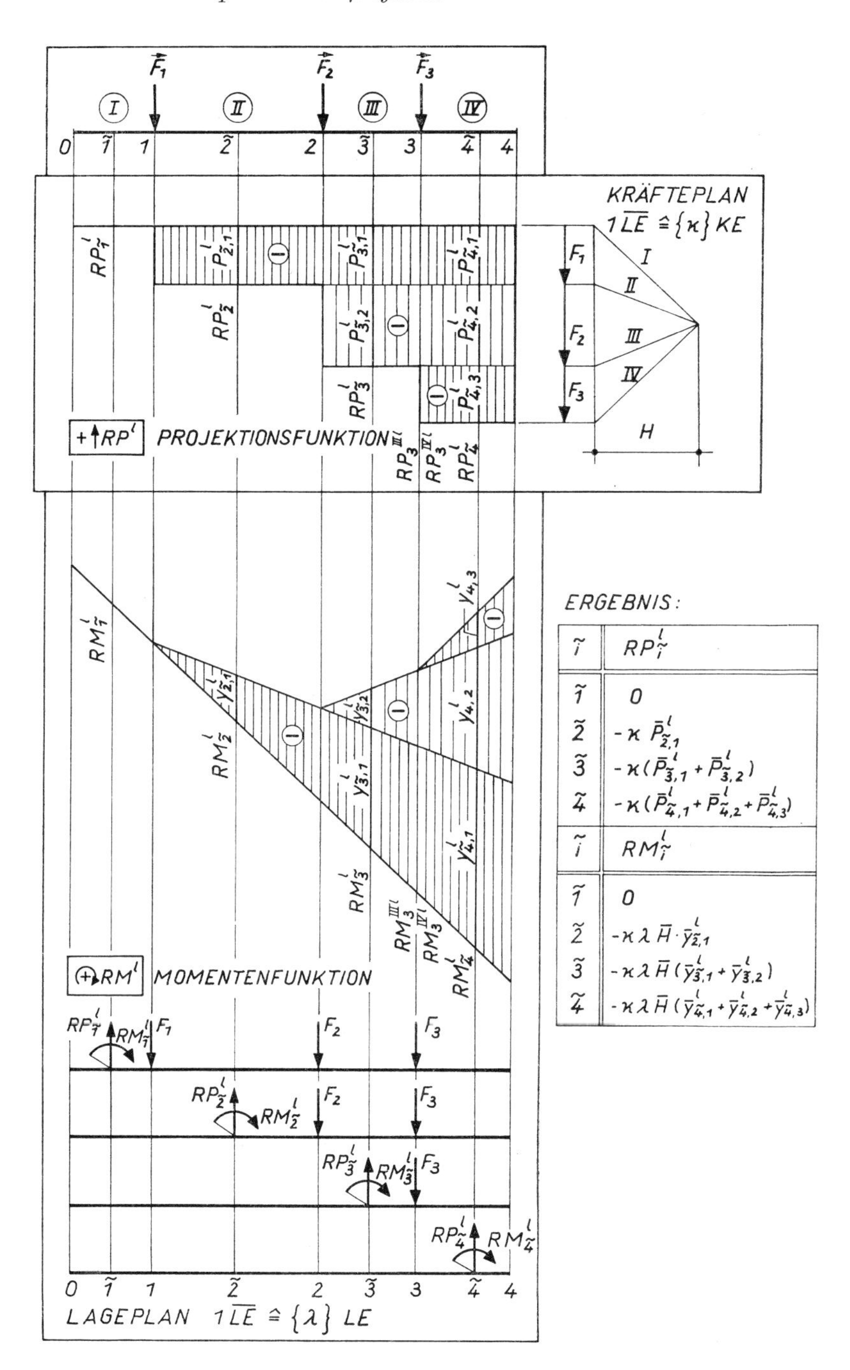

Bild 8.28. Paralleles komplanares Kräftesystem: rekursive Reduktion von links
V.1: Verfahren, Weg 1: äquivalenter Ersatz der einzelnen Kräfte (Superposition)

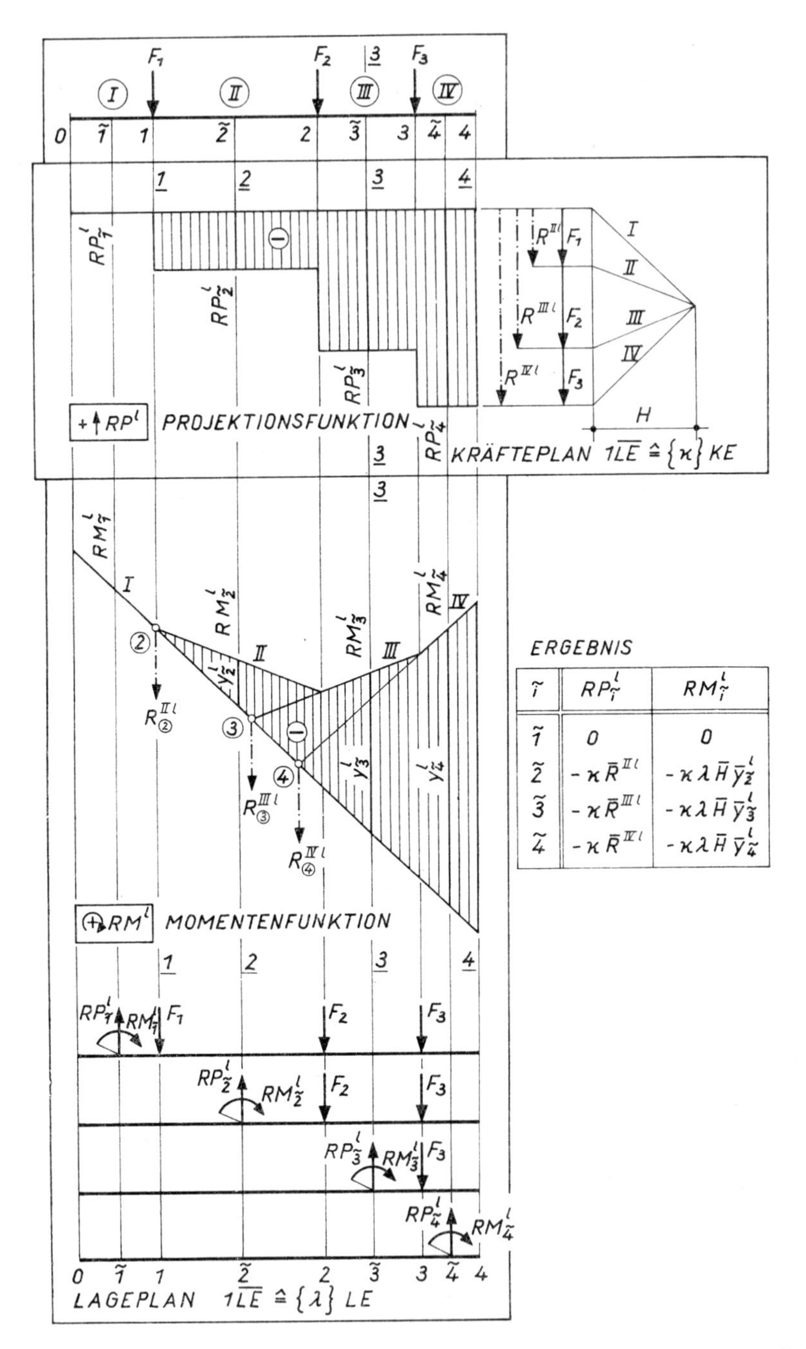

Bild 8.28. Paralleles komplanares Kräftesystem: rekursive Reduktion von links

V.2: Verfahren, Weg 2: äquivalenter Ersatz der Teil-Resultierenden (Substitution)

H-Komponenten $\boldsymbol{H}^{I*}$ und $\boldsymbol{H}^{J}$ heraus. Damit ergibt sich das Moment[1]) zu

$$RM^l_{\bar{i}}: \boxed{\curvearrowleft}, \qquad RM^l_{\bar{i}} = \varkappa\lambda \cdot \overline{H} \cdot \overline{y}^l_{\bar{i}}.$$

Schließlich muß man noch den Adaptionsprozeß durchführen: Für die Projektionsfunktion wird ebenso wie für die Momentenfunktion je ein Vergleichsvektor festgelegt und danach der wirkliche Richtungssinn in $\bar{i}$ durch den Richtungssinn des Vergleichsvektors in Verbindung mit einem Vorzeichen ausgedrückt. Man erhält als Ergebnis im vorliegenden Beispiel:

$$RP^l_{\bar{i}}: \boxed{+\uparrow RP^l} \qquad RP^l_{\bar{i}} = -\varkappa \overline{R}^{Jl},$$

$$RM^l_{\bar{i}}: \boxed{\overset{\curvearrowright}{+} RM^l} \qquad RM^l_{\bar{i}} = -\varkappa\lambda\overline{H} \cdot \overline{y}^l_{\bar{i}}.$$

8.5.3.2.3. Progrediente Rekursion durch äquivalenten Ersatz der Teil-Reduktionspaare

Wir bezeichnen — wie in Bild 8.28.V.3 — die Punkte, in denen Reduktionspaare ermittelt werden sollen, etwas genauer:

> Den Punkt unmittelbar vor i nennen wir iv, während derjenige unmittelbar nach i ganz analog in heißt.

Auf diese Weise entsteht die Punktfolge

$$0, 0n, 1v, 1, 1n, 2v, 2, 2n, 3v, 3, 3n, 4v, 4.$$

Soll nun das bereits ermittelte Teil-Reduktionspaar in (in) durch ein äquivalentes Teil-Reduktionspaar in $(i + 1)\,v$ ersetzt werden, so gilt nach Abschnitt 8.3.4.

$$\begin{bmatrix} \boldsymbol{RP}_{(i+1)v;in} \\ \boldsymbol{RM}_{(i+1)v;in} \end{bmatrix}^{\perp} = \begin{bmatrix} \boldsymbol{P}_{(i+1)v,in} + \boldsymbol{0} \\ \boldsymbol{M}_{(i+1)v,in} + \boldsymbol{M}_{(i+1)v.in} \end{bmatrix}^{\perp}.$$

Hierin bedeuten

; in: infolge eines Elementarpaares im Punkt (in),
, in: infolge einer Projektion im Punkt (in),
. in: infolge eines Momentes im Punkt (in).

Bild 8.28.III veranschaulicht diese Form der rekursiven Reduktion.

Da in 0 keine Kraft steht, sind sowohl die Projektionen $RP^l_{0n} = RP^l_{1v}$ als auch die Momente $RM^l_{0n} = RM^l_{1v}$ gleich Null. In $1n$ ist die Projektion gleich der Kraft F_1, während das Moment den Wert Null beibehält. In $2v$ entsteht eine Projektion, die gleich der Projektion in $1n$ (also gleich F_1) ist, und ein Moment, das ausschließlich durch die Projektion in $1n$ (also durch die Kraft F_1) erzeugt wird.

[1]) Den Bereichsindex J kann man bei der Projektion und dem Moment weglassen, da der Angriffspunkt $\bar{i}$ die Lage des Vektors eindeutig beschreibt: Die Projektion ist linienflüchtig nach $\bar{i}$ zu verschieben, das Kräftepaar mit dem Abstand $y_{\bar{i}}$ ist durch ein Moment in $\bar{i}$ äquivalent zu ersetzen.

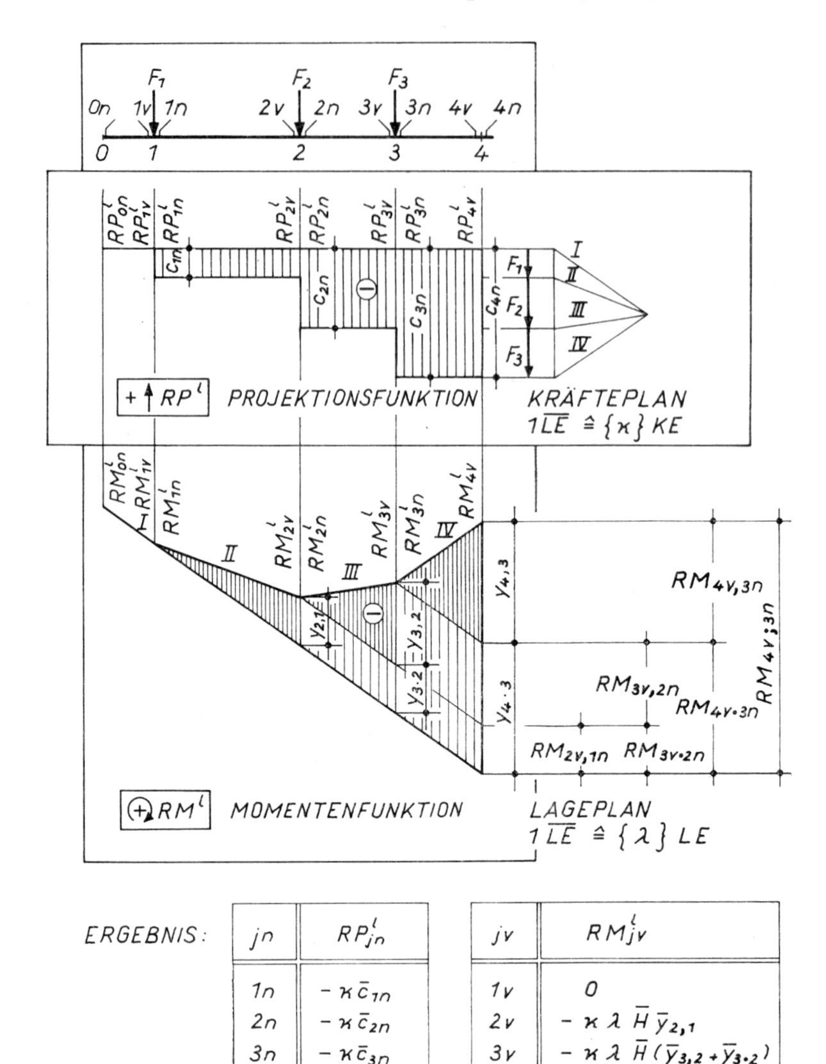

ERGEBNIS:

jn	RP^l_{jn}
$1n$	$-\kappa\bar{c}_{1n}$
$2n$	$-\kappa\bar{c}_{2n}$
$3n$	$-\kappa\bar{c}_{3n}$
$4n$	$-\kappa\bar{c}_{4n}$

jv	RM^l_{jv}
$1v$	0
$2v$	$-\kappa\lambda\bar{H}\bar{y}_{2,1}$
$3v$	$-\kappa\lambda\bar{H}(\bar{y}_{3,2}+\bar{y}_{3\cdot 2})$
$4v$	$-\kappa\lambda\bar{H}(\bar{y}_{4,3}+\bar{y}_{4\cdot 3})$

Bild 8.28. Paralleles komplanares Kräftesystem: rekursive Reduktion von links
V.3: Verfahren, Weg 3: äquivalenter Ersatz der Teil-Reduktionspaare (Rekursion)

Beim Übergang zum Punkt $2n$ bleibt das Moment erhalten, während die Projektion um den Wert F_2 springt. Ersetzt man nun dieses Teil-Reduktionspaar in $2n$ durch das ihm äquivalente Substitutionspaar in $3v$, so kann man in Bild 8.28.V.3 ablesen, daß

$\boldsymbol{RP}^l_{3v,2n}$ als polare Projektion infolge der Reduktions*projektion* von $\boldsymbol{RP}^l_{2n}$,

$\boldsymbol{RM}^l_{3v,2n}$ als polares Moment infolge der Reduktions*projektion* von $\boldsymbol{RP}^l_{2n}$,

$\boldsymbol{RM}_{3v.2n}$ als polare Projektion infolge des Reduktions*moments* von $\boldsymbol{RM}^l_{2n}$

entsteht.

Die Konstruktion der Projektions- und Momentenfunktion kann in Bild 8.28.V.3 und in den nachfolgenden Formelschritten leicht verfolgt werden.

Projektionsfunktion

$$RP^l_{0n} = 0$$

$$RP^l_{1v} = RP^l_{1v,0n} = 0$$

$$RP^l_{1n} = RP^l_{1v} - F_1 = -\varkappa \bar{c}_{1n}$$

$$RP^l_{2v} = RP^l_{2v,1n}$$

$$RP^l_{2n} = RP^l_{2v} - F_2 = -\varkappa \bar{c}_{2n}$$

$$RP^l_{3v} = RP^l_{3v,2n}$$

$$RP^l_{3n} = RP^l_{3v} - F_3 = -\varkappa \bar{c}_{3n}$$

$$RP^l_{4v} = RP^l_{4v,3n}$$

$$RP^l_{4n} = RP^l_{4v} = -\varkappa \bar{c}_{4n}$$

Momentenfunktion:

$$RM^l_{0n} = 0$$

$$RM^l_{1v} = RM^l_{1v,0n} + RM^l_{1v.0n} = -\varkappa \cdot \lambda \cdot \bar{H}(0 + 0)$$

$$RM^l_{1n} = RM^l_{1v}$$

$$RM^l_{2v} = RM^l_{2v,1n} + RM^l_{2v.1n} = -\varkappa \cdot \lambda \cdot \bar{H}(\bar{y}_{2,1} + 0)$$

$$RM^l_{2n} = RM^l_{2v}$$

$$RM^l_{3v} = RM^l_{3v,2n} + RM^l_{3v.2n} = -\varkappa \cdot \lambda \cdot \bar{H}(\bar{y}_{3,2} + \bar{y}_{3.2})$$

$$RM^l_{3n} = RM^l_{3v}$$

$$RM^l_{4v} = RM^l_{4v,3n} + RM^l_{4v.3n} = -\varkappa \cdot \lambda \cdot \bar{H}(\bar{y}_{4,3} + \bar{y}_{4.3})$$

$$RM^l_{4n} = RM^l_{4v}$$

Beim Übergang von (*iv*) nach (*in*) springt die Projektionsfunktion um den Wert F_i. Wenn in i auch ein Moment M_i angreift, so springt auch die Momentenfunktion (vgl. Bild 8.31.V).

8.5.3.2.4. Regrediente Rekursion

Die während der regredienten Rekursion oder — wie man auch sagt — rekursiven Reduktion von rechts entstehenden Größen können oben rechts mit einem r gekennzeichnet werden (das sowohl „regredient" als auch „von rechts" symbolisiert):

z. B. $\boldsymbol{R}^{Jr}$, $R\boldsymbol{P}^{Jr}$, $R\boldsymbol{M}^{Jr}$, $\bar{y}^r_i$.

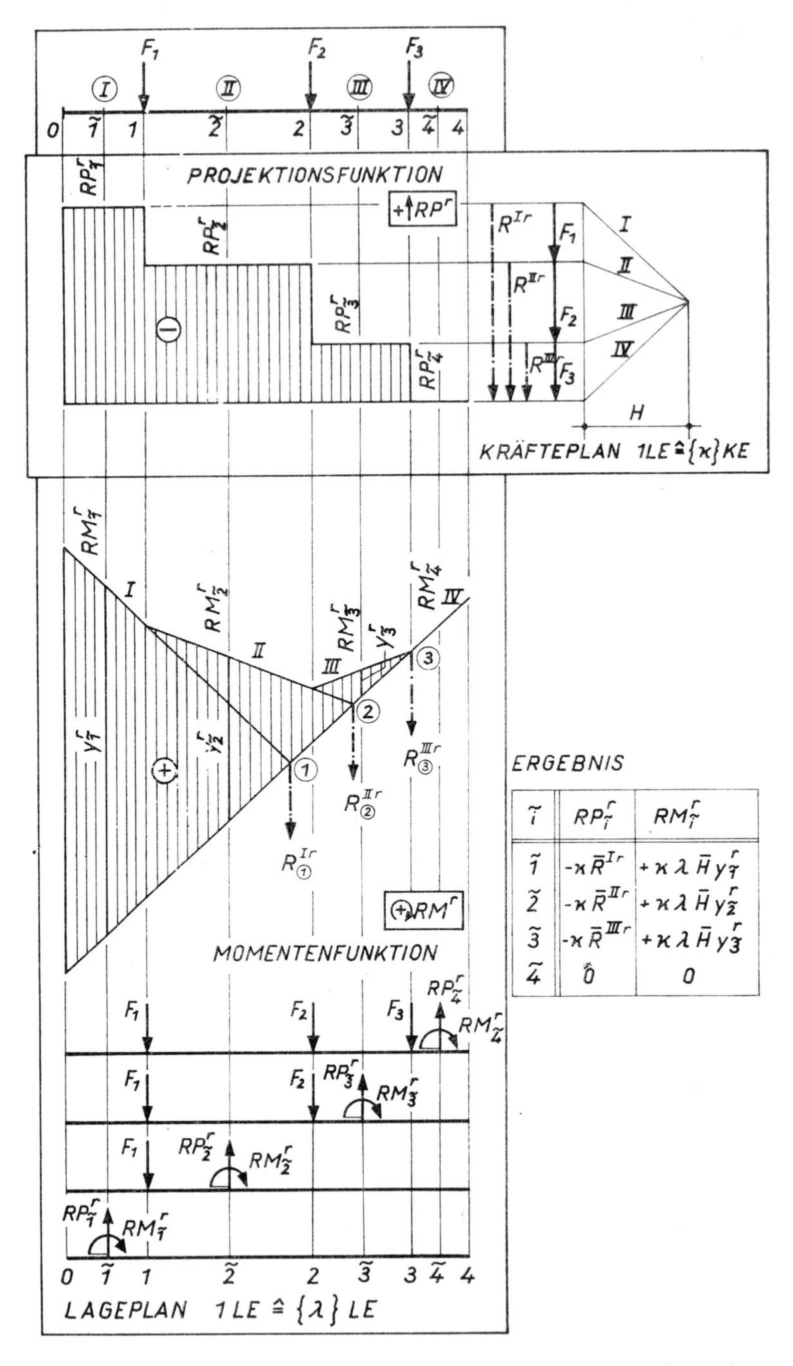

$\tilde{i}$	$RP^r_{\tilde{i}}$	$RM^r_{\tilde{i}}$
$\tilde{1}$	$-\kappa \bar{R}^{Ir}$	$+\kappa \lambda \bar{H} y^r_{\tilde{1}}$
$\tilde{2}$	$-\kappa \bar{R}^{IIr}$	$+\kappa \lambda \bar{H} y^r_{\tilde{2}}$
$\tilde{3}$	$-\kappa \bar{R}^{IIIr}$	$+\kappa \lambda \bar{H} y^r_{\tilde{3}}$
$\tilde{4}$	$\hat{0}$	0

Bild 8.29. Paralleles komplanares Kräftesystem: rekursive Reduktion von rechts
V.2: Verfahren, Weg 2: äquivalenter Ersatz (Substitution) der Teil-Resultierenden

Die regrediente Rekursion verläuft völlig analog, nur in entgegengesetzter Richtung wie die progrediente Rekursion.

Bild 8.29.V.2 zeigt die Rekursion von rechts durch äquivalenten Ersatz der Teilresultierenden. Es ist ersichtlich, daß wir die Projektionsfunktion mit $P^r_{\tilde{4}} = 0$ beginnen und über $\tilde{3}$ und $\tilde{2}$ bis $RP^r_{\tilde{1}} = \varkappa \bar{R}^{Ir}$ aufbauen.

Auch das Seileck beginnen wir mit einer Ergänzung des Aufhebungspaares $\{\boldsymbol{S}^{IV}, \boldsymbol{S}^{IV*}\}$ und anschließender Reduktion der Seilkraft $\boldsymbol{S}^{IV}$ und der Kraft $\boldsymbol{F}_{33}$ zu $\boldsymbol{S}^{III}$. Danach reduzieren wir $\boldsymbol{S}^{III}$ und $\boldsymbol{F}_{22}$ zu $\boldsymbol{S}^{II}$ und schließlich $\boldsymbol{F}_{11}$ und $\boldsymbol{S}^{II}$ zu $\boldsymbol{S}^{I}$.

Schraffur, Bezeichnung und Adaption werden wie bei der progredienten Rekursion vorgenommen. Man beachte lediglich, daß bei gleichem Vergleichsrichtungssinn Momente mit entgegengesetzten Vorzeichen entstehen (im Beispiel sind die Momente bei der progredienten Rekursion negativ, bei der regredienten Rekursion dagegen positiv), während die Projektionen das gleiche Vorzeichen haben.

In analoger Weise kann man die regrediente Rekursion durch äquivalenten Ersatz der einzelnen Kräfte oder der Teil-Reduktionspaare durchführen.

8.5.3.2.5. Totale Reduktion

Reduzieren wir ein Kräftesystem (z. B. $\{\boldsymbol{F}_1, \boldsymbol{F}_2, \boldsymbol{F}_3\}$, Bild 8.30.) zunächst rekursiv von links, so entsteht in $\tilde{i}$ (z. B. $\tilde{2}$) das Reduktionspaar

$$\begin{bmatrix} R\boldsymbol{P}^l_{\tilde{i}} \\ R\boldsymbol{M}^l_{\tilde{i}} \end{bmatrix}^{\perp} \left(\text{z. B.} \begin{bmatrix} R\boldsymbol{P}^l_{\tilde{2}} \\ R\boldsymbol{M}^l_{\tilde{2}} \end{bmatrix}^{\perp} \Leftrightarrow \boldsymbol{F}_{11} \right).$$

Reduzieren wir danach dasselbe Kräftesystem rekursiv von rechts bis zum gleichen Punkt $\tilde{i}$ (z. B. $\tilde{2}$), so erhalten wir

$$\begin{bmatrix} R\boldsymbol{P}^r_{\tilde{i}} \\ R\boldsymbol{M}^r_{\tilde{i}} \end{bmatrix}^{\perp} \left(\text{z. B.} \begin{bmatrix} R\boldsymbol{P}^r_{\tilde{2}} \\ R\boldsymbol{M}^r_{\tilde{2}} \end{bmatrix}^{\perp} \Leftrightarrow \{\boldsymbol{F}_{22}, \boldsymbol{F}_{33}\} \right).$$

Da wir mit der „Rekursion von links" alle links von $\tilde{i}$ (z. B. $\tilde{2}$) liegenden Kräfte und mit der „Rekursion von rechts" alle rechts von $\tilde{i}$ liegenden Kräfte erfaßt haben, muß die Summe beider Reduktionspaare dann, wenn in $\tilde{i}$ selbst keine Kraft angreift, das ganze Kräftesystem repräsentieren:

$$\begin{bmatrix} R\boldsymbol{P}_{\tilde{i}} \\ R\boldsymbol{M}_{\tilde{i}} \end{bmatrix}^{\perp} = \begin{bmatrix} R\boldsymbol{P}^l_{\tilde{i}} \\ R\boldsymbol{M}^l_{\tilde{i}} \end{bmatrix}^{\perp} + \begin{bmatrix} R\boldsymbol{P}^r_{\tilde{i}} \\ R\boldsymbol{M}^r_{\tilde{i}} \end{bmatrix}^{\perp}.$$

Für die Koordinaten ergibt sich mit dem Richtungssinn der entsprechenden Vergleichsvektoren nach Bild 8.30:

$$RP_{\tilde{i}} = RP^l_{\tilde{i}} + RP^r_{\tilde{i}} = \varkappa(-\bar{R}^{Jl} - \bar{R}^{Jr}) = -\varkappa \bar{R}_c,$$

$$RM_{\tilde{i}} = RM^l_{\tilde{i}} + RM^r_{\tilde{i}} = \varkappa\lambda \bar{H}(-\bar{y}^l_{\tilde{i}} + \bar{y}^r_{\tilde{i}}) = \varkappa\lambda \bar{H} \bar{y}_{\tilde{i}},$$

also beispielsweise

$$RP_{\tilde{2}} = RP^l_{\tilde{2}} + RP^r_{\tilde{2}} = \varkappa(-\bar{R}^{IIl} - \bar{R}^{IIr}) = -\varkappa \bar{R}_c,$$

$$RM_{\tilde{2}} = RM^l_{\tilde{2}} + RM^r_{\tilde{2}} = \varkappa\lambda \bar{H}(-\bar{y}^l_{\tilde{2}} + \bar{y}^r_{\tilde{2}}) = \varkappa\lambda \bar{H} \bar{y}_{\tilde{2}}.$$

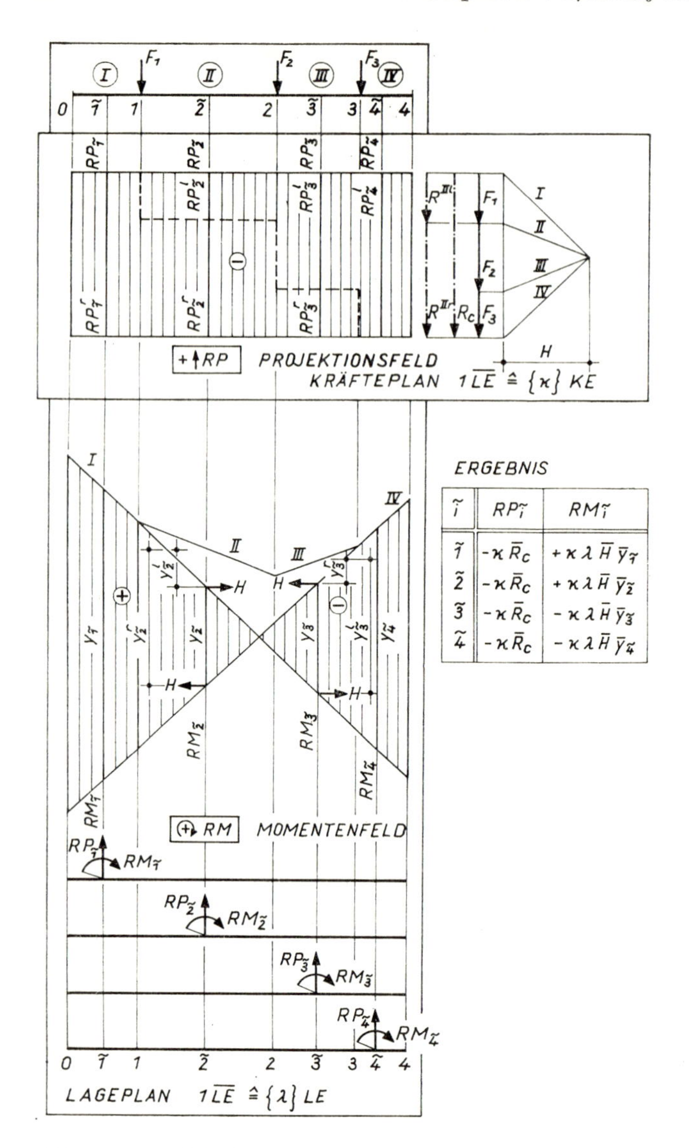

$\tilde{i}$	$RP_{\tilde{i}}$	$RM_{\tilde{i}}$
$\tilde{1}$	$-\varkappa \bar{R}_c$	$+\varkappa \lambda \bar{H} \bar{y}_{\tilde{1}}$
$\tilde{2}$	$-\varkappa \bar{R}_c$	$+\varkappa \lambda \bar{H} \bar{y}_{\tilde{2}}$
$\tilde{3}$	$-\varkappa \bar{R}_c$	$-\varkappa \lambda \bar{H} \bar{y}_{\tilde{3}}$
$\tilde{4}$	$-\varkappa \bar{R}_c$	$-\varkappa \lambda \bar{H} \bar{y}_{\tilde{4}}$

Bild 8.30. Paralleles komplanares Kräftesystem: Totale Reduktion, Projektions- und Momentenfeld in Koordinationsdarstellung

V: Verfahren

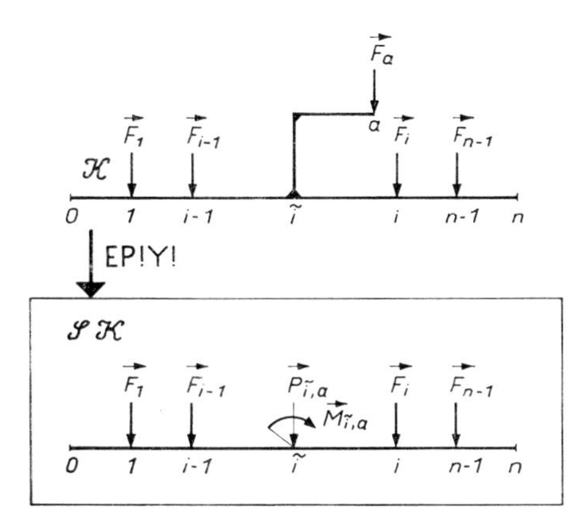

symbolisch: EP!Y! $\begin{bmatrix} \vec{P}_{\tilde{i},a} \\ \vec{M}_{\tilde{i},a} \end{bmatrix}^{\perp} \Leftrightarrow \vec{F}_a$

Bild 8.31. Entstehung des Substitutionspaares in $\tilde{i}$

In Bild 8.30 kann man die graphische Superposition sowohl der Projektions- als auch der Momentenfunktion unmittelbar ablesen[1]).

Als Ergebnis dieser Superposition erhalten wir die graphische Darstellung des Projektions- und Momentenfeldes.

8.5.4. Reduktion paralleler komplanarer Elementarpaarsysteme

Elementarpaare müssen vor der Rekursion zentralisiert werden (vgl. Bild 8.25). Sind Momente in der Belastung enthalten, so werden diese zunächst in geeignete Kräftepaare mutiert (vgl. Exercitium Beispiel 9).

[1]) Greifen dagegen in $\tilde{i}$ schon eine Projektion $\boldsymbol{P}_{\tilde{i},a}$ und ein Moment $\boldsymbol{M}_{\tilde{i},a}$ an, die z. B. dann auftreten können, wenn eine Kraft $\boldsymbol{F}_a$ am starren Körper zwar, aber an einem Punkt a außerhalb der Bezugslinie angreift und in $\tilde{i}$ durch ein Substitutionspaar äquivalent ersetzt worden ist,

$$\begin{bmatrix} \boldsymbol{P}_{\tilde{i},a} \\ \boldsymbol{M}_{\tilde{i},a} \end{bmatrix}^{\perp} = \begin{bmatrix} \boldsymbol{P}_{\tilde{i}} \\ \boldsymbol{M}_{\tilde{i}} \end{bmatrix}^{\perp} \Leftrightarrow \boldsymbol{F}_a,$$

so repräsentiert die Summe der Reduktionspaare, die an der Stelle $\tilde{i}$ durch rekursive Reduktion von links bzw. rechts entstanden sind, das gesamte Kräftesystem noch nicht, da das Substitutionspaar in $\tilde{i}$ noch fehlt (Bild 8.31). Berücksichtigen wir dies, so folgt

$$\begin{bmatrix} R\boldsymbol{P}_{\tilde{i}} \\ R\boldsymbol{M}_{\tilde{i}} \end{bmatrix}^{\perp} = \begin{bmatrix} R\boldsymbol{P}^l_{\tilde{i}} \\ R\boldsymbol{M}^l_{\tilde{i}} \end{bmatrix}^{\perp} + \begin{bmatrix} \boldsymbol{P}_{\tilde{i}} \\ \boldsymbol{M}_{\tilde{i}} \end{bmatrix}^{\perp} + \begin{bmatrix} R\boldsymbol{P}^r_{\tilde{i}} \\ R\boldsymbol{M}^r_{\tilde{i}} \end{bmatrix}^{\perp}.$$

Wir erhalten die Beziehung

$$R\boldsymbol{P}_{\tilde{i}} = R\boldsymbol{P}^l_{\tilde{i}} + \boldsymbol{P}_{\tilde{i}} + R\boldsymbol{P}^r_{\tilde{i}},$$

$$R\boldsymbol{M}_{\tilde{i}} = R\boldsymbol{M}^l_{\tilde{i}} + \boldsymbol{M}_{\tilde{i}} + R\boldsymbol{M}^r_{\tilde{i}},$$

und erkennen, daß immer dort, wo eine Projektion (bzw. eine Kraft) bzw. ein Moment angreifen, die Projektionsfunktion bzw. die Momentenfunktion springt und zwar um die Größe der Projektion bzw. des Momentes. Daß eine angreifende Kraft (demnach auch eine Projektion) einen Knick in der Momentenfunktion bedingt, haben wir bereits bemerkt (Abschnitt 8.6.3.2.1.).

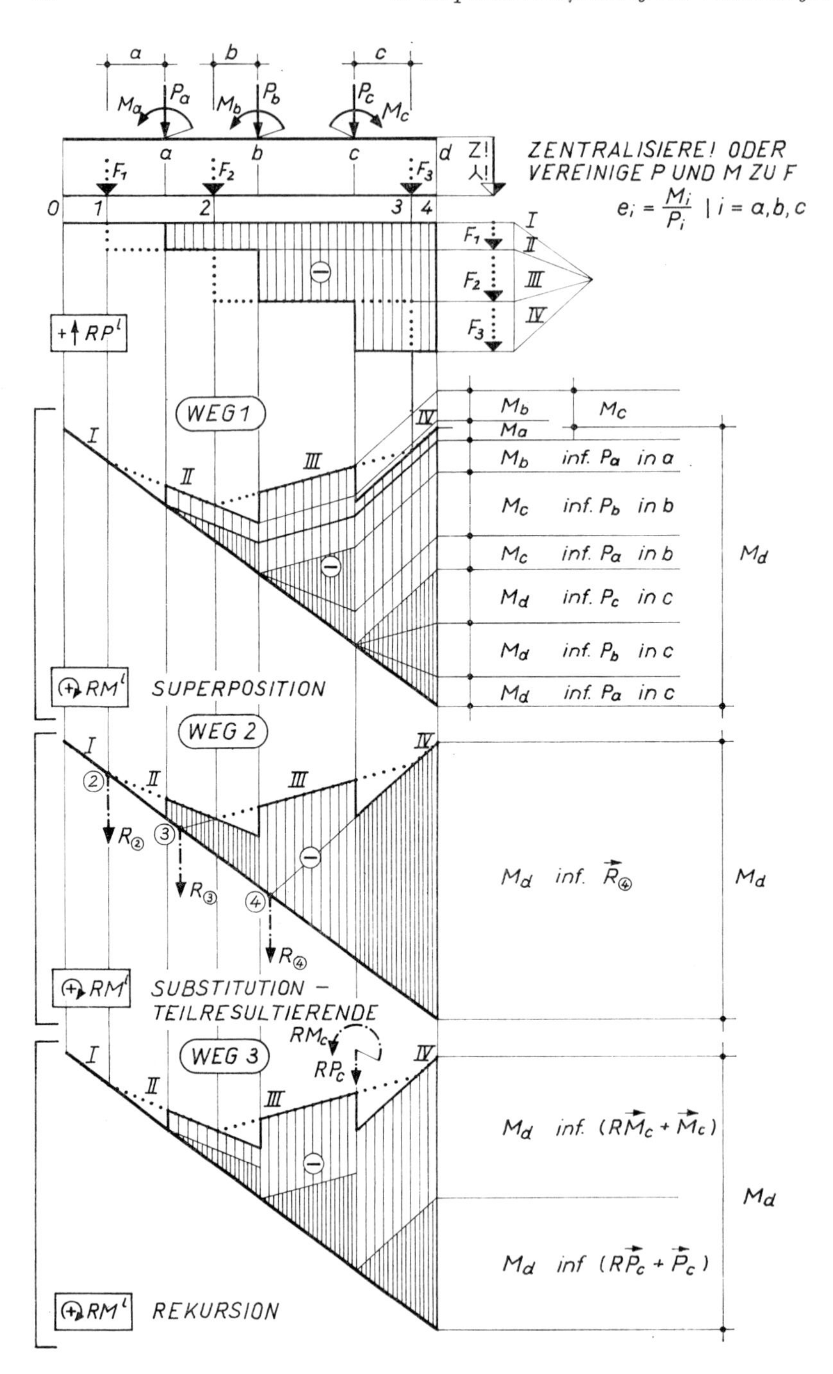

Bild 8.32. Paralleles komplanares Elementarpaarsystem: rekursive Reduktion von links

V.1. Weg 1: Superposition
V.2. Weg 2: Substitution — Teilresultierende
V.3. Weg 3: Rekursion

Die rekursive Reduktion eines Elementarpaarsystems von links mit den Stufen

— Zentralisation
— Rekursion
— Korrektur

wird in Bild 8.32 gezeigt (Wege 1 bis 3).

8.5.5. Bivektorisierung

Die Reduktion eines beliebigen komplanaren Kräftesystems führt (bei Benutzung des Seilecks) stets auf ein äquivalentes Komplanarpaar (von Seilkräften). Diese Zurückführung auf zwei Vektoren haben wir Bivektorisierung genannt und sie aktiviert durch den Befehl

B! Bivektorisiere!

Für Bild 8.21.M. gilt beispielsweise

B! $\{\boldsymbol{S}^{I*}, \boldsymbol{S}^{IV}\} \Leftrightarrow \{\boldsymbol{F}_{11}, \boldsymbol{F}_{22}, \boldsymbol{F}_{33}\}$.

Hinsichtlich der Gestalt dieses durch Bivektorisierung gewonnenen Komplanarpaares unterscheiden wir drei Fälle (Bild 8.33):

- Fall I: Beide Seilkräfte bilden ein einfaches Komplanarpaar ($\boldsymbol{S}^{I*} \not\parallel \boldsymbol{S}^{N}$).
  Im *Kräfteplan* fällt der Anfangspunkt α der ersten Seilkraft mit dem Endpunkt ω der letzten Seilkraft *nicht* zusammen ($\alpha \neq \omega$): *Das Krafteck schließt sich nicht*, demnach existiert eine Resultierende $\boldsymbol{R}_{cc}$ (Zentralkraft R in der Zentrallinie $\overline{cc}$) und damit in jedem beliebigen Reduktionszentrum r eine reuzierte Projektion $R\boldsymbol{P}_r$.

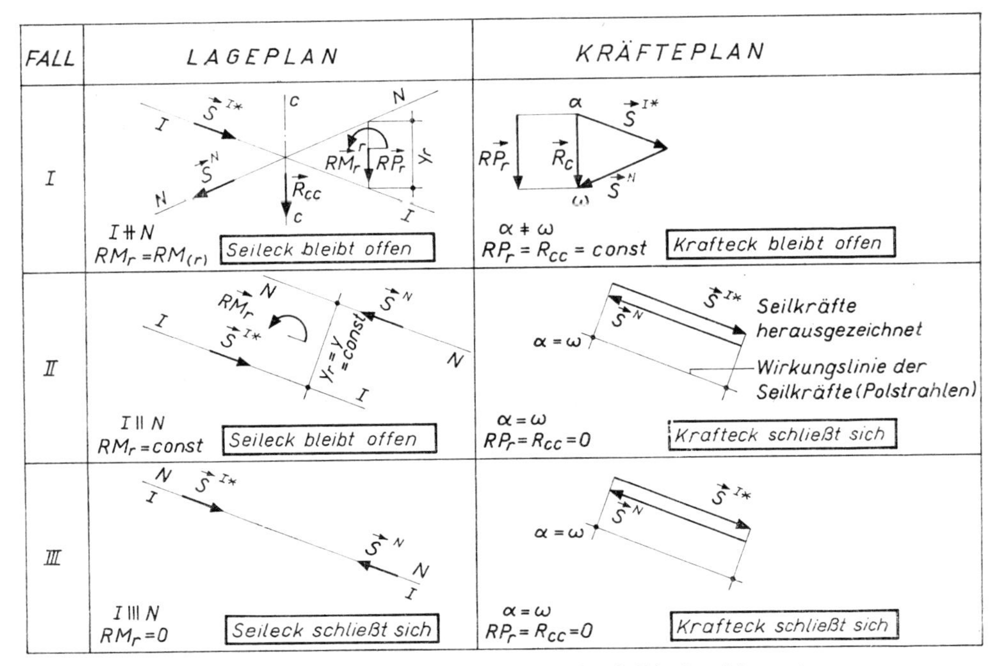

Bild 8.33. Komplanarpaare von Seilkräften (gewonnen durch Bivektorisierung)

Im *Lageplan* fallen der erste (I) und letzte Seilstrahl (N) *nicht* zusammen ($I \not\parallel N$): *Das Seileck schließt sich nicht*, es hat vielmehr eine variable Öffnung $y(r)$; demnach existiert in jedem beliebigen Reduktionszentrum r ein reduziertes Moment $\boldsymbol{RM}_r$.

$$\text{Für} \quad r \in \overline{cc} \quad \text{ist} \quad y_r = 0 \quad \text{und} \quad \boldsymbol{RM}_r = \boldsymbol{0},$$

$$\text{Für} \quad r \notin \overline{cc} \quad \text{ist} \quad y_r \neq 0 \quad \text{und} \quad \boldsymbol{RM}_r \neq \boldsymbol{0}.$$

- Fall II: Beide Seilkräfte bilden ein Kräftepaar ($\boldsymbol{S}^{I*} \rightleftharpoons \boldsymbol{S}^N$). Im *Kräfteplan* ist $\alpha = \omega$: *Das Krafteck schließt sich*; demnach existiert keine Resultierende $\boldsymbol{R}_{cc} = \boldsymbol{0} \Rightarrow \boldsymbol{RP}_r = \boldsymbol{0}$.
  Im *Lageplan* ist $I \parallel N$: *Das Seileck schließt sich nicht*, es hat vielmehr eine konstante Öffnung $y(r) = \text{const}$; demnach ergibt sich für jedes beliebige Reduktionszentrum r das gleiche reduzierte Moment $\boldsymbol{RM}_r$.
- Fall III: Beide Seilkräfte bilden ein Aufhebungspaar ($\boldsymbol{S}^{I*} \rightleftarrows \boldsymbol{S}^N$). Im *Kräfteplan* ist $\alpha = \omega$: *Das Krafteck schließt sich* ($\boldsymbol{R}_{cc} = \boldsymbol{0} \Rightarrow \boldsymbol{RP}_r = \boldsymbol{0}$).
  Im *Lageplan* ist $I \parallel\!\parallel N$: *Das Seileck schließt sich*, es hat also die konstante Öffnung $y(r) \equiv 0 \Rightarrow \boldsymbol{RM}_r = \boldsymbol{0}$.

Anmerkung 1: Benutzt man die Mittelkraftlinie, so wird das äquivalente Komplanarpaar durch die vorletzte Mittelkraft und die letzte zu reduzierende Kraft gebildet. Ergibt sich dabei ein Aufhebungspaar, so sagt man analog: *die Mittelkraftlinie schließt sich.*

Die Reduktion eines zentralen komplanaren bzw. kollinearen Kräftesystems, bei der wir das Seileck nicht benötigen, kann ebenfalls bei einem Komplanarpaar bzw. Kollinearpaar abgebrochen werden.

Wir unterscheiden:

Fall I: Einfaches Komplanarpaar bzw. Kollinearpaar

$$\alpha \neq \omega: \quad \boldsymbol{R}_{cc} \neq \boldsymbol{0}; \quad \boldsymbol{RP}_r \neq \boldsymbol{0}, \quad \boldsymbol{RM}_r \neq \boldsymbol{0}.$$

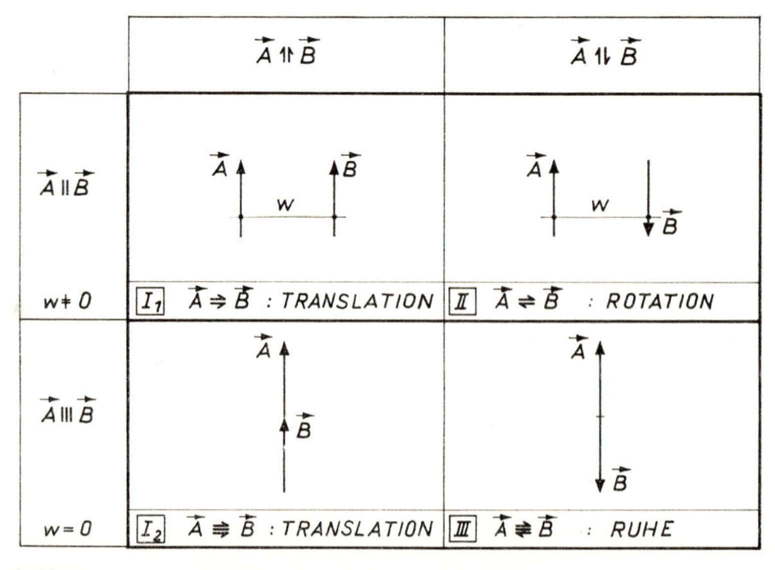

Bild 8.34. Paare paralleler Kräfte mit gleichen Beträgen

Fall II: Kräftepaar kann nicht auftreten.

Fall III: Aufhebungspaar

$$\alpha = \omega: \quad \boldsymbol{R}_{cc} = \boldsymbol{0}; \quad R\boldsymbol{P}_r = \boldsymbol{0}, \quad R\boldsymbol{M}_r = \boldsymbol{0}.$$

Da ein einfaches Komplanarpaar stets zu einer Resultierenden zusammengefaßt (Bild 8.9) und danach durch zwei gleiche Kräfte $\boldsymbol{A}$ und $\boldsymbol{B}$ äquivalent ersetzt werden kann (Bild 8.11.P: $\boldsymbol{D}_a = \boldsymbol{A}$, $\boldsymbol{D}_b = \boldsymbol{B}$; vgl. auch Bild 8.13, Fall II), lassen sich alle komplanaren Kräftesysteme in je zwei parallele Kräfte $\boldsymbol{A}$ und $\boldsymbol{B}$ mit gleichen Beträgen äquivalent umformen (Bild 8.34). Es können die in Bild 8.34 angegebenen Fälle I_1, I_2, II und III unterschieden werden, wobei Fall I_1 ($w \neq 0$) trotz allgemeinerer Gestalt des Falles I_2 ($w = 0$) keine andere Aussage bringt:

Die beiden gleichgerichteten gleichen Kräfte in Fall I_1 und I_2 lassen sich zu einer Resultierenden vereinigen, die eine Translation bedingen kann. Das Kräftepaar in Fall II darf in ein Moment mutiert werden und könnte Ursache einer Rotation sein, während das Aufhebungspaar in Fall III die Aufhebung, das Verschwinden der Krafteinwirkung demonstriert und einen Ruhezustand erklären würde.

Anmerkung 2: Für ein spatiales Kräftesystem gehen in Fall I_1 die Kräfte $\boldsymbol{A}$ und $\boldsymbol{B}$ in ein Vektorkreuz ($\boldsymbol{P}_m \boxminus \boldsymbol{P}_n$) (Bd. 2, Tafel 4.2) über und würden eine Schraubenbewegung (Motion) verursachen.

8.5.6. Reduktionstheoreme

Die Reduktion eines beliebigen komplanaren Kräftesystems führt im beliebigen Reduktionszentrum r zu einem Reduktionspaar, das aus einer reduzierten Projektion $R\boldsymbol{P}_r$ (kurz: Reduktionsprojektion) und einem reduzierten Moment $R\boldsymbol{M}_r$ (kurz: Reduktionsmoment) besteht.

Die Menge aller gleichzeitig vorgestellten

- Reduktionsprojektionen bildet das *Projektionsfeld* des Kräftesystems,
- Reduktionsmomente bildet das *Momentenfeld* des Kräftesystems.

Die Menge aller Reduktionszentren r, für die im komplanaren Fall das Reduktionsmoment verschwindet, bildet eine Gerade, die *Zentrallinie* $\overline{cc}$ (des Momentenfeldes) genannt wird. Jede Gerade, die senkrecht die Zentrallinie schneidet, heißt *Durchmesser* (des Momentenfeldes).

Wählen wir einen Punkt der Zentrallinie als Reduktionszentrum, so verschwindet bei komplanaren Kräftesystemen das Reduktionsmoment; die Reduktionsprojektion wird in diesem Falle oft als *Zentralprojektion* bezeichnet. Da sie nach Ablauf des Reduktionsprozesses als alleinige Größe resultiert, wird sie (vornehmlich in der graphischen Statik) meist *Resultierende* genannt. Verschwinden während der Reduktion sowohl die Reduktionsprojektion als auch das Reduktionsmoment, so wird das entstehende Reduktionspaar als *Nullpaar* bezeichnet.

Die Erkenntnisse des Abschnittes 8.5. lassen sich in den folgenden Reduktionstheoremen zusammenfassen, die durch Bild 8.33 veranschaulicht werden.

1. *Die graphische Reduktion eines komplanaren Kräftesystems ist (nach Vorgabe oder Wahl eines Reduktionszentrums) stets eindeutig möglich und kann zu den folgenden reduzierten Größen führen:*

- *zum Reduktionspaar im beliebigen Reduktionszentrum r*
  ($r \notin \overline{cc}$; $RP_r \neq 0$, $RM_r \neq 0$; *Bild 8.33, Fall I*),
- *zur Resultierenden in der Zentrallinie*
  ($r \in \overline{cc}$; $RP_r = RP_c = R_{cc} \neq 0$, $RM_c = 0$; *Bild 8.33, Fall I*),
- *zum Kräftepaar oder aber Reduktionsmoment im beliebigen Reduktionszentrum r*
  ($RP_r = 0$, $RM_r \neq 0$; *Bild 8.33, Fall II*),
- *zum Aufhebungspaar oder aber Nullpaar im beliebigen Reduktionszentrum r*
  ($RP_r = 0$, $RM_r = 0$; *Bild 8.33, Fall III*).

Liegt ein zentrales oder kollineares Kräftesystem vor, so ist die Entstehung eines Kräftepaares nicht möglich.

2. $\boxed{RP = R_{cc} = 0}$:

Die Reduktionsprojektion (Resultierende) verschwindet, wenn sich (im Kräfteplan) das ***Krafteck schließt.***

$\boxed{RM = 0}$:

Das Reduktionsmoment verschwindet, wenn sich (im Lageplan) das ***Seileck schließt.***

8.6. Graphische Disduktion in ein komplanares Disduktionssystem

Nachdem wir die Reduktion komplanarer Kräftesysteme studiert und dabei erkannt haben, daß sich beliebig viele, beliebig gerichtete komplanare Kräfte immer zu einer resultierenden Kraft bzw. einem resultierenden Kräftepaar (Moment) zusammenfassen lassen, erhebt sich natürlich die Frage, ob sich auch umgekehrt eine Kraft bzw. ein Kräftepaar (Moment) in der Ebene nach beliebig vielen Richtungen zerlegen läßt.

Die Richtungen nennen wir *Disduktionsgeraden* oder *Disduktionslinien*, ihre Gesamtheit bezeichnen wir als *Disduktionssystem*. Wir wollen dieses Problem schrittweise lösen, indem wir sowohl für die Kraft als auch für das Kräftepaar entsprechend Band 2, Tafel 4.3, die Disduktion in ein zentrales, paralleles und beliebiges, jeweils komplanares Disduktionssystem studieren, uns danach der kollinearen Disduktion zuwenden und schließlich die gewonnenen Erkenntnisse in Disduktionstheoremen zusammenfassen.

8.6.1. Disduktion einer Kraft in ein zentrales bzw. paralleles Disduktionssystem

In den Abschnitten 8.1.1., 8.2.1.2. und 8.2.2.2. wird gezeigt, daß dann, wenn sich die Kraftwirkungslinie und die Disduktionslinien in einem Punkt schneiden, eine eindeutige Zerlegung nach genau zwei Richtungen möglich ist. Schneiden sich mehr als zwei Richtungen mit der Wirkungslinie der Kraft in einem Punkt, so ist demnach eine eindeutige Disduktion nicht möglich. (Die auf den t Disduktionslinien liegenden Disduktionsvektoren sind für $t > 2$ linear abhängig. Vgl. Bd. 2, Abschnitte 4.1.2. und 7.6.4.)

Wir setzen im folgenden voraus, daß sich die Wirkungslinie $\overline{cc}$ einer Kraft $\boldsymbol{R}_{cc}$ mit den beiden Disduktionslinien $\overline{11}$ und $\overline{22}$ im Punkt r schneidet, wobei die Geraden $\overline{cc}$ und $\overline{11}$

den Winkel α einschließen. In diesem Falle ist eine eindeutige Disduktion möglich (Bild 8.36, Fall E, Feld II). Geht α gegen Null, so dreht sich $\overline{cc}$ gegen $\overline{11}$, $\boldsymbol{D}_{22}$ wird immer kleiner und verschwindet für den Grenzfall $\alpha = 0$, $\overline{cc} = \overline{11}$ (Bild 8.36, Feld VII).

8.6.2. Disduktion einer Kraft in ein beliebiges Disduktionssystem

Die zentrale Anordnung der Disduktionslinien läßt eine eindeutige Disduktion nach drei Richtungen nicht zu. Wir prüfen deshalb, ob eine eindeutige Zerlegung nach drei Richtungen dann möglich ist, wenn die drei Disduktionslinien und die Kraftwirkungslinie ein beliebiges komplanares Geradensystem[1]) bilden, und betrachten hierbei Bild 8.35.

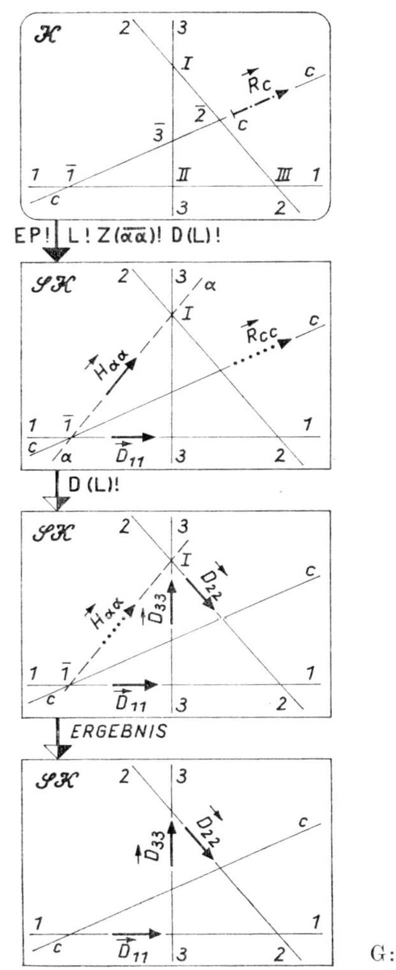

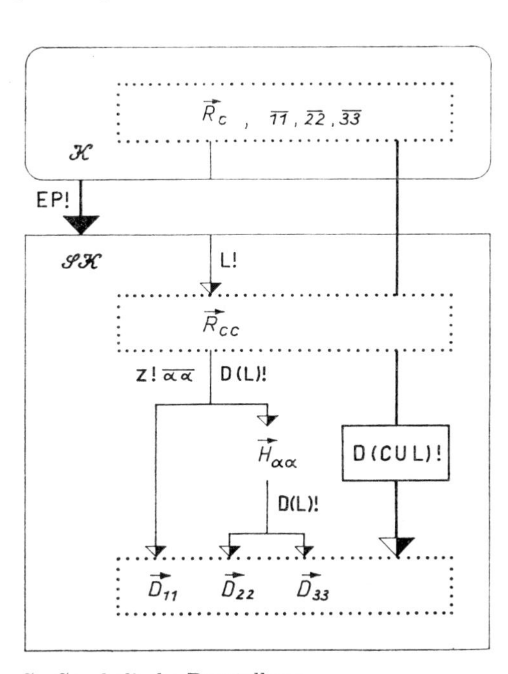

S: Symbolische Darstellung

G: Geometrische Darstellung

Bild 8.35. Beliebiges komplanares Disduktionssystem: Disduktion einer Kraft nach drei Richtungen

[1]) Vgl. Bd. 2, Tafel 4.3.

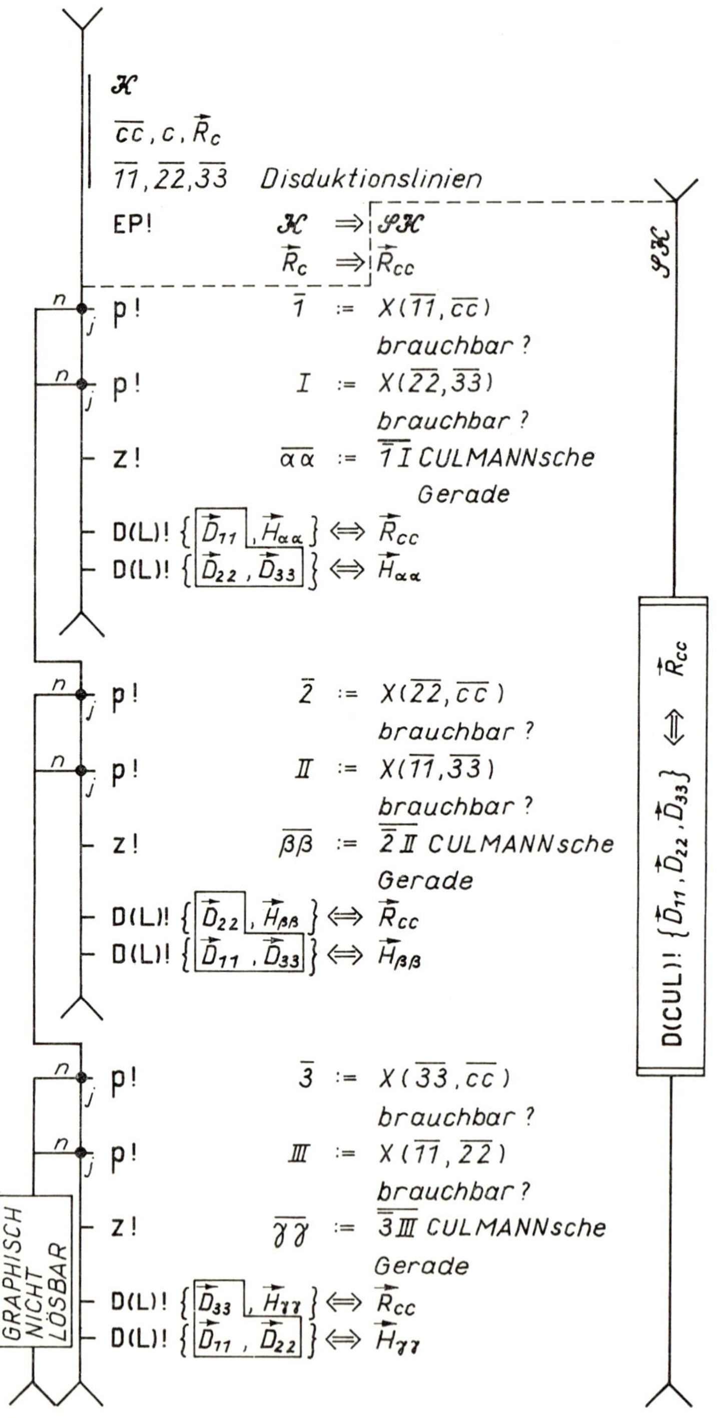

Bild 8.35. Beliebiges komplanares Disduktionssystem: Disduktion einer Kraft nach drei Richtungen F: Flußbild

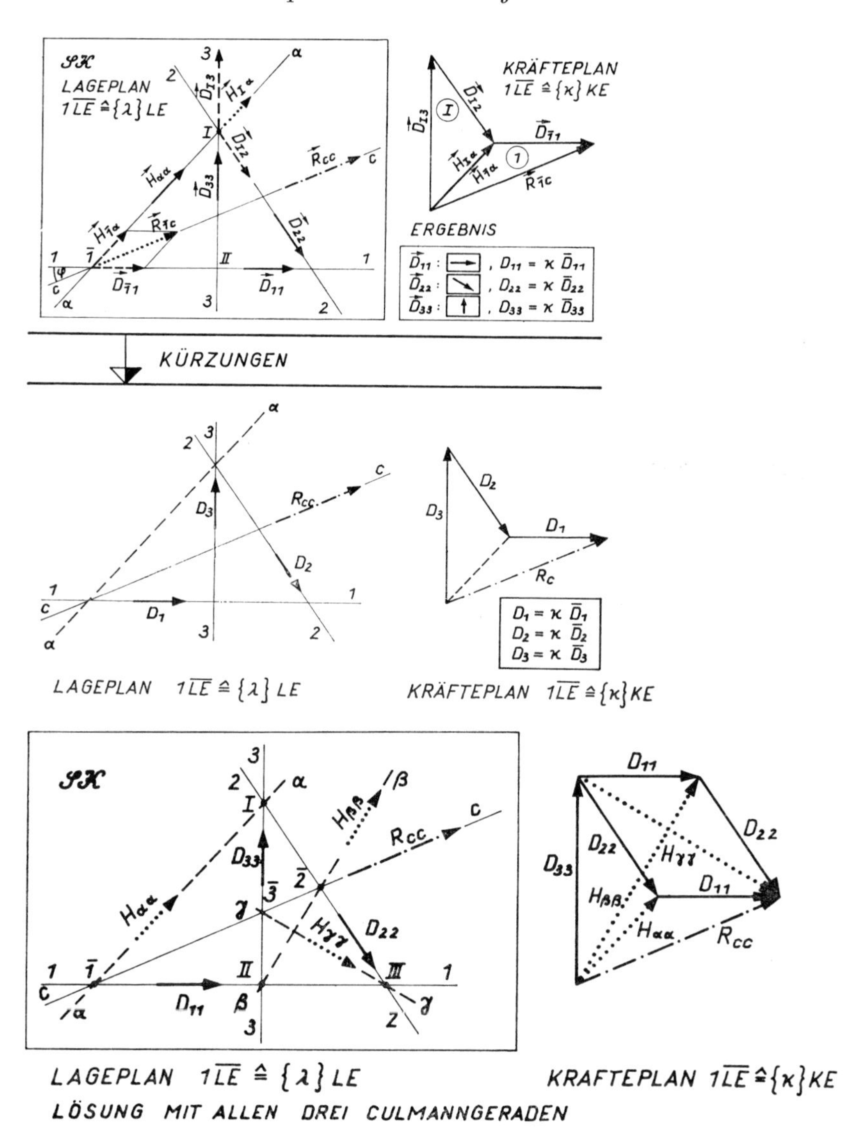

Bild 8.35. Beliebiges komplanares Disduktionssystem: Disduktion einer Kraft nach drei Richtungen M: Methodische Darstellung und V: Verfahren (3 Fälle) (Korrektur: im Kräfteplan oben nicht (1) sondern ($\bar{1}$).)

Bezeichnen wir die drei Disduktionslinien $\overline{dd}$ mit $\overline{11}$, $\overline{22}$ und $\overline{33}$, die Kraftwirkungslinie mit $\overline{cc}$ und schließlich die zu disduzierende Kraft mit $\boldsymbol{R}_c$ (weil bei praktischen Aufgaben meist die in der Zentrallinie $\overline{cc}$ wirkende Resultierende $\boldsymbol{R}_c$ zu zerlegen ist), so wird bei beliebig komplanarer Anordnung die Zentrallinie $\overline{cc}$ jede der drei Disduktionslinien genau einmal schneiden. Diesen Schnittpunkt von $\overline{cc}$ mit $\overline{dd}$ nennen wir $\bar{d}(\bar{d} = \bar{1}, \bar{2}, \bar{3})$. Nehmen wir an, daß der Schnittpunkt $\bar{1}$ brauchbar[1]) ist, so kann $\boldsymbol{R}_c$ nach dem

[1]) Vgl. Abschnitt 8.2. Einleitung.

Erstarrungsprozeß $\boldsymbol{R}_c \Rightarrow \boldsymbol{R}_{cc}$ linienflüchtig nach $\overline{1}$ verschoben und dort eindeutig nach zwei Richtungen zerlegt werden, wovon die eine durch die Disduktionslinie $\overline{11}$ gegeben, die andere aber, die wir $\overline{\alpha\alpha}$ nennen, zunächst noch unbekannt ist und demnach scheinbar willkürlich gewählt werden darf. Jede dieser willkürlich gewählten Richtungen $\overline{\alpha\alpha}$ würde eine eindeutige Zerlegung von $\boldsymbol{R}_{cc}$ in die zwei Komponenten $\boldsymbol{D}_{11}$ und $\boldsymbol{H}_{\alpha\alpha}$ zulassen.

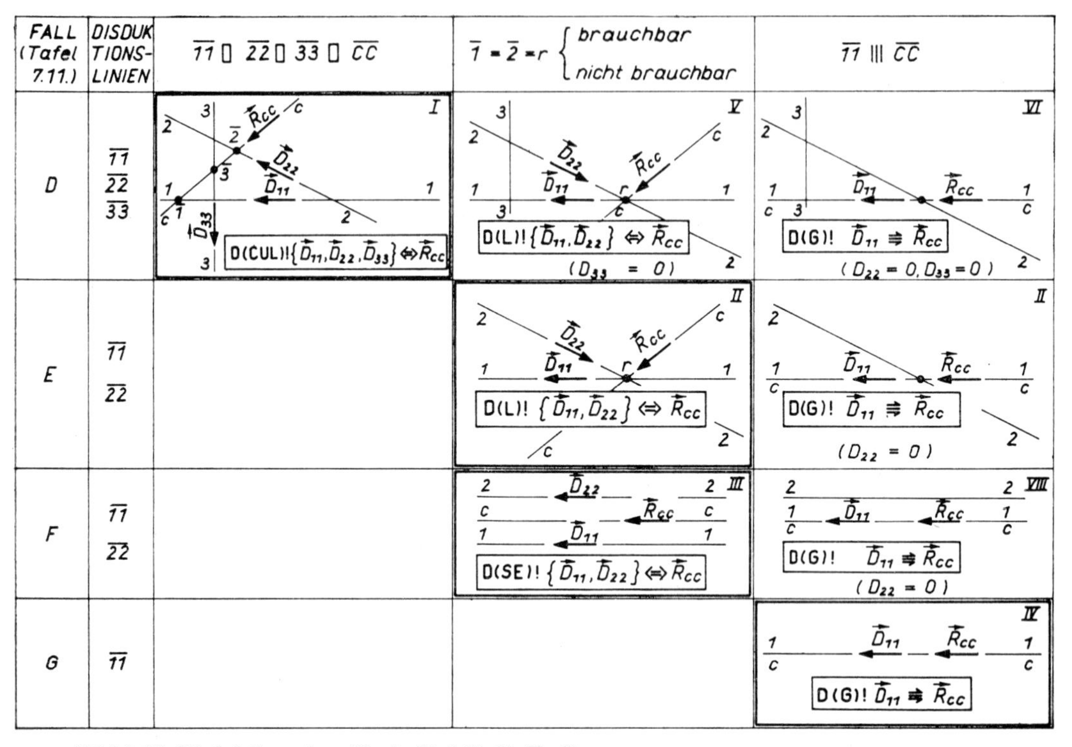

Bild 8.36. Disduktion einer Kraft (Fall D, E, F, G)

(Korrektur: in der letzten Spalte liegt zwischen Feld VI und Feld VIII das Feld VII, nicht II.)

Die geforderte Disduktion nach den vorgegebenen *drei* Richtungen ist aber offenbar *nur dann* möglich, wenn $\overline{\alpha\alpha}$ durch den Schnittpunkt I der beiden anderen Disduktionslinien $\overline{22}$ und $\overline{33}$ hindurchgeht, weil nur in diesem Falle $\boldsymbol{H}_{\alpha\alpha}$ durch die beiden Disduktionskräfte $\boldsymbol{D}_{22}$ und $\boldsymbol{D}_{33}$ äquivalent ersetzt werden kann. Damit ist die Aufgabe gelöst und der Nachweis erbracht, daß eine eindeutige komplanare Disduktion einer Kraft nach drei Richtungen möglich ist, allerdings nur dann, wenn die Kraftwirkungslinie und die Disduktionslinien kein zentrales oder paralleles, jeweils komplanares Geradensystem bilden.

Der Disduktionsprozeß läßt sich in allen Darstellungsarten leicht verfolgen. Da diese Disduktionsaufgebe erstmals von C. CULMANN gelöst worden ist, nennen wir

$\overline{\alpha\alpha}$: CULMANNsche Gerade und

$\boldsymbol{H}_{\alpha\alpha}$: CULMANNsche Kraft oder CULMANN-Vektor.

Den Disduktionsprozeß aktivieren wir künftig durch den Befehl

D(CUL)! Disduziere nach CULMANN!

Da die Kraftwirkungslinie $\overline{cc}$ mit den Disduktionslinien $\overline{11}$, $\overline{22}$, $\overline{33}$ die drei Schnittpunkte $\bar{1}$, $\bar{2}$, $\bar{3}$ hat und sich je zwei Disduktionsgeraden in einem Punkt schneiden:

$$\mathrm{I} := \times(\overline{22}, \overline{33}), \qquad \mathrm{II} := \times(\overline{33}, \overline{11}), \qquad \mathrm{III} := \times(\overline{11}, \overline{22}),$$

existieren die drei CULMANNschen Geraden

$$\overline{\alpha\alpha} := \overline{\bar{1}\mathrm{I}}, \qquad \overline{\beta\beta} := \overline{\bar{2}\mathrm{II}}, \qquad \overline{\gamma\gamma} := \overline{\bar{3}\mathrm{III}}.$$

Da bei beliebig komplanarer Anordnung der Disduktionslinien und der Wirkungslinie der zu disduzierenden Kraft die Disduktion der Kraft nach genau drei Disduktionslinien zu eindeutigen Ergebnissen führt, ist eine Disduktion nach vier und mehr Richtungen eindeutig nicht möglich.

Bezeichnen wir in Bild 8.35.M den Schnittpunkt von $\overline{33}$ und $\overline{11}$ mit II, und nehmen wir an, daß $\bar{1}$ nach II wandert ($\overline{cc}$, $\overline{33}$ und $\overline{11}$ sich also schließlich in II schneiden), so wandert auch $\overline{\alpha\alpha}$ gegen $\overline{33}$, und $\boldsymbol{D}_{22}$ verschwindet.

Im komplanar-beliebigen Fall D ist also der komplanar-zentrale Fall E eingeschlossen, der bereits zu einer eindeutigen Lösung führt (Bild 8.36, Feld V). Schließen in unserem Beispiel die Wirkungslinien $\overline{cc}$ und $\overline{11}$ den Winkel φ ein, und geht φ gegen Null, so verschwindet auch $\boldsymbol{D}_{33}$:

$$\overline{cc} = \overline{11}, \quad \boldsymbol{D}_{11} = \boldsymbol{R}_{cc}, \quad \boldsymbol{D}_{22} = \boldsymbol{0}, \quad \boldsymbol{D}_{33} = \boldsymbol{0},$$

da der eindeutig lösbare kollineare Fall eingebettet ist. (Bild 8.36, Fall D, Feld VI).

8.6.3. Kollineare Disduktion einer Kraft

Die in den Abschnitten 8.6.1. und 8.6.2. betrachteten kollinearen Sonderfälle lassen es (lediglich im Hinblick auf die Systematik) sinnvoll erscheinen, die kollineare Disduktion einer Kraft zu erklaren[1]): Besteht das Disduktionssystem aus nur einer Disduktionslinie (z. B. $\overline{11}$) und fällt diese Disduktionslinie mit der Wirkungslinie (z. B. $\overline{cc}$) der zu disduzierenden Kraft (z. B. $\boldsymbol{R}_{cc}$) zusammen ($\overline{11} \parallel\!| \overline{cc}$), so ist eine eindeutige Disduktion möglich, da eine einzige Disduktionskraft (z. B. $\boldsymbol{D}_{11}$) und die zu disduzierende Kraft (z. B. $\boldsymbol{R}_{cc}$) genau dann äquivalent sind, wenn sie gleich und kollinear sind[2]) (z. B. $\boldsymbol{D}_{11} \mathrel{\overset{=}{\rightarrow}} \boldsymbol{R}_{cc}$) (Bild 8.36, Fall G). Man erhält demnach die Disduktionskraft (z. B. $\boldsymbol{D}_{11}$), indem man sie der zu disduzierenden Kraft (z. B. $\boldsymbol{R}_{cc}$) gleichsetzt. Dieser Prozeß wird durch den Befehl

D(G)! Disduziere durch Gleichsetzen!

ausgelöst.

Für unser Beispiel müssen wir also schreiben:

D(G)! $\boldsymbol{D}_{11} \mathrel{\overset{=}{\rightarrow}} \boldsymbol{R}_{cc}$.

[1]) Vgl. auch Bd. 2, Tafel 7.11, Fall G.

[2]) Vgl. Bd. 2, Abschnitt 4.2.2., S. 10, und Tafel 4.1.

8.6.4. Disduktion eines Kräftepaares

Da ein Kräftepaar nur durch ein anderes Kräftepaar mit gleichen Invarianten (oder durch ein Moment) äquivalent ersetzt werden darf[1]), sind für die Disduktion zwei parallele Disduktionslinien oder aber drei Disduktionslinien (die sich nicht in einem Punkt schneiden dürfen und natürlich mit dem Kräftepaar in der gleichen Ebene liegen müssen) erforderlich.

Die kollineare Disduktion ist also ebenso wie die komplanar-zentrale Disduktion nicht ausführbar (Bild 8.37).

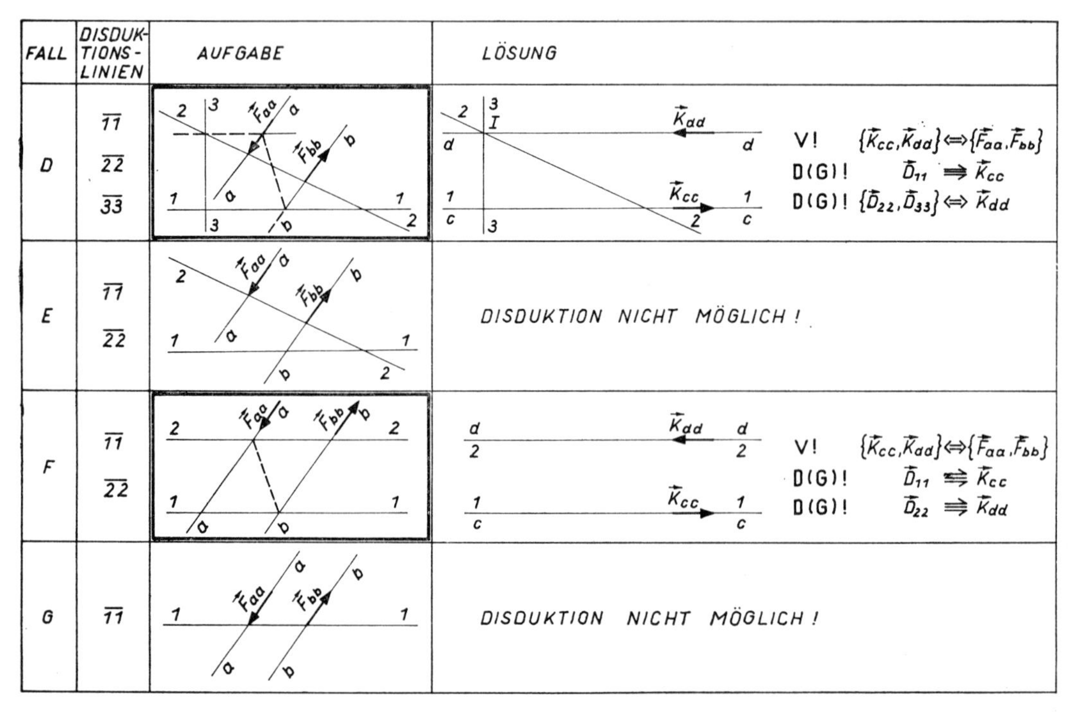

Bild 8.37. Disduktion eines Kräftepaares (Fall D, E, F, G)

Die komplanar-parallele Disduktion, also die Zerlegung eines Kräftepaares nach zwei parallelen Disduktionslinien, ist eine Vertierung, da lediglich ein Kräftepaar in ein anderes äquivalentes Kräftepaar umgewandelt wird. Sie läßt sich analog Bild 8.14 durchführen.

Die komplanare Disduktion nach drei Disduktionslinien, die sich nicht in einem Punkt schneiden, erfolgt in zwei Stufen:

- Stufe I: Zunächst wird das Kräftepaar (z. B. $\boldsymbol{F}_{aa}, \boldsymbol{F}_{bb}$) in ein äquivalentes Kräftepaar (z. B. $\boldsymbol{K}_{cc}, \boldsymbol{K}_{dd}$) vertiert, dessen eine Kraftwirkungslinie (z. B. $\overline{cc}$) mit einer Disduktionslinie (z. B. $\overline{11}$) kollinear ist (z. B. $cc \parallel\!| \overline{11}$), während die andere Kraftwirkungs-

[1]) Vgl. Abschnitt 8.3., Bild 8.14.

linie (z. B. $\overline{dd}$) durch den Schnittpunkt (z. B. I) der beiden anderen Disduktionslinien (z. B. $\overline{22}$, $\overline{33}$) verläuft.

- Stufe II: Die Kraft des Kräftepaares (z. B. $\boldsymbol{K}_{cc}$) und die Disduktionskraft (z. B. $\boldsymbol{D}_{11}$), deren Wirkungslinien zusammenfallen, sind gleich und kollinear (z. B. $\boldsymbol{D}_{11} \rightleftarrows \boldsymbol{K}_{cc}$). Die zweite Kraft (z. B. $\boldsymbol{K}_{dd}$) des Kräftepaares wird nach den beiden anderen Disduktionslinien (z. B. $\overline{22}$ und $\overline{33}$) zerlegt. Demnach folgt für unser Beispiel

Stufe I: **V!** $\{\boldsymbol{K}_{cc}, \boldsymbol{K}_{dd}\} \Leftrightarrow \{\boldsymbol{F}_{aa}, \boldsymbol{F}_{bb}\}$,

Stufe II: **D(G)!** $\boldsymbol{D}_{11} \rightleftarrows \boldsymbol{K}_{cc}$,

D(L)! $\{\boldsymbol{D}_{22}, \boldsymbol{D}_{33}\} \Leftrightarrow \boldsymbol{K}_{dd}$.

8.6.5. Disduktionstheoreme

Die Erkenntnisse des Abschnittes 8.6. lassen sich in den folgenden Disduktionstheoremen zusammenfassen, die durch Bild 8.36 und Bild 8.37 veranschaulicht werden.

1. *Die Disduktion nach t komplanaren Disduktionslinien $\overline{dd}$ einer Kraft ist eindeutig nur dann möglich, wenn auch die Kraftwirkungslinie $\overline{cc}$ mit den Disduktionslinien komplanar ist und das Disduktionssystem aus genau*

   - *drei Disduktionslinien besteht, die sich nicht in einem Punkt schneiden* (*Fall* D: *komplanar-beliebig*, $t = 3$, *Bild 8.36, Feld I*),
   - *zwei Disduktionslinien besteht,*
     - *die sich mit der Kraftwirkungslinie in einem Punkt schneiden* (*Fall* E: *komplanar-zentral*, $t = 2$, *Bild 8.36, Feld II*),
     - *die beide zur Kraftwirkungslinie parallel sind* (*Fall* F: *komplanar-parallel*, $t = 2$, *Bild 8.36, Feld III*),
   - *einer Disduktionslinie besteht, die mit der Kraftwirkungslinie zusammenfällt* (*Fall* G: *kollinear*, $t = 1$, *Bild 8.36, Feld IV*).

2. *Ist eine Kraft mit der Wirkungslinie $\overline{cc}$ nach drei komplanaren Disduktionslinien zu disduzieren, die sich zwar nicht in einem Punkt schneiden, von denen aber zwei Disduktionslinien*

   - *mit $\overline{cc}$ einen gemeinsamen Schnittpunkt haben: Bild 8.36, Feld V* (*im Fall* D *ist Fall* E *enthalten*),
   - *zu $\overline{cc}$ parallel sind: in Bild 8.36 nicht dargestellt* (*im Fall* D *ist Fall* F *enthalten*),

   so ist eine eindeutige Disduktion schon nach diesen beiden Disduktionslinien möglich. Die Disduktionskraft auf der dritten Disduktionslinie existiert nicht.

3. *Ist eine Kraft mit der Wirkungslinie $\overline{cc}$ nach drei oder zwei komplanaren Disduktionslinien zu disduzieren und ist $\overline{cc}$ mit einer Disduktionslinie kollinear, so ist eine eindeutige kollineare Disduktion möglich* (*Fall* G: *enthalten in Fall* D, E, F; *vgl. Bild 8.36, Feld VI, VII, VIII*). *Die Disduktionskräfte auf den übrigen Disduktionslinien existieren nicht.*

4. *Die Disduktion eines Kräftepaares nach t komplanaren Disduktionslinien ist eindeutig nur dann möglich, wenn das Kräftepaar mit den Disduktionslinien in der gleichen Ebene liegt und das Disduktionssystem aus genau*

- *drei Disduktionslinien besteht, die sich nicht in einem Punkt schneiden (Bild 8.37, Fall* D),
- *zwei parallelen Disduktionslinien besteht (Vertierung!) (Bild 8.37, Fall* F).

5. *Die Disduktion eines Kräftepaares ist nicht möglich, wenn*

- *zwei Disduktionslinien vorliegen, die aber nicht parallel sind (Bild 8.37; Fall* E),
- *nur eine Disduktionslinie gegeben ist (Bild 8.37; Fall* G).

8.7. Graphische Reduktion komplanarer Linienlasten

Linienlasten mit veränderlicher Neigung lassen sich nach Wahl zweier Richtungen (z. B. x und y) stets in zwei parallele Linienlasten zerlegen, da auch für Lasten (Kraftdichtevektoren) das Superpositionsaxiom gilt (Bild 8.38):

$$\boldsymbol{p}(x, y) = \boldsymbol{p}_x(x, y) + \boldsymbol{p}_y(x, y),$$

$$p_x(x, y) = p(x, y) \cdot \cos \alpha(x, y),$$

$$p_y(x, y) = p(x, y) \cdot \sin \alpha(x, y).$$

8.7.1. Äquivalenzkräfte konstanter Linienlasten in den Intervallmittelpunkten

In der Regel ist die Bezugslinie (das ist die Menge aller Lastangriffspunkte) gerade, meist sogar horizontal, und die Richtung der Lasten, deren Beträge häufig abschnittsweise konstant sind, verläuft in vielen Fällen senkrecht zur Bezugslinie (Bild 8.39).

Diesen Sonderfall, der in der Praxis ein Regelfall ist, wollen wir studieren, da er alle Besonderheiten der graphischen Reduktion erkennen läßt.

Wir zerlegen den Bereich $B = L$, über dem die Linienlast steht, entsprechend (4.73) in einzelne Teile $\Delta B_i = \Delta L_i$ $(i = 1, \ldots, n)$, die wir Intervalle nennen und mit Großbuchstaben bzw. mit römischen Zahlen $\Delta L_i = \underset{\smile}{(\overset{\frown}{J})}$ $\left(\underset{\smile}{(\overset{\frown}{J})} = \underset{\smile}{(\overset{\frown}{I})}, \ldots, \underset{\smile}{(\overset{\frown}{N})}\right)$ bezeichnen. Bei dieser Intervalleinteilung müssen wir allerdings beachten, daß die Linienlast in jedem Intervall konstant ist, daß also mindest an jedem Sprung der Linienlastordinaten (in Bild 8.39 z. B. bei 0, 1, $(i - 1)$, $(n - 1)$, n) eine Intervallgrenze angeordnet wird. Die Grenzen des Intervalles werden mit $(i - 1)$ und i bezeichnet, seine Länge mit c_i, der Intervallmittelpunkt mit i^*, der Betrag der im Intervall $\underset{\smile}{(\overset{\frown}{J})}$ konstanten Linienlast mit p_i $(= p_{i-1} = p_{i*})$ und schließlich die äquivalente Linienkraft für das Intervall $\underset{\smile}{(\overset{\frown}{J})}$ mit

$$\boldsymbol{P}^J = \boldsymbol{P}_{i*}.$$

In Anlehnung an Band 1, Abschnitt A.6., Tafel A.16 erhalten wir die Linienkraft $\boldsymbol{P}^J$ für das Intervall $\underset{\smile}{(\overset{\frown}{J})}$ (mit $\boldsymbol{G}_m = \boldsymbol{P}^J$, $L = c_i, \boldsymbol{p} = \boldsymbol{p}_i$) aus

$$\boldsymbol{G}_m = \boldsymbol{p} \cdot L \quad \text{zu} \quad \boldsymbol{P}^J = \boldsymbol{p}_i \cdot c_i.$$

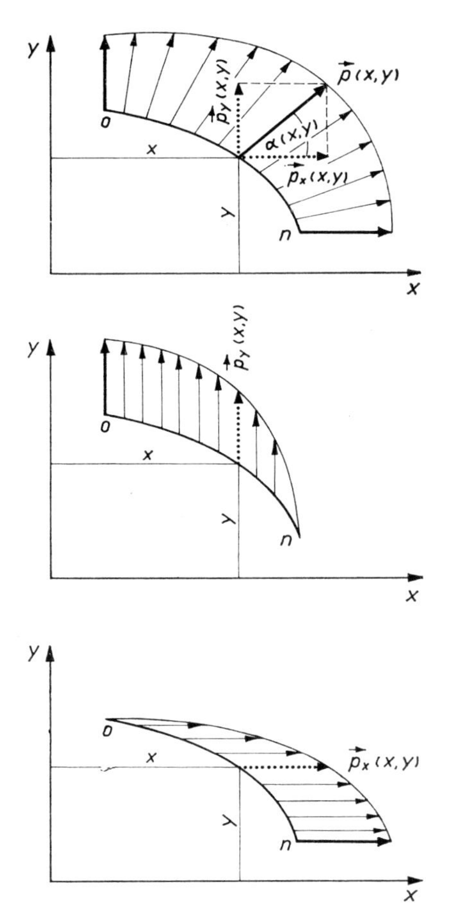

Bild 8.38. Beliebige komplanare Linienlast: Zerlegung in zwei parallele Linienlasten

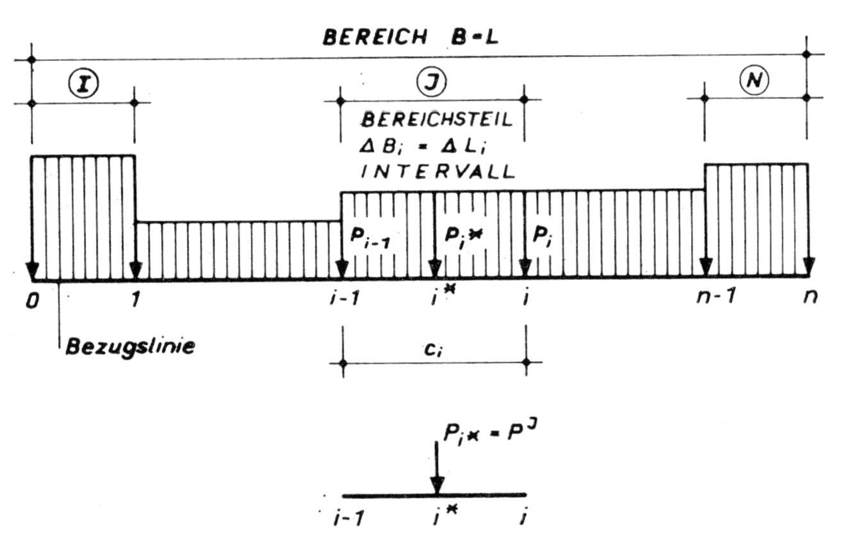

Bild 8.39. Intervallteilung und Bezeichnung einer parallelen abschnittweise konstanten Linienlast

Nach dem Diskretisierungstheorem läßt sich eine Linienlast Φ_p dann durch eine Menge diskret verteilter Linienkräfte (also durch ein System S_p von Einzelkräften) äquivalent ersetzen, wenn jede dieser Linienkräfte, die wir künftig *Äquivalenzkräfte* nennen,

1. eine kontinuierlich über das ganze Intervall verteilte, konstante Linienlast äquivalent ersetzt,
2. im Intervallmittelpunkt angreift,

und wenn

3. die reduzierten Größen (z. B. RP^l, RM^l) jeder Äquivalenzkraft P^J *außerhalb* des Intervalles $(\widehat{J})$, in dessen Mittelpunkt sie angreift und dessen Linienlastanteil sie repräsentiert, ermittelt werden sollen.

Aus (4.73) folgt dann

$$\Phi_p \Leftrightarrow S_p := \{P^J = p_i \cdot c_i|_{i=1,\dots,n}^{J=I,\dots,N}\}.$$

Die dritte Bedingung wird sofort verständlich, wenn wir Bild 8.40 betrachten, das die rekursive Reduktion einer konstanten Linienlast p in bezug auf den Punkt k von links veranschaulicht.

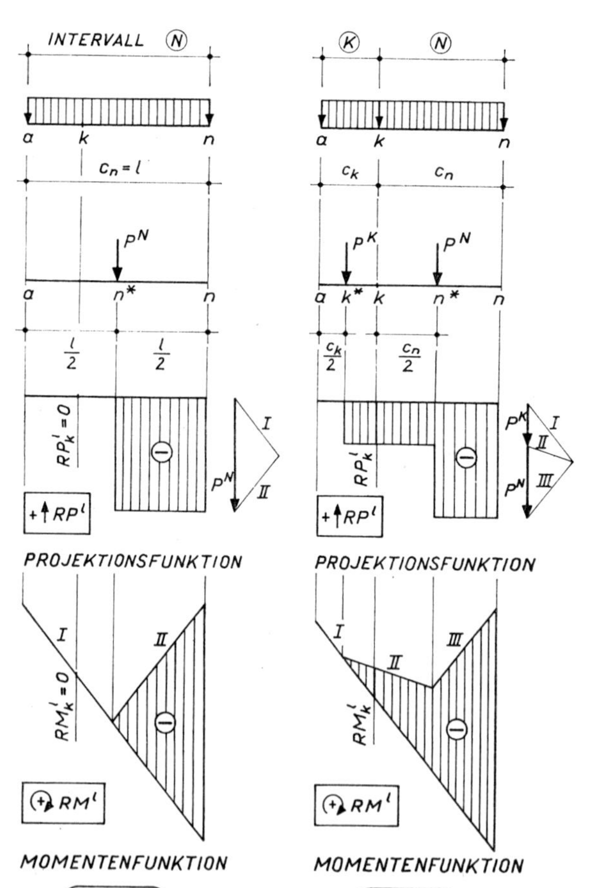

Bild 8.40. Vergleich der rekursiven Reduktion von links bei falscher und richtiger Intervallteilung

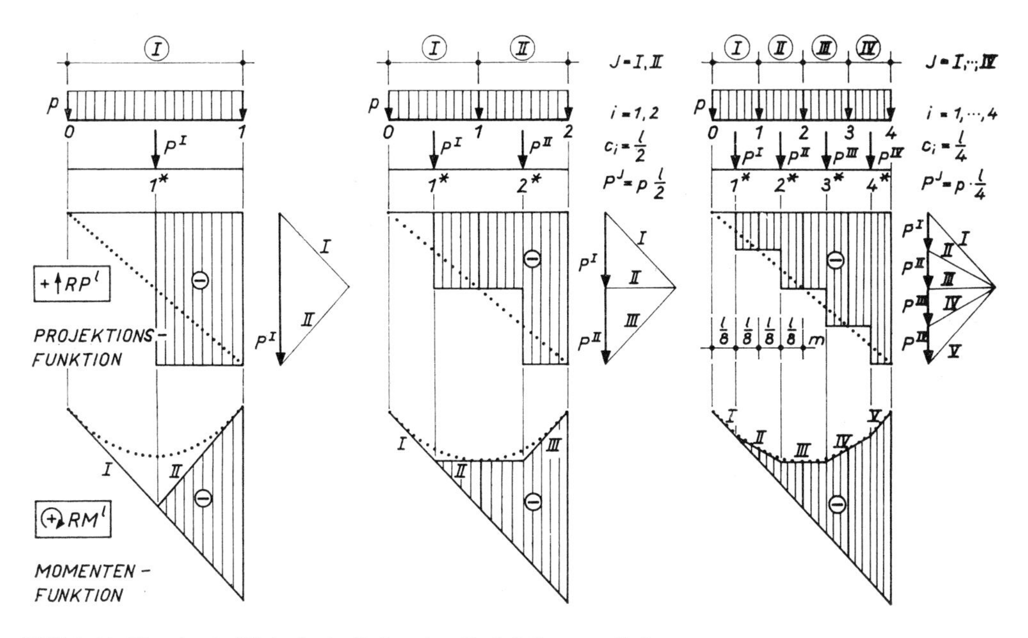

Bild 8.41. Konstante Linienlast: Rekursive Reduktion von links
— Äquivalenzkräfte in den Intervallmittelpunkten (Konvergenzbetrachtung)

Wir wählen zunächst den Bereich zwischen den Punkten a und n als Intervall $(\widehat{N})$ und ersetzen daraufhin die Linienlast p in diesem Intervall durch die Äquivalenzkraft

$$\boldsymbol{P}^N = \boldsymbol{p} \cdot c_n$$

im Intervallmittelpunkt n^*.

In diesem Falle liegt der Punkt k innerhalb des Bereiches $(\widehat{N})$, weshalb die dritte Bedingung nicht erfüllt ist. Die graphische Rekursion von links ergibt

$$RP_k = 0 \quad \text{und} \quad RM_k = 0,$$

also ein falsches Ergebnis. Das muß auch so sein, da im vorliegenden Fall die zu reduzierende Linienlast zwischen a und k durch die Äquivalenzkraft $\boldsymbol{P}^N$ in n^* mit erfaßt wird und demnach auch erst im Linienabschnitt nach n^* wirksam werden kann.

Wählen wir dagegen k als Intervallgrenze, also die Intervalle $(\widehat{K})$ und $(\widehat{N})$ (wobei $(\widehat{N})$ hier natürlich kleiner ist als das Intervall $(\widehat{N})$ in Bild 8.40 links), so wird die zu reduzierende Last zwischen a und k durch die Äquivalenzkraft

$$\boldsymbol{P}^k = \boldsymbol{p} \cdot c_k$$

repräsentiert, die in k nicht nur die gleiche polare Projektion, sondern auch das gleiche polare Moment liefert wie der Linienlastanteil zwischen a und k.

Das System der Äquivalenzkräfte ist natürlich eine Näherung, weil es nicht in allen sondern nur in einigen ausgezeichneten Punkten exakte Ergebnisse liefert.

Wir suchen diese Punkte und betrachten Bild 8.41, das die rekursive Reduktion von links für eine konstante Linienlast zeigt, die durch 1, 2 bzw. 4 Linienkräfte äquivalent ersetzt worden ist. Die strenge Lösung ist zum Vergleich als punktierte Linie eingetragen. Man erkennt, daß die graphische Lösung *nur in den Intervallgrenzen* genaue Ergebnisse liefert. Das kann auch gar nicht anders sein, da bei der rekursiven Reduktion (von links oder rechts) nur in den Intervallgrenzen die links oder rechts liegenden Linienlastanteile durch die Äquivalenzkräfte ersetzt werden.

Das Seileck wird zum Tangentenpolygon der Momentenfunktion.

8.7.2. Äquivalenzkräfte konstanter Linienlasten in den Intervallgrenzen

Will man auf die Ermittlung des Intervallmittelpunktes verzichten, so wird man die Äquivalenzkräfte in den Intervallmittelpunkten in die Intervallgrenzen disduzieren (Bild 8.42):

$$\{\boldsymbol{D}_{i-1}^J, \boldsymbol{D}_i^J\} \Leftrightarrow \boldsymbol{P}^J,$$

danach die Disduktionskräfte in den Intervallgrenzen superponieren

$$\boldsymbol{F}_i \equiv \boldsymbol{D}_i^J + \boldsymbol{D}_i^{J+I}$$

und diese Äquivalenzkräfte in den Intervallgrenzen schließlich der graphischen Reduktion zu Grunde legen.

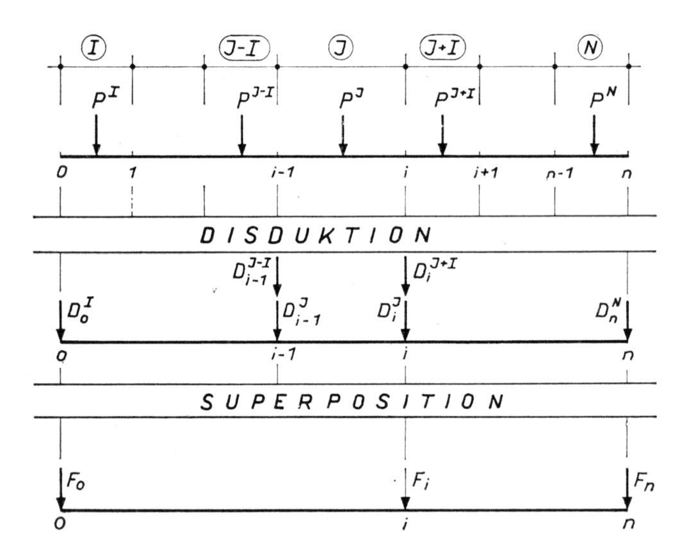

Bild 8.42. Äquivalenzkräfte in den Intervallgrenzen — Bezeichnungen

Für die einzelnen Intervallgrenzen erhält man bei nichtäquidistanten Intervallen und intervallweise konstanten Linienlasten

$$i = 0 \qquad : F_0 = \qquad D_0^I \quad = \frac{1}{2} \qquad P^I \quad = \frac{1}{2}\, p_1 c_1,$$

$$i = 1, \ldots, n-1 : F_i = D_i^J + D_i^{J+I} = \frac{1}{2}\,(P^J + P^{J+I}) = \frac{1}{2}\,(p_i c_i + p_{i+1} c_{i+1}),$$

$$i = n \qquad : F_n = D_n^N \qquad = \frac{1}{2}\, P^N \qquad = \frac{1}{2}\, p_n c_n.$$

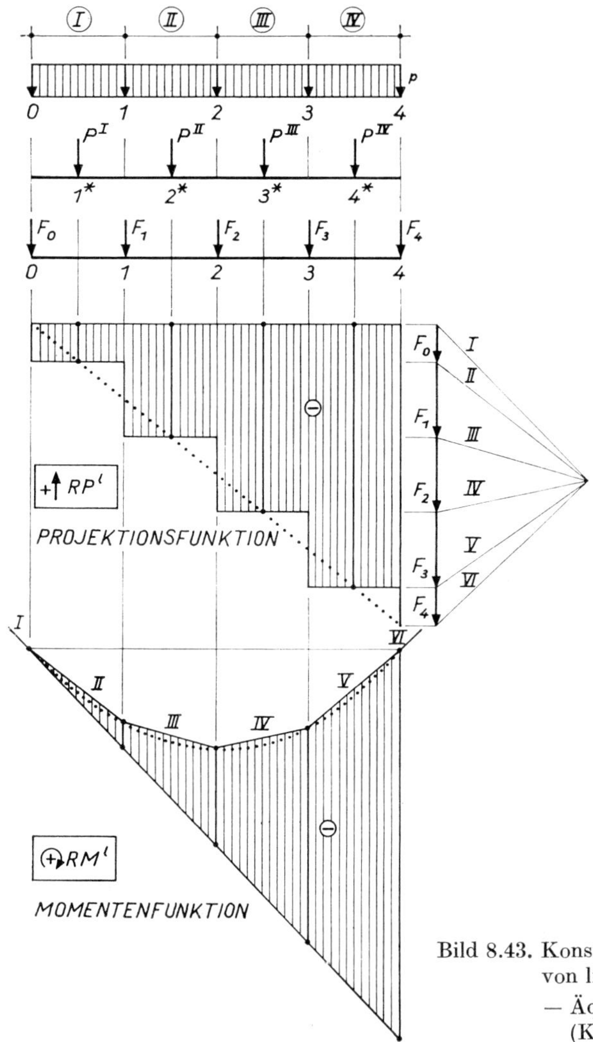

Bild 8.43. Konstante Linienlast: Rekursive Reduktion von links
— Äquivalenzkräfte in den Intervallgrenzen (Konvergenzbetrachtungen)

Für äquidistante Teilung $c_i = c$ und konstante Linienlast $p_i = p$ folgt dann

$$i = 0 \qquad : F_0 = \frac{1}{2} pc,$$

$$i = 1, \ldots, n-1 : F_i = pc,$$

$$i = n \qquad : F_n = \frac{1}{2} pc.$$

Die rekursive Reduktion von links (Bild 8.43) läßt erkennen, daß die Projektionsfunktion in den Intervallmittelpunkten, die Momentenfunktion in den Intervallgrenzen mit der genauen Lösung übereinstimmt.

Das Seileck wird zum ***Sehnenpolygon*** *der Momentenfunktion.*

Die genaue Lösung für die Momentenfunktion läßt sich demnach — wie Bild 8.44 erkennen läßt — durch die beiden Näherungen

- Äquivalenzkräfte in den Intervallmittelpunkten

  und

- Äquivalenzkräfte in den Intervallgrenzen,

also durch das

- Tangentenpolygon

  und

- Sehnenpolygon,

eingrenzen.

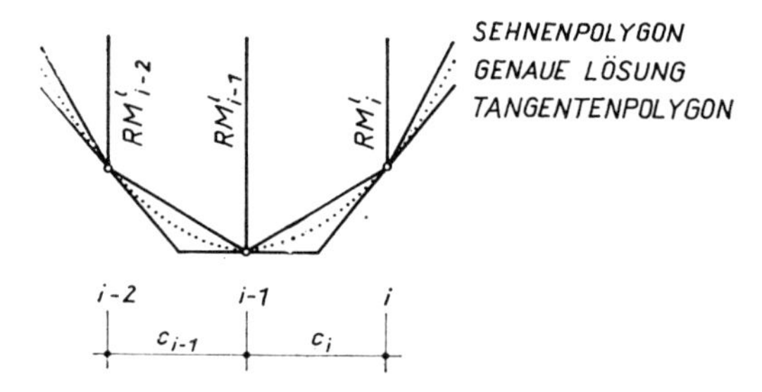

Bild 8.44. Zur Eingrenzung der genauen Lösung durch Näherungen:
- Tangentenpolygon (Äquivalenzkräfte in den Feldmittelpunkten*))
- Sehnenpolygon (Äquivalenzkräfte in den Intervallgrenzen)

*) Nur bei konstanten Linienlasten ist der Feldmittelpunkt gleich dem Intervallmittelpunkt!

8.7.3. Äquivalenzkräfte beliebiger paralleler Linienlasten in den Feldmittelpunkten

Für die Diskretisierung einer Linienlast mit beliebiger Umgrenzungsfigur über der Bezugslinie (Dreieck, Trapez, Parabel, usw.) kann man das Diskretisierungstheorem, das entsprechend seiner Herleitung nur für konstante Lasten gilt, auf Grund der folgenden Überlegung erweitern: Faßt man die Lastfunktion $\boldsymbol{p}(x)$ als Bild einer schweren Scheibe mit der Höhe $h(x) = \{h(x)\}\ LE$, mit der Breite $b(x) = b = 1 LE$ und mit der Wichte $\gamma(x, y) = \gamma = 1\ \dfrac{KE}{(LE)^3}$ auf, so ist wegen

$$p(x) = \gamma \cdot h(x) \cdot b = 1\ \frac{KE}{(LE)^3} \cdot \{h(x)\}\ LE \cdot 1 LE$$

$$= \{h(x)\}\ \frac{KE}{LE} = \{p(x)\}\ \frac{KE}{LE}$$

die Maßzahl der Lastfunktion gleich der Maßzahl der Höhe der Umgrenzungsfigur.

Das Gewicht dieser schweren Scheibe hat in diesem Falle die gleiche Maßzahl wie der Flächeninhalt der Umgrenzungsfigur. Ihr Schwerpunkt fällt wie bei allen homogenen Körpern mit dem Mittelpunkt zusammen.

Demnach können wir den Betrag der äquivalenten Linienkraft als Flächeninhalt und den Mittelpunkt der Linienlast (oder ausführlicher: des Linienkraftdichte*feldes*), den wir künftig als *Feldmittelpunkt* bezeichnen, als Mittelpunkt der Fläche der Umgrenzungsfigur ermitteln. Die Inhalte und Mittelpunktskoordinaten der erforderlichen Flächen sind aus der Planimetrie bekannt.

Diese Überlegungen führen zu dem folgenden Diskretisierungstheorem für Linienlasten:

> *Jede parallele Linienlast darf durch eine gleichgerichtete Linienkraft äquivalent ersetzt werden, deren Betrag gleich dem Inhalt ihrer Umgrenzungsfigur ist und deren Wirkungslinie durch ihren (Feld-) Mittelpunkt verläuft.*

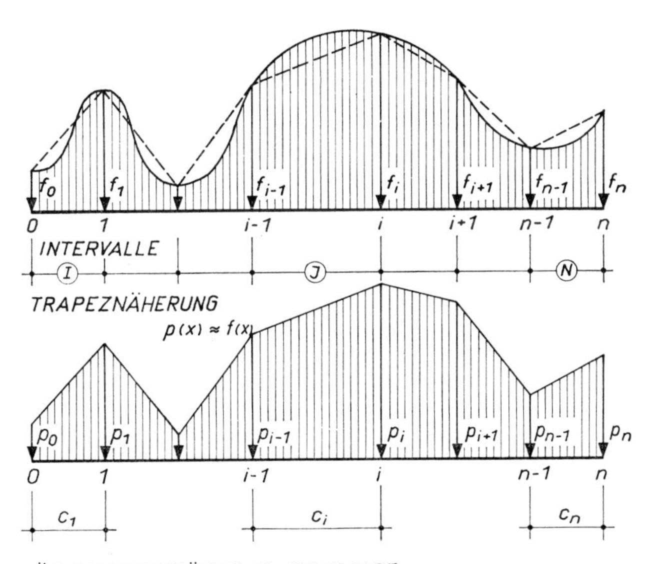

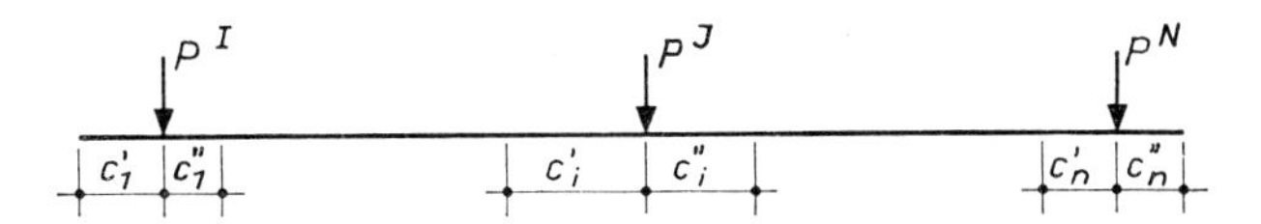

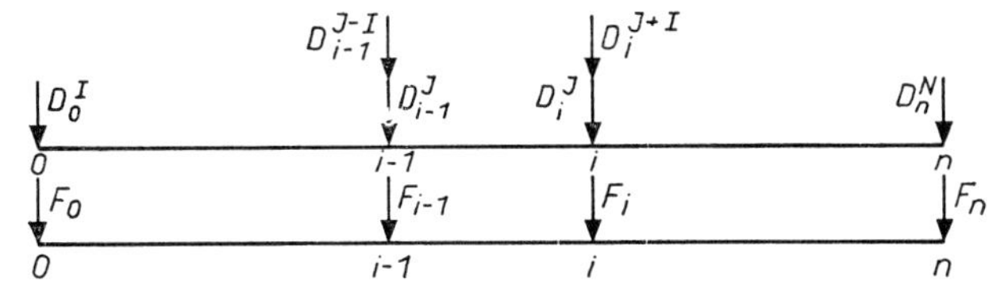

Bild 8.45. Parallele Linienlast: Trapeznäherung
— Äquivalenzkräfte in den Feldmittelpunkten und Intervallgrenzen

Für die rekursive Reduktion ist wiederum eine Unterteilung in Intervalle erforderlich. Im allgemeinen genügt es, in jedem Intervall den Funktionsverlauf der Linienlast durch ein Trapez anzunähern (vgl. Bild 8.45). Die Äquivalenzkräfte ergeben sich dann mit dem Flächeninhalt der Trapeze zu

$$P^J = \frac{c_i}{2}(p_{i-1} + p_i).$$

Ihre Lage im Intervall erhält man (vgl. Bild 8.46) mit den Mittelpunktabständen des Trapezes zu

$$c_i' = \frac{c_i}{3} \cdot \frac{p_{i-1} + 2p_i}{p_{i-1} + p_i},$$

$$c_i'' = \frac{c_i}{3} \cdot \frac{2p_{i-1} + p_i}{p_{i-1} + p_i}.$$

Wie Bild 8.46 zu entnehmen ist, läßt sich diese Lage auch leicht graphisch ermitteln. Bei sehr flachem Verlauf wird als grobe Näherung auch

$$c_i' = c_i'' = \frac{1}{2} c_i$$

gesetzt. Höheren Ansprüchen an die Genauigkeit genügt z. B. eine Parabelnäherung, die aber im Rahmen graphischer Untersuchungen kaum angewendet wird.

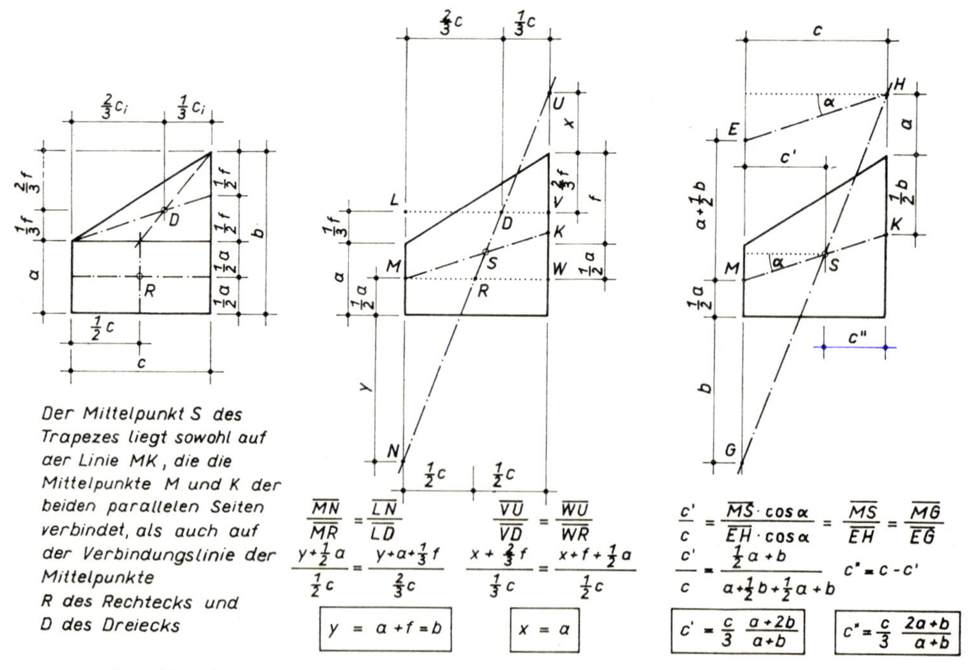

Bild 8.46. Zum Mittelpunkt des Trapezes

8.7.4. Äquivalenzkräfte beliebiger paralleler Linienlasten in den Intervallgrenzen

Will man die Ermittlung der Feldmittelpunkte umgehen, so muß man die Äquivalenzkräfte in den Feldmittelpunkten in bezug auf die Intervallgrenzen disduzieren (Bild 8.45),

$$\{\boldsymbol{D}_{i-1}^J, \boldsymbol{D}_i^J\} \Leftrightarrow \boldsymbol{P}^J,$$

danach die Disduktionskräfte in den Intervallgrenzen superponieren:

$$\boldsymbol{F}_i \equiv \boldsymbol{D}_i^J + \boldsymbol{D}_i^{J+I}$$

und diese Äquivalenzkräfte in den Intervallgrenzen der graphischen Reduktion zugrunde legen.

Für die Beträge der Kräfte $\boldsymbol{D}$ und $\boldsymbol{F}$ benutzt man analytisch gewonnene Ausdrücke, die für die Trapeznäherung durch die folgenden einfachen Überlegungen gefunden werden können: Nach Archimedes sind die Wirkungen (Momente) zweier gleichgerichteter Kräfte, die entsprechend Bild 1.2.a (Bd. 1, S. 5) an den gegenüberliegenden Armen eines Hebels angreifen, dann antivalent, wenn das Verhältnis ihrer Beträge dem

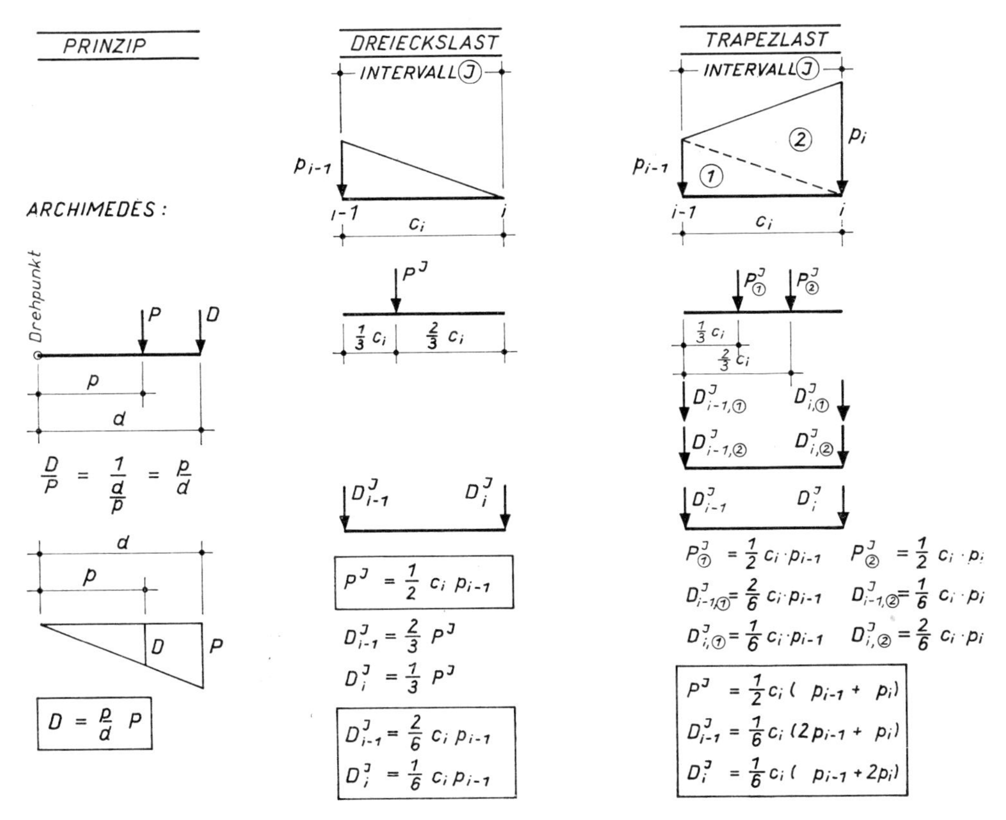

Bild 8.47. Ermittlung der Äquivalenzkräfte in den Intervallgrenzen

Verhältnis ihrer Abstände vom Drehpunkt umgekehrt proportional ist.[1]) Greifen die beiden Kräfte am gleichen Arm an, so sind ihre Momente unter sonst gleichen Bedingungen äquivalent[2]).

Die graphische Abbildung dieser umgekehrten Proportionalität gestattet es, eine Unbekannte (z. B. die Disduktionskraft D) unmittelbar abzulesen (Bild 8.47).

So ist der Abstand der Äquivalenzkraft $P^J = \frac{1}{2} c_i p_{i-1}$ einer dreieckförmigen Linienlast von deren Spitze (in Bild 8.47 Mitte, also von i) $p = \frac{2}{3} c_i$, weshalb mit dem Drehpunkt i folgt:

$$p:d = \left(\frac{2}{3} c_i\right) : c_i = 2:3 \qquad \text{und demnach}$$

$$D_{i-1}^J = \frac{2}{3} P^J = \frac{2}{3} \cdot \frac{1}{2} c_i p_{i-1} = \frac{2}{6} c_i P_{i-1}$$

abgelesen werden kann, während sich mit dem Drehpunkt $i - 1$ der Abstand $p = \frac{1}{3} c_i$ und damit

$$D_i^J = \frac{1}{3} P^J = \frac{1}{3} \cdot \frac{1}{2} c_i p_{i-1} = \frac{1}{6} c_i p_{i-1}$$

ergibt.

Ein Trapez kann man aber in zwei Dreiecke $\widehat{1}$ und $\widehat{2}$ zerlegen (Bild 8.47). Demnach ist

$$D_{i-1}^J = D_{i-1,\widehat{1}}^J + D_{i-1,\widehat{2}}^J$$

$$= \frac{2}{6} c_i p_{i-1} + \frac{1}{6} c_i p_i ,$$

$$D_{i-1}^J = \frac{c_i}{6} (2p_{i-1} + p_i) ,$$

$$D_i^J = D_{i,\widehat{1}}^J + D_{i,\widehat{2}}^J$$

$$= \frac{1}{6} c_i p_{i-1} + \frac{2}{6} c_i p_i ,$$

$$D_i^J = \frac{c_i}{6} (p_{i-1} + 2p_i) .$$

Die Superposition in den Intervallgrenzen ergibt dann für

$$i = 0 \qquad : F_0 = D_0^I = \frac{c_1}{6} (2p_0 + p_1) ,$$

$$i = 1, \ldots, n-1 : F_i = D_i^J + D_i^{J+I} = \frac{c_i}{6} (p_{i-1} + 2p_i) + \frac{c_{i+1}}{6} (2p_i + p_{i+1}) ,$$

$$i = n \qquad : F_n = D_n^N = \frac{c_n}{6} (p_{n-1} + 2p_n) .$$

[1]) D. h. ihre Einwirkungen (Momente) in bezug auf den Drehpunkt heben sich auf, so daß eine Drehbewegung verhindert wird; der Hebel befindet sich im (Rotations-) Gleichgewicht.

[2]) D. h. ihre Einwirkungen (Momente) in bezug auf den Drehpunkt sind gleich.

	0	1	2	3	4	5	6	7
	$\vec{p}(x)$, 0, 1, c	p_o, c	p_1, c	p_o, p_1, c	2. Grads, S, p_1, c	p_o, S, 2. Grads, c	2. Grads, p_m, c/2, c/2	p_o, p_m, p_1, 2!, c/2, c/2
$p(x)$	$p(x)$, $\vec{p}(x)$, 0, x, c	p_o	$p_1 \cdot \frac{x}{c}$	$p_o + (p_1 - p_o) \frac{x}{c}$	$p_1 \cdot \frac{x^2}{c^2}$	$p_o \left(1 - \frac{x^2}{c^2}\right)$	$4 p_m \left(\frac{x}{c} - \frac{x^2}{c^2}\right)$	$p_o - (3p_o - 4p_m + p_1) \cdot \frac{x}{c} + 2(p_o - 2p_m + p_1) \cdot \frac{x^2}{c^2}$
$P_o = -\int_{x_o = 0}^{x_1 = c} p(x)\, dx$	P_o, 0, M_o	$-p_o \cdot c$	$-p_1 \cdot \frac{c}{2}$	$-(p_o + p_1) \cdot \frac{c}{2}$	$-p_1 \cdot \frac{c}{3}$	$-2p_o \cdot \frac{c}{3}$	$-2p_m \cdot \frac{c}{3}$	$-(p_o + 4p_m + p_1) \cdot \frac{c}{6}$
$M_o = +\int_{x_o = 0}^{x_1 = c} x\, p(x)\, dx$		$p_o \cdot \frac{c^2}{2}$	$p_1 \cdot \frac{c^2}{3}$	$(p_o + 2p_1) \cdot \frac{c^2}{6}$	$p_1 \cdot \frac{c^2}{4}$	$p_o \cdot \frac{c^2}{4}$	$p_m \cdot \frac{c^2}{3}$	$(2p_m + p_1) \cdot \frac{c^2}{6}$
$G = -P_o$	G, c'	$p_o \cdot c$	$p_1 \cdot \frac{c}{2}$	$(p_o + p_1) \cdot \frac{c}{2}$	$p_1 \cdot \frac{c}{3}$	$2p_o \cdot \frac{c}{3}$	$2p_m \cdot \frac{c}{3}$	$(p_o + 4p_m + p_1) \cdot \frac{c}{6}$
$c' = \frac{M_o}{G}$		$\frac{c}{2}$	$2 \cdot \frac{c}{3}$	$\frac{(p_o + 2p_1)}{(p_o + p_1)} \frac{c}{3}$	$3 \cdot \frac{c}{4}$	$3 \cdot \frac{c}{8}$	$\frac{c}{2}$	$\frac{2p_m + p_1}{p_o + 4p_m + p_1} \cdot c$
$D_o = G - \frac{M_o}{c}$	D_o, D_1, c	$p_o \cdot \frac{c}{2}$	$p_1 \cdot \frac{c}{6}$	$(2p_o + p_1) \cdot \frac{c}{6}$	$p_1 \cdot \frac{c}{12}$	$5p_o \cdot \frac{c}{12}$	$p_m \cdot \frac{c}{3}$	$(p_o + 2p_m) \cdot \frac{c}{6}$
$D_1 = \frac{M_o}{c}$		$p_o \cdot \frac{c}{2}$	$p_1 \cdot \frac{c}{3}$	$(p_o + 2p_1) \cdot \frac{c}{6}$	$p_1 \cdot \frac{c}{4}$	$p_o \cdot \frac{c}{4}$	$p_m \cdot \frac{c}{3}$	$(2p_m + p_1) \cdot \frac{c}{6}$

Bild 8.48. Äquivalenzkräfte für parallele Linienlasten

Bei äquidistanter Teilung folgt schließlich mit $c_i = c$ für

$$i = 0 \qquad : F_0 = \frac{c}{6} (\qquad 2p_0 + p_1),$$

$$i = 1, \ldots, n - 1 : F_i = \frac{c}{6} (p_{i-1} + 4p_i + p_{i+1}),$$

$$i = n \qquad : F_n = \frac{c}{6} (p_{n-1} + 2p_n).$$

Die Äquivalenzkräfte für die häufigsten parallelen Linienlasten sind in Bild 8.48 zusammengefaßt. Die Äquivalenzkraft im Feldmittelpunkt ist in Bild 8.48 mit G bezeichnet.

8.7.5. Reduktionstheoreme für komplanare parallele Linienlasten

1. *Jede komplanare parallele Linienlast kann durch ein System von Äquivalenzkräften, die entweder in den Feldmittelpunkten oder in den Intervallgrenzen angreifen, äquivalent ersetzt werden.*
   Die Reduktion führt deshalb — ebenso wie die Reduktion eines komplanaren parallelen Kräftesystems (vgl. 8.5.3.2.) —
   - *zum Reduktionspaar im beliebigen Reduktionszentrum oder*
   - *zur Resultierenden in der Zentrallinie oder*
   - *zum Kräftepaar oder aber Reduktionsmoment im beliebigen Reduktionszentrum oder*
   - *zum Aufhebungspaar oder aber Nullpaar im beliebigen Reduktionszentrum.*
2. *Die graphische Rekursion liefert genaue Werte*
   - *der Projektionsfunktion*
     - *in den Intervallgrenzen, wenn die Äquivalenzkräfte in den Feldmittelpunkten vorliegen (Fall 1),*
     - *in den Feldmittelpunkten, wenn die Äquivalenzkräfte in den Intervallgrenzen ermittelt wurden (Fall 2),*
   - *der Momentenfunktion*
     in beiden Fällen in den Intervallgrenzen, wobei die Näherungslösung zum
     - *Tangentenpolygon für die Äquivalenzkräfte in den Feldmittelpunkten,*
     - *Sehnenpolygon für die Äquivalenzkräfte in den Intervallgrenzen*

   wird.

8.8. Zusammenfassung

Die graphische Dynamik hat die Aufgabe, Kräftemengen ausschließlich mit graphischen Mitteln äquivalent umzuformen. Diese Modifizierung muß dem Modifizierungsaxiom genügen und setzt ein mathematisiertes Modell voraus, das aus einer in „Pfeilen“ abgebildeten Kräftemenge besteht.

Die Umformung wird als Prozeß aufgefaßt, zu dessen Aufbau vier Elementarprozesse erforderlich sind, deren Ablauf durch die folgenden Axiome zugelassen ist:

1. Das *Superpositionsaxiom* erlaubt die Reduktion und Disduktion am Punkt.
2. Das *Erstarrungsaxiom* gestattet den Übergang zum starren Körper. Es wird für die Umformung von Kräften erforderlich, die nicht am gleichen Punkt angreifen.
3. Das *Ergänzungsaxiom* läßt — am nunmehr starren Körper — die Ergänzung von Aufhebungspaaren zu. Diese Aufhebungspaare ermöglichen es, die Kräfte (scheinbar) von ihren Angriffspunkten zu lösen, sie also (scheinbar) linienflüchtig werden zu lassen und danach die Reduktion komplanarer Kräftesysteme in die Zentrallinie sowie die Disduktion in ein komplanares Disduktionssystem durchzuführen.
4. Das *Mutationsaxiom* führt schließlich den Momentenvektor als eine dem Kräftepaar äquivalente Größe ein, gestattet damit die Abbildung (Verzweigung) einer Kraft in ein Elementarpaar oder — anders ausgedrückt — die Substitution eines Elementarpaares für eine Kraft und ermöglicht die Reduktion in einem beliebigen Punkt sowie die praktisch bedeutungsvolle Rekursion.

Mit Hilfe der vier durch diese Axiome zugelassenen Elementarprozesse,

- dem *Superpositionsprozeß*, der aufgespalten wird in den
  - Reduktionsprozeß **(R!)** und den
  - Disduktionsprozeß **(D!)**,
- dem *Erstarrungsprozeß* **(EP!)**,
- dem *Ergänzungsprozeß* **(±E!)** und
- dem *Mutationsprozeß* **(M!)**,

ist es möglich, Teilprozesse aufzubauen, die — aneinandergereiht — die beabsichtigte Umformung ermöglichen.

Wir unterscheiden

- Teilprozesse, die die *Transfiguration*, die äquivalente Änderung der Form einer Größe, gestatten, also nur ein anderes Bild derselben Größe entstehen lassen, sowie
- Teilprozesse, die die *Variation*, die äquivalente Umformung einer Größenmenge (Reduktion, Disduktion), ermöglichen, und schließlich
- Teilprozesse, die die *Imagination*, die äquivalente Abbildung der Elemente des Kräfteraumes in Elemente des Elementarpaarraumes und wieder zurück, bewirken.

Transfigurationsprozesse sind

- der Lineationsprozeß **(L!)**, der (scheinbar) eine linienflüchtige Verschiebung
  - einer Kraft oder
  - einer polaren Projektion bzw. eines polaren Momentes ermöglicht,
- der Projektionsprozeß **(P!)**, mit dessen Hilfe wir die polare Projektion eines polaren Momentes durchführen können **(P(M)!)** (die polare Projektion einer Kraft ist nur in Verbindung mit der Bildung des polaren Momentes erlaubt und damit keine Transfiguration mehr),
- der Vertierungsprozeß **(V!)**, der ein elementares Kräftesystem (Komplanarpaar, Kräftepaar, Aufhebungspaar) in ein anderes elementares Kräftesystem der gleichen Art überführt,

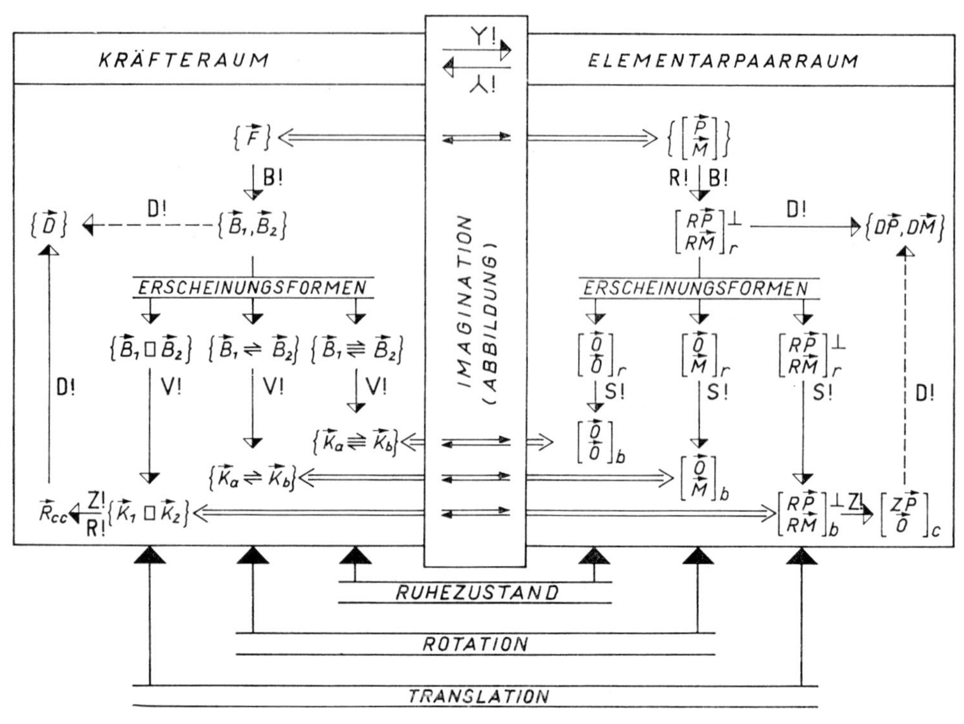

Bild 8.49. Modifizierungsprozesse im Kräfte- und Elementarpaarraum

- der Substitutionsprozeß **(S!)**, der für ein Elementarpaar (z. B. in *a*) an einem anderen Punkt (z. B. in *b*) ein äquivalentes Elementarpaar substituiert (ist im Elementarpaar die polare Projektion gleich dem Nullvektor, so entartet die Substitution zur polaren Projektion des von Null verschiedenen polaren Momentenvektors) und
- der Zentralisationsprozeß **(Z!)**, der ein beliebiges Elementarpaar in das ihm äquivalente Zentralpaar in der Zentrallinie umwandelt, das aus Zentralprojektion und Zentralmoment besteht und — als räumliches Problem — nur für die analytische Umformung von Kräftemengen Bedeutung hat (vgl. Bd. 1, Abschnitt 7.1.1.3., Bild 7.3).

In Analogie hierzu (vgl. Bild 8.49) wird manchmal auch der Reduktionsprozeß, der ein beliebiges Komplanarpaar in die ihm äquivalente Resultierende überführt (das ist analytisch gesehen die Zentralkraft in der Zentrallinie, also ein Sonderfall des Zentralpaares mit $ZM = 0$) als Zentralisationsprozeß bezeichnet.

Da der Vereinigungsprozeß **(⅄!)** mit dem Zentralisationsprozeß in der Ebene (wegen $ZM = 0$) formal völlig übereinstimmt, wird er in der graphischen Dynamik in der Regel auch Zentralisationsprozeß genannt (siehe Abschnitt 8.4.; vgl. Bd. 2, Bild 7.15 mit Bild 7.10 und Tafel 7.10, Fälle *c, d, f*). Da während der Transfigurationsprozesse für eine Größe immer nur ein anderes Bild derselben Größe substituiert wird, bezeichnet man sie mitunter generell (etwas unschärfer) als Substitutionsprozesse (z. B. **V!** = **S!**, vgl. Bild 8.49).

Variationsprozesse sind

- der Reduktionsprozeß, der als Konstruktion
  - das Kräftedreieck **(R!, R(L)!)**,

— die Mittelkraft (**R(MK)!**),
— die Mittelkraftlinie (**R(MKL)!**),
— das Seileck (**R(SE)!**)

entstehen läßt und

- der Disduktionsprozeß, bei dessen Ablauf

— das Kräftedreieck (**D!**, **D(L)!**),
— der Vergleich (**D(G)!**),
— der CULMANN-Vektor (**D(CUL)!**),
— das Seileck (**D(SE)!**)

konstruiert werden.

Soll die Art der Konstruktion nicht festgelegt werden, so schreiben wir **R!!** bzw. **D!!**.

Imaginationsprozesse sind

- der Mutationsprozeß (**M!**), der die Mutation („sprunghafte" Umwandlung) eines Kräftepaares in einen Momentenvektor und zurück bewirkt,
- der Verzweigungsprozeß (**Y!**), der die Verzweigung einer Kraft in ein Elementarpaar ermöglicht, sowie seine Umkehrung,
- der Vereinigungsprozeß (**⅄!**), der die Vereinigung von Projektion und Moment zur Kraft (auch Zentralisationsprozeß genannt) erlaubt.

Da während des Imaginationsprozesses ein Momentenvektor für ein Kräftepaar, ein Kräftepaar für einen Momentenvektor, ein Elementarpaar für eine Kraft oder eine Kraft für ein Elementarpaar substituiert werden, bezeichnet man Imaginationsprozesse generell etwas unschärfer auch als Substitutionsprozesse, obwohl man etwas genauer unter Substitution die Transfiguration von Elementarpaaren versteht.

Die während des Studiums der Prozesse gewonnenen Erkenntnisse werden in Theoremen zusammengefaßt.

Bild 8.49 zeigt, daß die Modifizierung sowohl im *Kräfteraum* als auch nach der Abbildung im *Elementarpaarraum* vorgenommen werden kann, und läßt bemerkenswerte Analogien erkennen.

Betrachten wir zunächst die Modifizierung im *Kräfteraum:* Die Reduktion des komplanaren Kräftesystems $\{\boldsymbol{F}\}$ zerfällt in zwei Teile. Wir ermitteln (durch Bivektorisierung) ein äquivalentes Komplanarpaar $\{\boldsymbol{B}_1, \boldsymbol{B}_2\}$, das als Komplanarpaar $\{\boldsymbol{B}_1 \,\square\, \boldsymbol{B}_2\}$, als Kräftepaar $\{\boldsymbol{B}_1 \rightleftharpoons \boldsymbol{B}_2\}$ oder als Aufhebungspaar $\{\boldsymbol{B}_1 \overset{\rightarrow}{\rightleftharpoons} \boldsymbol{B}_2\}$ in Erscheinung treten kann. Dieses Komplanarpaar kann

- in ein beliebiges anderes Komplanarpaar der gleichen Art vertiert und — falls dies ein einfaches Komplanarpaar ist — zu einer Resultierenden (also zur Zentralkraft in der Zentrallinie) zusammengefaßt (**R!** = **Z!**) oder
- mit Hilfe der Disduktion durch Disduktionsvektoren auf vorgegebenen Disduktionslinien äquivalent ersetzt werden. (Auf diese Weise verfährt man jedoch praktisch nur mit Kräftepaaren. Liegt ein Komplanarpaar vor, so ermittelt man zunächst die Resultierende und disduziert danach.)

Die Modifizierung im *Elementarpaarraum* verläuft (nach der Abbildung) ganz analog:

Die Reduktion führt im beliebigen Reduktionszentrum r zum Reduktionspaar, bestehend aus der Reduktionsprojektion und dem Reduktionsmoment. Auch hier entstehen — wie bei der Bivektorisierung im Kräfteraum — zwei Vektoren (also ist **R!** = **B!**). Dieses Reduktionspaar kann als orthogonales Elementarpaar ($RP \neq 0$, $RM \neq 0$), als Momentenvektor ($RP = 0$, $RM \neq 0$) oder als Nullpaar ($RP = 0$, $RM = 0$) in Erscheinung treten.

Dieses Reduktionspaar kann weiterhin (falls $RP \neq 0$, $RM \neq 0$)

- mittels Substitution in jedem anderen beliebigen Punkt durch ein äquivalentes Reduktionspaar ersetzt werden (wobei die Substitution für $RP = 0$ in eine polare Projektion des Reduktionsmomentes entartet),
- mittels Zentralisation in das äquivalente Zentralpaar ($ZP = R_{cc} \neq 0$, $ZM = 0$) in der Zentrallinie umgewandelt werden (im ebenen Fall ist immer $ZM = 0$)
  oder
- disduziert werden.
  (Natürlich ist auch eine Disduktion nach der Zentralisation möglich, analytisch aber nicht üblich.)

Würden diese Kräfte an einem freien Körper allein angreifen und hätten wir als Reduktionszentrum dessen Schwerpunkt gewählt, so würde die Zentralkraft (= Resultierende) eine Translation, der Momentenvektor (bzw. das Kräftepaar) eine Rotation und das Nullpaar (bzw. Aufhebungspaar) den Ruhezustand erzwingen.

Der Übergang vom komplanaren Kräftesystem zum spatialen Kräftesystem ist nun sehr leicht vollzogen: Die Bivektorisierung führt im Kräfteraum zum Kräftekreuz $\{\boldsymbol{B}_1 \boxplus \boldsymbol{B}_2\}$, das infolge der windschiefen Wirkungslinien graphisch sehr schwer handhabbar ist (vgl. Bd. 2, Tafel 4.3). Deshalb bevorzugen wir bei spatialen Problemen die analytischen Umformungen im Elementarpaarraum: Bei beliebig-räumlicher Anordnung der Kräfte (Bd. 2, Tafel 7.10, Fall a) erhalten wir bei einer Reduktion im beliebigen Reduktionszentrum ein beliebiges Reduktionspaar ($\psi \neq \frac{\pi}{2}$, vgl. Bd. 2, Bild 7.2). Es geht also mit dem Übergang in den Raum die Orthogonalität der beiden Reduktionsvektoren verloren.

Damit ist das anschauliche Fundament für die *analytische* Umformung von Kräftemengen gelegt.

9. Graphische Verknüpfung von Vektormengen in der Statik

Um die Verknüpfung von Vektormengen zu veranschaulichen, wenden wir uns zunächst einem Beispiel zu. Wir betrachten eine Eisenbahnbrücke, die auf ihren Lagerkörpern ruht und dort über deren Fußplatten sowohl ihr eigenes Gewicht als auch die Last des auf ihr ruhenden Eisenbahnzuges in die Lagerbänke einträgt, wodurch diese natürlich belastet und damit hinsichtlich ihrer Festigkeit beansprucht werden. Wollen wir überprüfen, ob diese Beanspruchung den Auflagern zugemutet werden darf, so müssen wir vorerst diejenigen Kräfte ermitteln, die diese Beanspruchung bedingen.

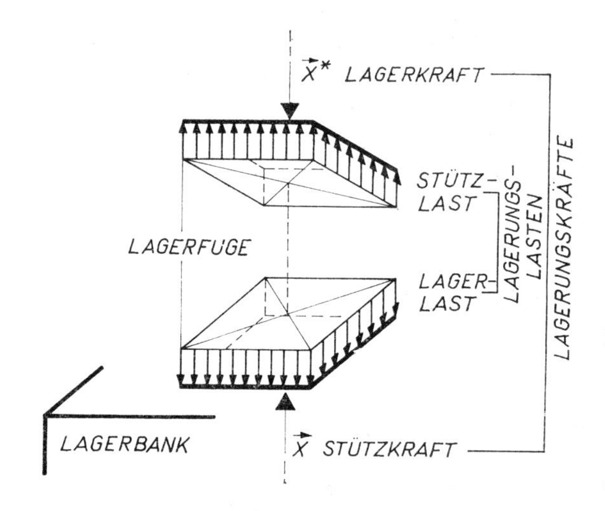

Bild 9.1. Lagerungskräfte und Lagerungslasten
Aufhebungspaar: $\boldsymbol{X}^* \rightleftharpoons \boldsymbol{X}$
● Äquivalenz: $\{\boldsymbol{X}, \boldsymbol{X}^*\} \Leftrightarrow \boldsymbol{0}$
● Antivalenz: $\boldsymbol{X}^* \,\rangle{=}\langle\, \boldsymbol{X}$

Es könnte dies z. B. die Lagerkraft $\boldsymbol{X}^*$ sein (Bild 9.1), die die Fußplatte auf die Lagerbank drückt, der die Stützkraft $\boldsymbol{X}$ entgegenwirkt und mit ihr ein Aufhebungspaar bildet:[1]

$$\{\boldsymbol{X}^*, \boldsymbol{X}\} \Leftrightarrow \boldsymbol{0}.$$

Diese beiden gegengleichen Lagerungskräfte erzeugen in der Lagerfuge Pressungen, die die Beanspruchung der Brückenlagerung widerspiegeln.

Die Verbindungskräfte, die Schnittkräfte oder Stabkräfte müssen wir ganz analog dann ermitteln, wenn die Beanspruchung in der Verbindung zweier Tragwerksteile, im Querschnitt eines Trägers oder in einem Fachwerkstab beurteilt werden soll. All diese eben aufgeführten Kräfte sind Kopplungskräfte, die durch die Belastung des Tragwerkes, durch die sogenannten Aktionen erst aktiviert werden, die also auf die Belastung reagieren und die deshalb auch Reaktionen heißen.[2]

[1] Vgl. Bd. 1, 2. Auflage, Bild 1.1.
[2] Vgl. Bd. 1, 2. Auflage, Abschnitt A.6., Tafel A.8.

Da diese Reaktionen im Innern des Tragsystems wirken, müssen sie zunächst sichtbar und damit einer Ermittlung überhaupt erst einmal zugänglich gemacht werden. Dies erfolgt — wie im Bild 9.1 — mit Hilfe des Befreiungsprozesses[1]*), der demnach stets mit einer bestimmten Orientierung durchgeführt wird, z. B.:*

Führe den Befreiungsprozeß **(BP)** *durch*

für die Ermittlung[2]*)*

- *der Stützgrößen!* **BP(C)!**,
- *der Verbindungsgrößen!* **BP(V)!**,
- *der Schnittgrößen!* **BP(M, N, Q)!**,
- *der Stabkräfte!* **BP(S)!**.

Jede statische Untersuchung beginnt also nach der kinematischen[3]*) und statischen*[4]*) Analyse des Systems mit dem Befreiungsprozeß zur Sichtbarmachung der gesuchten Größen. Danach folgt die Anwendung eines statischen Prinzips (z. B. des Gleichgewichtprinzips*[5]*)) zur Ermittlung dieser Unbekannten.*

Die Anwendung des Gleichgewichtprinzips fordert die Verknüpfung zweier Vektormengen, und zwar der der bekannten Aktionen und der der unbekannten Reaktionen, in unserem Beispiel also die Verknüpfung der bekannten Lagerkraft $\boldsymbol{X}^*$ *und der unbekannten Stützkraft* $\boldsymbol{X}$*. Das Gleichgewichtspinzip tritt uns hier in der Gestalt des Wechselwirkungsaxioms (lex tertia: actio = reactio) entgegen. Diese Verknüpfung der bekannten Aktionen und der unbekannten Reaktionen mit Hilfe des Gleichgewichtsprinzips oder Wechselwirkungsaxiomes ist Gegenstand der Statik und wird im folgenden für komplanare Probleme graphisch vorgenommen.*[6]*)*

Wir studieren zunächst die Grundlagen dieser Verknüpfung und wenden uns dann der graphischen Ermittlung der Stütz- und Verbindungsgrößen, der Schnittgrößen sowie der Stabkräfte zu.

9.1. Grundlagen des graphischen Verknüpfungsprozesses

Ehe wir mit der graphischen Lösung statischer Aufgaben beginnen, formulieren wir die Gleichgewichtsaufgabe allgemein und suchen nach graphischen Bedingungen für die Existenz des Gleichgewichtes.

[1]) Vgl. Bd. 1, 2. Auflage, Abschnitt 2.3.2. und Abschnitt A.6., Tafeln A.17 bis A.24.

[2]) Wir sprechen immer von Schnittgrößen, da Momente auftreten, die erst durch den Übergang aus dem Kräfteraum in den Elementarpaarraum (durch Mutation bzw. Substitution) entstehen. Die im Elementarpaarraum auftretenden Projektionen und Momente (sind keine Kräfte mehr und) werden — bei strenger Formulierung — als Größen bezeichnet. In gleicher Weise müssen wir dann von Stütz- bzw. Verbindungsgrößen sprechen, wenn Momente auftreten oder wenn diese nicht allein durch Operationen mit Kräften, sondern im Elementarpaarraum durch Operationen mit Projektionen und Momenten ermittelt werden.

[3]) Vgl. Bd. 1, 2. Auflage, Abschnitt A.5., Tafel A.11 bis A.15.

[4]) Vgl. Bd. 1, 2. Auflage, Abschnitt A.6., Tafel A.26 bis A.28.

[5]) Vgl. Bd. 1, 2. Auflage, Abschnitt A.2.

$$(\boldsymbol{P}_{r,F} \equiv \boldsymbol{0},\ \boldsymbol{M}_{r,F} \equiv \boldsymbol{0})$$

[6]) Vgl. auch Bd. 2, 2. Auflage, Abschnitt B.1.2.5.

9.1.1. Formulierung der Gleichgewichtsaufgabe

Befindet sich ein Objekt im Gleichgewicht, so wirkt seinem *Gewicht* $\boldsymbol{G}$ definitionsgemäß etwas *Gleiches* entgegen.[1] Dieses Gleiche, Entgegenwirkende ist eine Kraft, die wir deshalb mit $\boldsymbol{G}^*$ bezeichnen, weil sie mit dem Gewicht $\boldsymbol{G}$ ein Aufhebungspaar bilden muß, wenn voraussetzungsgemäß das Gleichgewicht gesichert sein soll:

$$\{\boldsymbol{G}, \boldsymbol{G}^*\} \Leftrightarrow \boldsymbol{0}.$$

Die beiden Wirkungen $W(\boldsymbol{G})$ bzw. $W(\boldsymbol{G}^*)$, die von $\boldsymbol{G}$ bzw. $\boldsymbol{G}^*$ erzeugt werden (das sind die Beschleunigungen $\boldsymbol{a}$ bzw. $\boldsymbol{a}^*$, die die Kräfte $\boldsymbol{G}$ bzw. $\boldsymbol{G}^*$ dem Objekt — also der gleichen Masse m — erteilen):

$$(1)\quad \boldsymbol{G} \Rightarrow W(\boldsymbol{G}) = \boldsymbol{a},$$

$$(2)\quad \boldsymbol{G}^* \Rightarrow W(\boldsymbol{G}^*) = \boldsymbol{a}^*,$$

sind entgegengesetzt gleich

$$(3)\quad \boldsymbol{a} \underline{\rightleftarrows} \boldsymbol{a}^*$$

und heben sich auf.

Lesen wir noch einmal die Äquivalenzdefinition,[2] so erkennen wir, daß diese beiden Kräfte $\boldsymbol{G}$ und $\boldsymbol{G}^*$ nicht gleichwertig oder äquivalent, sondern vielmehr entgegengesetzt gleichwertig oder antivalent ($\rangle{=}\langle$) sind.

$$(4)\quad \boldsymbol{G} \rangle{=}\langle \boldsymbol{G}^*.$$

Da $\boldsymbol{G}$ und $\boldsymbol{G}^*$ ein Aufhebungspaar bilden, gilt natürlich auch $\boldsymbol{G} \underline{\rightleftarrows} \boldsymbol{G}^*$.
Symbolisch kann man demnach schreiben:

$$\begin{array}{ccccc} \boldsymbol{G} & & \overset{(4)}{\rangle{=}\langle} & & \boldsymbol{G}^* \\ (1)\Downarrow & & & & \Downarrow(2) \\ W(\boldsymbol{G}) = \boldsymbol{a} & & \underset{(3)}{\underline{\rightleftarrows}} & & \boldsymbol{a}^* = W(\boldsymbol{G}^*) \end{array}$$

Der Vektor $\boldsymbol{G}^*$ repräsentiert nicht das Gewicht des Objektes — das übernimmt der Vektor $\boldsymbol{G}$ —, sondern vielmehr alle übrigen auf das Objekt einwirkenden Kräfte. Es sind dies *nach* dem Befreiungsprozeß, der das Objekt von seinen Bindungen löst, sowohl die bekannten Kräfte, die sogenannten Aktionen

$$\{\boldsymbol{A}_i \mid i = 1, \ldots, m\},$$

als auch die unbekannten Kopplungsgrößen, die sogenannten Reaktionen

$$\{\boldsymbol{X}_d \mid d = 1, \ldots, t\}.$$

[1] Vgl. Bd. 1., 2. Auflage, Abschnitt 1.1. und Bild 1.1.
[2] Vgl. Bd. 1., 2. Auflage, Abschnitt 2.4.3.5., und Bd. 2, 2. Auflage, Abschnitt 7.3.1.

Der Befreiungsprozeß muß vor der Anwendung des Gleichgewichtsprinzips durchgeführt werden, weil das oben angeführte Gleichgewichtsprinzip

$$\boldsymbol{G}^* \rangle\!=\!\langle \boldsymbol{G}$$

nur für den vollständig befreiten Körper gilt. Demnach ist offensichtlich

$$\{\boldsymbol{A}_i, \boldsymbol{X}_d\} \Leftrightarrow \boldsymbol{G}^* \rangle\!=\!\langle \boldsymbol{G}\,.$$

Nun läßt sich natürlich analog Bild 9.1 jede der unbekannten Reaktion $\boldsymbol{X}_d$ mit dem ihr antivalenten Vektor $\boldsymbol{X}_d^*$ zum Aufhebungspaar ergänzen:

$$\boldsymbol{X}_d^* \rangle\!=\!\langle \boldsymbol{X}_d\,,$$

$$\{\boldsymbol{X}_d, \boldsymbol{X}_d^*\} \Leftrightarrow \boldsymbol{0}\,.$$

Mit den antivalenten Vektoren $\boldsymbol{G}$ und $\boldsymbol{G}^*$ sowie $\boldsymbol{X}_d$ und $\boldsymbol{X}_d^*$ kann man die Gleichgewichtsbedingung ($\boldsymbol{G}^* \rangle\!=\!\langle \boldsymbol{G}$) umformen, indem man die folgenden Aussagen zusammenfaßt:

$$\left.\begin{array}{cccccc} \{\boldsymbol{A}_i, \boldsymbol{X}_d\} & \Leftrightarrow & \boldsymbol{G}^* & \rangle\!=\!\langle & \boldsymbol{G} \\ \boldsymbol{G} & \equiv & \boldsymbol{G} & \rangle\!=\!\langle & \boldsymbol{G}^* \\ \boldsymbol{X}_d^* & \equiv & \boldsymbol{X}_d^* & \rangle\!=\!\langle & \boldsymbol{X}_d \end{array}\right\} +$$

$$\overline{\{\boldsymbol{A}_i, \underbrace{\boldsymbol{G}, \boldsymbol{X}_d, \boldsymbol{X}_d^*}_{-\mathrm{E!}\ \to\ \boldsymbol{0}}\} \Leftrightarrow \{\underbrace{\boldsymbol{G}^*, \boldsymbol{G}}_{-\mathrm{E!}\ \to\ \boldsymbol{0}}, \boldsymbol{X}_d^*\} \rangle\!=\!\langle \{\underbrace{\boldsymbol{G}, \boldsymbol{G}^*}_{-\mathrm{E!}\ \to\ \boldsymbol{0}}, \boldsymbol{X}_d\}}$$

Wir nehmen die Aufhebungspaare heraus, geben den bekannten Größen das gemeinsame Symbol $\boldsymbol{B}$[1]),

$$\{\boldsymbol{B}_b \mid b = 1, \ldots, n\} := \{\boldsymbol{G}, \boldsymbol{A}_i \mid i = 1, \ldots, m\}\,,$$

reduzieren die bekannten Größen[2])

$$\boldsymbol{R}_{cc} \Leftrightarrow \{\boldsymbol{B}_{bb}\}$$

und bezeichnen die Größen $\boldsymbol{X}_d^*$ mit $\boldsymbol{D}_d$ (weil sie durch Disduktion von $\boldsymbol{R}_{cc}$ gewonnen werden)[3]).

[1]) Die Angriffspunkte der bekannten Größen $\boldsymbol{B}$ sind ebenfalls bekannt. Wir nennen sie deshalb b, lassen b von 1 bis n laufen, wobei $n = m + 1$ sein muß, da zu den m Aktionen A_i noch das Gewicht G hinzukommt.

[2]) Die Reduktion erfolgt natürlich nach dem Erstarrungsprozeß, der die gebundenen Kräfte linienflüchtig werden läßt.

[3]) Die Disduktionsgeraden $\overline{dd}$ sind durch die Kopplungsbedingungen oder Kopplungssymbole bekannt.

Damit erhalten wir die Gleichgewichtsbedingungen[1])

$$\{\boldsymbol{B}_{bb}\} \Leftrightarrow \boldsymbol{R}_{cc} \Leftrightarrow \{\boldsymbol{D}_{dd}\} \rangle\!=\!\langle \{\boldsymbol{X}_{dd}\}\,.$$

(Pfeile: $\{\boldsymbol{X}_{dd}\}$ — CONVERSION; $\boldsymbol{R}_{cc} \Leftrightarrow \{\boldsymbol{D}_{dd}\}$ — DISDUKTION; $\{\boldsymbol{B}_{bb}\} \Leftrightarrow \boldsymbol{R}_{cc}$ — REDUKTION)

CONVERSION

DISDUKTION

REDUKTION

Daraus erkennen wir, daß die statische Aufgabe am starren befreiten Teilkörper ($\mathcal{SBK}$) in drei Stufen gelöst werden kann.

- 1. Stufe: Reduktion der bekannten Größen am starren befreiten Teilkörper ($\mathcal{SBK}$)

  $$\boldsymbol{R}_{cc} \Leftrightarrow \{\boldsymbol{B}_{bb} \mid b = 1, \ldots, n\}\,,$$

- 2. Stufe: Disduktion in Richtung der Wirkungslinien der Reaktionen am starren befreiten Teilkörper ($\mathcal{SBK}$)

  $$\{\boldsymbol{D}_{dd} \mid d = 1, \ldots, t\} \Leftrightarrow \boldsymbol{R}_{cc}\,,$$

- 3. Stufe: Conversion der Disduktionsvektoren

  $$\{\boldsymbol{X}_{dd} \mid d = 1, \ldots, t\} \rangle\!=\!\langle \{\boldsymbol{D}_{dd} \mid d = 1, \ldots, t\}\,,$$

  d. h.

  $$\boldsymbol{X}_{dd} \rightleftarrows \boldsymbol{D}_{dd} \mid d = 1, \ldots, t\,.$$

Dabei verstehen wir unter *Conversion* die Ergänzung eines Vektors zum Aufhebungspaar und aktivieren diesen Prozeß durch den Befehl

C! Convertiere!

In manchen Fällen — so z. B. bei der Ermittlung der Quer- und Längskräfte — ist noch die Zerlegung nach zwei Richtungen ($\parallel$ und $\perp$ zur Stabachse), eigentlich also eine Disduktion, erforderlich, die wir aber in Anlehnung an die analytische Lösung als Transformation bezeichnen und durch den Befehl[2])

T! Transformiere!

auslösen. Für die im folgenden graphisch behandelten komplanaren Probleme ist der Befreiungsprozeß im Anhang zu Band 1 (2. Auflage, Abschnitt A.6., Tafeln A.8, A.17 bis A.24) ausführlich behandelt. Die erste und zweite Stufe, der Reduktions- und Disduktionsprozeß, sind in Kapitel 8 dargelegt.

Die Conversion, die Ergänzung zum Aufhebungspaar, ist trivial. Graphisch wird sie durchgeführt, indem die den Disduktionsvektoren $\boldsymbol{D}_d$ gegengleichen Reaktionsvektoren $\boldsymbol{X}_d$ eingezeichnet werden (z. B. $\boldsymbol{C}_{ii}$ in Bild 9.5.M).

[1]) { } deutet auf eine Menge hin, so muß es z. B. ausführlich heißen (vgl. S. 110, Fußnote 1):

$$\{\boldsymbol{B}_{bb} \mid b = 1, \ldots, n \wedge n = m + 1\}\,.$$

[2]) Eigentlich müßte der Befehl lauten: Transformiere auf ein gedrehtes lokales Koordinatensystem, das es aber bei graphischen Lösungen gar nicht gibt.

Für das graphische Verfahren bieten sich dann die folgenden Kürzungen an:

- Da man weiß, daß die durch Conversion gewonnenen Reaktionsvektoren *immer* den Disduktionsvektoren gegengleich sind, zeichnet man gleich die Disduktionsvektoren mit entgegengesetztem Richtungssinn in den Kräfteplan ein, d. h., man führt graphisch eine *antivalente Disduktion* durch:

$$\{\boldsymbol{B}_{bb}\} \Leftrightarrow \boldsymbol{R}_{cc} \rangle\!=\!\langle \{\boldsymbol{X}_{dd}\}.$$

- Wenn man die Resultierende nicht braucht, zeichnet man sie auch nicht ein, so daß im Kräfteplan neben den bekannten Kräften $\boldsymbol{B}$ nur noch die antivalenten Disduktionsvektoren, also die Reaktionen $\boldsymbol{X}_{dd}$

$$\{\boldsymbol{B}_{bb}\} \rangle\!=\!\langle \{\boldsymbol{X}_{dd}\}$$

erscheinen (von $\boldsymbol{R}$ gegebenenfalls der Strahl[1])).

Damit ist die Lösung aller statischen Aufgaben vorbereitet.

Vor der praktischen Durchführung ist es jedoch sinnvoll, die graphischen Bedingungen für das Gleichgewicht zusammenzustellen.

9.1.2. Graphische Bedingungen für das Gleichgewicht

Während der Lösung der Gleichgewichtsaufgabe können die folgenden Umformungen auftreten:

$$\{\boldsymbol{B}_{bb}\} \Leftrightarrow \boldsymbol{R}_{cc} \Leftrightarrow \{\boldsymbol{D}_{dd}\} \rangle\!=\!\langle \{\boldsymbol{X}_{dd}\}$$

$$\{\boldsymbol{B}_{bb}, \boldsymbol{X}_{dd}\} \Leftrightarrow \boldsymbol{0}\,.$$

Überspringen wir beim Aufbau des Verfahrens die Reduktion, so brauchen wir graphische Bedingungen für

- die Äquivalenz *zweier* Kräftesysteme

$$\{\boldsymbol{B}_{bb}\} \Leftrightarrow \{\boldsymbol{D}_{dd}\},$$

- die Antivalenz *zweier* Kräftesysteme

$$\{\boldsymbol{B}_{bb}\} \rangle\!=\!\langle \{\boldsymbol{X}_{dd}\},$$

- das Gleichgewicht[2]) *eines* Kräftesystems

$$\{\boldsymbol{B}_{bb}, \boldsymbol{X}_{dd}\} \Leftrightarrow \boldsymbol{0}\,.$$

[1]) D. h., es erscheint kein Pfeil, nur die Strecke (Betrag und Richtung) im Kräfteplan, die Wirkungslinie im Lageplan.

[2]) Läßt sich ein Kräftesystem in zwei antivalente Teilsysteme aufspalten, so würde ein masseloser Körper, an dem dieses Kräftesystem *allein* angreift, im Gleichgewicht verharren. Man nennt ein derartiges Kräftesystem auch ein *Gleichgewichtssystem* und kann dann in diesem Sinne nach den Bedingungen für das Gleichgewicht eines Kräftesystems suchen, obwohl dies definitionsgemäß sinnwidrig ist, da keine Körper mit einem Gewicht in die Betrachtung einbezogen werden.

Da die Modifizierung graphisch erfolgt, müssen wir die Bedingungen im Kräfteplan und im Lageplan suchen. Wir betrachten mit diesem Ziel die beiden Bilder 9.2 und 9.3. Diese sagen aus:

1. *Sind zwei Kräftesysteme äquivalent*[1]),
   z. B.

$$\{\boldsymbol{F}_1, \boldsymbol{F}_2, \boldsymbol{F}_3\} \Leftrightarrow \{\boldsymbol{D}_a', \boldsymbol{D}_b'\} \qquad \text{in Bild 9.2}$$

oder

$$\{\boldsymbol{F}_1, \boldsymbol{F}_2\} \Leftrightarrow \{\boldsymbol{D}_a', \boldsymbol{D}_b'\} \qquad \text{in Bild 9.3,}$$

so erkennen wir im

● *Kräfteplan*
(in Bild 9.2 muß man sich die Kräftepläne A und B übereinander gezeichnet vorstellen):

— beginnen beide Kräftepolygone im gleichen Punkt, so enden sie auch im gleichen Punkt:

$$\alpha = \alpha' \Rightarrow \omega = \omega';$$

— die Resultierenden beider Kräftesysteme sind demnach hinsichtlich Betrag, Richtung und Richtungssinn gleich[2])

$$\boldsymbol{R} = \boldsymbol{R}';$$

— bei gleicher Pollage $0 = 0'$ sind dann auch die ersten und letzten beiden Seilkräfte gleich:

$$\boldsymbol{S}^{\mathrm{I}} \rightleftarrows \boldsymbol{S}^{\mathrm{I}'}, \qquad \boldsymbol{S}^{\mathrm{IV}} \rightleftarrows \boldsymbol{S}^{\mathrm{III}'} \qquad \text{(Bild 9.2)}$$

bzw.

$$\boldsymbol{S}^{\mathrm{I}} \rightleftarrows \boldsymbol{S}^{\mathrm{I}'}, \qquad \boldsymbol{S}^{\mathrm{III}} \rightleftarrows \boldsymbol{S}^{\mathrm{III}'} \qquad \text{(Bild 9.3);}$$

● *Lageplan:*

— da Polstrahl und Seilstrahl parallel sind, fallen dann, wenn der erste Seilstrahl beider Seilecke durch den gleichen Punkt α geht, die ersten beiden und die letzten beiden Seilstrahlen zusammen, d. h., die ersten und letzten beiden Seilkräfte haben die gleiche Wirkungslinie, sie sind kollinear:

$$\boldsymbol{S}^{\mathrm{I}} \parallel\!| \boldsymbol{S}^{\mathrm{I}'}, \qquad \boldsymbol{S}^{\mathrm{IV}} \parallel\!| \boldsymbol{S}^{\mathrm{III}'} \qquad \text{(Bild 9.2),}$$

$$\boldsymbol{S}^{\mathrm{I}} \parallel\!| \boldsymbol{S}^{\mathrm{I}'}, \qquad \boldsymbol{S}^{\mathrm{III}} \parallel\!| \boldsymbol{S}^{\mathrm{III}'} \qquad \text{(Bild 9.3);}$$

— fallen aber die ersten und letzten beiden Seilstrahlen zusammen, so haben sie auch den gleichen Schnittpunkt $\tilde{c}$ (vgl. Bild 9.3), da die Resultierenden aber die

[1]) Zur Unterscheidung werden in dem einen der beiden äquivalenten Kräftesysteme alle Größen mit einem Strich (′) versehen.
[2]) Symbole vgl. Band 2, Tafel 4.1.

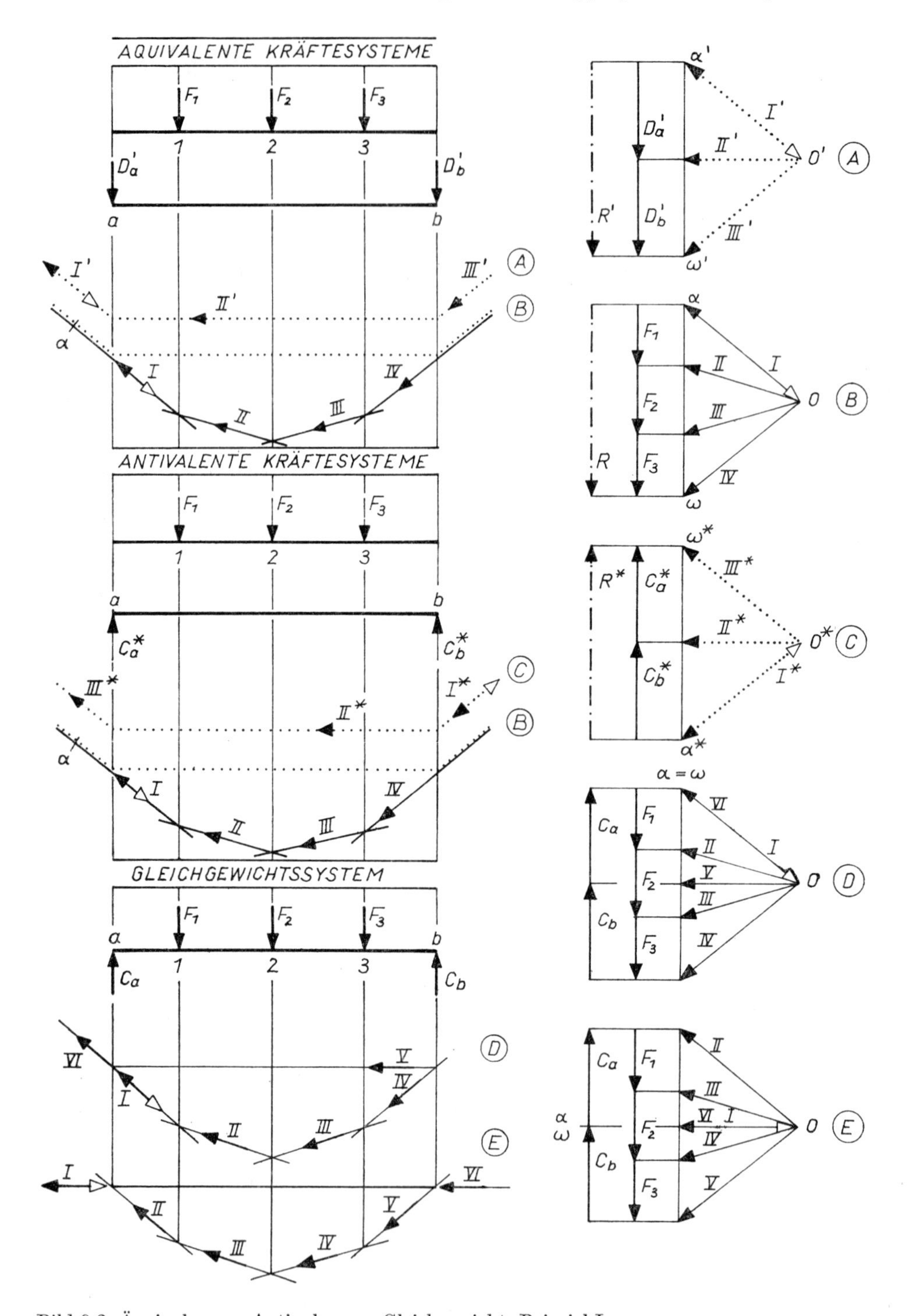

Bild 9.2. Äquivalenz – Antivalenz – Gleichgewicht, Beispiel I

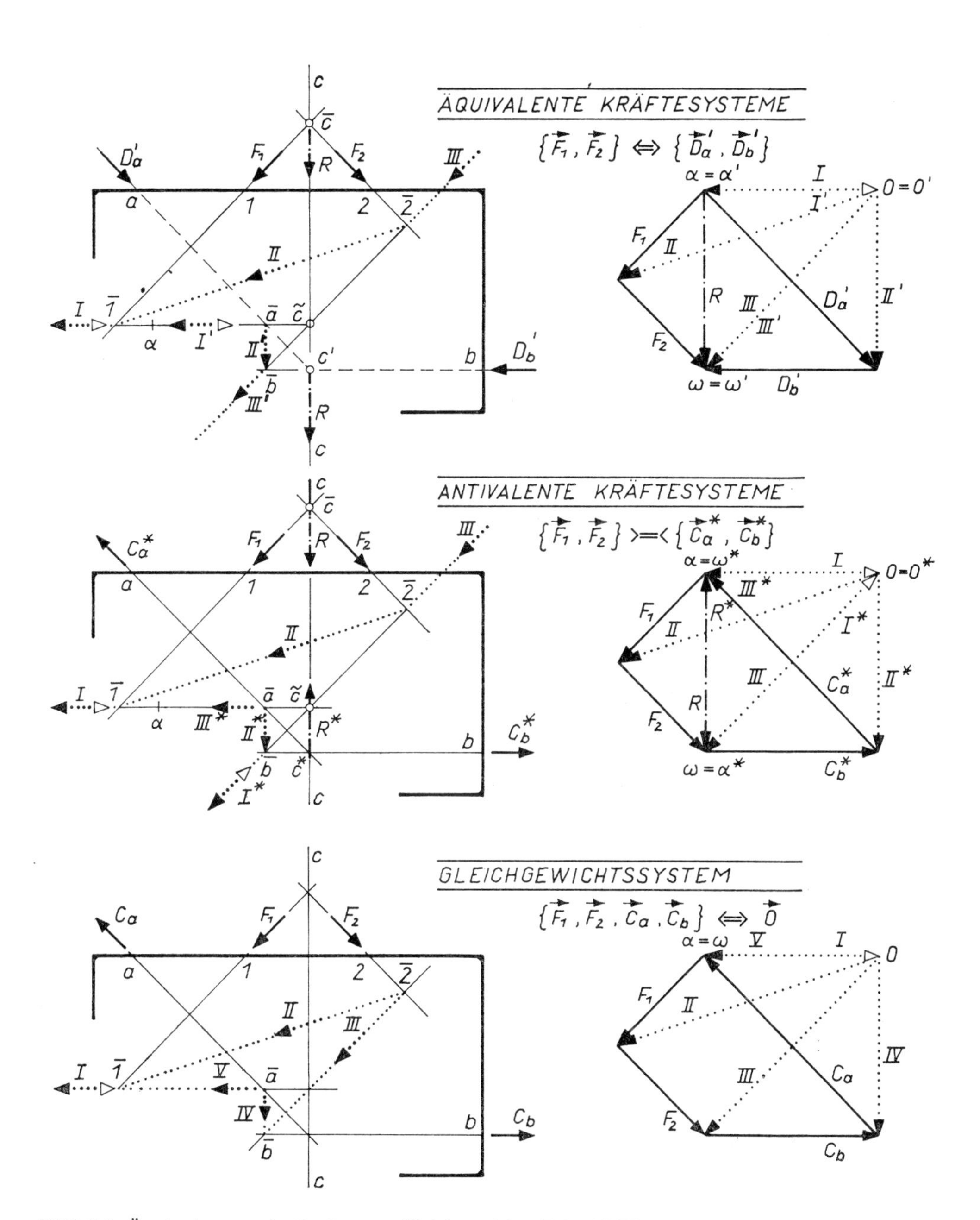

Bild 9.3. Äquivalenz — Antivalenz — Gleichgewicht, Beispiel II

gleiche Richtung haben (Erkenntnis aus Kräfteplan), sind sie kollinear:

$$\boldsymbol{R} \;|||\; \boldsymbol{R}',$$

d. h., sie haben die gleiche Wirkungslinie: die Zentrallinien zweier äquivalenter Kräftesysteme fallen zusammen;

- *Kräfteplan und Lageplan*[1]*:*

$$\begin{array}{lcl} \alpha = \alpha', & & \boldsymbol{S}^{\mathrm{I}} \underset{\rightarrow}{\equiv} \boldsymbol{S}^{\mathrm{I}'}, \\ & \boldsymbol{R} \underset{\rightarrow}{\equiv} \boldsymbol{R}', & \\ \omega = \omega', & & \boldsymbol{S}^{N} \underset{\rightarrow}{\equiv} \boldsymbol{S}^{N'}. \end{array}$$

2. *Sind zwei Kräftesysteme antivalent*[2]),
   z. B.

$$\{\boldsymbol{F}_1, \boldsymbol{F}_2, \boldsymbol{F}_3\} \rangle\!=\!\langle \{\boldsymbol{C}_a^*, \boldsymbol{C}_b^*\} \quad \text{in Bild 9.2}$$

oder

$$\{\boldsymbol{F}_1, \boldsymbol{F}_2\} \rangle\!=\!\langle \{\boldsymbol{C}_a^*, \boldsymbol{C}_b^*\} \quad \text{in Bild 9.3},$$

so erkennen wir im

- *Kräfteplan*
  (in Bild 9.2 muß man sich die Kräftepläne B und C übereinander gezeichnet vorstellen):
  - beginnt der zweite Kräfteplan (α^*) im Endpunkt (ω) des ersten, so endet er (ω^*) in dessen Anfangspunkt (α):

$$\alpha^* = \omega \Rightarrow \omega^* = \alpha,$$

  - demnach sind die Resultierenden gegengleich:

$$\boldsymbol{R} \underset{\leftarrow}{=} \boldsymbol{R}^*,$$

  - bei gleicher Pollage $0 = 0^*$ sind dann auch die ersten und letzten beiden Seilkräfte gegengleich:

$$\boldsymbol{S}^{\mathrm{I}} \underset{\leftarrow}{=} \boldsymbol{S}^{\mathrm{III}*}, \qquad \boldsymbol{S}^{\mathrm{IV}} \underset{\leftarrow}{=} \boldsymbol{S}^{\mathrm{I}*} \quad \text{(Bild 9.2)}$$

bzw.

$$\boldsymbol{S}^{\mathrm{I}} \underset{\leftarrow}{=} \boldsymbol{S}^{\mathrm{III}*}, \qquad \boldsymbol{S}^{\mathrm{III}} \underset{\leftarrow}{=} \boldsymbol{S}^{\mathrm{I}*} \quad \text{(Bild 9.3);}$$

- *Lageplan:*
  - da Polstrahl und Seilstrahl parallel sind, fallen dann, wenn der erste Seilstrahl (I) des einen Seileckes und der letzte Seilstrahl (III*) des zweiten Seileckes durch den gleichen Punkt α gehen, der erste bzw. letzte Seilstrahl des einen Seileckes mit dem letzten bzw. ersten Seilstrahl des anderen Seileckes zu-

[1]) Sind zwei Kräfte kollinear und gleich ($\underset{\rightarrow}{\equiv}$, vgl. Tafel 4.1), dann sind sie äquivalent ($\Leftrightarrow$). Im allgemeinen ist $N \neq N'$, so ist z. B. in Bild 9.2 $N = \mathrm{IV}$ und $N' = \mathrm{III}'$.

[2]) Zur Unterscheidung werden in einem der beiden antivalenten Kräftesysteme alle Größen mit einem Stern (*) versehen.

sammen, d. h., die erste und die letzte bzw. letzte und erste Seilkraft beider Kräftesysteme haben die gleiche Wirkungslinie, sie sind kollinear:

$$\boldsymbol{S}^{\mathrm{I}} \parallel\!| \boldsymbol{S}^{\mathrm{III}*}, \qquad \boldsymbol{S}^{\mathrm{IV}} \parallel\!| \boldsymbol{S}^{\mathrm{I}*} \quad \text{(Bild 9.2)},$$

$$\boldsymbol{S}^{\mathrm{I}} \parallel\!| \boldsymbol{S}^{\mathrm{III}*}, \qquad \boldsymbol{S}^{\mathrm{III}} \parallel\!| \boldsymbol{S}^{\mathrm{I}*} \quad \text{(Bild 9.3)},$$

— fallen der erste und der letzte Seilstrahl des einen Seileckes mit dem letzten und dem ersten Seilstrahl des anderen Seileckes zusammen, so haben in jedem der beiden Seilecke der erste und der letzte Seilstrahl den gleichen Schnittpunkt $\tilde{c}$ (vgl. Bild 9.3); da die Resultierenden beider Kräftesysteme aber die gleiche Richtung haben (Erkenntnis aus dem Kräfteplan), sind sie kollinear:

$$\boldsymbol{R} \parallel\!| \boldsymbol{R}^*;$$

- *Kräfteplan und Lageplan*[1]):

$$\alpha^* = \omega, \qquad \boldsymbol{S}^{\mathrm{I}} \rightleftharpoons \boldsymbol{S}^{N*},$$
$$\boldsymbol{R} \rightleftharpoons \boldsymbol{R}^*,$$
$$\omega^* = \alpha, \qquad \boldsymbol{S}^{N} \rightleftharpoons \boldsymbol{S}^{\mathrm{I}*}.$$

($\boldsymbol{R}$ und $\boldsymbol{R}^*$ sowie $\boldsymbol{S}^{\mathrm{I}}$ und $\boldsymbol{S}^{N*}$ bzw. $\boldsymbol{S}^{N}$ und $\boldsymbol{S}^{\mathrm{I}*}$ bilden je ein Aufhebungspaar).

3. *Bildet ein Kräftesystem ein Gleichgewichtssystem,*
z. B.

$$\{\boldsymbol{F}_1, \boldsymbol{F}_2, \boldsymbol{F}_3, \boldsymbol{C}_a, \boldsymbol{C}_b\} \Leftrightarrow \boldsymbol{0} \quad \text{(Bild 9.2)}, \quad C_a = C_a^*, \quad C_b = C_b^*,$$

$$\{\boldsymbol{F}_1, \boldsymbol{F}_2, \boldsymbol{C}_a, \boldsymbol{C}_b\} \Leftrightarrow \boldsymbol{0} \quad \text{(Bild 9.3)}, \quad C_a \equiv C_a^*, \quad C_b \equiv C_b^*,$$

so erkennen wir im

- *Kräfteplan:*
  — Anfangspunkt α und Endpunkt ω des Kräftepolygons fallen zusammen:

$$\alpha = \omega,$$

  — die Resultierende ist gleich dem Nullvektor:

$$\boldsymbol{R} = \boldsymbol{0},$$

  — die erste und die letzte Seilkraft sind gegengleich:

$$\boldsymbol{S}^{\mathrm{I}} \rightleftharpoons \boldsymbol{S}^{\mathrm{VI}} \quad \text{(Bild 9.2)} \quad \text{bzw.} \quad \boldsymbol{S}^{\mathrm{I}} \rightleftharpoons \boldsymbol{S}^{\mathrm{V}} \quad \text{(Bild 9.3)};$$

- *Lageplan:*
  — der erste und der letzte Seilstrahl fallen zusammen, d. h., die erste und die letzte Seilkraft haben die gleiche Wirkungslinie, sie sind kollinear:

$$\boldsymbol{S}^{\mathrm{I}} \parallel\!| \boldsymbol{S}^{\mathrm{VI}} \quad \text{(Bild 9.2)} \quad \text{bzw.} \quad \boldsymbol{S}^{\mathrm{I}} \parallel\!| \boldsymbol{S}^{\mathrm{V}} \quad \text{(Bild 9.3)};$$

[1]) Sind zwei Kräfte kollinear und gegengleich ($\rightleftharpoons$), dann sind sie antivalent ($\rangle\!=\!\langle$). Im allgemeinen ist $N \neq N^*$, so ist in Bild 9.3 $N = \mathrm{IV}$ und $N^* = \mathrm{III}^*$.

- *Kräfteplan und Lageplan:*

$$\alpha = \omega, \qquad \boldsymbol{R} = \boldsymbol{0}, \qquad \boldsymbol{S}^{\mathrm{I}} \rightleftharpoons \boldsymbol{S}^{N}.$$

Mit Hilfe des Seileckes wird das ganze Kräftesystem *bivektorisiert:* Es wird durch *zwei* Seilkräfte (die erste und die letzte) äquivalent ersetzt, die im allgemeinen Fall ein einfaches Komplanarpaar bilden[1]), im Sonderfall des Gleichgewichtes aber als Aufhebungspaar in Erscheinung treten.

Man formuliert diese Erkenntnis gern in der folgenden Form:

Ein Kräftesystem bildet ein Gleichgewichtssystem genau dann, wenn

1. sich das Kraftecks schließt ($\alpha = \omega$),
2. sich das Seileck schließt ($\mathrm{I} ||| N$).

9.1.3. Graphostatische Analyse

Die graphische Bewältigung der Gleichgewichtsaufgabe ist nach Abschnitt 9.1.1. immer dann möglich, wenn es gelingt, die im Algorithmus auftretende Disduktionsaufgabe

$$\{\boldsymbol{D}_{dd} \mid d = 1, \ldots, t\} \Leftrightarrow \boldsymbol{R}_{cc}$$

eindeutig zu lösen.

Das setzt aber die Erfüllung der folgenden drei Bedingungen voraus:

1. Die Disduktionslinien $\overline{dd}$ (das sind die Wirkungslinien der zu ermittelnden Reaktionsgrößen $\boldsymbol{X}_{dd}$) müssen bekannt sein.
2. Die Anzahl $(\overset{\frown}{\underset{\smile}{t}})$ der zur eindeutigen Disduktion erforderlichen Disduktionslinien muß gleich sein der Anzahl $\langle x \rangle$ der vorliegenden Disduktionslinien: $(\overset{\frown}{\underset{\smile}{t}}) = \langle x \rangle$.

Ist $(\overset{\frown}{\underset{\smile}{t}}) < \langle x \rangle$, so fehlen Bedingungen für eine Einbeziehung der überzähligen $\langle x \rangle - (\overset{\frown}{\underset{\smile}{t}})$ Disduktionslinien in die eindeutige Disduktion.

(Sind wie im Bild 9.4.I für einen Träger auf vier beweglichen Lagern (vgl. Band 1, Tafel A.10, Zeile 5, Tafel A.23, Zeilen 5, 6, 7) durch die Lagerung vier Disduktionslinien vorgegeben $\langle x \rangle = \langle 4 \rangle$, so fehlt eine Bedingung $(3 - 4 = -1)$ für die Disduktion der Resultierenden am starren Körper, die bei komplanar beliebiger Anordnung nur nach drei Disduktionslinien eindeutig möglich ist $\left((\overset{\frown}{\underset{\smile}{t}}) = (\overset{\frown}{\underset{\smile}{3}})\right)$. Die fehlende Bedingung muß mit Hilfe der Formänderungen, also am nichtstarren Körper, formuliert werden.)

Ist dagegen $(\overset{\frown}{\underset{\smile}{t}}) > \langle x \rangle$, so liegen zu viele Bedingungen vor.

(Bei Anordnung von zwei beweglichen Lagern — wie in Bild 9.4.I, Spalte 3 — existieren auch zwei Disduktionslinien $\langle x \rangle = \langle 2 \rangle$. Die Aufgabe fordert demnach Aufhebungspaare nur auf diesen zwei Linien. Das Gleichgewicht läßt sich aber im komplanar beliebigen Fall nur dann sichern, wenn Aufhebungspaare auf drei Linien aufgebaut werden können $(\overset{\frown}{\underset{\smile}{t}}) = (\overset{\frown}{\underset{\smile}{3}})$. Die Ermittlung der Aufhebungspaare auf einer dritten Disduktionslinie, die dritte Bedingung, kann also in diesem Falle nicht formuliert werden.)

Diese Aussagen werden natürlich durch die Conversion nicht in Frage gestellt, gelten also ebenso für die antivalente Disduktion.

Da aber die antivalente Disduktion zur Lösung der *statischen* Aufgabe dient, bezeichnen wir (analog Band 1, 2. Auflage, Abschnitt A.5, Tafel A.11) die Zahl

$$S := (\overset{\frown}{\underset{\smile}{t}}) - \langle x \rangle$$

[1]) Vgl. Abschnitt 8.2.2.1.

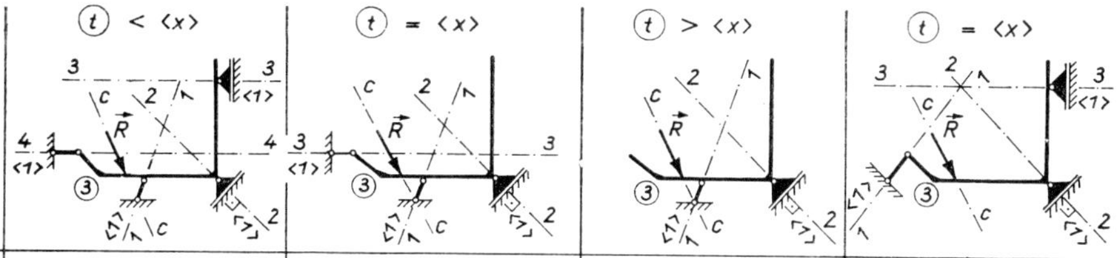

SYSTEM	ⓣ < ⟨x⟩	ⓣ = ⟨x⟩	ⓣ > ⟨x⟩	ⓣ = ⟨x⟩
STATISCHES KRITERIUM	ⓣ = ③, ⟨x⟩ = 4·⟨1⟩ s = ③ − ⟨4⟩ = −1 1FACH STATISCH UNBESTIMMT	ⓣ = ③, ⟨x⟩ = 3·⟨1⟩ s = ③ − ⟨3⟩ = 0 STATISCH BESTIMMT	ⓣ = ③, ⟨x⟩ = 2·⟨1⟩ s = ③ − ⟨2⟩ = +1 1FACH STATISCH ÜBERBESTIMMT	ⓣ = ③, ⟨x⟩ = 3·⟨1⟩ s = ③ − ⟨3⟩ = 0 STATISCH BESTIMMT
ANORDNUNG DER DISDUKTIONSLINIEN	Anzahl der Disduktionslinien größer als drei deshalb nicht Fall D	komplanar beliebig Fall D	$\overline{cc}$ schneidet sich mit Disduktionslinien nicht in einem Punkt deshalb nicht Fall E	Disduktionslinien schneiden sich in einem Punkt deshalb nicht Fall D
FOLGERUNG	Disduktion NICHT LÖSBAR Bed. 2,3 nicht erfüllt	Disduktion LÖSBAR "FALL D" Bed. 1,2,3 erfüllt	Disduktion NICHT LÖSBAR Bed. 2,3 nicht erfüllt	Disduktion NICHT LÖSBAR Bed. 3 nicht erfüllt
	Das System ist als statisches BRAUCHBAR		System für ein Tragwerk NICHT BRAUCHBAR	

Bild 9.4. Problemanalyse
I. Beurteilung der Brauchbarkeit als statisches System

als STATISCHES KRITERIUM und nennen die Disduktionsaufgabe für

$S < 0$ statisch un(ter)bestimmt,

$S = 0$ statisch bestimmt,

$S > 0$ statisch überbestimmt.

Die zu lösende (antivalente) Disduktionsaufgabe muß also statisch bestimmt sein.

3. Die Disduktionslinien $\overline{dd}$ müssen so angeordnet sein, daß eine eindeutige Disduktion möglich ist.

   (Vgl. Band 2, Tafel 7.11: Fall D (komplanar beliebig: $t = 3$), Fall E (komplanar zentral: $t = 2$), Fall F (komplanar parallel: $t = 2$), Fall G (kollinear: $t = 1$); Ausnahmefall s. Tafel 9.3.c.)

Wir suchen zunächst die Bedingungen für das Auffinden der Disduktionslinien und zeigen danach die Anwendung des statischen Kriteriums.

Bild 9.4.II zeigt zwei Systemteile I und II, die im Schnitt kk fest miteinander verbunden (z. B. verschweißt) sind. Lösen wir diese starre Kopplung, so können die Systemteile I und II Relativbewegungen ausführen[1]), die sich auf zwei Arten beschreiben lassen, nämlich

- durch δn_k, δq_k und $\delta \varphi_k$ oder
- durch α_k, $\delta s(\alpha)_k$ und $\delta \varphi_k$.

[1]) Vgl. Bd. 1, Abschnitt A.5., Bild A.2, Bild A.3.

Verhindert die jeweilige Kopplung eine Relativverschiebung δn oder δq bzw. δs in Richtung n oder q bzw. s, so wird durch diese Kopplung in Richtung n oder q bzw. s eine Kraft übertragen, deren Wirkungslinie $\overline{nn}$ oder $\overline{qq}$ bzw. $\overline{ss}$ (in Richtung α) ist.

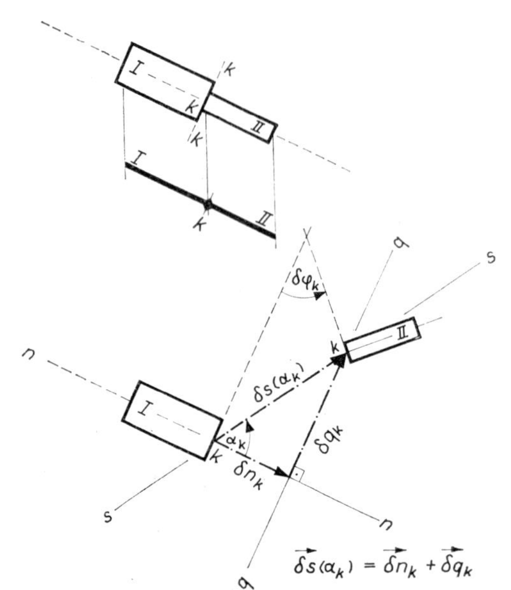

Bild 9.4. Problemanalyse
II. Relativbewegungen nach dem Lösen der starren Kopplung in k

Verhindert die jeweilige Kopplung eine Relativverdrehung um eine senkrecht zur Zeichenebene orientierte Drehachse, so wird durch die Kopplung ein Moment übertragen, dessen Wirkungslinie (wenn wir es als Vektorpfeil abbilden) die Drehachse ist. Da die Wirkungslinien der Kopplungskräfte natürlich die gesuchten Disduktionsgeraden sind, finden wir in den kinematischen Bedingungen[1]) ein geeignetes Hilfsmittel für deren Ermittlung.

Bezeichnen wir mit

$\overline{dd}$ die Disduktionsgerade für eine Verschiebung (also z. B. $\overline{nn}$, $\overline{qq}$, $\overline{ss}$ oder $\overline{11}$, $\overline{22}$), mit

$\hat{d}\hat{d}$ die Neigung (der Disduktionsgeraden $\hat{d}\hat{d}$), wenn diese unbekannt ist (also z. B. $\hat{\alpha}\hat{\alpha}$ oder auch $\hat{1}\hat{1}$, $\hat{2}\hat{2}$) und schließlich mit

$\overset{\frown}{\underset{\smile}{(d)}}$ die Disduktionsgerade oder besser Disduktionslinie[2]) für eine Verdrehung (also z. B. $\overset{\frown}{\underset{\smile}{(\varphi)}}$ oder auch $\overset{\frown}{\underset{\smile}{(1)}}$, $\overset{\frown}{\underset{\smile}{(2)}}$),

[1]) Vgl. Bd. 1, Tafel A.10.

[2]) Die Disduktionsgerade für die Verdrehung ist die Drehachse senkrecht zur Zeichenebene. Da wir diese nicht als Gerade darstellen können, bilden wir sie durch einen Kreis ab, der die Verdrehung — also den Weg eines Punktes der Zeichenebene — veranschaulichen soll. Da der *Kreis* keine *Gerade* ist, dürfte es anschaulicher sein, wenn wir von Disduktions*linien* sprechen.

	Symbol	kinematische Bedingung in k δq δn $\delta \varphi$	Disduktionslinien (=Wirkungslinien der Kopplungsgrößen)	Kopplungsgrößen in k P_q P_n M	Befreite Systemteile	Nullstelle
1a	k	0 0 0	q n n φ q	$\neq 0$ $\neq 0$ $\neq 0$	M M Q N N Q	
1b		$\delta s(\alpha) = 0$ $\delta \varphi = 0$	$\hat{\alpha}$ s s φ $\hat{\alpha}$	$P(\alpha) \neq 0$ $M \neq 0$	M M $P(\alpha)$ $P(\alpha)$	
2a	k	0 0 $\neq 0$	q n n q	$\neq 0$ $\neq 0$ 0	Q N N Q	M = 0 MOMENTEN-NULLSTELLE
2b		$\delta s(\alpha) = 0$ $\delta \varphi \neq 0$	s $\hat{\alpha}$ $\hat{\alpha}$ α s	$P(\alpha) \neq 0$ $M = 0$	$P(\alpha)$ $P(\alpha)$	
3	k	0 $\neq 0$ 0	q φ q	$\neq 0$ 0 $\neq 0$	M M Q Q	N = 0 LÄNGSKRAFT-NULLSTELLE
4	k	$\neq 0$ 0 0	n n φ	0 $\neq 0$ $\neq 0$	M M N N	Q = 0 QUERKRAFT-NULLSTELLE
5	k	0 $\neq 0$ $\neq 0$	q q	$\neq 0$ 0 0	Q Q	N = 0 M = 0
6	k	$\neq 0$ 0 $\neq 0$		0 $\neq 0$ 0	N N	Q = 0 M = 0
7	k	$\neq 0$ $\neq 0$ 0	φ	0 0 $\neq 0$	M M	N = 0 Q = 0
8	k	$\neq 0$ $\neq 0$ $\neq 0$		0 0 0		N = 0 Q = 0 M = 0

Bild 9.4. Problemanalyse
III. Disduktionslinien für Kopplungen und Befreiungsprozeß

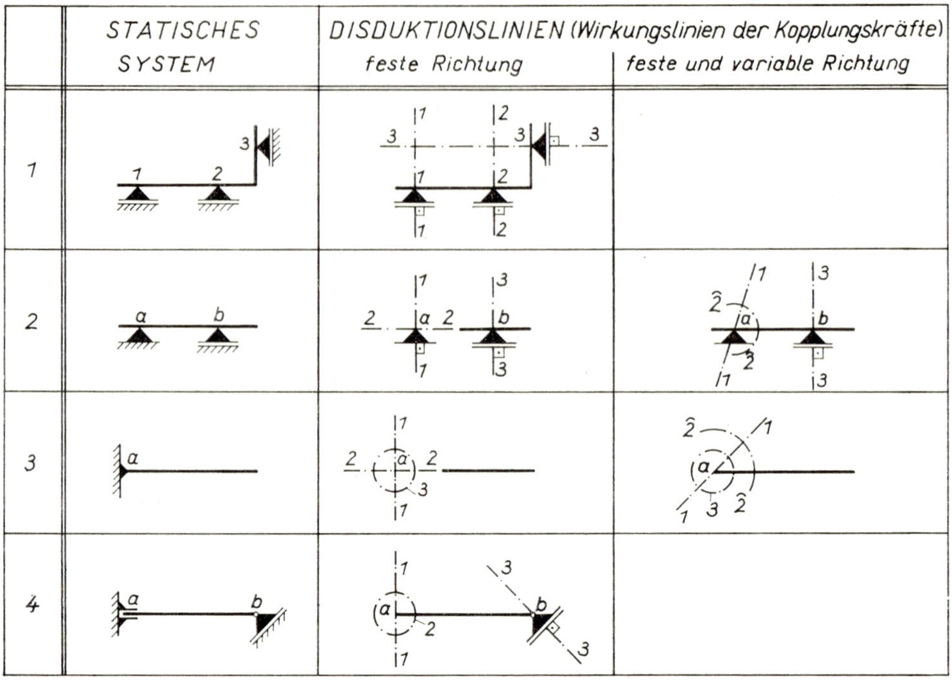

	STATISCHES SYSTEM	DISDUKTIONSLINIEN (Wirkungslinien der Kopplungskräfte) feste Richtung	feste und variable Richtung
1	1 2 3	1 2 3 3 3 1 2 1 2	
2	a b	1 3 2 a 2 b 1 3	1 3 2 a b 2 1 3
3	a	1 2 a 2 3 1	2 1 a 1 3 2
4	a b	1 3 a b 2 1 3	

Bild 9.4. Problemanalyse
IV. Disduktionslinien für einteilige Systeme

so erhalten wir für die einzelnen zweiteiligen Kopplungen die Disduktionslinien in Bild 9.4.III[1])

Über die Anordnung der Disduktionslinien an einem einteiligen Tragwerk gibt Bild 9.4.IV Auskunft. Natürlich gelten diese Erkenntnisse auch für mehrteilige Systeme.

Bild 9.4.V zeigt für zwei zweiteilige Tragwerke neben dem statischen System die Anordnung der Disduktionslinien entsprechend Bild 9.4.III und zwar sowohl für das Gesamtsystem als auch für die einzelnen Systemteile nach dem Befreiungsprozeß. Die $2 \cdot 3 = 6$ Freiwerte der beiden Tragwerksteile I und II müssen durch 6 Kopplungskräfte gebunden werden,[2]) fordern also 6 Aufhebungspaare und demnach 6 Disduktionslinien.

Befriedigt nimmt man deshalb zur Kenntnis, daß für das Gesamtsystem tatsächlich 6 Disduktionslinien angegeben werden können, also eine eindeutige graphische Lösung

[1]) An sich liegen in Bild 9.4.III. Zeile 1b nur zwei Disduktionslinien vor, nämlich die Wirkungslinie $\overline{ss}$ für die Kraft $\boldsymbol{P}_k(s)$, die die Verschiebung zu verhindern hat, und die Drehachse $(\widehat{\varphi})$ (senkrecht zur Zeichenebene) als Wirkungslinie des Momentes $\boldsymbol{M}_k$, das eine Verdrehung ausschließt. Da aber die Disduktionslinie $\overline{ss}$ mit dem variablen Neigungswinkel α die beiden Disduktionslinien $\overline{qq}$ und $\overline{nn}$ ersetzt, wollen wir künftig neben $\overline{ss}$ auch $\mathfrak{s}\mathfrak{s}$ als Disduktionslinie (im verallgemeinerten Sinne) bezeichnen, um eine Unterscheidung von Disduktionslinien mit fester und variabler Neigung durch zusätzliche Symbole zu vermeiden.

[2]) Vgl. Bd. 1, 2. Auflage, Abschnitt A.5., vgl. auch Legende 1 zu Bild A.2.

der Gleichgewichtsaufgabe möglich sein muß, weshalb die Systeme *statisch bestimmt* genannt werden dürfen:

Die Disduktionslinien genügen zur eindeutigen Ermittlung der Kopplungsgrößen.

Verblüfft ist man aber zunächst darüber, daß trotz der statischen Bestimmtheit des Gesamtsystems ein oder sogar beide Systemteile statisch unbestimmt sind, oder — wie wir zur besseren Unterscheidung sagen — statisch unbestimmt *angeschlossen* sind.

Bedenken wir aber, daß die Kopplungsgrößen (in unseren beiden Beispielen also die Gelenkkräfte in g) nach dem Befreiungsprozeß an jedem der beiden Systemteile I und II angreifen, so müssen wir natürlich für jede Kopplungsgröße zwei Disduktionslinien einzeichnen (eine durch das Gelenk am Teil I und die andere — parallel dazu — durch das Gelenk am Teil II). In den vorliegenden Beispielen entstehen also 8 Disduktionslinien, die auf die beiden Systemteile wie folgt verteilt sind:

1. Beispiel: $5 + 3 = 8$,

2. Beispiel: $4 + 4 = 8$.

Im ersten Beispiel ist also das Systemteil I 2fach statisch unbestimmt, das Teil I dagegen statisch bestimmt angeschlossen, während im Beispiel 2 beide Systemteile 1fach statisch unbestimmt angeschlossen sind.

	STATISCHES SYSTEM	DISDUKTIONSLINIEN (Wirkungslinien der Kopplungskräfte) am Gesamtsystem	an den Systemteilen	
1				ein Systemteil ist statisch bestimmt angeschlossen
2				beide Systemteile sind statisch unbestimmt angeschlossen
				ein Systemteil ist unbelastet

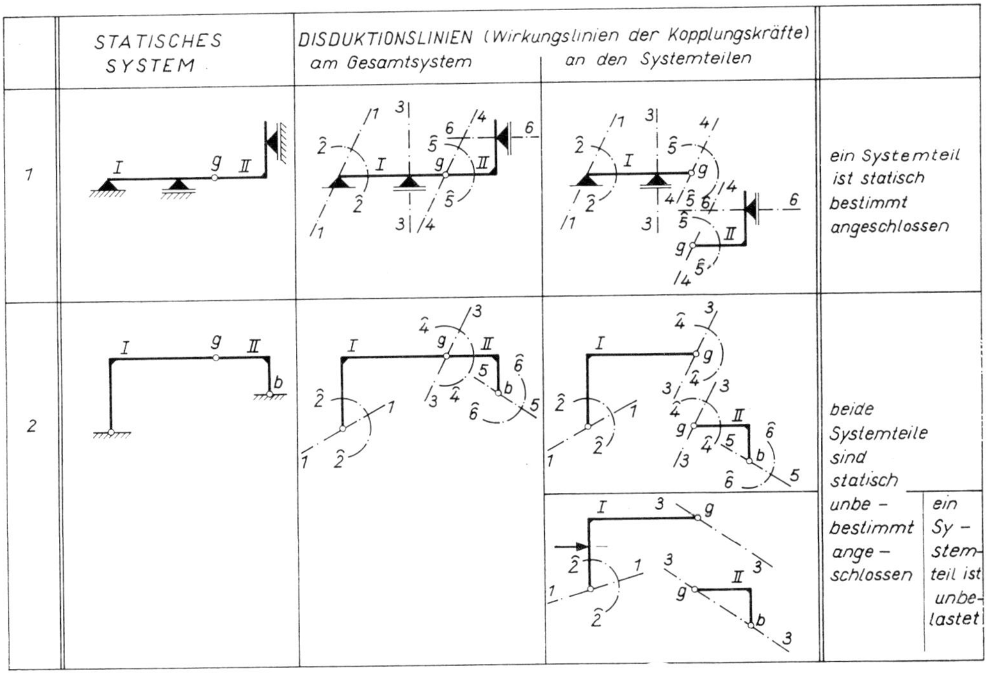

Bild 9.4. Problemanalyse
V. Disduktionslinien für zweiteilige Systeme

Die *Kopplungsbedingungen* fordern aber, daß die Kopplungskräfte an der gleichen Stelle entsprechend dem Wechselwirkungsaxiom vor der Durchführung des Befreiungsprozesses gegengleich sind, also Aufhebungspaare bilden, weshalb ihre *Disduktionslinien* dann *parallel* sein müssen, wenn man die ursprünglich gekoppelten Systemteile nach dem Befreiungsprozeß nebeneinander zeichnet.

Die Lösung des Beispieles 1 *ist* einfach: Man ermittelt zunächst die Disduktionskräfte am statisch bestimmt angeschlossenen Systemteil II. Die Gelenkkraft in g am Systemteil I ist gegengleich der Gelenkkraft in g am Systemteil II und kann durch Conversion gewonnen werden. Damit verbleiben am Systemteil I als unbekannte Größen die Kopplungskraft mit der festen Wirkungslinie $\overline{33}$ und die Kopplungskraft mit der variablen $(\hat{2}\hat{2})$ Wirkungslinie $\overline{11}$. Es wird also ein Komplanarpaar gesucht, das mittels **D(L)!** bzw. **D(SE)!** und **C!** oder mittels **DA(L)!** bzw. **DA(SE)!** leicht ermittelt werden kann.

Die Lösung des Beispieles 2 *wird* einfach, wenn man sie in zwei Teilaufgaben zerlegt, indem man die Belastung in zwei Lastfälle aufspaltet:

Lastfall 1: Teil I belastet, Teil II unbelastet,

Lastfall 2: Teil I unbelastet, Teil II belastet.

Ein unbelastetes Systemteil ist nur dann im Gleichgewicht, wenn entweder gar keine Reaktionskräfte angreifen oder aber wenn Stütz- und Verbindungskraft ein Aufhebungspaar bilden. In diesem Falle ist die Neigung $\overline{44}$ der Wirkungslinie $\overline{33}$ der Gelenkkraft bekannt.

> $\overline{33}$ verläuft an dem unbelasteten Systemteil durch Gelenk und Fußpunkt (Lastfall 1: $\overline{33} = \overline{gb}$, Lastfall 2: $\overline{33} = \overline{ga}$) und am belasteten Systemteil parallel dazu.

Diese Überlegung führt für den Lastfall 1 (in Bild 9.4.V, Zeile 3) zu der nun festen Wirkungslinie $\overline{33}$ und der variablen $(\hat{2}\hat{2})$ Wirkungslinie $\overline{11}$. Es ist also wieder ein Komplanarpaar mittels **DA(L)!** oder **DA(SE)!** zu ermitteln.

Indem man auf diese Weise die beiden Lastfälle getrennt untersucht und die Ergebnisse superponiert, erhält man die Lösung auch dieser Aufgabe. Wir ermitteln graphisch für die beiden in Bild 9.4.V angegebenen Systeme die Stütz- und Verbindungsgrößen im Abschnitt 9.3.

9.2. Graphische Ermittlung der Stützgrößen

Lösen wir ein einteiliges ebenes Tragwerk während des Befreiungsprozesses von seinen Lagern, so entsteht ein freier Körper (Scheibe) mit drei Freiwerten: zwei nichtparallelen Verschiebungen eines Punktes und einer Verdrehung um diesen oder einer Verschiebung (ds) eines Punktes in beliebiger Richtung (α) und einer Verdrehung ebenfalls um diesen Punkt[1]) (vgl. Bild 9.4.II).

[1]) Die Lageänderung eines Punktes kann durch zwei nichtparallele Verschiebungen (z. B. $\mathrm{d}\boldsymbol{s}_x$, $\mathrm{d}\boldsymbol{s}_y$) oder aber auch durch *eine* Verschiebung (z. B. $\mathrm{d}\boldsymbol{s} = \mathrm{d}\boldsymbol{s}_x + \mathrm{d}\boldsymbol{s}_y$) und einen Winkel (z. B. $\alpha = \arctan \frac{\mathrm{d}s_y}{\mathrm{d}s_x}$) beschrieben werden.

Die Freiwerte sind vor dem Befreiungsprozeß durch die Lagerung gebunden gewesen und müssen nach dem Befreiungsprozeß durch die Stützgrößen mit Hilfe der Gleichgewichtsbedingungen ausgeschaltet werden. Bei statisch bestimmter Lagerung[1]) werden durch den Befreiungsprozeß genau drei Stützgrößen sichtbar, die an einer, an zwei oder an drei Stützstellen angreifen können (vgl. Bild 9.4.IV). Konzentrieren sich die Stützgrößen an einer Stützstelle, so liegt eine Einspannung[2]) vor. Das häufigste einteilige Tragwerk mit zwei Stützstellen ist der gerade Träger auf zwei Stützen.[3])

9.2.1. Beispiel 1: Einteiliges Tragwerk mit 3 Stützstellen

Der Träger auf drei Stützen (Bild 9.4.VI) wird durch drei bewegliche Lager gestützt. Für die Ermittlung der Stützkräfte können die Disduktionslinien angegeben werden. Sie verlaufen durch die Punkte 1, 3, 5 senkrecht zur jeweiligen Lagergleitfläche. Wenn diese Disduktionsgeraden $\overline{11}$, $\overline{33}$, $\overline{55}$ ein beliebiges komplanares Geradensystem bilden, kann jede beliebige resultierende Kraft und jedes beliebige resultierende Kräftepaar eindeutig nach diesen drei Richtungen disduziert werden (Bild 9.5).

Die graphische Ermittlung der Stützkräfte verläuft in der folgenden Reihenfolge:

- Der Befreiungsprozeß führt zu einem befreiten Körper $\mathcal{BK}$; die Kopplungsbedingungen ($\mathcal{K}O$) gestatten es, die Disduktionslinien einzuzeichnen ($\overline{11}$, $\overline{33}$, $\overline{55}$).
- Der Erstarrungsprozeß führt den (befreiten) Körper $\mathcal{BK}$ in den starren Körper $\mathcal{SBK}$ über, läßt die Kräfte linienflüchtig werden und ermöglicht damit die Reduktion und Disduktion am Körper.
- Die Wirkungslinien $\overline{22}$ und $\overline{44}$ der Kräfte $\boldsymbol{F}_2$ und $\boldsymbol{F}_4$ haben einen brauchbaren Schnittpunkt, bilden also ein einfaches Komplanarpaar[4]) und können demnach ausschließlich unter Inanspruchnahme der Linienflüchtigkeit zur Resultierenden $\boldsymbol{R}_{cc}$ zusammengefaßt werden.
- Da $\overline{cc}$, $\overline{11}$, $\overline{33}$ und $\overline{55}$ ein beliebiges komplanares Geradensystem bilden, kann $\boldsymbol{R}_{cc}$ mit Hilfe einer CULMANNschen Kraft in die Disduktionskräfte $\boldsymbol{D}_{11}$, $\boldsymbol{D}_{33}$, $\boldsymbol{D}_{55}$ zerlegt werden.[5])
- Die Conversion (Gleichgewichtsprinzip, Wechselwirkungsaxiom) führt zu den linienflüchtigen Stützkräften, die linienflüchtig nach den Stützstellen 1, 3, 5 verschoben werden.
- Die Aufhebung des Erstarrungsprozesses wird durch den Befehl

  —EP! Löse die Erstarrung!

  aktiviert und läßt das gegebene System unter der vorgeschriebenen Belastung mit den aktivierten Stützkräften entstehen, womit das Problem gelöst ist.

Mit der Festlegung des Algorithmus (der vor der eigentlichen graphischen Ermittlung durchdacht werden muß) ist das Problem in eine Aufgabe überführt worden, die nun

[1]) Vgl. Bd. 1, 2. Auflage, Tafel A.26, Tafel A.27, Tafel A.28.
[2]) Vgl. Bd. 1, 2. Auflage, Tafel A.10, Zeile 1.
[3]) Vgl. Bd. 1, 2. Auflage, Tafel A.15, Bildzeile 1.
[4]) Vgl. Abschnitt 8.2.1.1.
[5]) Vgl. Abschnitt 8.6.4.2.

PROBLEM

PROBLEMFORMULIERUNG:

- Gegeben: System
  - Element (Körper K)
  - Kopplungen (KO in 1,3,5)
  - Geometrie
    - a, b, c, d, e, f, g
  - Belastung
    - $\{\vec{F}_2, \vec{F}_3\}$
- Gesucht: Stützkräfte
  - $\{\vec{C}_1, \vec{C}_2, \vec{C}_3\}$

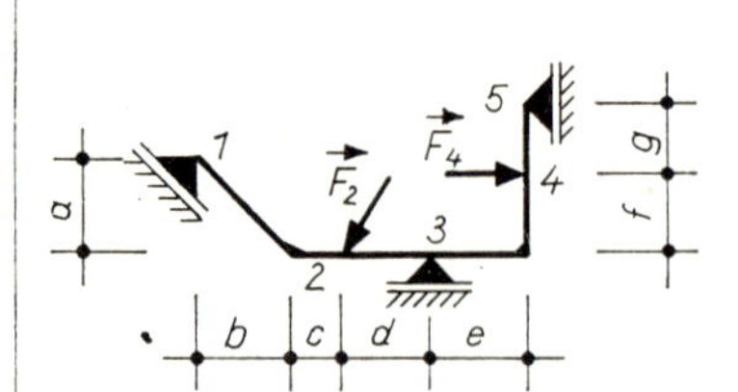

KINEMATISCHE ANALYSE:

$K = 3 \cdot \boxed{1} - (3) = 0$

kinematisch bestimmt

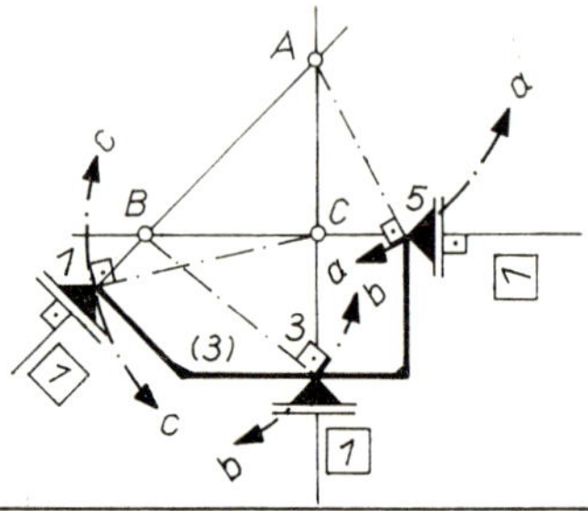

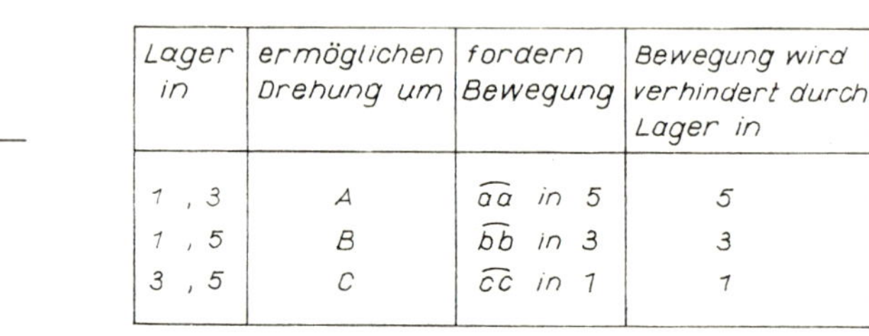

Lager in	ermöglichen Drehung um	fordern Bewegung	Bewegung wird verhindert durch Lager in
1 , 3	A	$\widehat{aa}$ in 5	5
1 , 5	B	$\widehat{bb}$ in 3	3
3 , 5	C	$\widehat{cc}$ in 1	1

Kinematisch bestimmtes System ist unverschieblich und damit als statisches System für ein Tragwerk <u>brauchbar</u>

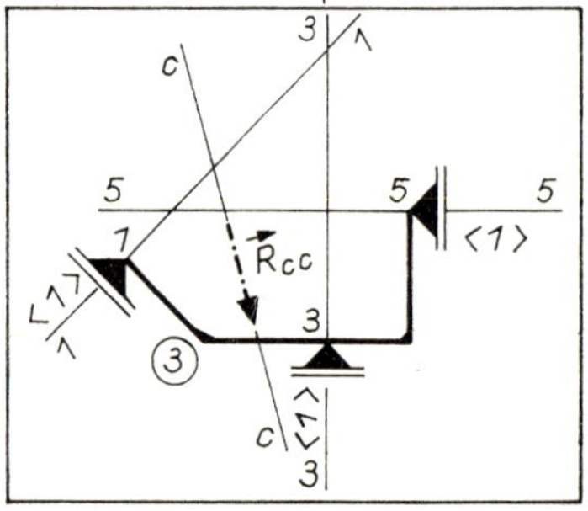

STATISCHE ANALYSE

Kinematische Bedingungen → Wirkungslinien der Kopplungskräfte = Disduktionslinien

Anzahl: 3 ($\overline{11}$, $\overline{33}$, $\overline{55}$)

Anordnung: komplanar beliebig (Fall D)

$S = ③ - 3 \cdot \langle 1 \rangle = 0$

statisch bestimmt

Disduktion (antivalent) nach CULMANN eindeutig möglich

PRINZIP GLEICHGEWICHTSPRINZIP $\{\vec{F}_2, \vec{F}_4 ; \vec{C}_1, \vec{C}_3, \vec{C}_5\} \Longleftrightarrow \vec{0}$

ALGORITHMUS **BP(C)! → EP! → R(L)! → D(CUL)! → C! → L! → -EP!**

AUFGABE **EG : C (CUL)!** $\{\vec{C}_1, \vec{C}_3, \vec{C}_5\} \rangle = \langle \{\vec{F}_2, \vec{F}_4\}$

Bild 9.4. Problemanalyse
VI. Überführung eines Problems in eine Aufgabe

für alle Beispiele der gleichen Klasse gelöst werden kann. Die symbolische Darstellung, die methodische Darstellung und das Verfahren können im Bild 9.5 mühelos verfolgt werden.

Disduktion (nach CULMANN), Conversion und linienflüchtige Verschiebung können im Verfahren zur „Antivalenten Disduktion (nach CULMANN)" zusammengefaßt und durch den Befehl **DA(CUL)!** (Disduziere antivalent nach CULMANN!) aktiviert werden (Bild 9.5.V).

9.2.2. Beispiel 2: Einteiliges Tragwerk mit 2 Stützstellen

Der Träger auf zwei Stützen (mit zwei Kragarmen) wird nach Bild 9.6 durch ein bewegliches und durch ein festes Lager gestützt.

Für die Ermittlung der Stützkraft im beweglichen Lager — also in b — kann die Disduktionslinie $\overline{bb}$ angegeben werden. Sie verläuft senkrecht zur Lagergleitfläche durch b. Vom festen Lager in a wird eine Verschiebung in jeder beliebigen Richtung verhindert. Die Disduktionslinie $\overline{aa}$ für die Stützkraft in a verläuft also durch a mit einem zunächst noch unbekannten Winkel α gegen die Trägerachse. Schneidet die Zentrallinie $\overline{cc}$ der Belastung die Disduktionslinie $\overline{bb}$ in $\tilde{c}$, so muß auch $\overline{aa}$ durch $\tilde{c}$ gehen (womit α festgelegt ist), weil sonst eine eindeutige Zerlegung der Resultierenden nach den beiden Disduktionslinien nicht möglich wäre.

Im vorliegenden Beispiel ist $\overline{cc} \parallel \overline{bb}$ ($\tilde{c}$ liegt im Unendlichen), weshalb auch $\overline{aa} \parallel \overline{cc}$ verlaufen muß, womit $\alpha = \frac{\pi}{2}$ wird. Damit ist $\boldsymbol{R}_{cc}$ nach zwei parallelen Richtungen zu zerlegen, eine Aufgabe, die nach Abschnitt 8.2.2.2. mit Hilfe des Seileckes durchgeführt wird.

Die Disduktionskräfte werden convertiert, linienflüchtig verschoben und repräsentieren nach der Aufhebung des Erstarrungsprozesses die gesuchten Stützkräfte. Der Lösungsprozeß wird sowohl in der symbolischen Darstellung als auch in der methodischen Darstellung und im Verfahren anschaulich widergespiegelt. Im Verfahren können die Disduktion, Conversion und linienflüchtige Verschiebung wieder zur antivalenten Disduktion **(DA(SL)!)** zusammengefaßt werden, die im vorliegenden Fall mit Hilfe des Seileckes durchgeführt wird (Bild 9.6.V).

9.2.3. Beispiel 3: Einteiliges Tragwerk mit 1 Stützstelle

Beim Kragträger (Bild 9.7) werden in der Einspannstelle a eine Verschiebung in beliebiger Richtung und eine Verdrehung verhindert. Die Disduktionslinie $\overline{aa}$ für die Stützkräfte verläuft durch a parallel zur Zentrallinie $\overline{cc}$ der Belastung, da die Stützkraft die Verschiebung des Punktes $a \parallel \overline{cc}$ verhindern muß. Die Stützkraft bildet mit der Resultierenden $\boldsymbol{R}_{cc}$ ein Kräftepaar, das von dem Einspannmoment zu kompensieren ist. Die Disduktionslinie für das Stützmoment ist die Drehachse durch a senkrecht zur Zeichenebene. Wir wandeln das Moment in ein Kräftepaar um und ermitteln graphisch (über die Substitution nach Abschnitt 8.4.) die Größen H und y_a.

Der graphische Lösungsprozeß beinhaltet also die folgenden Teilprozesse:

- Reduktion der Belastung (hier mit Hilfe des Seileckes) zur Resultierenden:

  R(SE)! $\boldsymbol{R}_{cc} \Leftrightarrow \{\boldsymbol{F}_{11}, \boldsymbol{F}_{22}\}$,

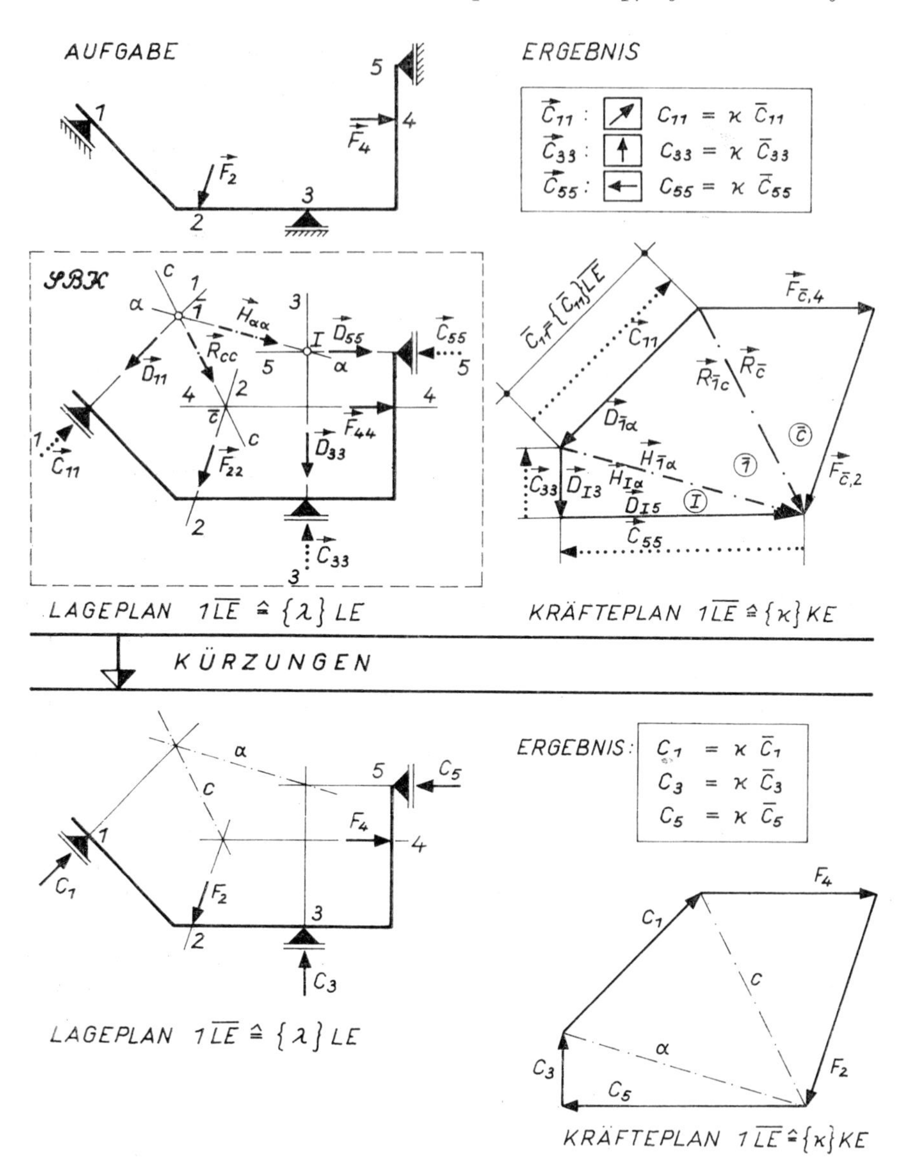

Bild 9.5. Beispiel 1:
Graphische Ermittlung der Stützgrößen nach CULMANN
M: Methodische Darstellung und V: Verfahren

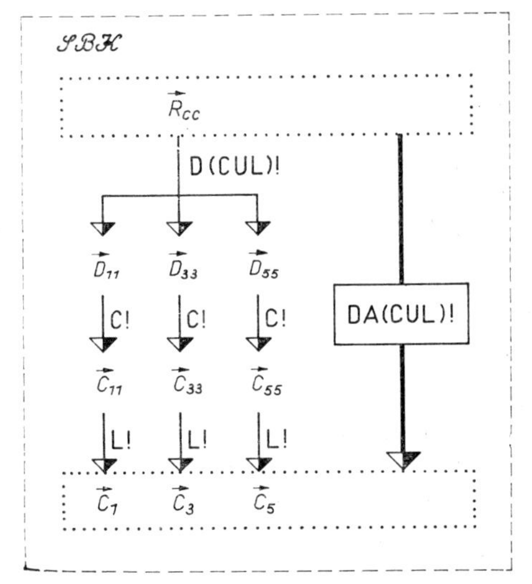

S.1: Symbolische Darstellung der antivalenten Disduktion

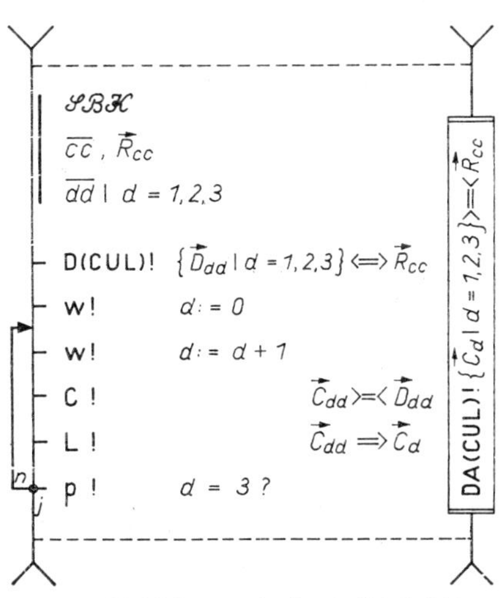

F.1: Flußbild für antivalente Disduktion

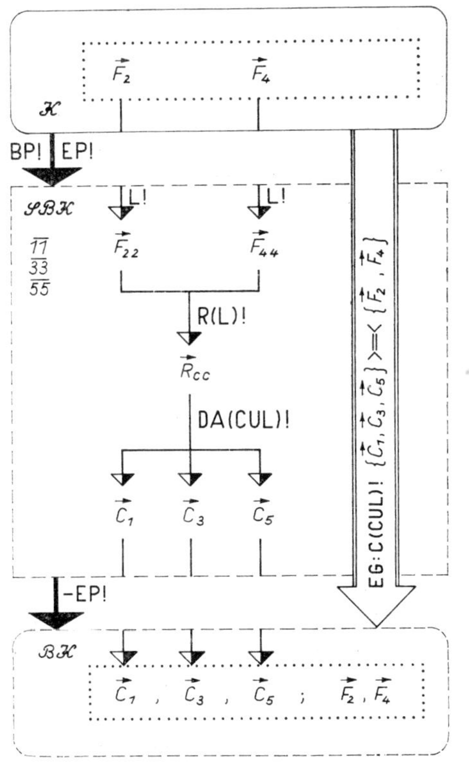

S.2: Symbolische Darstellung der Stützgrößenermittlung

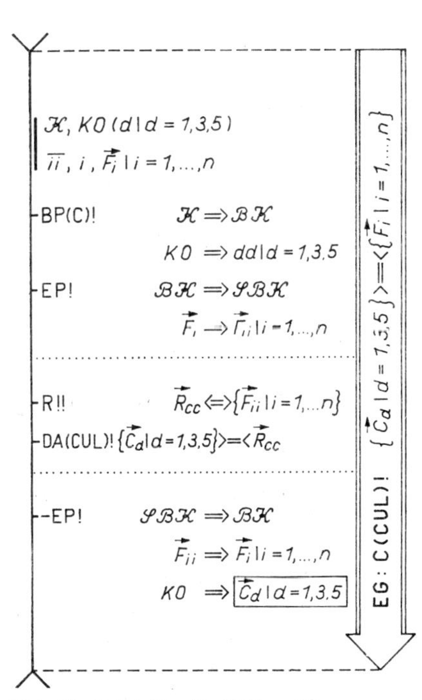

F.2: Flußbild für die Stützgrößenermittlung

Bild 9.5. Beispiel 1
Graphische Ermittlung der Stützgrößen nach CULMANN

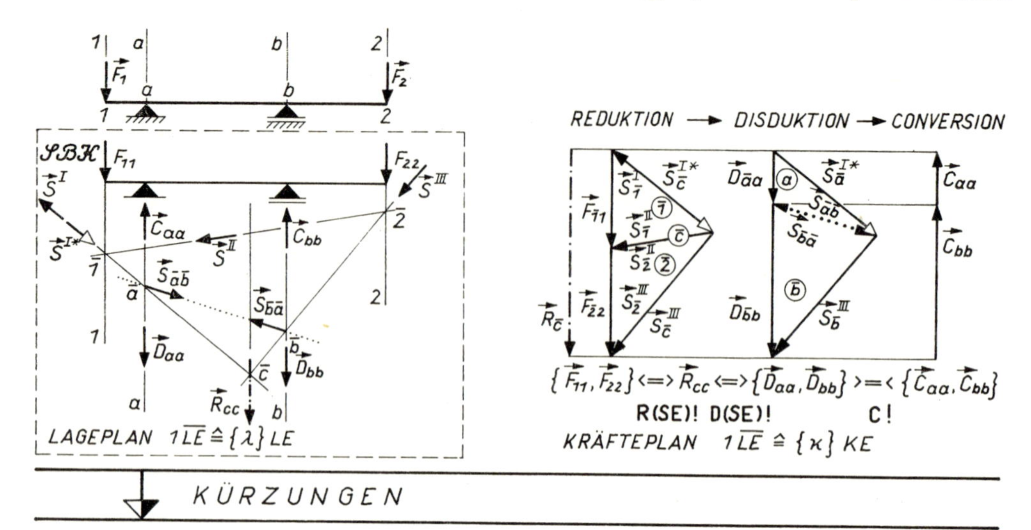

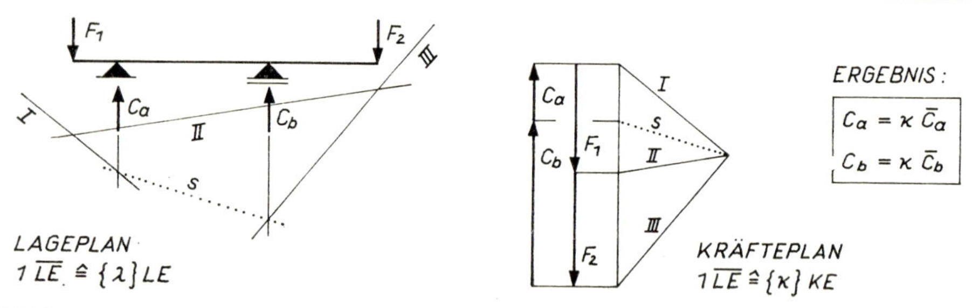

Bild 9.6. Beispiel 2:
Graphische Ermittlung der Stützgrößen mittels Seileck (Schlußlinie)
M: Methodische Darstellung und V: Verfahren

- Substitution der reduzierten Projektion und des reduzierten Momentes in a für die Resultierende in $\overline{cc}$:

$$\textbf{Y!}\ \{\boldsymbol{RP}_a, \boldsymbol{RM}_a\} \Leftrightarrow \boldsymbol{R}_{cc},$$

- Ermittlung der Stützgrößen durch Conversion:

$$\textbf{C!}\ \{\boldsymbol{CP}_a, \boldsymbol{CM}_a\} \rangle\!=\!\langle \{\boldsymbol{RP}_a, \boldsymbol{RM}_a\}.$$

Er ist in der symbolischen und methodischen Darstellung sowie im Verfahren leicht nachzuvollziehen. Im Verfahren kann die Substitution und die Conversion zur antivalenten Substitution (**YA!**) zusammengefaßt werden (Bild 9.7.V). Die weitere Zerlegung der Stützkraft in vertikale und horizontale Komponente ist graphisch an sich nicht erforderlich. Man kann sie (ähnlich wie bei den Schnittkräften) als Transformation auffassen und mit dem Befehl

T! Transformiere!

aktivieren.

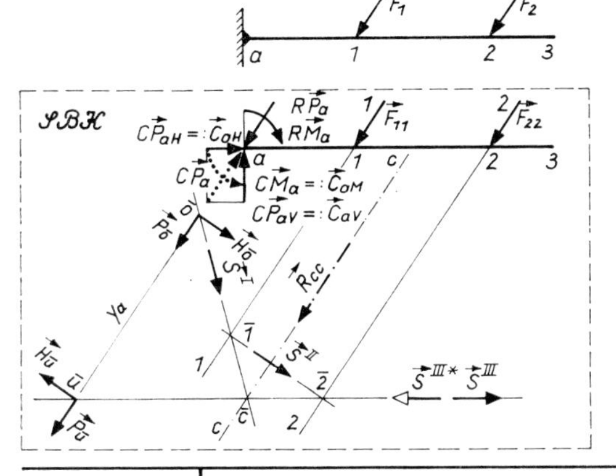

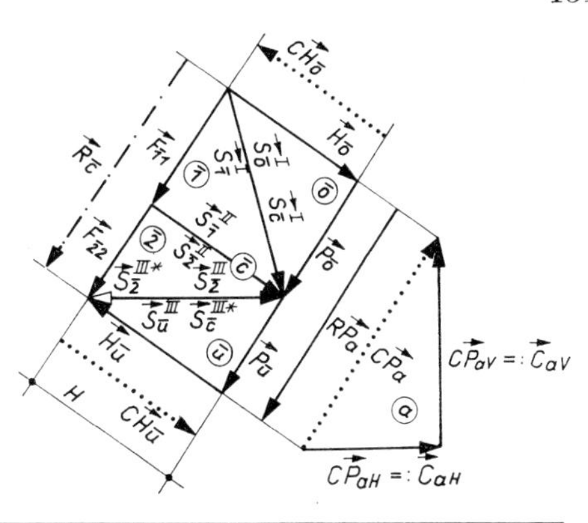

KÜRZUNGEN

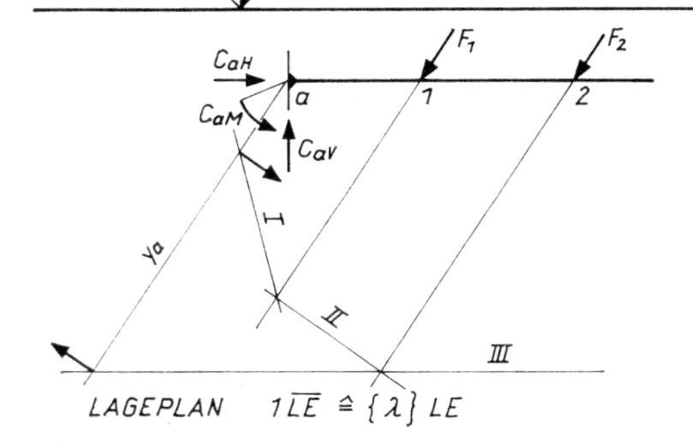

LAGEPLAN $1\overline{LE} \triangleq \{\lambda\}$ LE

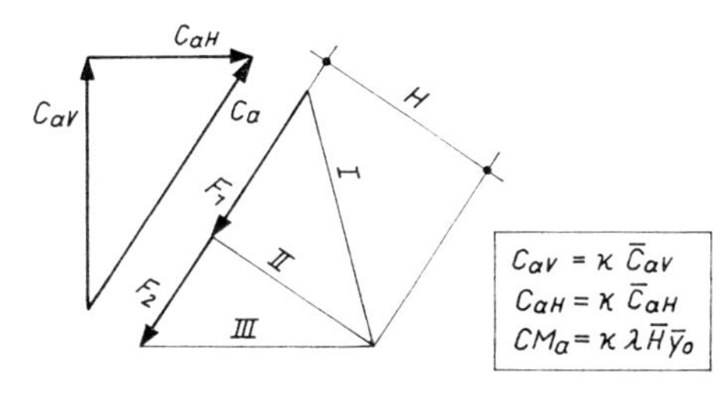

KRÄFTEPLAN $1\overline{LE} = \{\kappa\}$ KE

M: Methodische Darstellung und V: Verfahren

$\mathcal{K}$, KO $(d \mid d = a)$

$\overline{ii}$, i , $\vec{F}_i$ $\mid i = 1, \ldots, n$

BP(C)! $\mathcal{K} \Rightarrow \mathcal{BK}$

KO $\Rightarrow \overline{aa}, \hat{a}\hat{a}$, ⓐ

EP! $\mathcal{BK} \Rightarrow \mathcal{SBK}$

$\vec{F}_i \Rightarrow \vec{F}_{ii} \mid i = 1, \ldots, n$

R!! $\vec{R}_{cc} \Leftrightarrow \{\vec{F}_{ii} \mid i = 1, \ldots, n\}$

Y! $\begin{bmatrix} R\vec{P}_a \\ R\vec{M}_a \end{bmatrix}^{\perp} \Leftrightarrow \vec{R}_{cc}$

C! $\begin{bmatrix} C\vec{P}_a \\ C\vec{M}_a \end{bmatrix}^{\perp} \succ\!=\!\prec \begin{bmatrix} R\vec{P}_a \\ R\vec{M}_a \end{bmatrix}^{\perp}$

T! $\{\vec{C}_{an}, \vec{C}_{aq}\} \Leftrightarrow \vec{C}_a := C\vec{P}_a$

b! $\vec{C}_{am} := C\vec{M}_a$

-EP! $\mathcal{SBK} \Rightarrow \mathcal{BK}$

$\vec{F}_{ii} \Rightarrow \vec{F}_i$

KO $\Rightarrow$ $C\vec{P}_a, \alpha, C\vec{M}_a$

oder : $\vec{C}_{an}, \vec{C}_{aq}, \vec{C}_{am}$

EG : C(Y) ! $\{\vec{C}_{an}, \vec{C}_{aq}, \vec{C}_{am}\} \succ\!=\!\prec \{\vec{F}_{ii} \mid i = 1, \ldots, n\}$

Bild 9.7. Beispiel 3: Graphische Ermittlung der Stützgrößen mittels Substitution

F: Flußbild

9.3. Graphische Ermittlung der Stütz- und Verbindungsgrößen

Führen wir den Befreiungsprozeß zur Ermittlung der Stütz- und Verbindungsgrößen für ein mehrteiliges statisch bestimmtes Tragwerk durch, so entstehen Systemteile, die statisch bestimmt bzw. statisch unbestimmt angeschlossen sein können. Wir führen als Beispiel für beide Fälle die graphische Ermittlung der Stütz- und Verbindungskraft für die in Bild 9.4.V angegebenen Systeme vor.

9.3.1. Beispiel 4: Zweiteiliges Tragwerk mit einem statisch bestimmt angeschlossenen Systemteil

Entsprechend der graphischen Analyse in Abschnitt 9.1.3. verläuft der graphische Lösungsprozeß in den folgenden Einzelschritten (Bild 9.8).

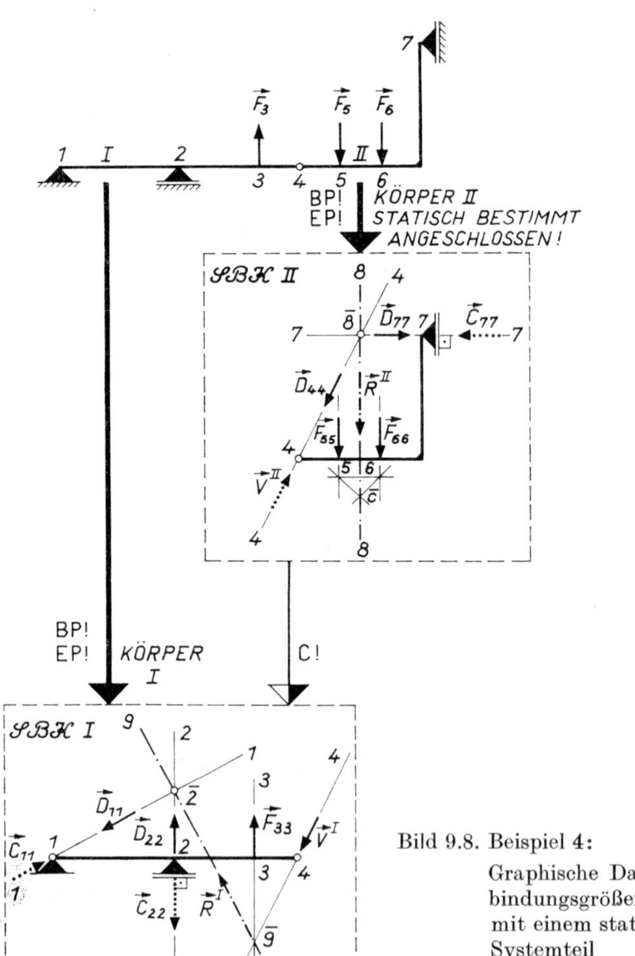

Bild 9.8. Beispiel 4:
Graphische Darstellung der Stütz- und Verbindungsgrößen eines zweiteiligen Systems mit einem statisch bestimmt angeschlossenen Systemteil
G: Geometrische Darstellung

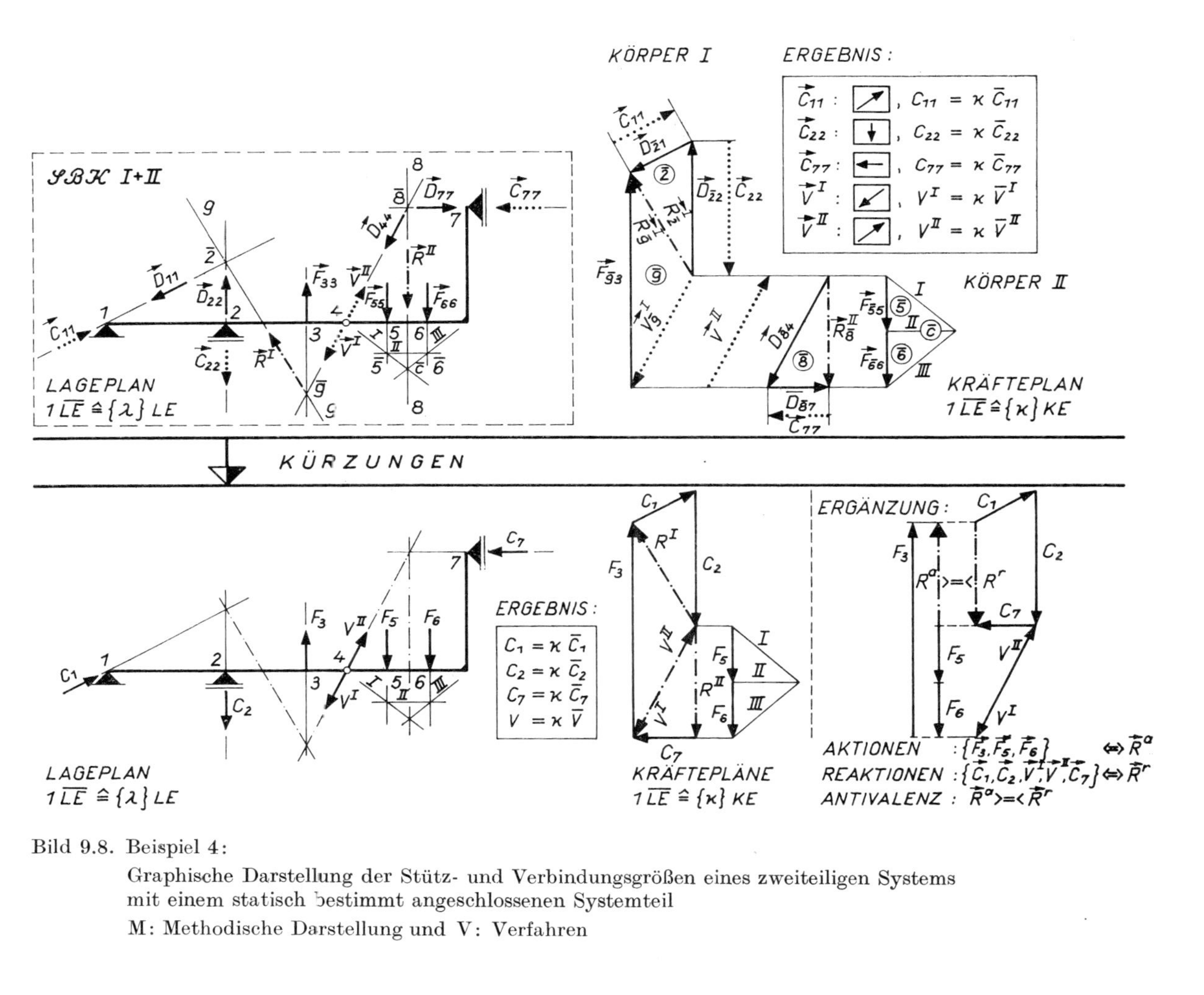

Bild 9.8. Beispiel 4:

Graphische Darstellung der Stütz- und Verbindungsgrößen eines zweiteiligen Systems mit einem statisch bestimmt angeschlossenen Systemteil

M: Methodische Darstellung und V: Verfahren

SYSTEMTEIL II:

- Die graphostatische Analyse läßt das Systemteil II als statisch bestimmt angeschlossen erkennen, deshalb wird durch
- den Befreiungsprozeß das Systemteil II zur Ermittlung der Stütz- und Verbindungsgrößen befreit.
  Aus dem Körper $\mathcal{K}$, dem Gesamtsystem, wird das Systemteil II herausgelöst[1]). Gleichzeitig zeichnen wir die feste Disduktionslinie $\overline{77}$ ein und vermerken, daß die durch 4 gehende Disduktionslinie $\overline{44}$ eine variable Neigung hat, weshalb sie vorerst noch nicht eingezeichnet werden kann.
- Der Erstarrungsprozeß führt das befreite Systemteil $\mathcal{BK}$ II in den starren Teilkörper ($\mathcal{SBK}$ II) über, läßt die Kräfte linienflüchtig werden und ermöglicht damit sowohl den Reduktions- als auch den Disduktionsprozeß am (starren) Teilkörper.
- Da die Wirkungslinien $\overline{55}$ und $\overline{66}$ der Kräfte $\boldsymbol{F}_{55}$ und $\boldsymbol{F}_{66}$ parallel sind, müssen letztere mit Hilfe des Seileckes reduziert werden.
- Die auf diesem Wege erhaltene Zentrallinie $\overline{88}$ schneidet die Disduktionsgerade $\overline{77}$ in $\overline{8}$. Eine eindeutige Disduktion der Resultierenden $\boldsymbol{R}^{\mathrm{II}}$ am Systemteil II nach den Disduktionslinien $\overline{77}$ und $\overline{44}$ ist nur möglich, wenn $\overline{44}$ durch $\overline{8}$ hindurchgeht, wodurch die variable Neigung von $\overline{44}$ nunmehr fixiert ist.
- Die Disduktionskräfte werden convertiert und ergeben am Systemteil II die Stützkraft $\boldsymbol{C}_{77}$, die linienflüchtig nach 7 verschoben wird, und die Gelenkkraft $\boldsymbol{V}^{\mathrm{II}}$, die linienflüchtig nach 4 zu verschieben ist.
- Die Aufhebung des Erstarrungsprozesses für das Systemteil II führt schließlich zu der in 7 gebundenen Stützkraft $\boldsymbol{C}_7$ und der in 4 gebundenen Gelenkkraft $\boldsymbol{V}_4^{\mathrm{II}}$.

SYSTEMTEIL I:

- Auf Grund der Kopplungsbedingung in 4, die gegengleiche Verbindungskräfte fordert, läßt sich durch Conversion von $\boldsymbol{V}_4^{\mathrm{II}}$ die Gelenkkraft $\boldsymbol{V}_4^{\mathrm{I}}$ am Systemteil I angeben.
- Zur Ermittlung der Stütz- und Verbindungskräfte wird nunmehr das Systemteil I befreit. Aus dem Körper $\mathcal{K}$ (dem Gesamtsystem) wird das Systemteil I herausgelöst. Gleichzeitig werden die feste Disduktionslinie $\overline{22}$ und die Wirkungslinie $\overline{44}$ der Gelenkkraft $\boldsymbol{V}^{\mathrm{I}}$ (parallel zu $\overline{44}$ im Systemteil II) eingezeichnet und vermerkt, daß die durch 1 gehende Disduktionslinie $\overline{11}$ wegen ihrer variablen Neigung vorerst nicht eingezeichnet werden kann.
- Der Erstarrungsprozeß ermöglicht Reduktion und Disduktion.
- Die Reduktion der bekannten Kräfte ($\boldsymbol{F}_{33}$ und $\boldsymbol{V}^{\mathrm{I}}$) führt (mittels **R(L)!**) zur Resultierenden $\boldsymbol{R}^{\mathrm{I}}$ am Systemteil I mit der Wirkungslinie $\overline{99}$.
- Die Wirkungslinie $\overline{99}$ schneidet die feste Disduktionsgerade $\overline{22}$ in $\overline{2}$. Die eindeutige Disduktion von $\boldsymbol{R}^{\mathrm{I}}$ nach $\overline{22}$ und $\overline{11}$ ist nur dann möglich, wenn auch $\overline{11}$ durch $\overline{2}$ hindurchgeht. Wir zeichnen $\overline{11}$ durch $\overline{2}$ ein und führen die Disduktion (im Beispiel mittels **D(L)!**) durch.
- Die Conversion der Disduktionskräfte führt zu den Stützkräften $\boldsymbol{C}_{11}$ und $\boldsymbol{C}_{22}$, die linienflüchtig nach den Lagerpunkten 1 und 2 verschoben werden.

[1]) Das aus mehreren Teilkörpern bestehende Gesamtsystem wird bei ebenen Problemen „*Scheibenkette*" genannt (Teilkörper = Scheibe, Körper = Gesamtsystem = Scheibenkette).

- Die Aufhebung des Erstarrungsprozesses ergibt schließlich die in 1 und 2 gebundenen Stützkräfte $\boldsymbol{C}_1$ und $\boldsymbol{C}_2$.

SYSTEMTEILE I und II:

- Die Stütz- und Verbindungskräfte werden in den Lageplan eingetragen.
- Kontrolle des Gleichgewichtes des Systems (im vorliegenden Fall der Scheibenkette): Krafteck der äußeren Kräfte muß sich schließen.

Die geometrische und methodische Darstellung sowie das Verfahren können in den entsprechenden Bildern mühelos verfolgt werden.

9.3.2. Beispiel 5: Zweiteiliges Tragwerk mit zwei statisch unbestimmt angeschlossenen Systemteilen

Sind beide statisch unbestimmt angeschlossenen Systemteile belastet, so werden — der graphostatischen Analyse in Abschnitt 9.1.3. folgend — zwei Lastfälle untersucht (Bild 9.9.G und Bild 9.9.V.1).

LASTFALL 1: Systemteil I belastet,
Systemteil II unbelastet.

Auf Grund der graphostatischen Analyse wissen wir, daß am Systemteil II die variablen Disduktionslinien durch g und b kollinear sind. Wir bezeichnen sie mit $\overline{\mathrm{II\,II}}$. Demnach folgt:

Der Befreiungsprozeß wird zur Ermittlung der Stütz- und Verbindungskräfte durchgeführt, indem zunächst die folgenden Disduktionslinien eingezeichnet werden für

Systemteil II: $\overline{\mathrm{II\,II}}$ durch b und g,

Systemteil I: $\overline{gg} \parallel \overline{\mathrm{II\,II}}$ durch g.

Wir vermerken, daß die variable Disduktionslinie $\overline{aa}$ erst nach der Reduktion eingezeichnet werden kann.

- Der Erstarrungsprozeß ermöglicht die Reduktion und Disduktion.
- Die Reduktion am Systemteil I führt zur Resultierenden $\boldsymbol{R}^{\mathrm{I}} = \boldsymbol{R}_1$, die im Beispiel bereits vorgegeben ist, und damit zu deren Zentrallinie $\overline{11}$.
- Die Zentrallinie $\overline{11}$ schneidet $\overline{gg}$ in $\overline{1}$. Durch diesen Punkt muß die variable Disduktionslinie $\overline{aa}$ hindurchgehen, wenn eine eindeutige Disduktion möglich sein soll.
- Wir zeichnen $\overline{aa}$ ein und führen die Disduktion durch.
- Die Conversion der Disduktionskräfte führt zu der Stützkraft $\boldsymbol{C}_{aa}$ und der Verbindungskraft $\boldsymbol{V}^{\mathrm{I}}_{gg}$, die linienflüchtig nach a bzw. g verschoben werden.
- Die Aufhebung des Erstarrungsprozesses ergibt in a und g die gebundene Stützkraft $\boldsymbol{C}_{a,1}$ und die gebundene Gelenkkraft $\boldsymbol{V}^{\mathrm{I}}_{g,1}$ — beide nur für den Lastfall 1 (als Ursache nach dem Komma angegeben).
- Auf Grund der Kopplungsbedingung in g, die gegengleiche Gelenkkräfte fordert, läßt sich durch Conversion von $\boldsymbol{V}^{\mathrm{I}}_{g,1}$ die Gelenkkraft $\boldsymbol{V}^{\mathrm{II}}_{g,1}$ am Systemteil II und damit auch $\boldsymbol{C}_{b,1}$ angeben.[1])

[1]) Vgl. Bd. 2, Abschnitt 4.1.3.2.

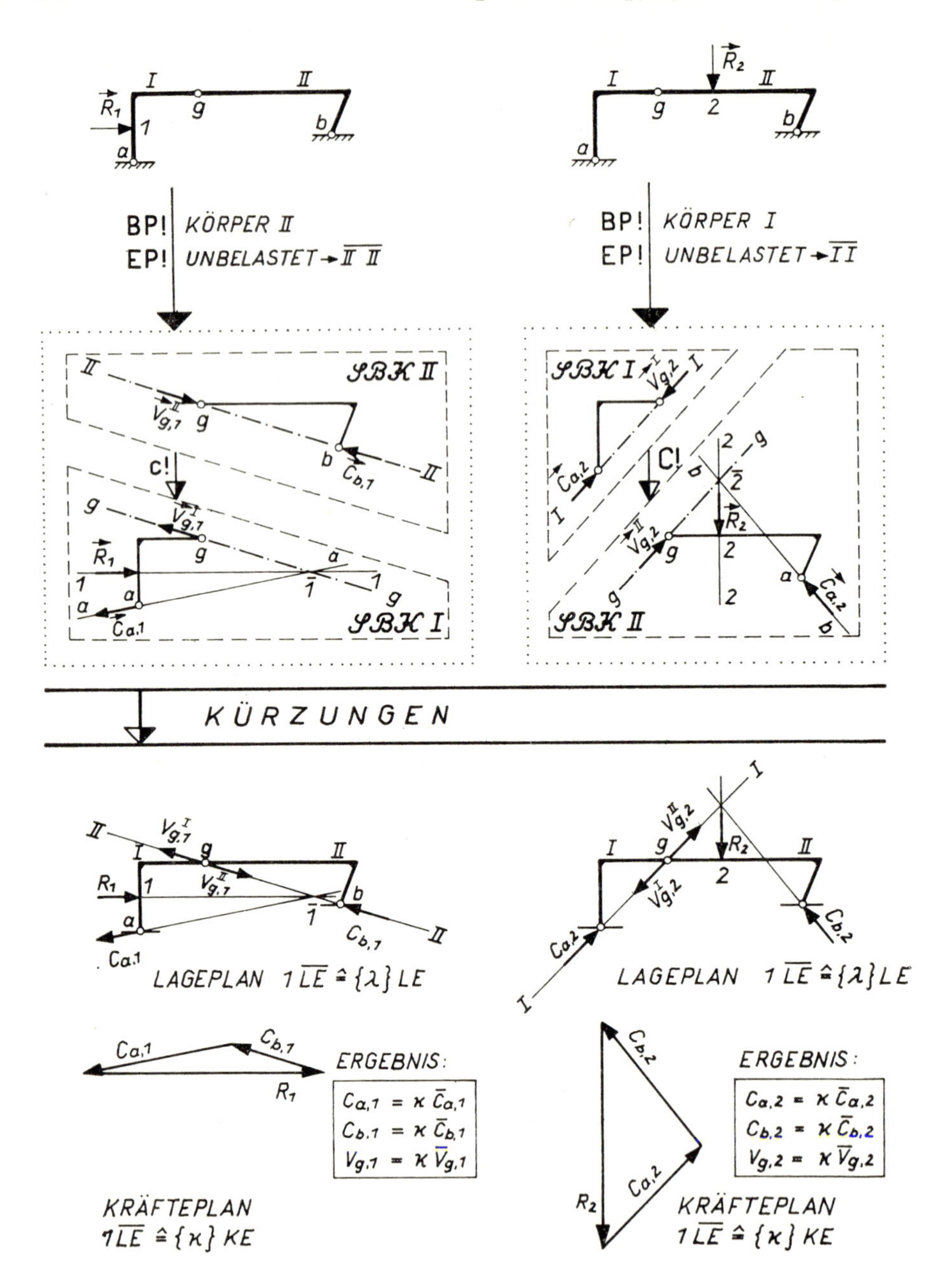

$C_{a,1} = \varkappa\, \bar{C}_{a,1}$
$C_{b,1} = \varkappa\, \bar{C}_{b,1}$
$V_{g,1} = \varkappa\, \bar{V}_{g,1}$

$C_{a,2} = \varkappa\, \bar{C}_{a,2}$
$C_{b,2} = \varkappa\, \bar{C}_{b,2}$
$V_{g,2} = \varkappa\, \bar{V}_{g,2}$

Bild 9.9. Beispiel 5:

Graphische Ermittlung der Stütz- und Verbindungsgrößen eines zweiteiligen Systems mit *keinem* statisch bestimmt angeschlossenen Systemteil

G: Geometrische Darstellung und V.1: Verfahren 1: Lastfalltrennung

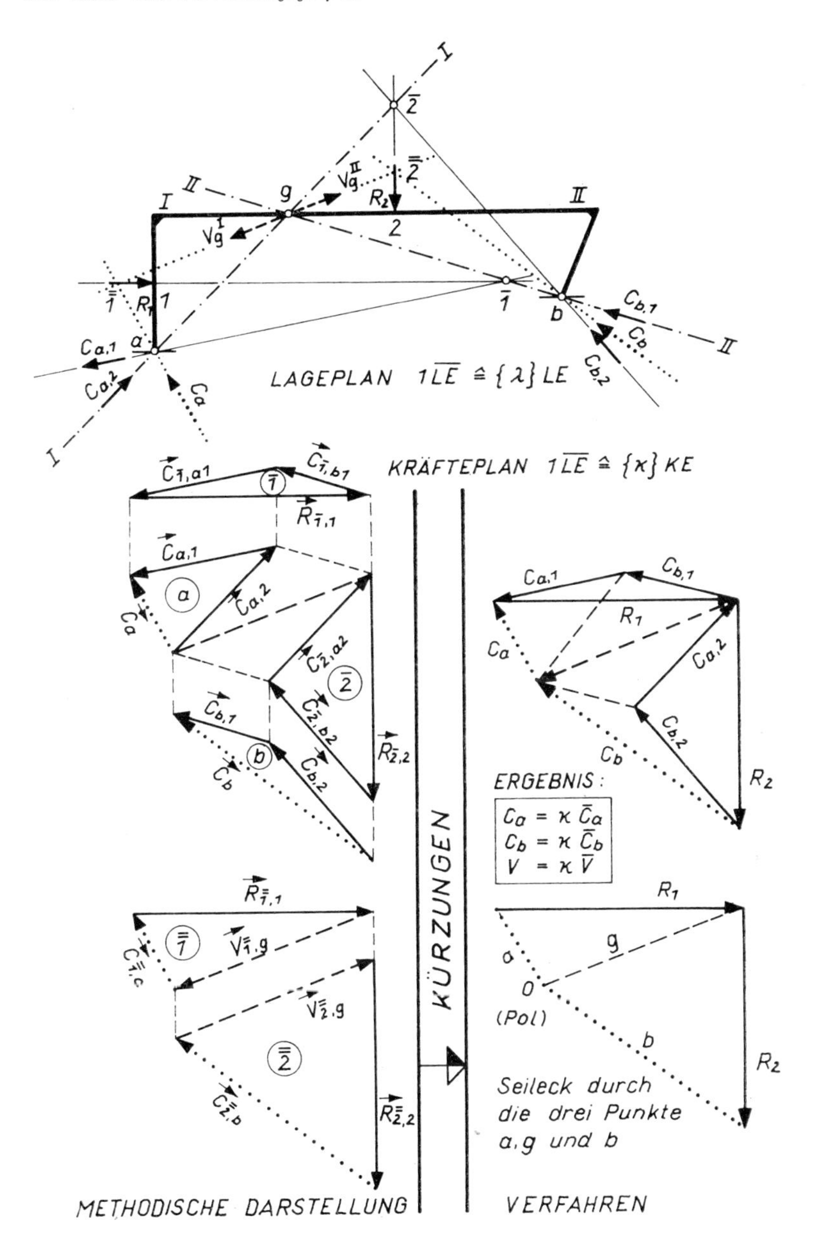

Bild 9.9. Beispiel 5:
Graphische Ermittlung der Stütz- und Verbindungsgrößen eines zweiteiligen Systems mit *keinem* statisch bestimmt angeschlossenen Systemteil
M: Methodische Darstellung und V.2: Verfahren 2: Lastfallsuperposition

LASTFALL 2: Systemteil I unbelastet,
Systemteil II belastet.

Die graphische Ermittlung der Stütz- und der Gelenkkraft verläuft völlig analog zu Lastfall 1. Als Ergebnis erhalten wir die Reaktionskräfte $\boldsymbol{C}_{a,2}$, $\boldsymbol{C}_{b,2}$, $\boldsymbol{V}_{g,2}^{\mathrm{I}}$ und $\boldsymbol{V}_{g,2}^{\mathrm{II}}$ infolge des Lastfalles 2.

SUPERPOSITION

Die gesuchten Stütz- und Gelenkkräfte für die vorgegebene Belastung erhält man durch graphische Superposition beider Lastfälle nach Bild 9.9.M. Man beachte, daß sich die Wirkungslinien von $\boldsymbol{C}_a$, $\boldsymbol{R}_1$ und $\boldsymbol{V}_g^{\mathrm{I}}$ in $\overline{\overline{1}}$, die von $\boldsymbol{C}_b$, $\boldsymbol{R}_2$ und $\boldsymbol{V}_g^{\mathrm{II}}$ in $\overline{\overline{2}}$ (also jeweils in einem Punkt) schneiden müssen. Bei der praktischen Anwendung würde man natürlich beide Lastfälle (entsprechend Bild 9.9.V.2) übereinanderzeichnen. Die Stütz- und Verbindungskräfte bilden dann das Seileck (a, g, b zur Belastung R_1, R_2) durch die drei Gelenke. Die Ermittlung der Disduktionslinie $\overline{\text{II II}}$ für Gelenk, Längskraftführung und Querkraftführung wird in Bild 9.9.V.3 gezeigt. Disduktion und Conversion werden zur *antivalenten Disduktion* zusammengefaßt.

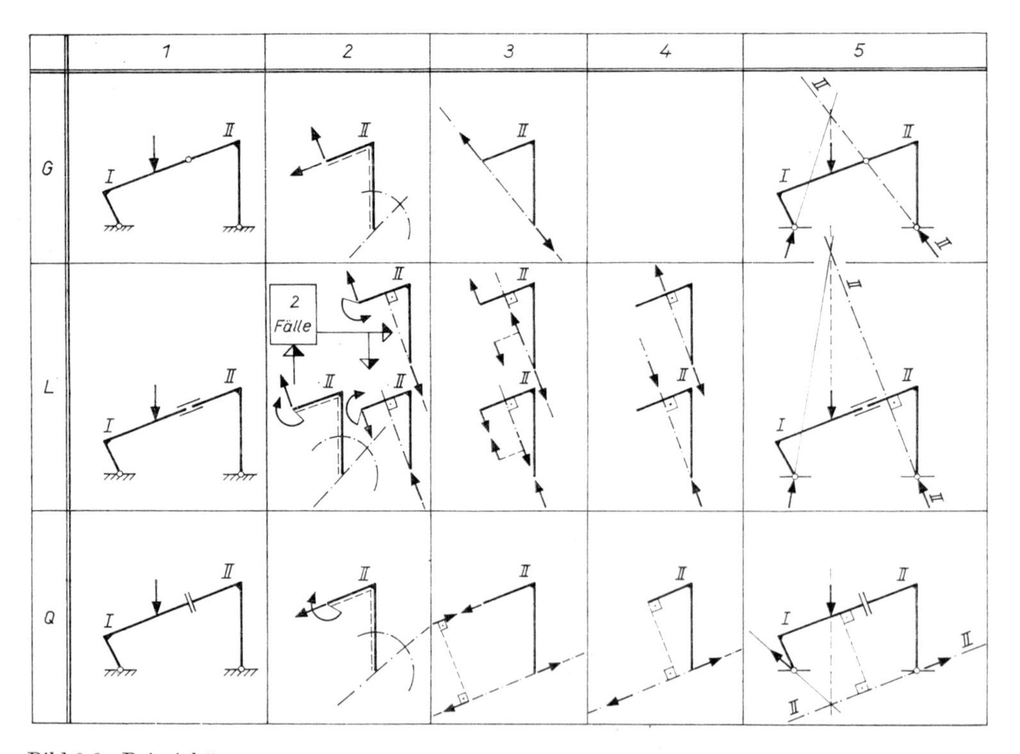

Bild 9.9. Beispiel 5:
Graphische Ermittlung der Stütz- und Verbindungsgrößen eines zweiteiligen Systems mit *keinem* statisch bestimmt angeschlossenen Systemteil
V.3: Verfahren 3: Disduktionslinienermittlung für Gelenk, Längs- und Querführung

9.4. Graphische Ermittlung der Schnittgrößen

Sind die Schnittgrößen im Schnitt k eines Tragsystems gesucht, so muß der Befreiungsprozeß mit dem Ziel durchgeführt werden, diese zu ermittelnden Schnittgrößen sichtbar werden zu lassen, sie in das Modell einzuführen[1]) (Bild 9.10).

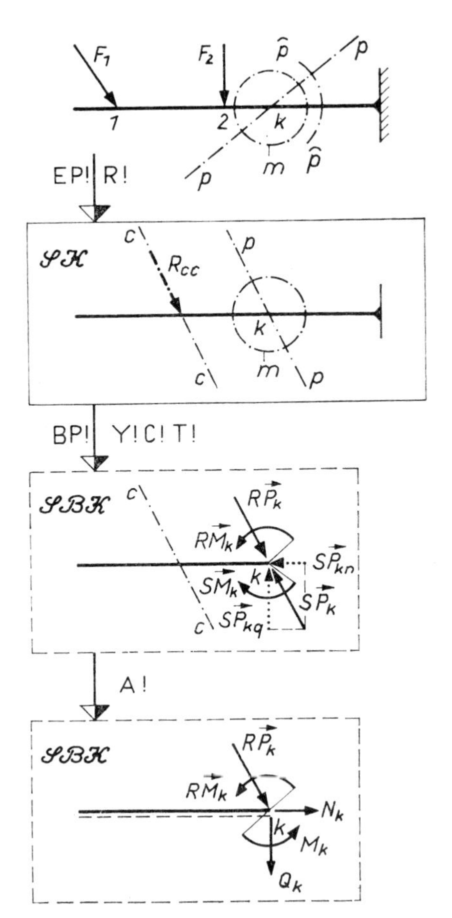

Bild 9.10. Disduktionslinien und Befreiungsprozeß zur Einführung der Schnittgrößen

Auf Grund der Kopplungsbedingungen ($\mathcal{K}0$) lassen sich in k die variable Disduktionslinie $\overline{pp}$ mit der noch unbekannten Neigung $\hat{p}\hat{p}$ für die Schnittprojektion $\boldsymbol{SP}$ und die Disduktionslinie $(\widehat{m})$ für das Schnittmoment $\boldsymbol{SM}$ angeben. Es sind dies die gleichen Disduktionslinien wie für die Ermittlung der Stützgrößen einer Einspannung (z. B. Abschnitt 9.2., Beispiel 3).

Der Erstarrungsprozeß läßt die Kräfte linienflüchtig werden und ermöglicht die Reduktion. Da die reduzierte Projektion $\boldsymbol{RP}_k$ in k parallel zur Resultierenden $\boldsymbol{R}_{cc}$ ist,

[1]) Vgl. Bd. 1, 2. Auflage, Tafel A.18, Tafel A.21, Tafel A.24, Tafel A.29, Bd. 2, 2. Auflage, Abschnitt B.1.2.3., Bild B.5 und B.6.

sind $\overline{cc}$ und $\overline{pp}$ ebenfalls parallel. Damit ist die Neigung $\hat{p}\hat{p}$ der Disduktionslinie $\overline{pp}$ bekannt. Die Substitution ergibt in k das Reduktionspaar, bestehend aus $\boldsymbol{RP}_k$ und $\boldsymbol{RM}_k$. Durch Conversion erhalten wir schließlich die gesuchten Schnittgrößen $\boldsymbol{SP}_k$ und $\boldsymbol{SM}_k$. Die meisten Aufgaben der praktischen Baustatik fordern zunächst eine Zerlegung[1]) der Schnittprojektion in zwei Komponenten, von denen die eine in Richtung der Systemachse und die andere quer dazu verläuft und danach die Adaption an die vereinbarten Vergleichsvektoren[2]) für die Schnittgrößen. In Anlehnung an die analytische Lösung[3]) bezeichnen wir diese Zerlegung ebenfalls als Transformation. Für die graphische Schnittgrößenermittlung brauchen wir also keine neuen Elementarprozesse einführen. Entscheidend für das Verfahren ist die Bestimmung des Substitutionsmomentes. Diese Bestimmung kann

- mit Hilfe der Mittelkraftlinie ($RM = R \cdot e$)

  oder
- mit Hilfe des Seileckes ($RM = H \cdot y$)

erfolgen.

Wir demonstrieren beide Möglichkeiten an Hand von Beispielen. Sollen die Schnittgrößen für jeden Punkt des Tragsystems angegeben werden, so entstehen Koordinatendiagramme, die wir durch rekursive Reduktion aufbauen können. Sie veranschaulichen den Beanspruchungs*zustand* des Tragwerkes und werden deshalb auch als *Zustandslinien* (Längskraft-, Querkraft-, Momenten*zustands*linie) bezeichnet. Wir stellen sie in den behandelten Beispielen dar.

9.4.1. Beispiel 6: Träger auf zwei Stützen mit geknickter Stabachse (Mittelkraftlinie)

Lassen Angriffspunkt und Neigung der Kräfte die Konstruktion einer Mittelkraftlinie zu, so können Mittelkraft und Mittelkraftlinie zur Schnittgrößenbestimmung benutzt werden (Bild 9.11).

Sollen für das Tragsystem in Bild 9.11.G die Schnittgrößen in den Punkten 5, 6 und 7 ermittelt werden, so sind zunächst die Stützkräfte und die Mittelkräfte für die einzelnen Bereiche $\overset{\frown}{\underset{\smile}{\mathrm{I}}}$ bis $\overset{\frown}{\underset{\smile}{\mathrm{IV}}}$ einschließlich ihrer Wirkungslinien (also einschließlich der Mittelkraftlinie) zu bestimmen.

Danach wird man die gesuchten Schnittgrößen in 5, 6 bzw. 7 mit Hilfe des Befreiungsprozesses sichtbar werden lassen und ermitteln. Dies geschieht in drei gleichzeitig verlaufenden Schritten.

1. Festlegung der Disduktionslinien am freien Schnittufer 5, 6 bzw. 7 (das sind zugleich die Wirkungslinien der Schnittgrößen)

   Die starre Verbindung[4]) fordert eine variable ($\hat{5}\hat{5}$, $\hat{6}\hat{6}$ bzw. $\hat{7}\hat{7}$) Disduktionslinie $\overline{55}$, $\overline{66}$ bzw. $\overline{77}$ für die reduzierte Projektion $\boldsymbol{RP}_5$, $\boldsymbol{RP}_6$ bzw. $\boldsymbol{RP}_7$ und eine Disduktionslinie $\overset{\frown}{\underset{\smile}{5}}$,

[1]) Vgl. auch Abschnitt 9.2.3., Bild 9.7.V.

[2]) Vgl. Bd. 2, 2. Auflage, Abschnitt B.2.5., Tafel B.8, Teile 5, Abschnitt B.4.2.5., Tafel B.21, Tafel B.23.

[3]) Vgl. Bd. 1, 2. Auflage, Bild A.1.

[4]) Vgl. Bd. 1, 2. Auflage, Abschnitt A.5., Tafel A.8.

$\overset{\frown}{\underset{\smile}{(6)}}$ bzw. $\overset{\frown}{\underset{\smile}{(7)}}$ für das reduzierte Moment $\boldsymbol{RM}_5$, $\boldsymbol{RM}_6$ bzw. $\boldsymbol{RM}_7$. Durch den Verlauf der schon bekannten Mittelkraftlinie wird die Richtung der variablen Disduktionsgeraden fixiert: $\overline{55} \parallel \overline{\text{II II}}$, $\overline{66} \parallel \overline{\text{III III}}$, $\overline{77} \parallel \overline{\text{III III}}$.

2. Substitution

Für die im jeweiligen Bereich $\overset{\frown}{\underset{\smile}{(\text{II})}}$ bzw. $\overset{\frown}{\underset{\smile}{(\text{III})}}$ wirksame Mittelkraft $\boldsymbol{R}^{\text{II}}$ bzw. $\boldsymbol{R}^{\text{III}}$ wird in den Punkten 5, 6 bzw. 7 das entsprechende Substitutionspaar nach Bild 8.16 substituiert. Dabei ergibt sich

$$RP_5 = R^{\text{II}}, \qquad RP_6 = R^{\text{III}}, \qquad RP_7 = R^{\text{III}},$$
$$RM_5 = R^{\text{II}} \cdot e_5, \qquad RM_6 = R^{\text{III}} \cdot e_6, \qquad RM_7 = R^{\text{III}} \cdot e_7.$$

3. Conversion

Die gesuchten Schnittgrößen sind den substituierten Größen antivalent:

$$\boldsymbol{SP}_5 \rightleftarrows \boldsymbol{RP}_5, \qquad \boldsymbol{SP}_6 \rightleftarrows \boldsymbol{RP}_6, \qquad \boldsymbol{SP}_7 \rightleftarrows \boldsymbol{RP}_7,$$
$$\boldsymbol{SM}_5 \rightleftarrows \boldsymbol{RM}_5, \qquad \boldsymbol{SM}_6 \rightleftarrows \boldsymbol{RM}_6, \qquad \boldsymbol{SM}_7 \rightleftarrows \boldsymbol{RM}_7.$$

Schließlich sind die Schnittprojektionen zu transformieren

$$\boldsymbol{SP}_{5n} + \boldsymbol{SP}_{5q} \equiv \boldsymbol{SP}_5, \qquad \boldsymbol{SP}_{6n} + \boldsymbol{SP}_{6q} \equiv \boldsymbol{SP}_6, \qquad \boldsymbol{SP}_{7n} + \boldsymbol{SP}_{7q} \equiv \boldsymbol{SP}_7,$$

und die Schnittgrößen an die vereinbarten Vergleichsvektoren[1]) zu adaptieren:

$$N_5 = -SP_{5n}, \qquad N_6 = -SP_{6n}, \qquad N_7 = 0,$$
$$Q_5 = +SP_{5q}, \qquad Q_6 = -SP_{6q}, \qquad Q_7 = -SP_{7q},$$
$$M_5 = +SM_5, \qquad M_6 = +SM_6, \qquad M_7 = +SM_7.$$

Der graphische Lösungsprozeß kann in der geometrischen Darstellung und Flußbilddarstellung, in der methodischen Darstellung sowie im Verfahren leicht verfolgt werden. Das Aufzeichnen der Schnittgrößenzustandslinien ist verhältnismäßig einfach. Betrachten wir zunächst die *Längs- und Querkräfte.*

Im Bereich $\overset{\frown}{\underset{\smile}{(\text{II})}}$ wirkt die Mittelkraft $\boldsymbol{R}^{\text{II}}$, die in 5 und auch in allen anderen Punkten des Bereiches die gleiche Schnittprojektion $\boldsymbol{SP}^{\text{II}} = \boldsymbol{SP}_5$ ergibt. Diese wird transformiert und führt — da in allen Punkten des Bereiches $\overset{\frown}{\underset{\smile}{(\text{II})}}$ die gleiche Neigung vorliegt — zu den ebenfalls konstanten Längs- und Querkräften

$$N^{\text{II}} = N_5 = -SP_{5n},$$
$$Q^{\text{II}} = Q_5 = +SP_{5q}.$$

Die analogen Überlegungen gelten für den Bereich $\overset{\frown}{\underset{\smile}{(\text{III})}}$. Hier ist

$$\boldsymbol{SP}^{\text{III}} = \boldsymbol{SP}_6 = \boldsymbol{SP}_7.$$

Da sich aber im Knick k die Stabneigung und damit der Transformationswinkel ändert, springen Längs- und Querkraft in k, so daß wir anschreiben müssen ($\div$ bedeutet „bis"):

$$N^{\text{III}}_{2\div k} = N_6 = -SP_{6n}, \qquad N^{\text{III}}_{k\div 3} = N_7 = 0,$$
$$Q^{\text{III}}_{2\div k} = Q_6 = -SP_{6q}, \qquad Q^{\text{III}}_{k\div 3} = Q_7 = -SP_{7q}.$$

[1]) Vgl. Bd. 1, 2. Auflage, Bild A.1.

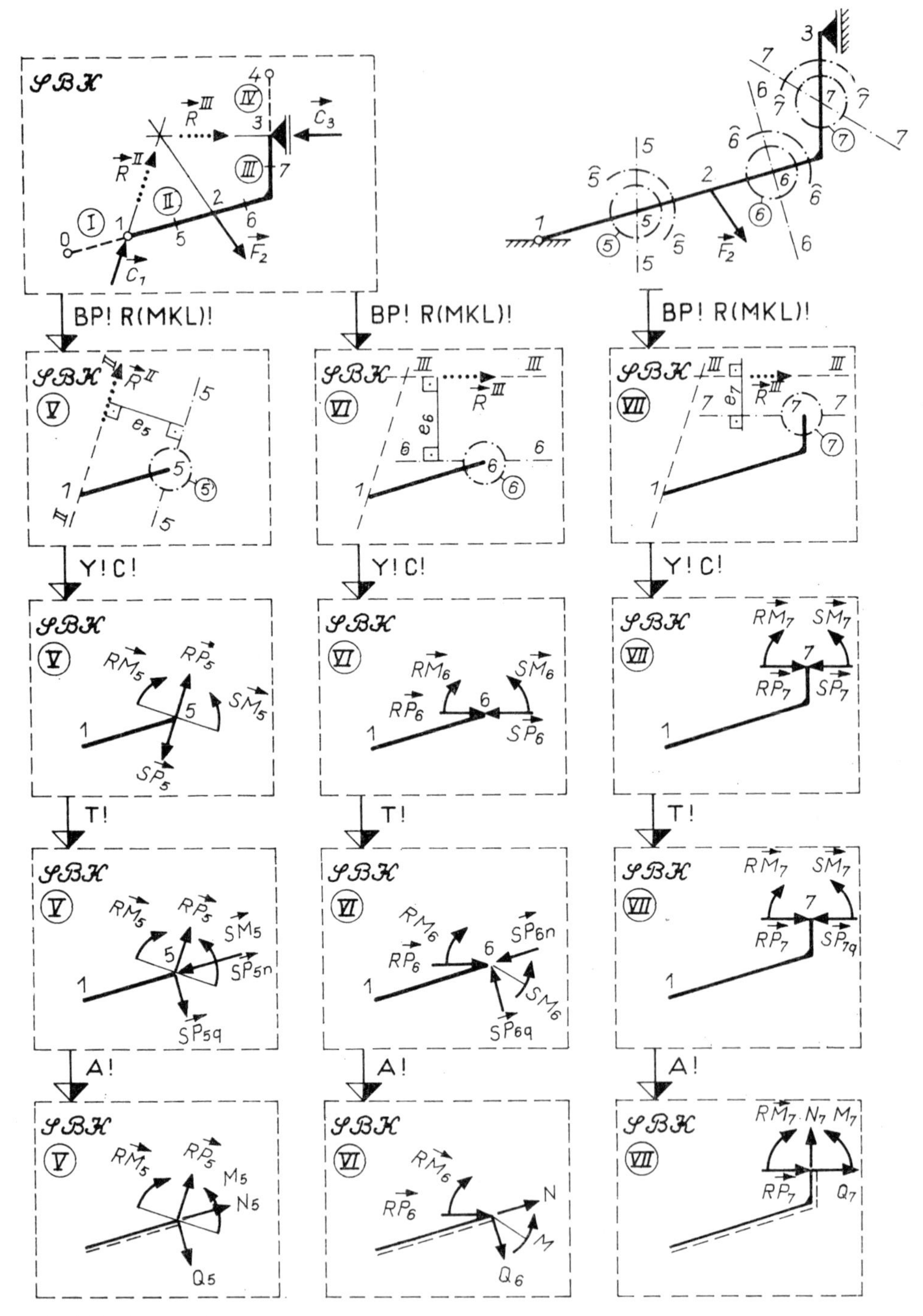

Bild 9.11. Beispiel 6:

Graphische Ermittlung der Schnittgrößen mit Hilfe der Mittelkraftlinie

G: Geometrische Darstellung

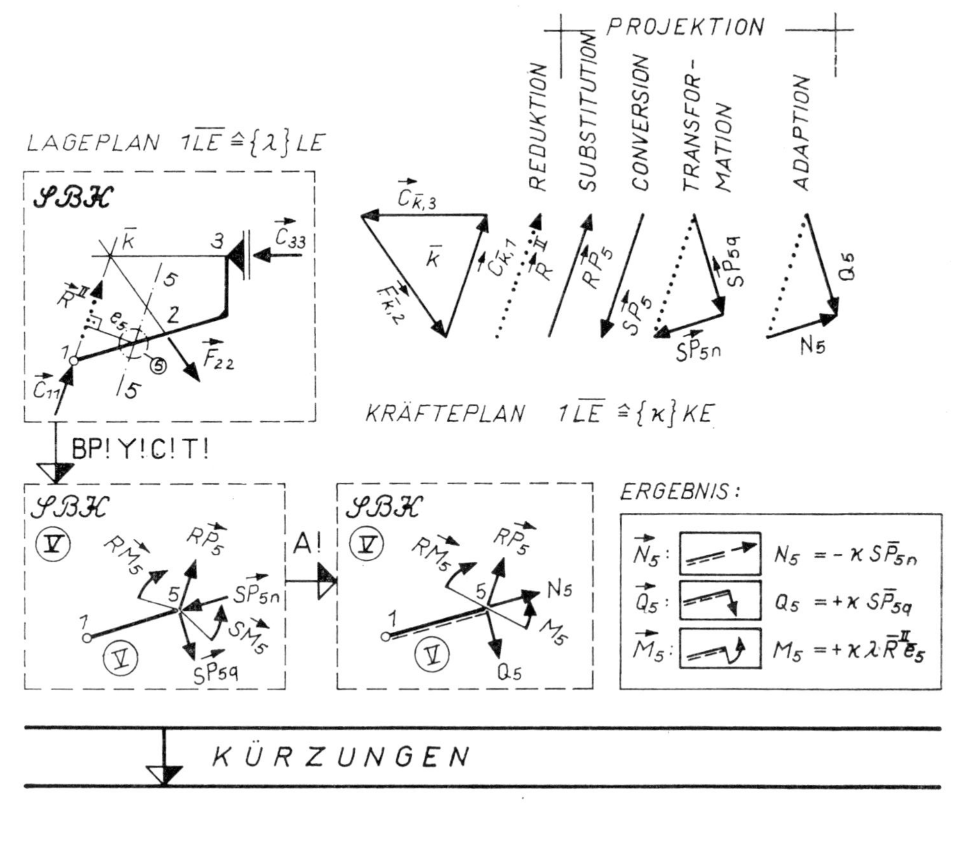

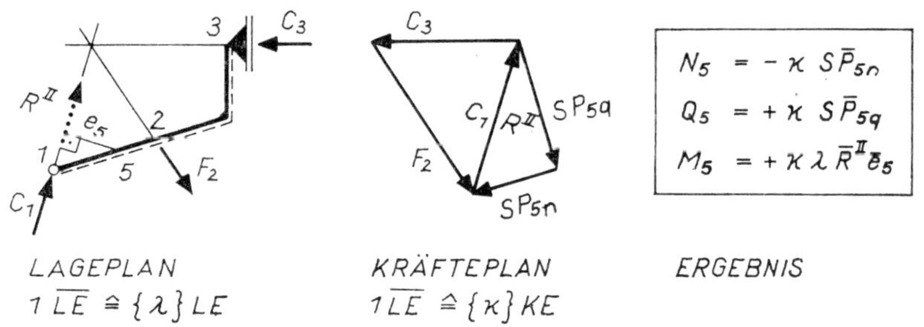

Bild 9.11. Beispiel 6:
Graphische Ermittlung der Schnittgrößen mit Hilfe der Mittelkraftlinie
M: Methodische Darstellung und V: Verfahren

Tragen wir diese abschnittsweise konstanten Koordinatenfunktionen über der Stabachse auf, so entstehen die Zustandslinien für die Längs- und Querkräfte in Bild 9.11.Z. Die *Momente* ergeben sich im Bereich (II) bzw. (III) zu

$$M^{\mathrm{II}} = +\varkappa\lambda\overline{R}^{\mathrm{II}} \cdot \bar{e}^{\mathrm{II}} = +\varkappa\lambda\overline{m}^{\mathrm{II}} \quad \text{und}$$

$$M^{\mathrm{III}} = +\varkappa\lambda\overline{R}^{\mathrm{III}} \cdot \bar{e}^{\mathrm{III}} = +\varkappa\lambda\overline{m}^{\mathrm{III}},$$

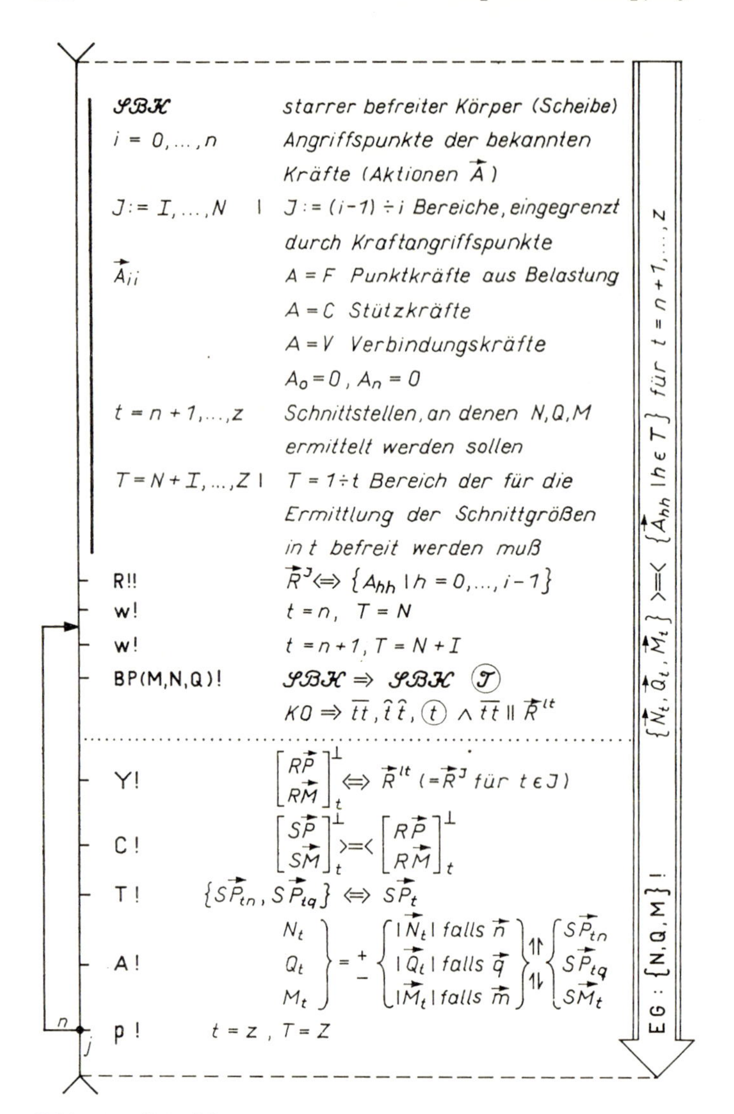

Bild 9.11. Beispiel 6:
Graphische Ermittlung der Schnittgrößen mit Hilfe der Mittelkraftlinie
F: Flußbild

wobei $e^{II} \perp \boldsymbol{R}^{II}$ im Bereich (II), also zwischen den Punkten 1 und 2, $e^{III} \perp \boldsymbol{R}^{III}$ im Bereich (III), also zwischen den Punkten 2 und 3 abzulesen ist. Rechnen wir die Ordinaten m^{II} bzw. m^{III} aus und tragen sie danach senkrecht zur Stabachse auf, so erhalten wir die Momentenzustandslinie nach Bild 9.11.Z.

Die Multiplikation $R^J \cdot e^J$ widerspricht natürlich einer graphischen Ermittlung. Deshalb ist nach Darstellungsarten gesucht worden, die derartige Multiplikationen weitgehend einschränken (Bild 9.11.Z.2).

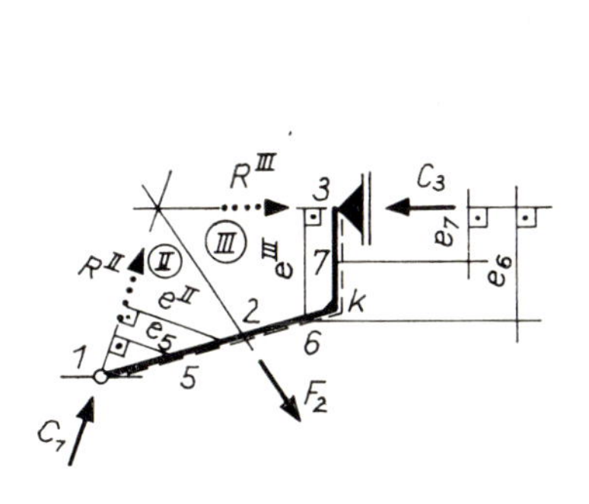

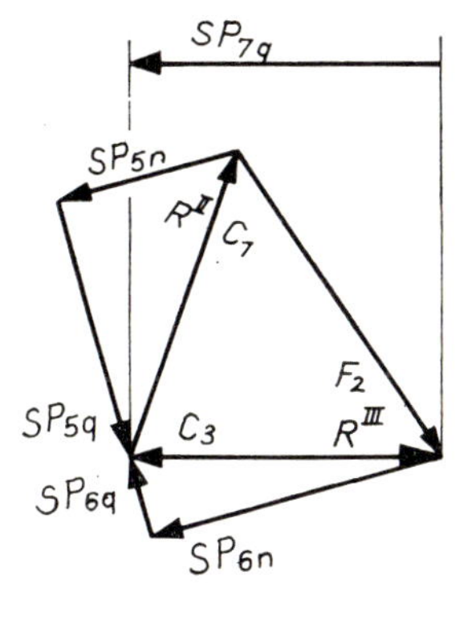

LAGEPLAN $1\,\overline{LE} \mathrel{\widehat{=}} \{\lambda\}\,LE$ KRÄFTEPLAN $1\,\overline{LE} \mathrel{\widehat{=}} \{\varkappa\}\,KE$

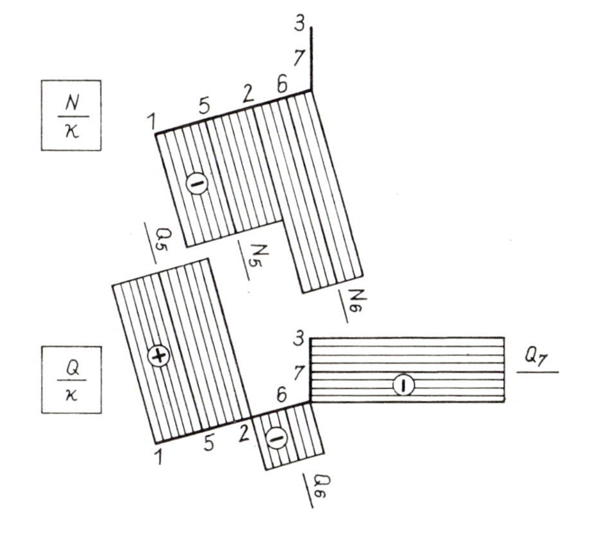

LÄNGSKRAFT-ZUSTANDSLINIE

$$N_5 = -\varkappa \cdot S\bar{P}_{5n}$$
$$N_6 = -\varkappa \cdot S\bar{P}_{6n}$$
$$N_7 = 0$$

QUERKRAFT-ZUSTANDSLINIE

$$Q_5 = +\varkappa \cdot S\bar{P}_{5q}$$
$$Q_6 = -\varkappa \cdot S\bar{P}_{6q}$$
$$Q_7 = -\varkappa \cdot S\bar{P}_{7q}$$

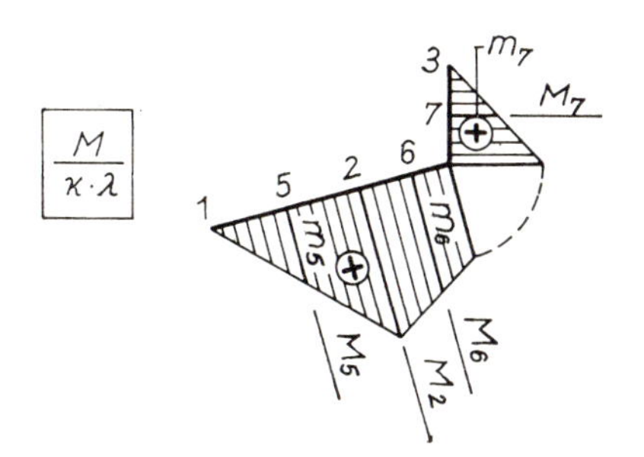

MOMENTEN-ZUSTANDSLINIE

$$M_5 = +\varkappa\,\lambda\,\bar{R}^{II}\bar{e}_5 = +\varkappa\,\lambda\,\bar{m}_5$$
$$M_6 = +\varkappa\,\lambda\,\bar{R}^{III}\bar{e}_6 = +\varkappa\,\lambda\,\bar{m}_6$$
$$M_7 = +\varkappa\,\lambda\,\bar{R}^{III}\bar{e}_7 = +\varkappa\,\lambda\,\bar{m}_7$$

Bild 9.11. Beispiel 6:
Graphische Ermittlung der Schnittgrößen mit Hilfe der Mittelkraftlinie
Z.1: Zustandslinien für N, Q, M

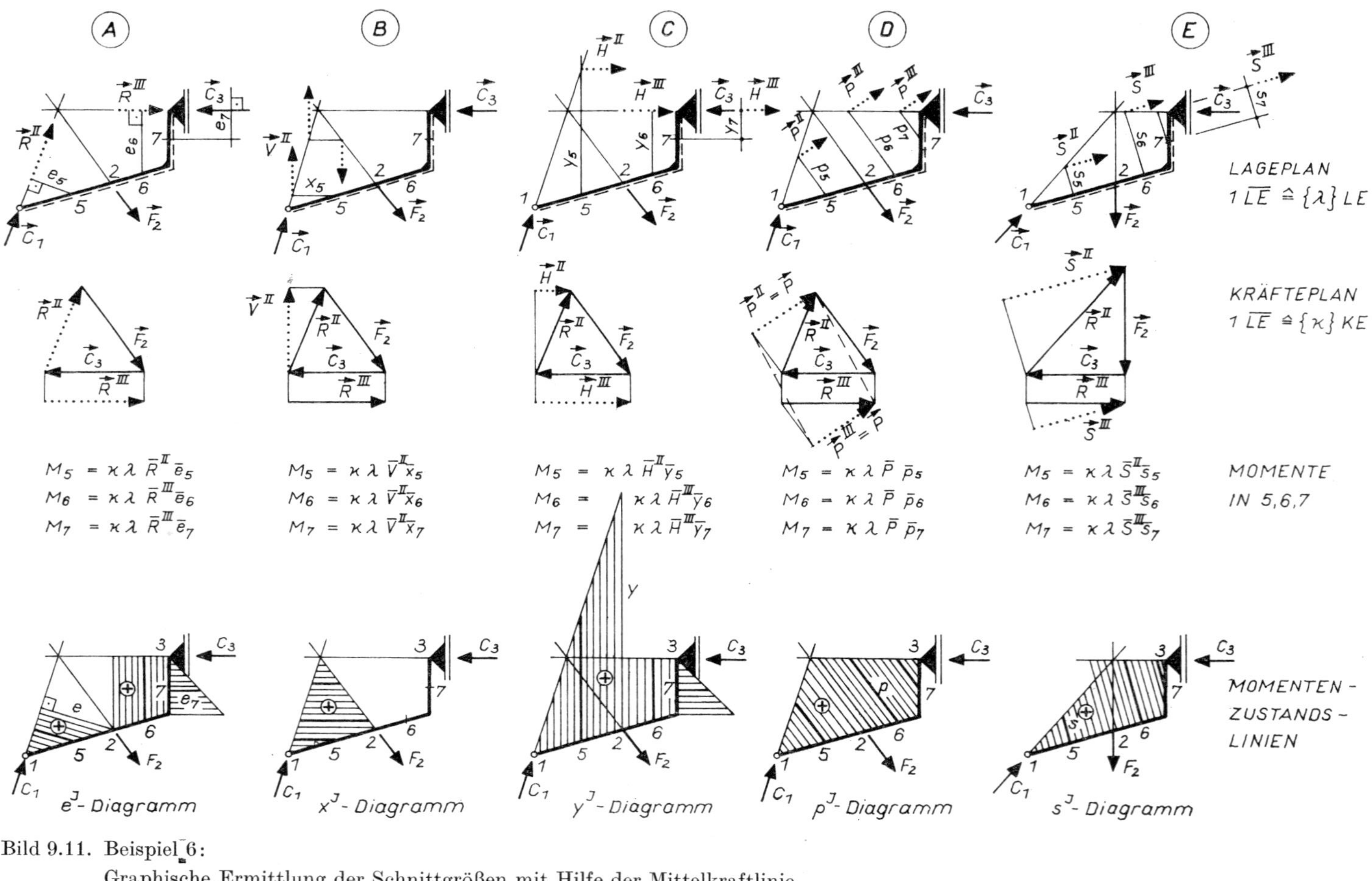

Bild 9.11. Beispiel 6:
Graphische Ermittlung der Schnittgrößen mit Hilfe der Mittelkraftlinie
Z.2: Darstellungsvarianten für die Momentenzustandslinie

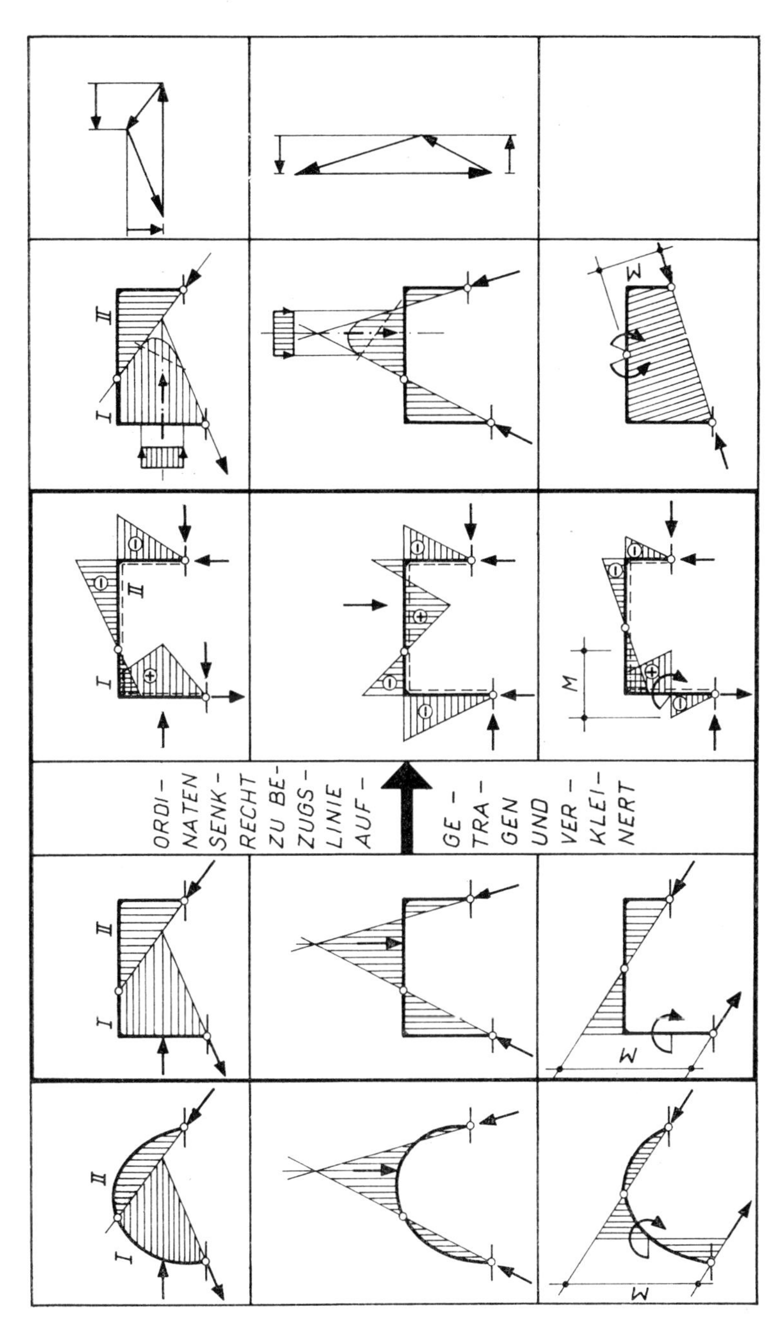

Bild 9.12. Graphische Ermittlung der Momentenzustandslinie für verschiedene Systeme und Belastungen

Zeichnet man die $e^J \perp \boldsymbol{R}^J$ ein, so erhält man die Zustandslinie in Bild 9.11.Z.2, (A), aus der man dann die Momente durch Multiplikation der e^J-Ordinaten mit dem zugeordneten R^J erhält.

Anstelle der senkrechten Abstände e^J von der Mittelkraftlinie kann man natürlich auch die horizontalen x^J bzw. die vertikalen Abstände y^J benutzen, wenn man diese mit den vertikalen Komponenten V^J bzw. mit den horizontalen Komponenten H^J der Mittelkräfte R^J multipliziert. Man erhält dann die x^J- bzw. y^J-Diagramme in Bild

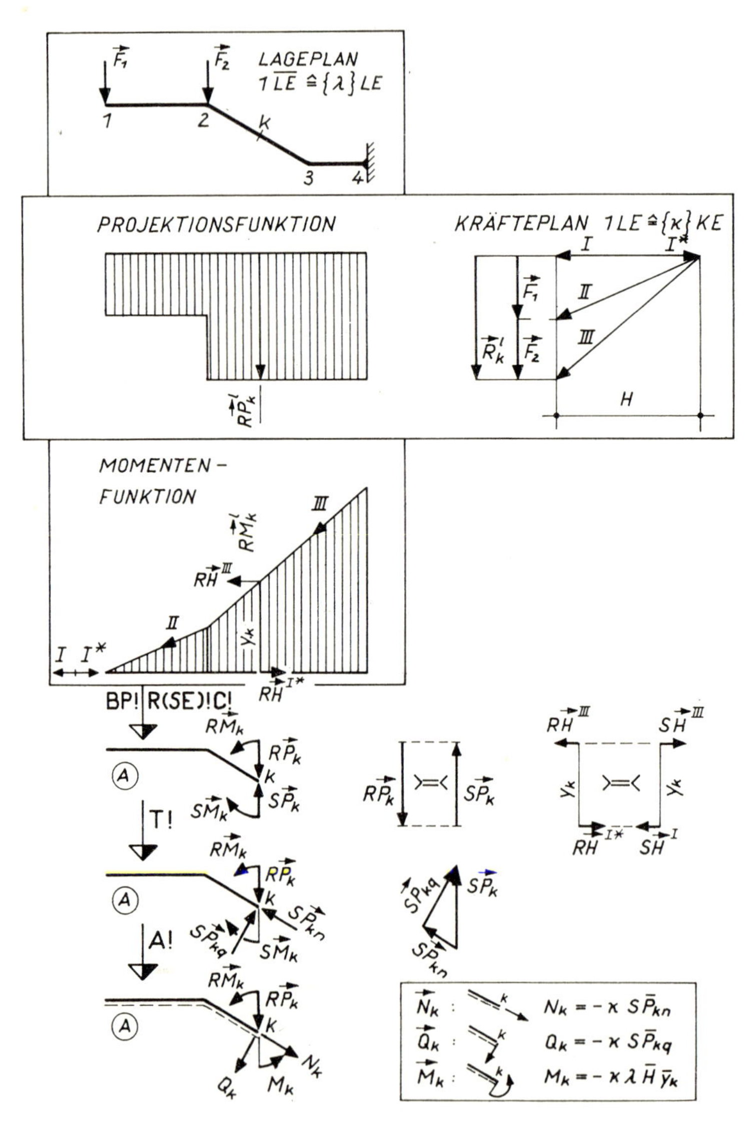

Bild 9.13. Beispiel 7:
Graphische Ermittlung der Schnittgrößen mittels Seileck am Kragträger
M: Methodische Darstellung

9.11.Z.2, ($\widehat{B}$) bzw. ($\widehat{C}$). Um die Ordinaten e_7 bzw. y_7 besser erkennen zu können, dreht man sie um 90° und trägt sie dann ebenfalls senkrecht zur Stabachse auf.

Eine andere Darstellungsmöglichkeit bietet die Benutzung der Abstände parallel zur Kraftrichtung (p^J-Diagramm) bzw. senkrecht zur Richtung des Stabes im Bereich ($\widehat{II}$) (s^J-Diagramm). Bei parallelen Kräften wird wohl dem p^J-Diagramm der Vorzug zu geben sein, weil hier die Komponenten P^J der Mittelkräfte R^J gleich sind; allein, dieses Argument genügt nicht immer. Häufig entscheidet auch die Genauigkeit oder die Übersichtlichkeit der Darstellung. So wird man z. B. in Bild 9.12, Zeile 1, für die Momentenzustandslinien im Systemteil ($\widehat{II}$) das y^J-Diagramm wählen, damit sich die Schraffur deutlich von der des Systemteiles ($\widehat{I}$) abhebt. Da bei senkrechten Stielen von Rahmen die y-Ordinaten für alle Punkte übereinanderliegen, dreht man sie gern um 90°, um sie senkrecht zur Stabachse antragen zu können. Auf diese Weise sind die Zustandslinien in Spalte 3 entstanden.

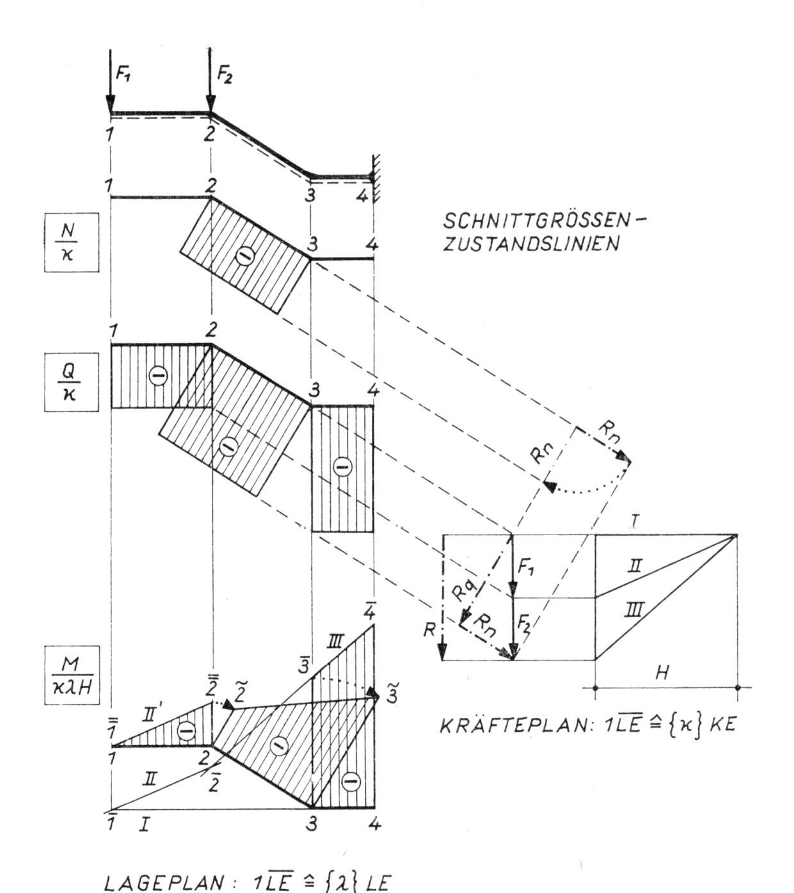

Bild 9.13. Beispiel 7:
Graphische Ermittlung der Schnittgrößen mittels Seileck am Kragträger
Z: Zustandslinien

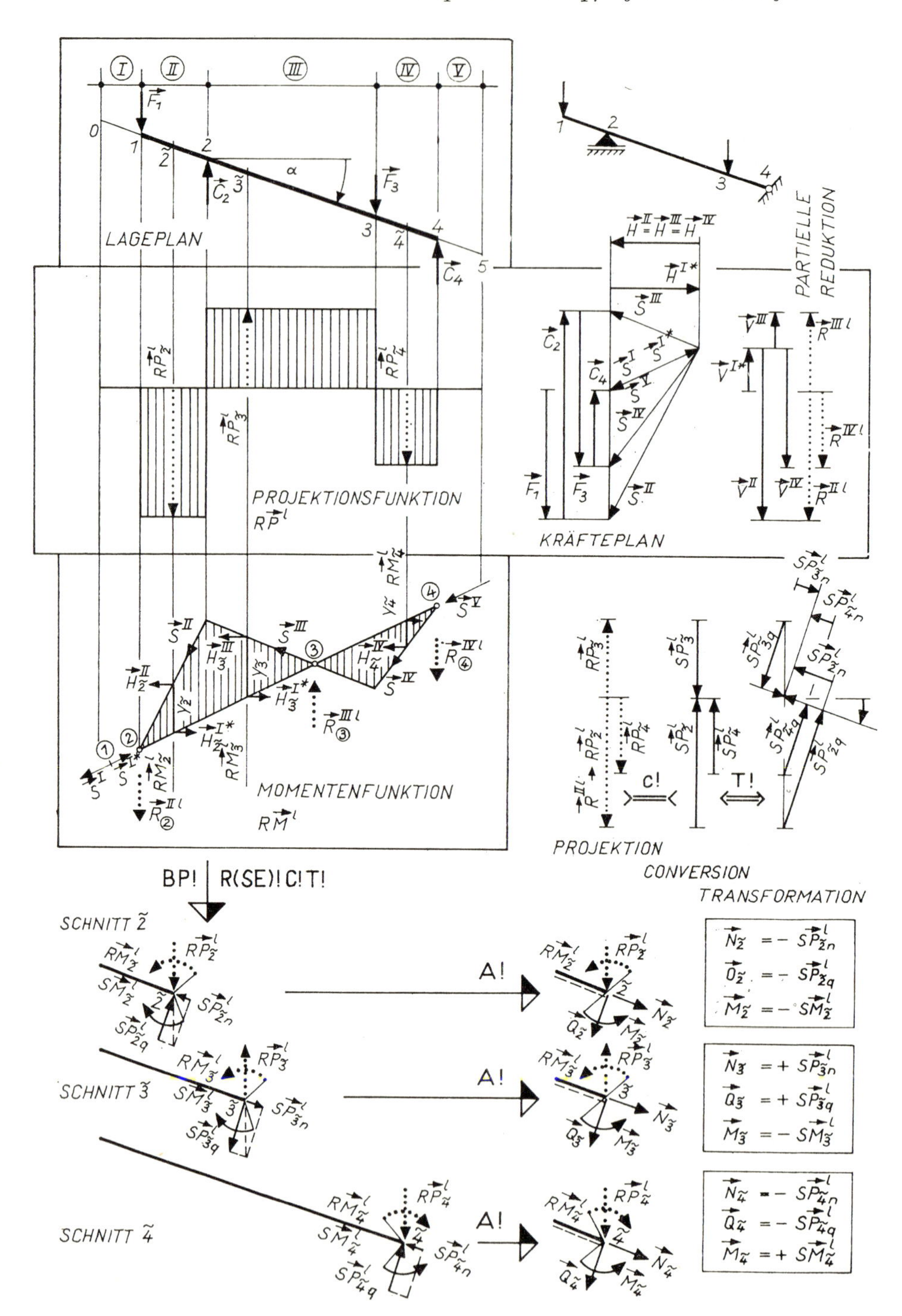

Bild 9.14. Beispiel 8:

Graphische Ermittlung der Schnittgrößen mittels Seileck am Träger mit geneigter Stabachse

M: Methodische Darstellung

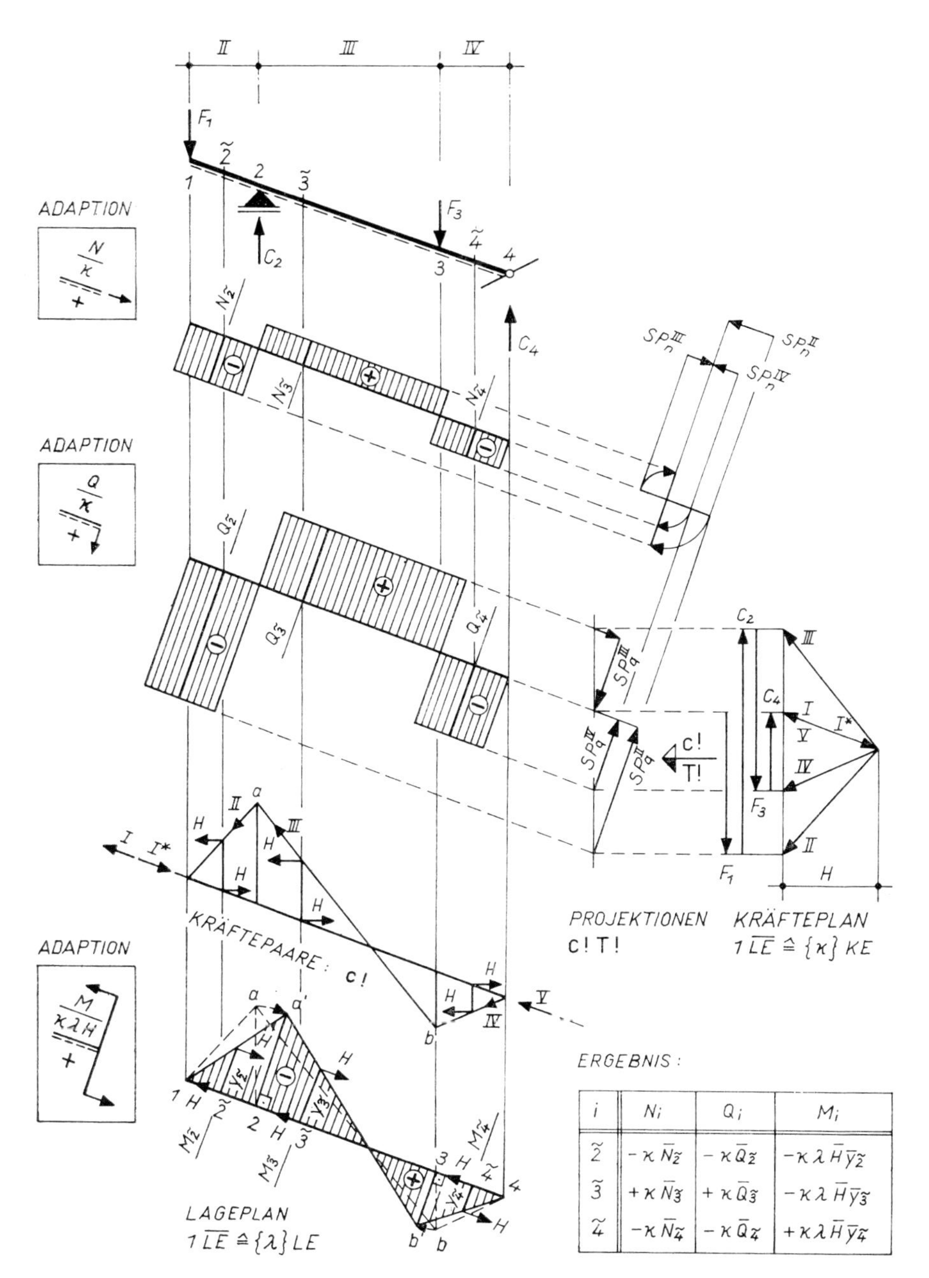

i	N_i	Q_i	M_i
$\tilde{2}$	$-\kappa\,\bar{N}_{\tilde{2}}$	$-\kappa\,\bar{Q}_{\tilde{2}}$	$-\kappa\lambda\,\bar{H}\,\bar{y}_{\tilde{2}}$
$\tilde{3}$	$+\kappa\,\bar{N}_{\tilde{3}}$	$+\kappa\,\bar{Q}_{\tilde{3}}$	$-\kappa\lambda\,\bar{H}\,\bar{y}_{\tilde{3}}$
$\tilde{4}$	$-\kappa\,\bar{N}_{\tilde{4}}$	$-\kappa\,\bar{Q}_{\tilde{4}}$	$+\kappa\lambda\,\bar{H}\,\bar{y}_{\tilde{4}}$

Bild 9.14. Beispiel 8:

Graphische Ermittlung der Schnittgrößen mittels Seileck am Träger mit geneigter Stabachse

Z: Zustandslinien

9.4.2. Beispiel 7: Kragträger (Seileck)

Sind die angreifenden Kräfte parallel oder sind die Schnittpunkte der entsprechenden Wirkungslinien nicht brauchbar, so ist die Konstruktion der Mittelkraftlinie nicht möglich, und man wird zur graphischen Schnittgrößenbestimmung das Seileck benutzen, das immer zum Ergebnis führt. Beim Kragträger ist hierfür die vorangehende Ermittlung der Stützgrößen nicht erforderlich.

Betrachten wir Bild 9.13.M. Die Projektionsfunktion und die Momentenfunktion erhalten wir durch rekursive Reduktion von links entsprechend Abschnitt 8.6.3.2.2. Sind die Schnittgrößen in k gesucht, so trennen wir mit Hilfe des Befreiungsprozesses das Tragwerk in k, betrachten das Systemteil $(\overset{\frown}{\underset{\smile}{A}})$, zeichnen das Reduktionspaar und durch Conversion das antivalente Schnittgrößenpaar in k ein, transformieren die Schnittprojektion und adaptieren schließlich die so erhaltenen Schnittgrößen an die vereinbarten positiven Richtungen.

Sind die Zustandslinien für die Schnittgrößen gefragt, so erfolgt deren Ermittlung im Lageplan mit Hilfe des Kräfteplanes nach Bild 9.13.Z.

Die Transformation kann man im Kräfteplan so durchführen, daß die Querkraftzustandslinien unmittelbar durch Projektion, die Längskraftzustandslinien durch Drehung um 90° und anschließende Projektion konstruierbar sind. Die Momentenzustandslinie erhalten wir aus dem Seileck am einfachsten, wenn wir den ersten Seilstrahl (I) horizontal durch die Punkte 3 und 4 legen und den Pol 0 rechts vom Krafteck anordnen. Das Seileck liefert dann die Momentenordinaten zwischen 3 und 4 direkt, diejenigen zwischen 1 und 2 finden wir mit Hilfe der Parallelen zu $\overline{\bar{\bar{1}}\,\bar{\bar{2}}}$ durch $\bar{\bar{1}}$. Drehen wir die Ordinaten $\overline{2\bar{\bar{2}}}$ und $\overline{3\bar{\bar{3}}}$ senkrecht zur geneigten Systemlinie, so erhalten wir die Ordinaten $\overline{2\tilde{\bar{2}}}$ und $\overline{3\tilde{\bar{3}}}$. Die Verbindungslinie $\overline{\tilde{\bar{2}}\;\tilde{\bar{3}}}$ begrenzt schließlich die Ordinaten der Momentenzustandslinie zwischen den Punkten 2 und 3.

Die Konstruktion läßt sich in Bild 9.13.Z leicht verfolgen. Ist eine direkte Konstruktion nicht möglich, so mißt man die entsprechenden Ordinaten im Kräfteplan oder Lageplan ab und trägt diese senkrecht zur Systemlinie auf. Werden aber die Zustandslinien nicht konstruiert, sondern nur aufgezeichnet, so ist bei deren Darstellung (z.B. Bild 9.15, Bild 9.16.Z) folgendes zu beachten:

- Die positiven Momente sollen an derjenigen Stabseite angetragen werden, der die gestrichelte Bezugslinie zugewandt ist.
- Die positiven Querkräfte trägt man dagegen an der der Bezugslinie abgewandten Stabseite auf.
- Für das Antragen der positiven Längskräfte gibt es keine Vereinbarung.

Natürlich wird man von dieser Konvention abweichen, wenn die Übersichtlichkeit gefährdet ist, die Eindeutigkeit bleibt ja bei Angabe des Vorzeichens im Diagramm erhalten.

9.4.3. Beispiel 8: Träger auf zwei Stützen mit geneigter Stabachse (Seileck)

Beim Träger auf zwei Stützen muß der Ermittlung der Schnittgrößen die Bestimmung der Stützgrößen vorangehen (Bild 9.14.M). Liegen diese vor, so läßt sich sowohl die Projektions- als auch die Momentenfunktion, z. B. durch rekursive Reduktion von links, zeichnen.

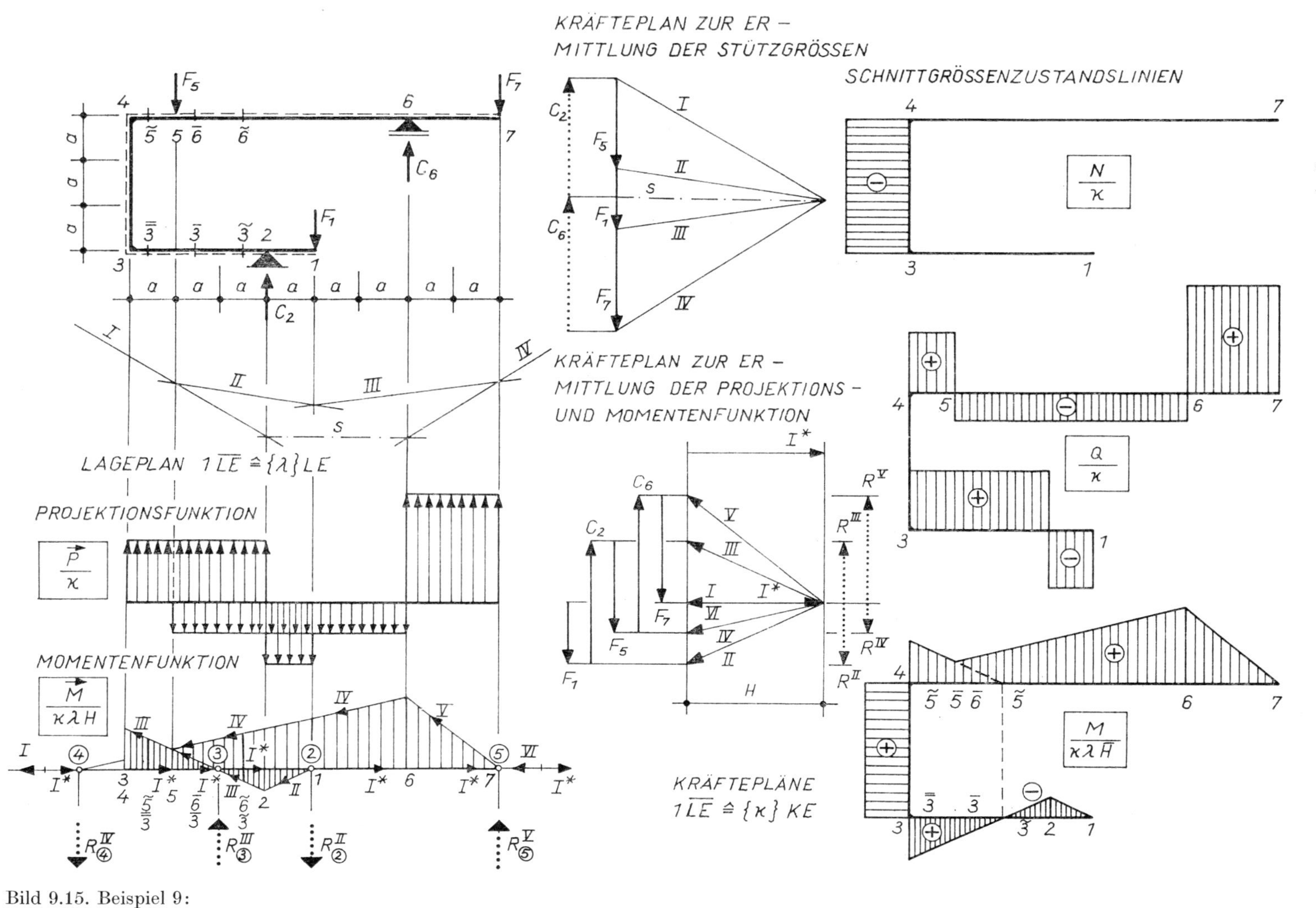

Bild 9.15. Beispiel 9:
Graphische Ermittlung der Schnittgrößen mittels Seileck am Träger mit orthogonal geknickter Stabachse

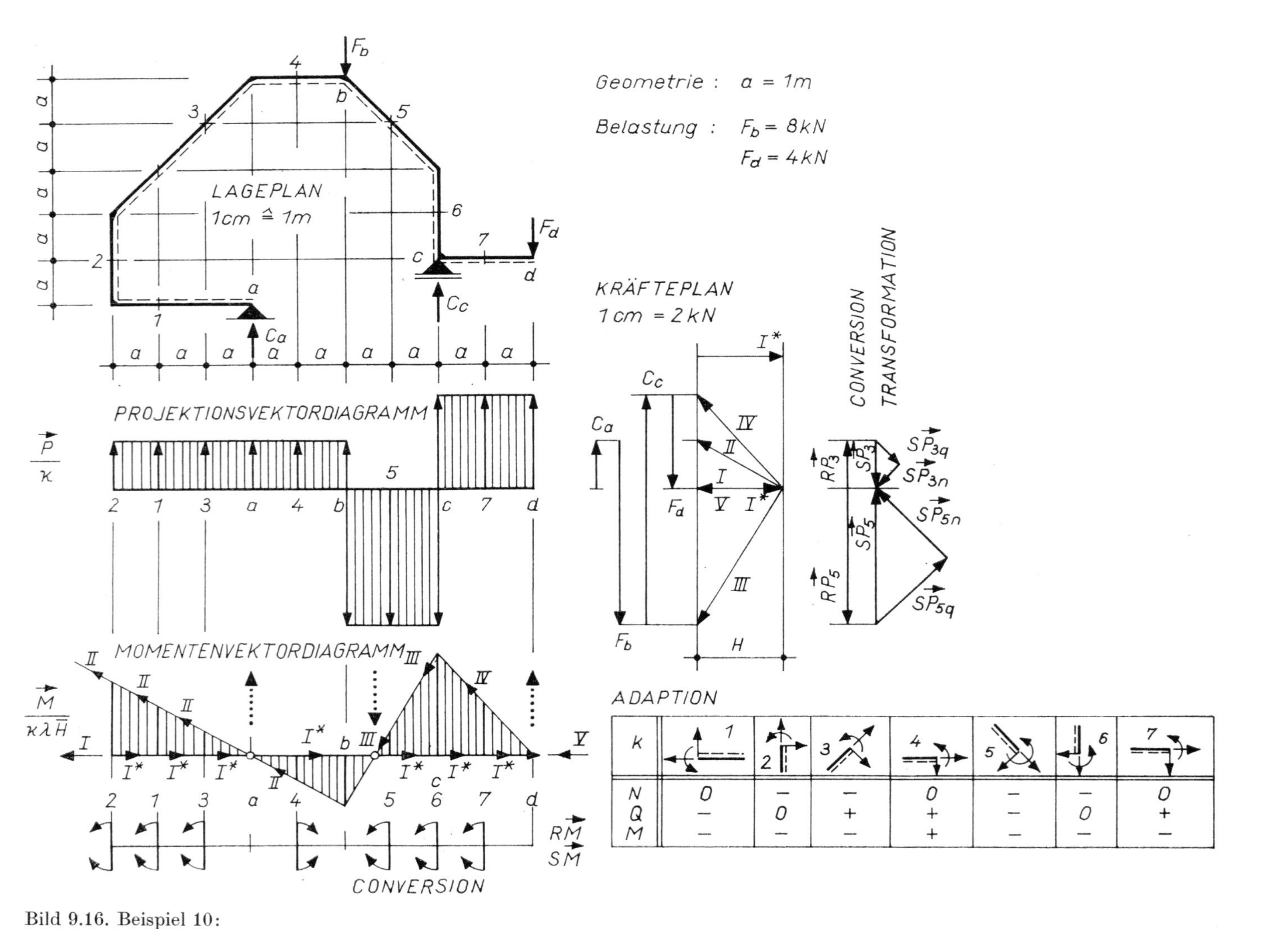

k	1	2	3	4	5	6	7
N	0	−	−	0	−	−	0
Q	−	0	+	+	−	0	+
M	−	−	−	+	−	−	−

Bild 9.16. Beispiel 10:
Graphische Ermittlung der Schnittgrößen mittels Seileck am Träger mit nichtorthogonal geknickter Stabachse
M: Methodische Darstellung

SCHNITTGRÖSSENZUSTANDSLINIEN

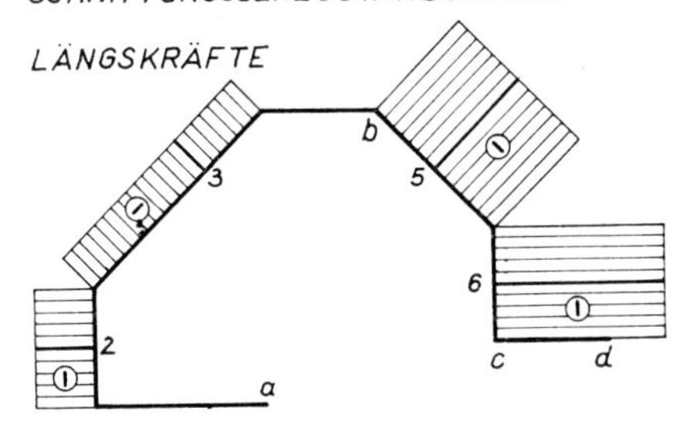

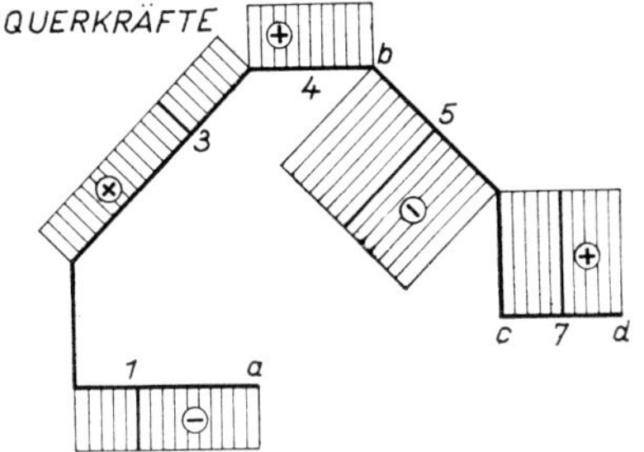

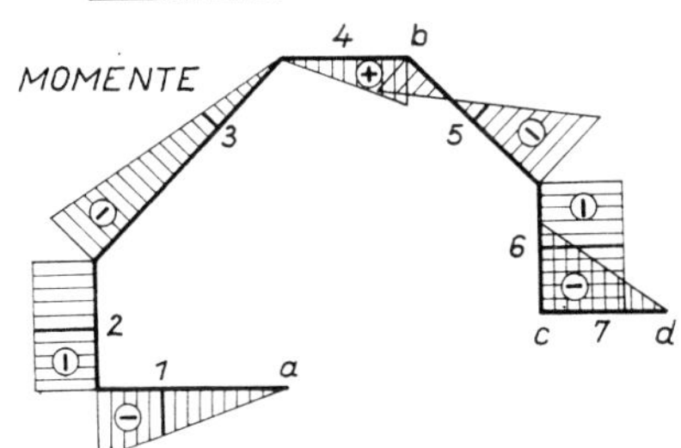

ERGEBNIS

k		1	2	3	4	5	6	7
N_k	kN	0	-2	$-\sqrt{2}$	0	$-3\sqrt{2}$	-6	0
Q_k	kN	-2	0	$+\sqrt{2}$	+2	$-3\sqrt{2}$	0	+4
M_k	kNm	-4	-6	-2	+2	-2	-8	-4

Bild 9.16. Beispiel 10:
Graphische Ermittlung der Schnittgrößen mittels Seileck am Träger mit nichtorthogonal geknickter Stabachse
Z: Zustandslinien

Dabei werden in bekannter Weise die Kräfte links von $\tilde{i}$ durch die beiden Seilkräfte $\boldsymbol{S}^{I*}$ und $\boldsymbol{S}^{J}$ äquivalent ersetzt, deren vektorielle Summe die Resultierende $\boldsymbol{R}^{Jl}$ für den Bereich $(\widehat{J})$ ergibt. Für $\boldsymbol{R}^{Jl}$ substituieren wir in $\tilde{i}$ das Reduktionspaar — bestehend aus der Reduktionsprojektion $R\boldsymbol{P}^{l}_{\tilde{i}}$ (die gleich der Summe der $\boldsymbol{V}$-Komponenten ist) und dem Reduktionsmoment $R\boldsymbol{M}^{l}_{\tilde{i}}$ (das wir als Produkt der H-Komponenten H^{I*} bzw. H^{J} mit ihrem Abstand $y_{\tilde{i}}$ erhalten).

Die Schnittgrößen in $\tilde{i}$ ($\tilde{i} = \tilde{2}, \tilde{3}, \tilde{4}$) führen wir (gedanklich) mit dem Befreiungsprozeß ein, zeichnen zunächst das aus der Rekursion für $\tilde{i}$ folgende Reduktionspaar in $\tilde{i}$, bestimmen danach durch Conversion das antivalente Schnittgrößenpaar, transformieren die Schnittprojektion und adaptieren schließlich die Schnittgrößen einzeln an den vereinbarten Richtungssinn der Vergleichsvektoren.

Die Zustandslinien lassen sich bei geschickter Anordnung von Lageplan und Kräfteplan dann leicht konstruieren, wenn man die Transformation und Conversion im Kräfteplan unmittelbar neben dem Krafteck vornimmt (Bild 9.14.Z). Sollen die Momentenordinaten ebenfalls senkrecht zur Systemlinie angeordnet werden, so müssen die durch die Seileckskonstruktion gefundenen Ordinaten $\overline{2a}$ bzw. $\overline{3b}$ nach $\overline{2a'} \perp \overline{I\,I}$ bzw. $\overline{3b'} \perp \overline{I\,I}$ gedreht werden.

9.4.4. Beispiel 9: Träger auf zwei Stützen mit orthogonal geknickter Stabachse (Seileck)

Für die Ermittlung der Stützgrößen und für die rekursive Reduktion müssen in Bild 9.15 zwei getrennte Kraftepläne gezeichnet werden, weil sich die Reihenfolge der bekannten Kräfte für die jeweilige Aufgabe ändert. Wir zeichnen nach der Stützgrößenermittlung die Projektions- und Momentenfunktion mit Hilfe der rekursiven Reduktion von links. Da wir infolge der orthogonalen Knicke die Transformation unmittelbar ablesen

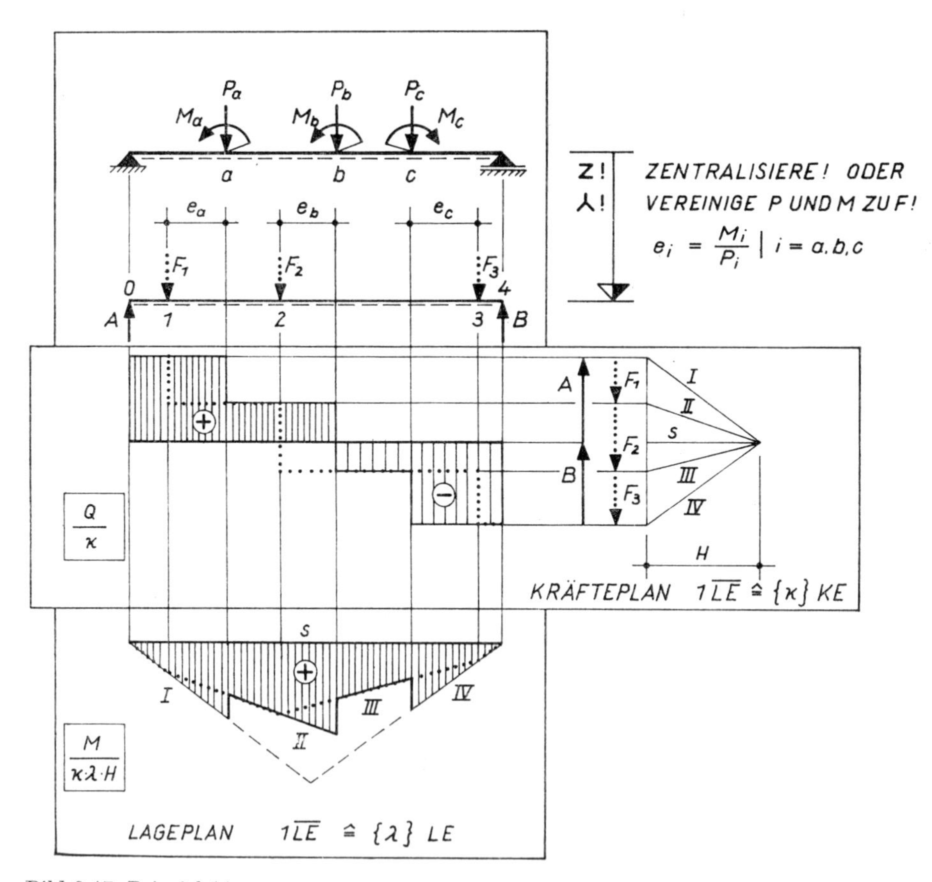

Bild 9.17. Beispiel 11:
Graphische Ermittlung der Schnittgrößen mittels Seileck für eine Belastung mit Elementarpaaren
Z: Zustandslinien

können, brauchen wir die entsprechenden Ordinaten nur diesen beiden Funktionen zu entnehmen, zu adaptieren und über der Systemlinie aufzutragen. (Beachtenswert ist die Lage der Teilresultierenden R^J, die die Momente $M_{\bar{i}}$ aufbauen.)

9.4.5. Beispiel 10: Träger auf zwei Stützen mit nichtorthogonal geknickter Stabachse (Seileck)

Sind die Stützgrößen bekannt, so werden die Projektions- und Momentenfunktion mittels progredienter Rekursion (rekursiver Reduktion von links) ermittelt (Bild 9.16.M).

Der Übersichtlichkeit wegen sind die Conversion der Momente im Lageplan, die Conversion und Transformation der Projektionen im Kräfteplan herausgezeichnet und die Adaption in einer gesonderten Tabelle angegeben. Das Abmessen der entsprechenden Ordinaten aus den beiden Funktionen und deren Auftragen über der Systemlinie (nach der Adaption und unter Beachtung der entsprechenden Konventionen (vgl. Abschnitt 9.4.2.)) bereitet keinerlei Schwierigkeiten (Bild 9.16.Z). Die Ergebnisse werden natürlich bei Praxisaufgaben in einer Tabelle zusammengestellt.

9.4.6. Beispiel 11: Träger auf zwei Stützen mit Elementarpaarbelastung (Kraftprojektionen und Kraftmomente)

Sind in der Belastung Momente enthalten, so müssen diese vor der graphischen Ermittlung der Zustandslinien in geeignete Kräftepaare mutiert werden (vgl. Exercitium Beispiel $(\overset{\frown}{\underset{\smile}{9}})$), während Elementarpaare zunächst zentralisiert werden. Bild 9.17.Z zeigt diese Zentralisation sowie die Ermittlung der Querkraft- und Momentenzustandslinie für das Ersatzsystem mit der anschließenden Korrektur.

9.5. Graphische Ermittlung der Stabkräfte

Bevor wir uns dem Befreiungsprozeß für die Stabkräfte und deren Ermittlung zuwenden, müssen wir diejenigen Stabarten kennenlernen, deren Schnittgrößen Stabkräfte sind. Es sind dies die „Pendelstäbe", die wir im folgenden Abschnitt definieren und klassifizieren.

9.5.1. Pendelstäbe

Werden zwei Teile $(\overset{\frown}{\underset{\smile}{A}})$ und $(\overset{\frown}{\underset{\smile}{B}})$ mit einem Stab p verbunden, der selbst keine Lasten trägt und der an seinen Enden i und k durch je ein reibungsloses Gelenk an $(\overset{\frown}{\underset{\smile}{A}})$ und $(\overset{\frown}{\underset{\smile}{B}})$ gekoppelt ist, so nennt man diesen Stab im allgemeinen „*Pendelstab*" (Bild 9.18.I). Man bezeichnet ihn genauer

- als *Stützenstab*, wenn er ein Tragwerk mit dem Fundament koppelt,
- als *Verbindungsstab*, wenn er zwei Tragwerksteile verbindet und
- als *Fachwerkstab*, wenn er als Tragelement zwischen zwei Knoten eines Fachwerkes[1]) angeordnet ist.

[1]) Vgl. Bd. 1, 2. Auflage, Tafel A.25.

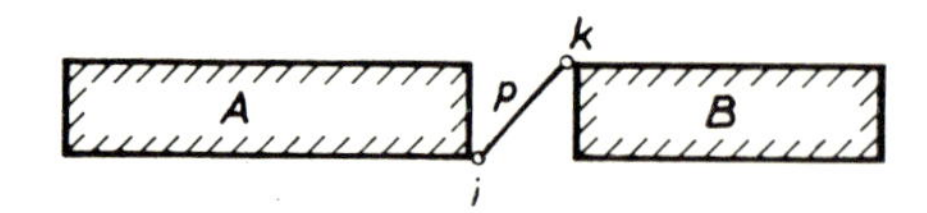

PENDELSTAB

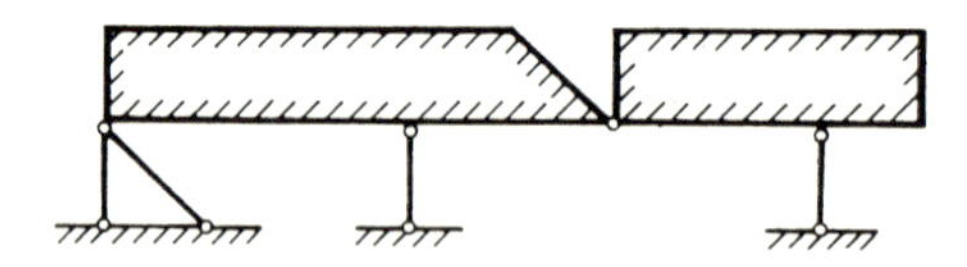

STÜTZENSTÄBE

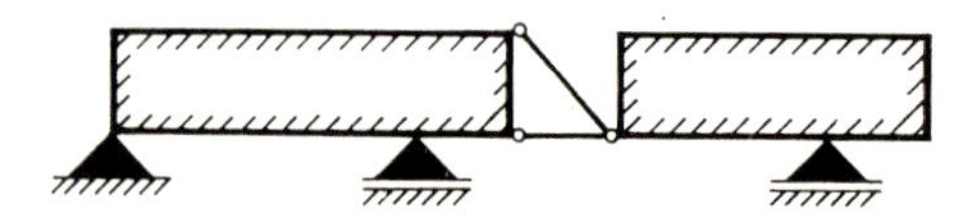

VERBINDUNGSSTÄBE

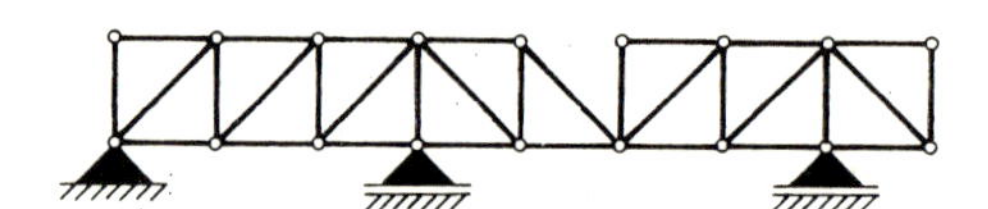

FACHWERKSTÄBE

Bild 9.18.I Pendelstab — Klassifizierung

9.5.2. Gelenkkraft und Stabkraft

Der Befreiungsprozeß für einen Pendelstab p zwischen den zwei Gelenken i und k führt zu den Gelenkkräften $\boldsymbol{P}_{iq}$ und $\boldsymbol{P}_{in}$ bzw. $\boldsymbol{P}_{kq}$ und $\boldsymbol{P}_{kn}$, von denen aber die Gelenkkräfte quer zur Stabachse Null sind ($P_{iq} = P_{kq} = 0$)[1].

Verbindet Gelenk i bzw. k mehrere Stäbe,[2]) so gibt man an Stelle der Richtung n das gegenüberliegende Gelenk (k bzw. i) an.[3]) Nennen wir noch die Gelenkkraft $\boldsymbol{G}$ (anstelle $\boldsymbol{P}$), so erhalten wir für unser Beispiel in Bild 9.18.II die *Gelenkkräfte* $\boldsymbol{G}_{ik}$ und $\boldsymbol{G}_{ki}$.

Um die Stabkraft sichtbar werden zu lassen, müssen wir den Stab an einer Stelle j durchschneiden und an eben dieser Stelle die Schnittgrößen $\boldsymbol{P}_{jn}$, $\boldsymbol{P}_{jq}$, $\boldsymbol{M}_j$ eintragen. Da der Stab p unbelastet ist, müssen $P_{jq} = 0$ und $M_j = 0$ sein. Die verbleibende Kom-

[1]) Vgl. Bd. 1, 2. Auflage, Tafel A.18, Zeile 2, Tafel A.19 und Tafel A.20 mit p anstelle V.
[2]) Vgl. Bd. 1, 2. Auflage, Tafel A.9, Zeilen 1, 4, 6.
[3]) Vgl. Bd. 1, 2. Auflage, Tafel A.17.

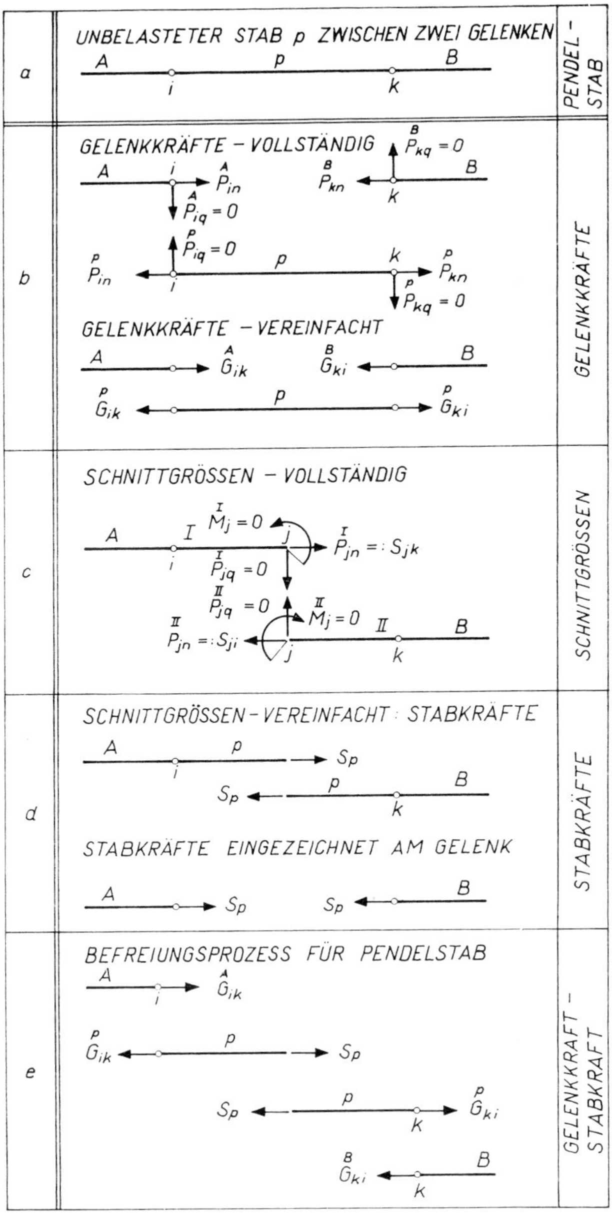

Bild 9.18.II Pendelstab — Befreiungsprozeß

ponente heißt *Stabkraft* und wird mit S bezeichnet:

$$\overset{\mathrm{I}}{\boldsymbol{P}}_{jn} = \boldsymbol{S}_{jk}, \qquad \overset{\mathrm{II}}{\boldsymbol{P}}_{jn} = \boldsymbol{S}_{ji}.$$

Da die Stabkräfte für jede Stelle j des Pendelstabes p gleich sind, verzichtet man auf die Angabe des Ortes, wählt als Kennzeichnung die Stabnummer p, so daß man auch auf den zweiten Index verzichten kann, der die Richtung angibt, und erhält somit die Stabkräfte $\boldsymbol{S}_p$.

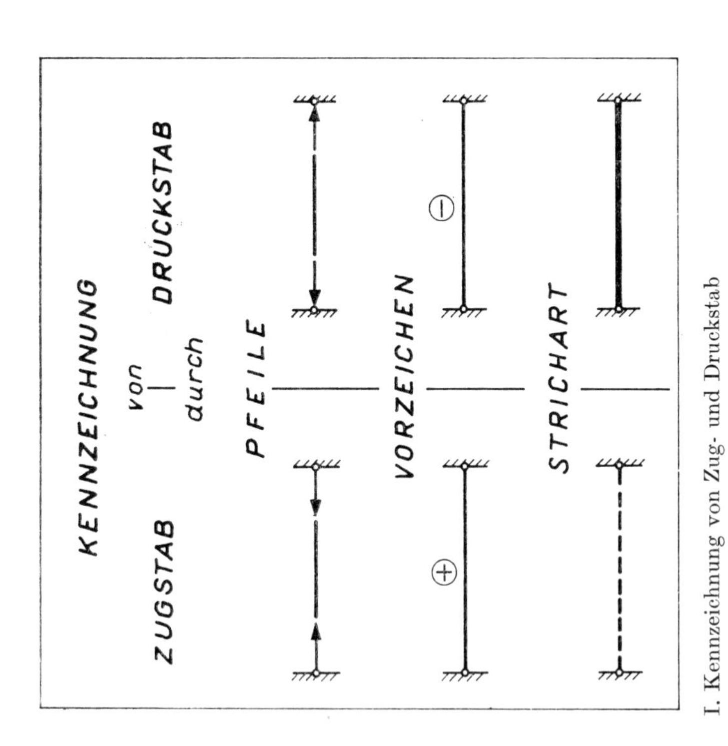

I. Kennzeichnung von Zug- und Druckstab

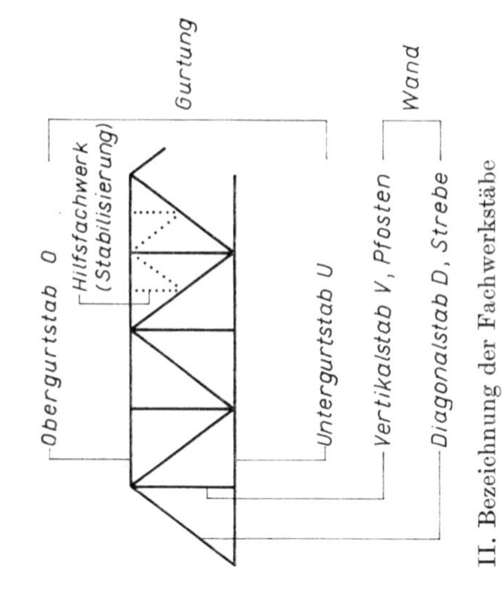

II. Bezeichnung der Fachwerkstäbe

Bild 9.19. Definitionen

GURTFORM		DREIECKTRÄGER
		RECHTECKTRÄGER
		TRAPEZTRÄGER
AUSBILDUNG	einteilige Wand	STREBENFACHWERK
		PFOSTENFACHWERK
		STREBEN-PFOSTEN-FACHW.
	zweiteilige Wand	RAUTENFACHWERK
		K - FACHWERK
		ZWEITEILIGES PFOSTEN-FACHWERK
STÜTZUNG		TRÄGER AUF ZWEI STÜTZEN
		GELENKTRÄGER
		DREIGELENKRAHMEN

III. Einteilung der Fachwerke

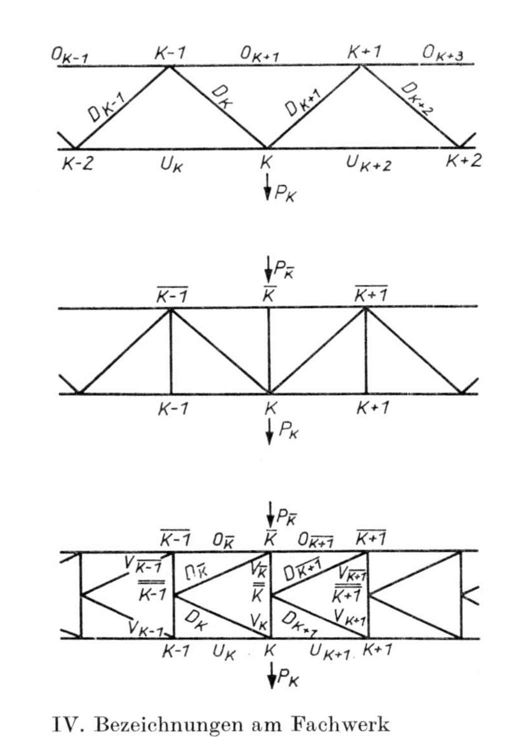

IV. Bezeichnungen am Fachwerk

Bild 9,19. Definitionen

Diese Stabkräfte trägt man auch häufig am Gelenk direkt an. Da ein Vergleich der Zeilen *b* und *d* in Bild 9.18.II lehrt, daß Gelenk- und Stabkräfte gleich sind, entsteht dadurch kein Fehler, es wird lediglich die Deutung der Kraft als Gelenkkraft oder Stabkraft etwas verwischt (was aber in der Regel schon durch die Aufgabenstellung wieder aufgehellt wird).

Schwierig ist es lediglich, anfangs zu erkennen, ob ein Zug- oder Druckstab vorliegt: Zieht die Stabkraft am Gelenk, so wird natürlich auch der Stab gezogen, und die Stabkraft ist eine Zugkraft. Drückt sie dagegen auf das Gelenk, so wird natürlich auch der Stab gedrückt, weshalb in diesem Falle eine Druckkraft vorliegt. Zug- und Druckstäbe werden deshalb häufig durch Pfeile entsprechend Bild 9.19.I gekennzeichnet. Aber auch die Vorzeichen

+ Zugstab
– Druckstab

oder eine fette unterbrochene bzw. fette nicht unterbrochene Strichführung

---- Zugstab
—— Druckstab

sind üblich. Die Bezeichnung für spezielle Fachwerkstäbe kann Bild 9.19.II entnommen werden. Die Namen spezieller Fachwerkformen sind in Bild 9.19.III durch Beispiele belegt und die für die praktische Stabkraftermittlung zweckmäßigen Bezeichnungen der Knoten und Stäbe finden sich im Bild 9.19.IV.

9.5.3. Grundlagen für die graphische Ermittlung der Stabkräfte

Die Ermittlung der Stabkraft ist an die folgenden Idealisierungen gebunden:

- Der Pendelstab ist gerade. (Ist er gekrümmt, so wird er durch die Gerade idealisiert, die die beiden Gelenke verbindet).
- Die Gelenke sind ideal reibungsfrei. (Diese Annahme hat vor allem für die Idealisierung genieteter oder geschweißter Fachwerkknoten Bedeutung, weil hier die Frage nach der Zulässigkeit einer derartigen, sich von der Wirklichkeit doch erheblich entfernenden Idealisierung vom Konstrukteur beantwortet werden muß.)
- Der Stab ist unbelastet, alle Kräfte (auch sein Eigengewicht) greifen in den Gelenken an.

Für die Ermittlung der Stabkräfte in ebenen Fachwerken gilt noch die folgende Voraussetzung:

- Alle in den Gelenken angreifenden Kräfte liegen mit den Stäben in der gleichen Ebene.

Da alle Stäbe unbelastet sind, dürfen nach dem Befreiungsprozeß (Bild 9.20), der Stäbe und Gelenke trennt, die Gleichgewichtsbedingungen für den Stab ein für allemal gelöst werden.[1]) Sie führen zu der Erkenntnis, daß die Stabkräfte gleich den Gelenkkräften und demnach die gegenüberliegenden kollinearen Gelenkkräfte gegengleich sind, also gleiche Beträge haben.

[1]) Vgl. Bd. 1, 2. Auflage, Tafel A.25.

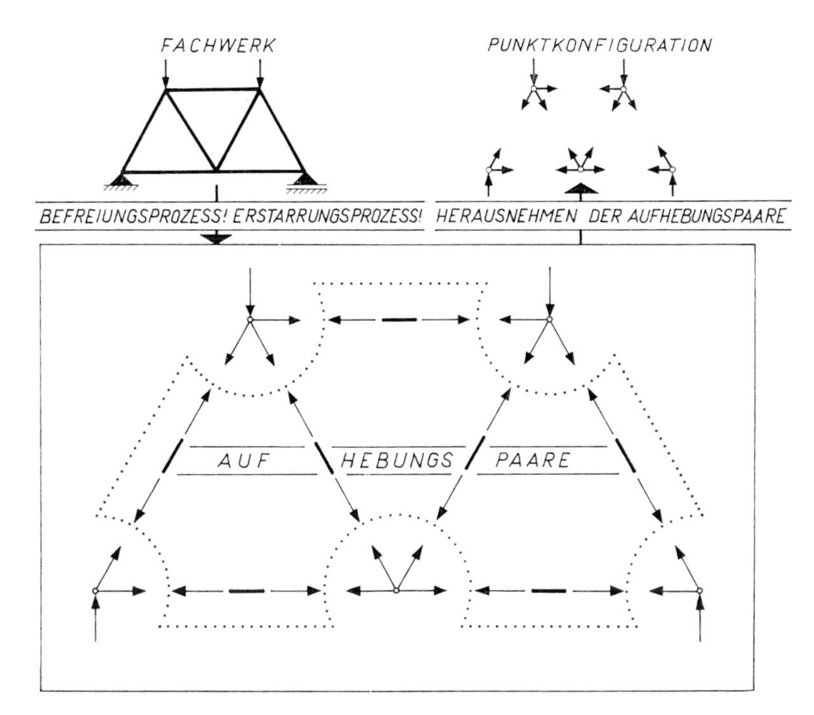

Bild 9.20. Befreiungsprozeß für das Fachwerk

Bezüglich der Beträge (Bild 9.18.II, Zeile e) gilt[1])

$$\overset{A}{G}_{ik} = \overset{p}{G}_{ik} = S_p = \overset{p}{G}_{ki} = \overset{B}{G}_{ki}.$$

Demnach dürfen die Stäbe (als Träger von Aufhebungspaaren) entfernt werden, und zurück bleiben die Anschlußgelenke i, k (bzw. beim Fachwerk alle freien Knotenpunkte, an denen neben den äußeren Lasten die zu ermittelnden Gelenkkräfte angreifen. Diese Verteilung befreiter Knotenpunkte wird auch Knotenpunktkonfiguration oder kurz *Punktkonfiguration*[2]) genannt.).

Nach dem Befreiungsprozeß verbleiben demnach die Gelenke und die Gelenkkräfte im Modell. Bei praktischen Aufgaben interessieren jedoch in der Regel die Stabkräfte, weshalb aus oben bereits erwähntem Grunde diese Gelenkkräfte auch als Stabkräfte bezeichnet werden.

Die Stabkräfte in den Stützenstäben, Verbindungsstäben und Fachwerkstäben werden durch antivalente Disduktion (Disduktion, Conversion, Adaption) gewonnen. Als Verfahren stehen zur Verfügung

DA!	disduziere antivalent am Punkt!
DA(L)!	disduziere antivalent am starren Körper (in ein zentrales Komplanarpaar) unter ausschließlicher Inanspruchnahme der Linienflüchtigkeit!

[1]) Vgl. Bd. 1, 2. Auflage, Tafel A.17.
[2]) Vgl. Bd. 1, 2. Auflage, Tafel A.25.

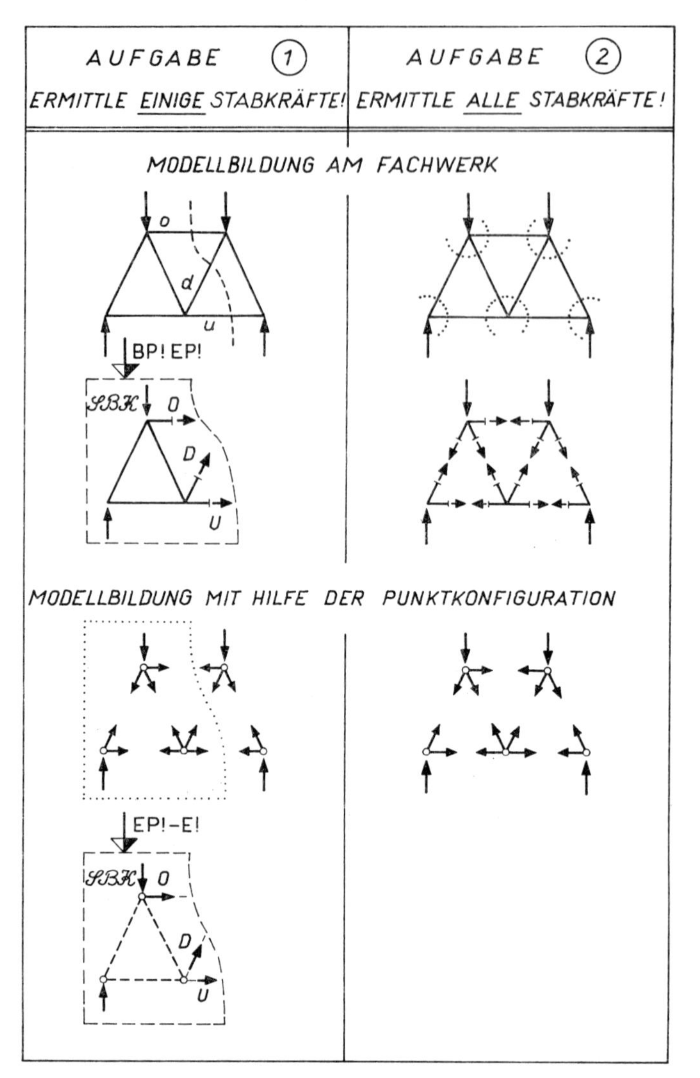

Bild 9.21. Grundaufgaben für die Ermittlung der Stabkräfte in Fachwerken

DA(SE)! disduziere antivalent am starren Körper (in ein nicht einfaches Komplanarpaar) mit Hilfe des Seileckes!

DA(CUL)! disduziere antivalent am starren Körper (in ein komplanares Disduktionssystem) mit Hilfe der CULMANNschen Kraft!

Speziell für die Stabkraftermittlung in Fachwerken wurde von CREMONA[1]) ein sehr ökonomisches graphisches Verfahren entwickelt, das für die Regelfälle die Änderung der Stabkräfte im Fachwerk gut erkennen läßt.

[1]) CREMONA, LUIGI (geb. 1830 in Pavia, gest. 1903 in Rom): Le figure reciproche nells grafica, Milano 1872.

Da die Pendelstäbe während des Befreiungsprozesses „*feste*" Disduktionslinien liefern, fordert die graphische Ermittlung der Stabkräfte in Stütz- und Verbindungsstäben keine neuen Überlegungen. Wir wenden uns deshalb im folgenden der *graphischen Stabkraftermittlung in Fachwerken* zu.

Dabei unterscheiden wir zwei prinzipielle Aufgabenstellungen:

1. Es sind einige wenige Stabkräfte (in der Regel die Stabkräfte eines Faches) zu ermitteln.
2. Es sind alle Stabkräfte zu ermitteln.

Die erste Aufgabe lösen wir im allgemeinen mit Hilfe der CULMANNschen Kraft, die zweite mit Hilfe des Kräfteplanes nach CREMONA.

Die Modellbildung kann aus der Punktkonfiguration oder aus dem Fachwerk direkt erfolgen (Bild 9.21).

Gehen wir vom *Fachwerk* aus, so schneiden wir für die Lösung der Aufgabe 1 die Stäbe durch, deren Stabkräfte gesucht sind. Der Erstarrungsprozeß führt eines der beiden Systemteile in einen starren Körper über und ermöglicht die CULMANNsche Lösung. Sollen alle Stabkräfte ermittelt werden, so lösen wir die Knoten mit Hilfe von Rundschnitten heraus, trennen auf diese Weise alle Stäbe und erhalten eine Menge von freien Knotenpunkten, an denen die gesuchten Stabkräfte angreifen.

Die Modellbildung mit Hilfe der *Punktkonfiguration* eignet sich besonders für die Aufgabe 2. Sind nur einige Stabkräfte gesucht, z. B. $\boldsymbol{O}$, $\boldsymbol{D}$, $\boldsymbol{U}$, so wird man die Punktkonfiguration in zwei Bereiche aufteilen und zwar derart, daß in jedem Bereich *eine* der gesuchten Stabkräfte wirkt. Auf diese Weise werden die von den gesuchten Stabkräften $\boldsymbol{O}$, $\boldsymbol{D}$ und $\boldsymbol{U}$ gebildeten Aufhebungspaare getrennt. Nach der Erstarrung eines der beiden Systemteile werden alle Stabkraftaufhebungspaare entfernt, so daß nur die äußeren Kräfte und die gesuchten Stabkräfte im Modell verbleiben. Sie können dann mit Hilfe des CULMANNschen Verfahrens ermittelt werden.

9.5.4. Beispiel 12: Stabkraftermittlung nach Culmann

Sind für die Stäbe o, d und u des Fachwerkes in Bild 9.22 die Stabkräfte graphisch zu ermitteln, so führen wir zunächst den Befreiungsprozeß durch. Wir schneiden mit dem Schnitt $\overline{ss}$ die Stäbe o, d und u auf, um die in ihnen wirkenden Stabkräfte $\boldsymbol{O}$, $\boldsymbol{D}$ und $\boldsymbol{U}$ sichtbar werden zu lassen, und zeichnen gleichzeitig deren Wirkungslinien, das sind die festen Disduktionslinien $\overline{uu}$, $\overline{dd}$ und $\overline{oo}$ ein. Beim Fachwerk fallen also Disduktionslinie und Stabachse zusammen. Danach lassen wir das abgeschnittene Tragwerksteil mit seiner Umgebung erstarren, reduzieren die Belastung, disduzieren die Resultierende dieses Tragwerkteiles mit Hilfe der CULMANNschen Geraden nach den drei Disduktionsgeraden, convertieren die Disduktionsvektoren und verschieben die auf diese Weise erhaltenen Stabkräfte linienflüchtig in die Abschnitte der Disduktionslinien zwischen den beiden Gelenken des jeweils betrachteten Stabes, geben ihnen die endgültige Stabkraftbezeichnung und heben den Erstarrungsprozeß wieder auf. Als Ergebnis erhalten wir das befreite Systemteil $(\widehat{I})$, an dem neben den bekannten Kräften nun auch die gesuchten Stabkräfte mit angreifen.

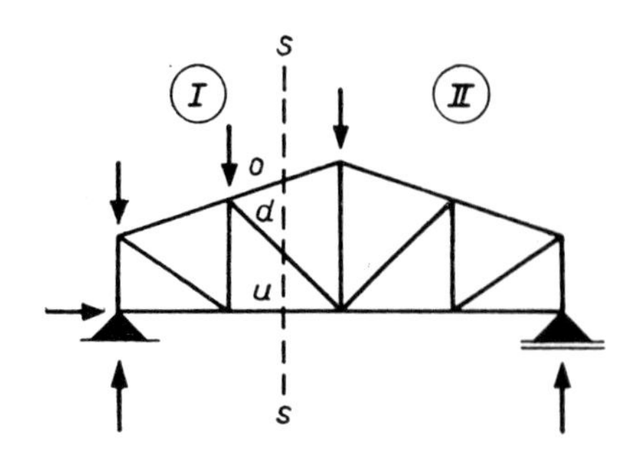

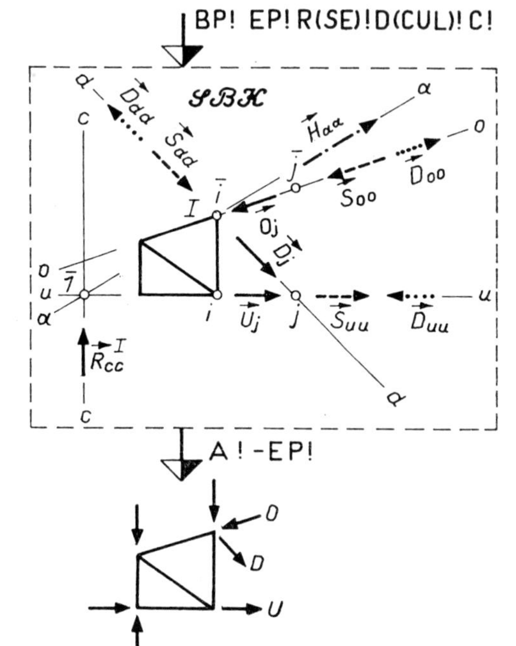

Bild 9.22. Beispiel 12: Graphische Ermittlung der Stabkräfte nach Culmann
G: Geometrische Darstellung

Im Verfahren lassen wir natürlich den Erstarrungsprozeß und den Befreiungsprozeß nur gedanklich ablaufen. Wir disduzieren die Resultierende auch gleich antivalent, schreiben sofort die endgültige Stabkraftbezeichnung an und kennzeichnen die Stabkraft als Zug- oder Druckkraft im Lageplan mit den entsprechenden zwei Pfeilspitzen.

Der graphische Lösungsprozeß ist in allen Darstellungsarten leicht zu verfolgen.

9.5.5. Beispiel 13: Stabkraftermittlung nach Cremona

Sind die Stütz- und Verbindungskräfte bekannt, so kann die graphische Ermittlung *aller* Stabkräfte nach einem sehr ökonomischen Verfahren erfolgen, das Cremona vorgeschlagen hat, und das wir im folgenden an einem ganz einfachen Beispiel studieren (Bild 9.23.M u. V).

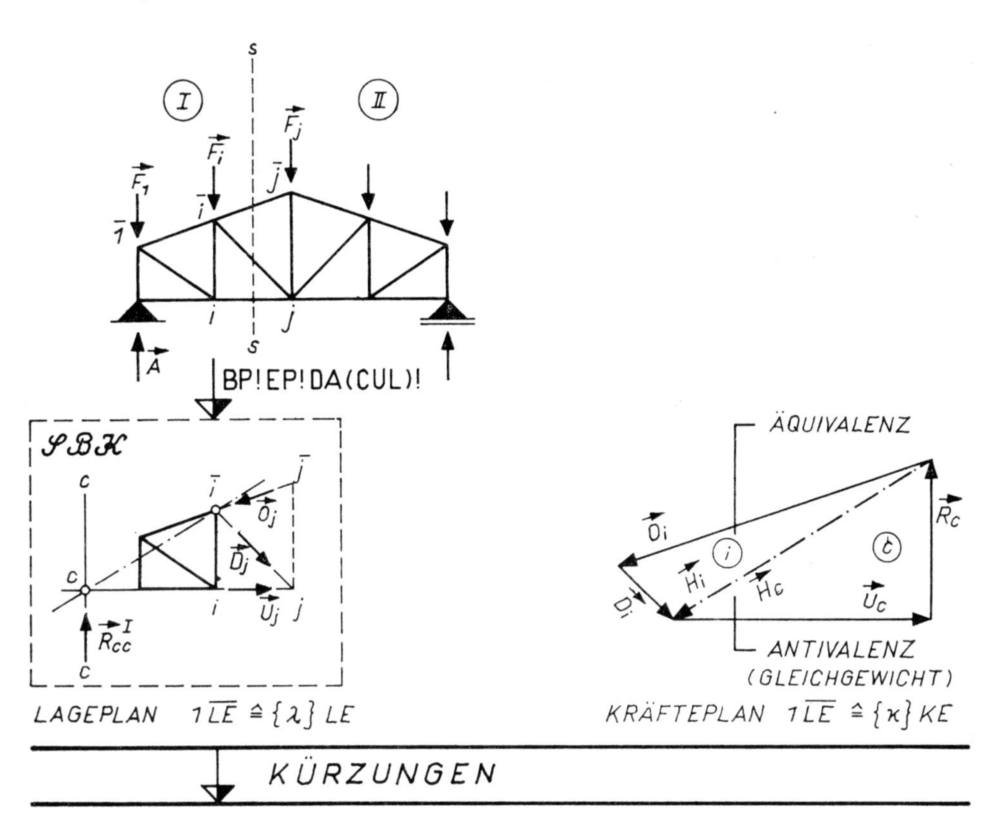

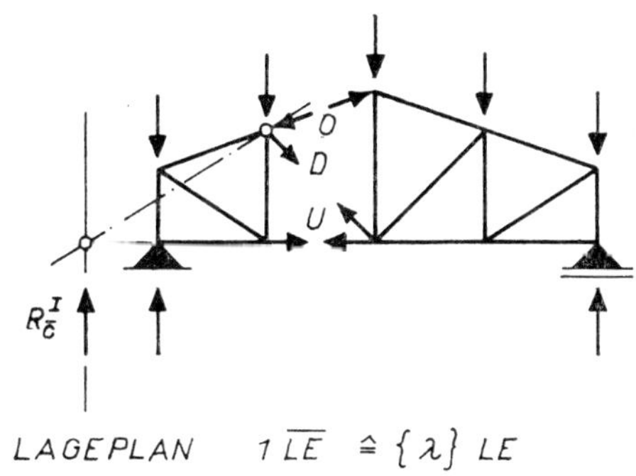

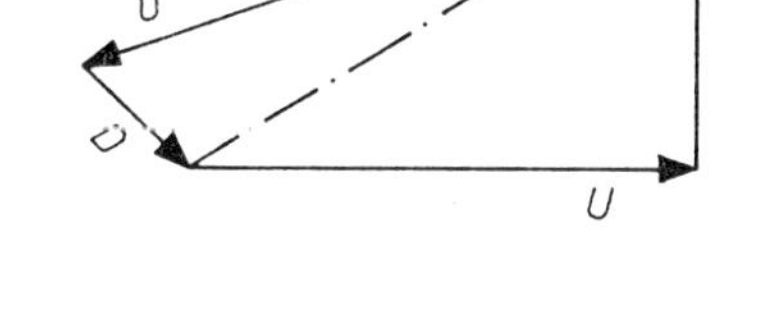

Bild 9.22. Beispiel 12:
Graphische Ermittlung der Stabkräfte nach CULMANN
M: Methodische Darstellung und V: Verfahren

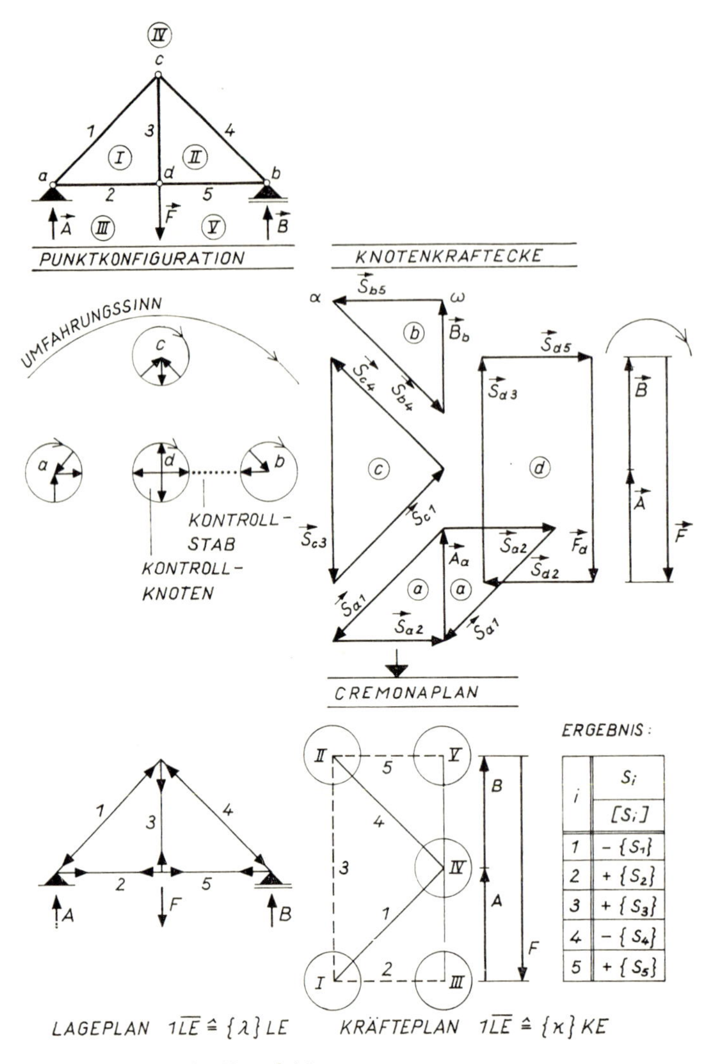

i	S_i [S_i]
1	$-\{S_1\}$
2	$+\{S_2\}$
3	$+\{S_3\}$
4	$-\{S_4\}$
5	$+\{S_5\}$

Bild 9.23. Beispiele 13 und 14:
Graphische Ermittlung der Stabkräfte mittels CREMONA-Plan
M: Methodische Darstellung und V: Verfahren zu Beispiel 13

Nach der Ermittlung der Stützkräfte führt der Befreiungsprozeß für die graphische Ermittlung der Stabkräfte des aus den fünf Stäben 1, 2, 3, 4, 5 und den vier Knoten[1]) a, b, c, d, bestehenden Fachwerkes zunächst zu einer Punktkonfiguration, die aus den vier Knotenpunkten a, b, c, d mit den jeweils angreifenden Kräften $\boldsymbol{A}$, $\boldsymbol{B}$, $\boldsymbol{F}$ besteht und die Disduktionslinien enthält, in deren Richtung die (zu ermittelnden) Stabkräfte wir-

[1]) Obwohl durch die Idealisierung die Knoten als Gelenke abgebildet sind, verwenden wir häufig die Begriffe Knoten und Gelenk als Synonyme nebeneinander, wenn darunter die Eindeutigkeit der Aussage nicht leidet.

KNOTEN (a)

KNOTEN (c)

KNOTEN (b)

"KONTROLL-STAB 5"

KNOTEN (d)

"KONTROLL-KNOTEN"

$\{\vec{S}_1, \vec{S}_2, \vec{S}_3, \vec{S}_4, \vec{S}_5\} >=< \{\vec{A}_a, \vec{B}_b, \vec{F}_d\}$
ANTIVALENZ AN DER KNOTENPUNKTFIGUR

EG : S(CREMONAPLAN)!

S: Symbolische Darstellung zu Beispiel 13

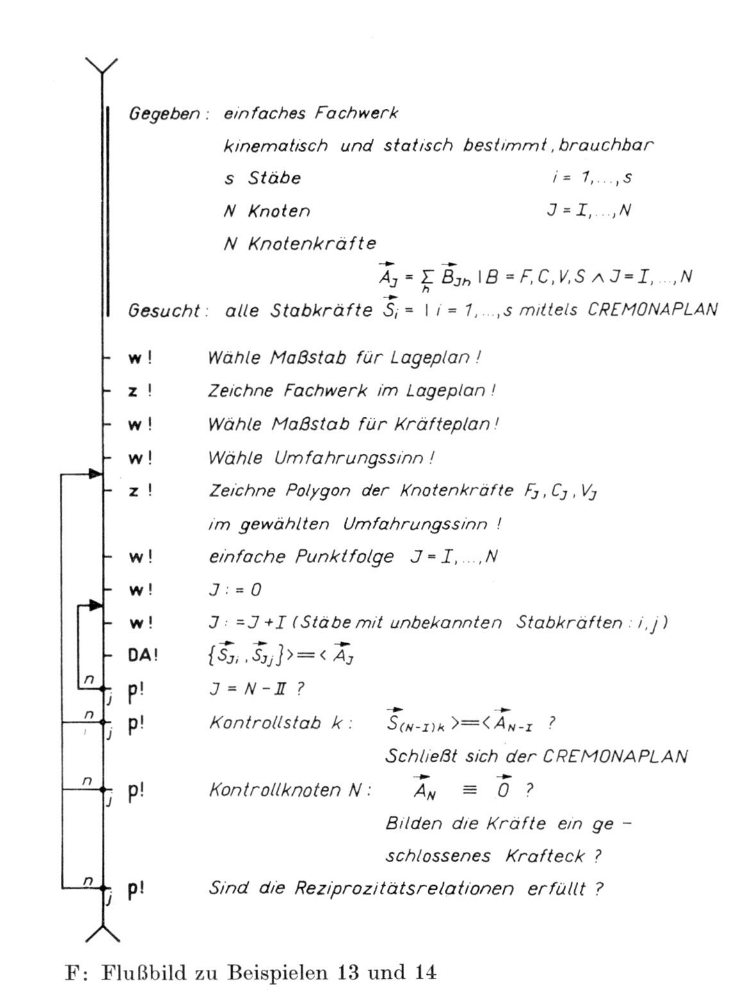

F: Flußbild zu Beispielen 13 und 14

Bild 9.23. Beispiele 13 und 14:
Graphische Ermittlung der Stabkräfte mittels CREMONA-Plan

ken, die dann gemeinsam mit den Knotenlasten das Gleichgewicht des Knotens gewährleisten. Der Erstarrungsprozeß erübrigt sich, da sich die Gleichgewichtsbetrachtungen auf den Knotenpunkt beschränken (und demnach eine Linienflüchtigkeit der Kräfte gar nicht in Anspruch genommen wird).

Wir brauchen also nur für jeden Knoten das Krafteck zu zeichnen und zu fordern, daß sich dieses schließt, daß also die Resultierende aller Kräfte an jedem Knoten verschwindet. Dabei wird man natürlich die (z. B. am Knoten a) schon ermittelten Stabkräfte ($\boldsymbol{S}_1$ und $\boldsymbol{S}_2$) an den folgenden Knoten (z. B. c und d) wieder (mit entgegengesetztem Richtungssinn) als nunmehr bekannte Kräfte in das Krafteck aufnehmen.

Das Zeichnen des Kraftteckes für den Knoten i setzt aber voraus, daß an diesem Knoten nur zwei unbekannte Kräfte zu ermitteln sind. In Bild 9.23.M u. V greifen an jedem Knoten mindestens drei Kräfte an. Mit dem Zeichnen der Kraftecke für die Knoten kann demnach erst begonnen werden, wenn die Stützkräfte ermittelt worden sind.[1])

Die antivalente Zerlegung der Stützkraft $\boldsymbol{A}$ im Knoten a nach den beiden Richtungen 1 und 2 erfolgt mit Hilfe des Kraftdreieckes. Sie ist problemlos. Man hat sich nur zu entscheiden, ob man die Reihenfolge der Kräfte $\boldsymbol{A}_a$, $\boldsymbol{S}_{a1}$, $\boldsymbol{S}_{a2}$ oder $\boldsymbol{A}_a$, $\boldsymbol{S}_{a2}$, $\boldsymbol{S}_{a1}$ wählt. Beide Kraftecke ergeben die gesuchten Stabkräfte, sie haben nur eine andere Form (Bild 9.23.M).

Danach wäre im Knoten c die nunmehr bekannte Stabkraft $\boldsymbol{S}_{c1}$ (die der Stabkraft $\boldsymbol{S}_{a1}$ gegengleich ist) antivalent nach den beiden Richtungen 3 und 4 zu zerlegen. Auch hier können wir — je nach der gewählten Reihenfolge der Kräfte — zwei verschieden aussehende Kraftecke zeichnen, die aber beide die gesuchten Stabkräfte $\boldsymbol{S}_{c3}$ und $\boldsymbol{S}_{c4}$ liefern.

Im Knoten b greifen die Stützkraft $\boldsymbol{B}_b$ und die inzwischen bekannte Stabkraft $\boldsymbol{S}_{b4}$ an. Da nur noch die eine unbekannte Stabkraft $\boldsymbol{S}_{b5}$ am Knoten b zu ermitteln ist, muß diese der Resultierenden aus $\boldsymbol{B}_b$ und $\boldsymbol{S}_{b4}$ antivalent sein, es muß also die Parallele zur Richtung des Stabes 5 im Lageplan durch die beiden Punkte α und ω des Kraftteckes hindurchgehen. Man sagt: „Das Krafteck" oder — wenn man den CREMONA-Plan zeichnet — „Der CREMONA-Plan muß sich *schließen*". Damit wird diese Stabkraft $\boldsymbol{S}_{b5}$ zu einer *Kontrollstabkraft*. Stab 5 wird in diesem Falle auch *Kontrollstab* genannt.

Am Knoten d wirken nun nur noch bekannte Kräfte, die — wenn Gleichgewicht herrschen soll — ein geschlossenes Krafteck bilden müssen. Damit wird der Knoten d zum *Kontrollknoten*. Die Überlegungen zeigen, daß wir alle Stabkräfte des Fachwerkes ausschließlich mit Hilfe des Dreiecksgesetzes ermitteln können[2]) und dabei noch einen Kontrollstab und einen Kontrollknoten zur Verfügung haben.

[1]) Die Reihenfolge der Knotenpunkte, die an jedem folgenden Knotenpunkt nur zwei unbekannte Stabkräfte zuläßt und damit das Zeichnen der Knotenkraftecke ermöglicht, nennen wir *einfache Punktfolge*. Für die graphische Stabkraftermittlung in einfachen Fachwerken gibt es in der Regel mehrere einfache Punktfolgen, so z. B. für das Fachwerk in Bild 9.23:

1. $a - c - b - d$,	5. $b - c - a - d$,
2. $a - c - d - b$,	6. $b - c - d - a$,
3. $a - d - c - b$,	7. $b - d - c - a$,
4. $a - d - b - c$,	8. $b - d - a - c$.

Im Flußbild wird die gewählte einfache Punktfolge fortlaufend mit $J = I, \ldots, N$ bezeichnet.

[2]) Das kann natürlich erst geschehen, nachdem die am jeweils betrachteten Knoten inzwischen bekannten Kräfte reduziert worden sind, so daß diese Knotenresultierende nur noch nach zwei Richtung antivalent zu disduzieren ist.

Diese Vorgehensweise hat aber zwei empfindliche Mängel:

1. muß jede Stabkraft, da sie ja in der Punktkonfiguration zweimal auftritt, auch zweimal gezeichnet werden und
2. entstehen beim Übertragen einer Stabkraft von einem Krafteck in das andere Übertragungsfehler, Zeichenungenauigkeiten, die ggf. die Ergebnisse in Frage stellen können.

Diese Mängel kann man jedoch ausschließen, wenn man die Reihenfolge der Kräfte in den einzelnen Kraftecken derart wählt, daß sich die Kraftecke wie in Bild 9.23.M u. V zusammenschieben lassen. Der dabei entstehende Plan, in dem jede Stabkraft nur ein einziges Mal auftritt, wurde von Cremona vorgeschlagen. Dieses „Zusammenschieben" gelingt aber nur, wenn man eine ganz bestimmte Reihenfolge bei dem Aneinanderreihen der Kräfte beachtet.

Wählt man z. B. als Umfahrungssinn den Drehsinn des Uhrzeigers, so müssen alle Kräfte sowohl im Polygon der äußeren Kräfte als auch in den Polygonen für die einzelnen Knoten in diesem Sinne aneinandergereiht werden. Natürlich darf man auch den Gegenuhrzeigersinn wählen, man muß ihn nur während der Konstruktion des ganzen Planes beibehalten. Die Doppelpfeile werden in den Cremona-Plan nicht eingezeichnet, sondern nur in den Lageplan.

Bemerkenswert (auch für die Kontrolle) sind die *Reziprozitätsrelationen*, die folgendes aussagen:

- Zu jedem Punkt im Lageplan gehört ein Polygon im Kräfteplan und umgekehrt:

$$a \rightleftarrows A, 1, 2: \quad \overset{\frown}{\underset{\smile}{(a)}},$$

$$b \rightleftarrows B, 5, 4: \quad \overset{\frown}{\underset{\smile}{(b)}},$$

$$c \rightleftarrows 1, 4, 3: \quad \overset{\frown}{\underset{\smile}{(c)}},$$

$$d \rightleftarrows 2, 3, 5, F: \quad \overset{\frown}{\underset{\smile}{(d)}}.$$

- Zu jedem Punkt im Kräfteplan gehört ein Polygon im Lageplan und umgekehrt:

geschlossene Innenecke

$$\mathrm{I} \rightleftarrows 1, 2, 3: \quad \overset{\frown}{\underset{\smile}{(\mathrm{I})}},$$

$$\mathrm{II} \rightleftarrows 3, 4, 5: \quad \overset{\frown}{\underset{\smile}{(\mathrm{II})}},$$

offene Außenecke

$$\mathrm{III} \rightleftarrows F, 2, A: \quad \overset{\frown}{\underset{\smile}{(\mathrm{III})}},$$

$$\mathrm{IV} \rightleftarrows A, 1, 4, B: \quad \overset{\frown}{\underset{\smile}{(\mathrm{IV})}},$$

$$\mathrm{V} \rightleftarrows B, 5, F: \quad \overset{\frown}{\underset{\smile}{(\mathrm{V})}}.$$

Die Konstruktion des Cremona-Planes ist an Hand der methodischen und symbolischen Darstellung (Bild 9.23.M und Bild 9.23.S) leicht nachvollziehbar und wird durch die flußbildartig dargestellte Konstruktionsanweisung (Bild 9.23.F) unterstützt. Die ermittelten Stabkräfte werden abgelesen und als Ergebnis mit Betrag (Maßzahl · Maßeinheit) und Vorzeichen (+ : Zugstab, — : Druckstab) in einer Stabkrafttabelle zusammengestellt (Bild 9.23.M u. V).

9.5.6. Beispiel 14: Stabkraftermittlung nach Cremona (Zahlenbeispiel)

Ein umfangreicheres Zahlenbeispiel wird in Bild 9.23.V vorgestellt.

Der Übersichtlichkeit wegen unterscheidet man Obergurt-, Diagonal-, Untergurt- und Vertikalstabkräfte und ordnet diese in einer Tabelle an (vgl. Bezeichnungen Bild 9.19.IV).

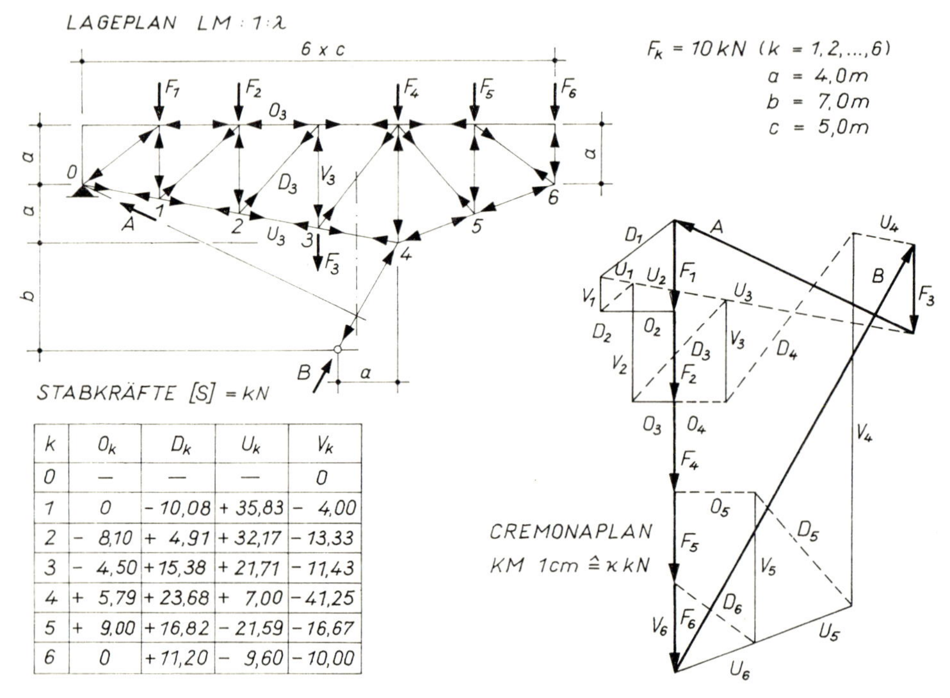

k	O_k	D_k	U_k	V_k
0	—	—	—	0
1	0	− 10,08	+ 35,83	− 4,00
2	− 8,10	+ 4,91	+ 32,17	− 13,33
3	− 4,50	+ 15,38	+ 21,71	− 11,43
4	+ 5,79	+ 23,68	+ 7,00	− 41,25
5	+ 9,00	+ 16,82	− 21,59	− 16,67
6	0	+ 11,20	− 9,60	− 10,00

Bild 9.23. Beispiele 13 und 14:
Graphische Ermittlung der Stabkräfte mittels Cremona-Plan
V: Verfahren zu Beispiel 14

9.5.7. Belastete Innenknoten

Sind Innenknoten eines Fachwerkes belastet, so kann der Cremona-Plan nicht sofort gezeichnet werden, weil sich die Stützkräfte und Knotenkräfte nur dann in einem bestimmten Umfahrungssinn im „Krafteck der äußeren Kräfte" anordnen lassen, wenn diese an den Gurtknoten angreifen.

Bild 9.24 zeigt die Lösung der Aufgabe.

Zunächst zeichnen wir die zwei zur Wirkungslinie von $\boldsymbol{F}_i$ parallelen Disduktionslinien $\overline{aa}$ und $\overline{bb}$ durch die Gurtknoten a und b. Danach disduzieren wir $\boldsymbol{F}_a$:

$$\{\boldsymbol{D}_a, \boldsymbol{D}_b\} \Leftrightarrow \boldsymbol{F}_a,$$

und ergänzen die Disduktionskräfte mit Hilfe der ihnen gegengleichen Kräfte $\boldsymbol{C}_a$ und $\boldsymbol{C}_b$ zu Aufhebungspaaren (Bild 9.24. (B)):

$$\{\boldsymbol{D}_a, \boldsymbol{C}_a\} \Leftrightarrow \boldsymbol{0},$$

$$\{\boldsymbol{D}_b, \boldsymbol{C}_b\} \Leftrightarrow \boldsymbol{0}.$$

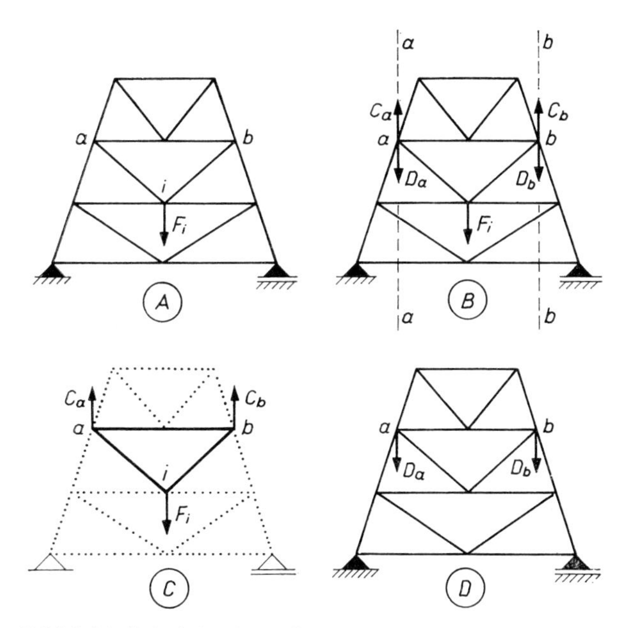

Bild 9.24. Belasteter Innenknoten

Diese Aufhebungspaare ändern die Stabkräfte im Fachwerk, die durch $\boldsymbol{F}_i$ allein entstehen, nicht. Sie gestatten aber die Zeichnung zweier Pläne, nämlich die Zeichnung

1. des Kräfteplanes für das Gleichgewichtssystem (Bild 9.24. (C))

$$\{\boldsymbol{F}_i, \boldsymbol{C}_a, \boldsymbol{C}_b\} \Leftrightarrow \boldsymbol{0},$$

2. des CREMONA-Planes für die Knotenlasten $\boldsymbol{D}_a$, $\boldsymbol{D}_b$ (Bild 9.24. (D)).

Superponieren wir die Stabkräfte beider Pläne, so erhalten wir die Stabkräfte des Fachwerkes infolge des belasteten Innenknotens.

Für die Disduktion ist die Wahl der Gurtknoten a und b sowie die Parallelität der Disduktionslinien zweckmäßig, aber nicht notwendig. Entscheidend ist lediglich die Ergänzung zweier Aufhebungspaare an zwei Gurtknoten und zwar so, daß je eine Kraft beider Aufhebungspaare mit der Kraft am Innenknoten ein Gleichgewichtssystem bildet.

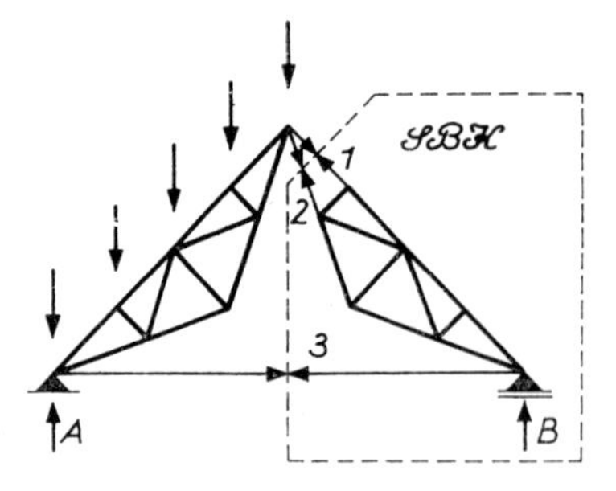

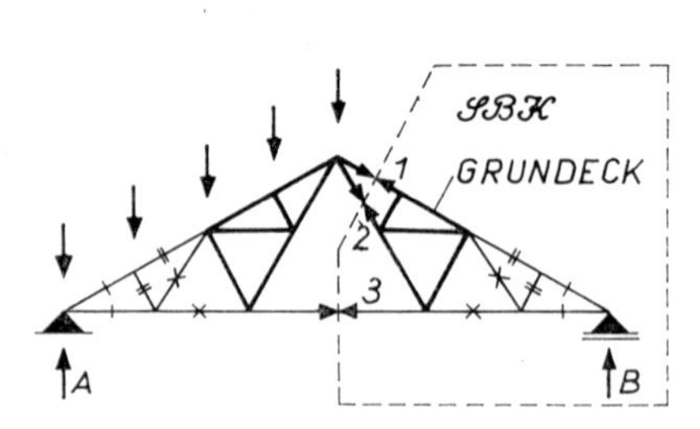

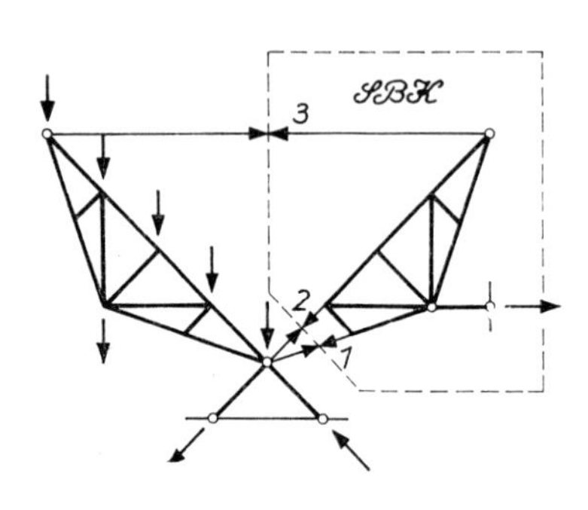

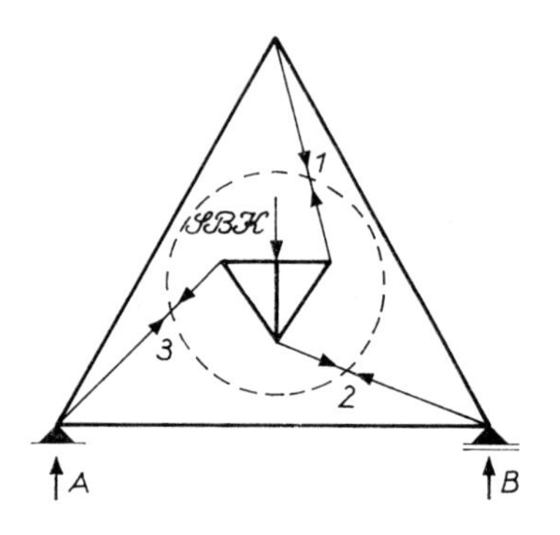

I. CULMANN-Lösungen

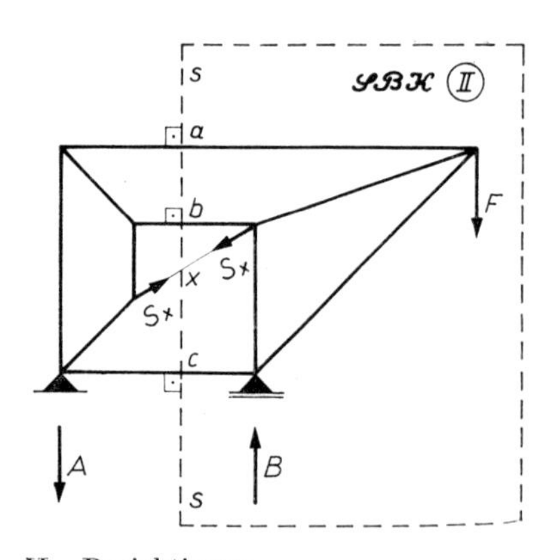

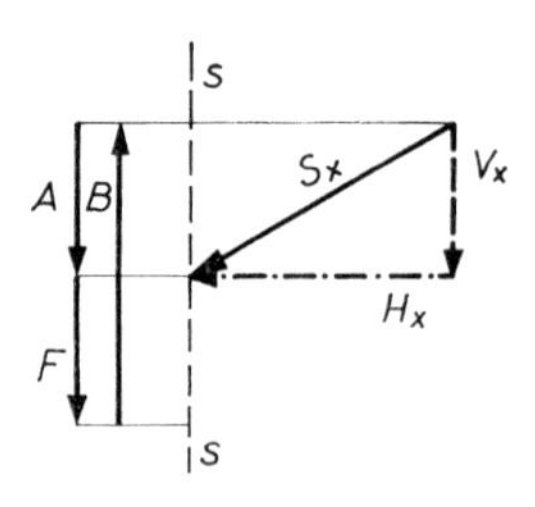

II. Projektionen

Bild 9.25. Grundecke

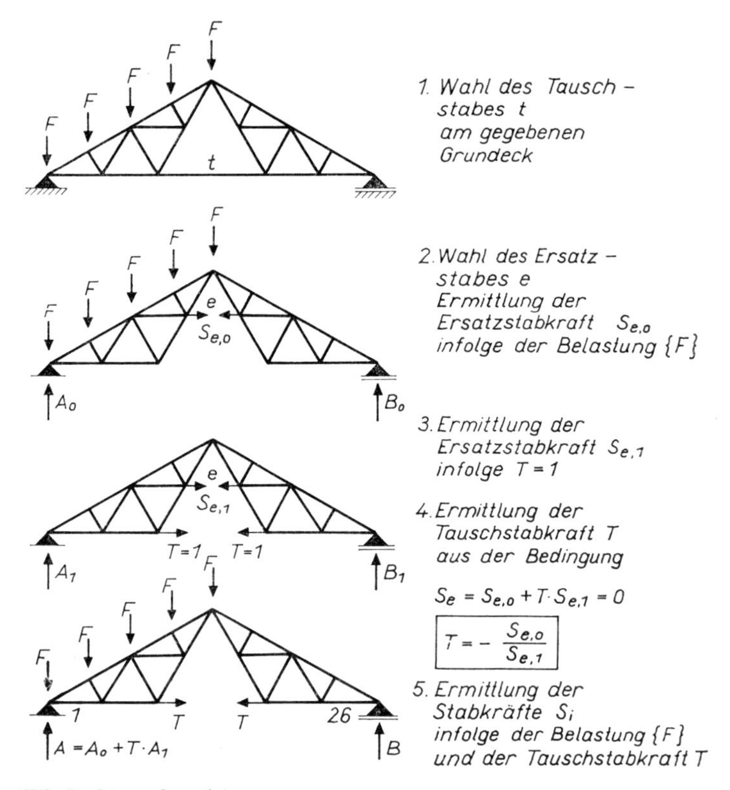

III. Stabtauschverfahren

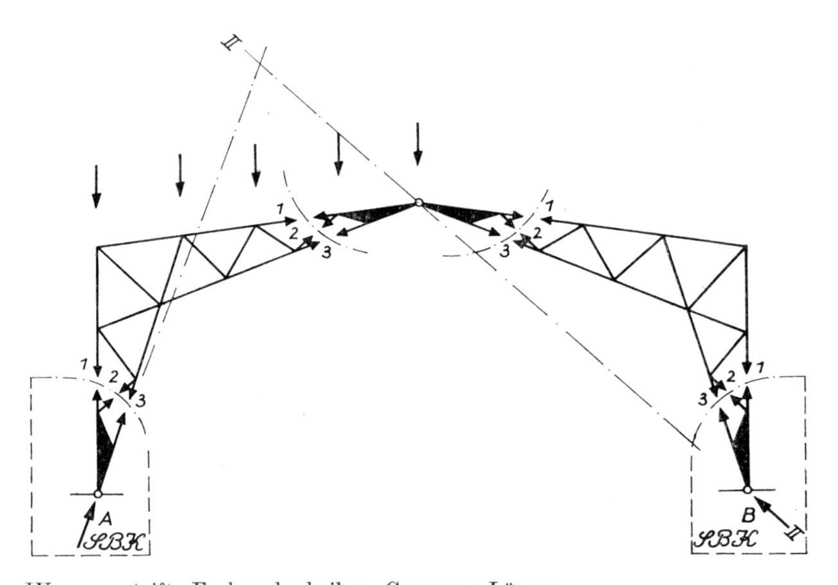

IV. ausgesteifte Fachwerkscheiben, CULMANN-Lösung

Bild 9.25. Grundecke

9.5.8. Nichteinfache Fachwerke

Werden in jedem Knoten eines Fachwerkes mehr als zwei Fachwerkstäbe verbunden, so läßt sich ein Cremona-Plan nicht sofort zeichnen, da die Voraussetzung nicht erfüllt ist, daß in mindestens einem Knoten nicht mehr als zwei unbekannte Stabkräfte zusammentreffen.

Derartige Fachwerke werden als *nichteinfache Fachwerke* oder *Grundecke* bezeichnet. Die klassischen Beispiele sind in Bild 9.25.I zusammengestellt. Durch Führung eines Schnittes lassen sich drei Stabkräfte sichtbar machen, die an einer (erstarrten) Teilscheibe (am starren befreiten Körper $\mathcal{SBK}$) nach Culmann graphisch ermittelt werden können.

Sind drei Stäbe parallel (Bild 9.25.II $a \parallel b \parallel c$), so gelingt die graphische Ermittlung der Stabkraft $\boldsymbol{S}$ durch Projektion aller Kräfte einer Teilscheibe (z. B. II) auf eine Gerade $\overline{ss}$, die senkrecht zu a, b, c orientiert ist; für die Komponente $\boldsymbol{V} \parallel \overline{ss}$ der Stabkraft $\boldsymbol{S}$ muß dann gelten:

$$\{\boldsymbol{V}, \boldsymbol{H}\} \Leftrightarrow \boldsymbol{S},$$

$$\{\boldsymbol{B}, \boldsymbol{F}, \boldsymbol{V}\} \Leftrightarrow \boldsymbol{P}_{ss} = \boldsymbol{0}.$$

Da $\boldsymbol{H} \perp \overline{ss}$ verlaufen muß, ist mit $\boldsymbol{V}$ natürlich auch $\boldsymbol{S}$ bekannt, wonach alle übrigen Stabkräfte mit Hilfe von Kraftecken ermittelt werden können.

Darüber hinaus kann auch das von Henneberg entwickelte *Stabtauschverfahren* benutzt werden, mit dessen Hilfe ein nichteinfaches Fachwerk durch Entfernen eines *Tauschstabes* und Einbau eines *Ersatzstabes* in ein einfaches Fachwerk verwandelt wird. Da im wirklichen Fachwerk der Ersatzstab nicht da ist, muß an Stelle des Tauschstabes eine *Tauschstabkraft* treten, die den *Ersatzstab* zum *Nullstab* macht (Bild 9.25.III).

Anmerkung: Werden die drei Stäbe eines Fachwerkträgers, die das erste und letzte Fach bilden, durch eine Scheibe ausgesteift, so entsteht ebenfalls ein nichteinfaches Fachwerk (Bild 9.25.IV). Die Stabkraftermittlung wird durch die Ermittlung dreier Stabkräfte $\boldsymbol{S}_1$, $\boldsymbol{S}_2$, $\boldsymbol{S}_3$ nach Culmann begonnen.

9.6. Imaginäre Gelenke

Werden Scheibenketten, Fachwerkträger oder Biegestäbe durch Pendelstäbe gestützt (Bild 9.26.I), verbunden (Bild 9.26.II) oder unterspannt (Bild 9.26.III), so führt der Befreiungsprozeß zu Kopplungskräften, die nach Ablauf des Erstarrungsprozesses linienflüchtig verschoben werden dürfen.

Schneiden sich die Wirkungslinien (z. B. $\overline{11}$ und $\overline{22}$, $\overline{33}$ und $\overline{44}$, $\overline{33}$ und $\overline{tt}$) zweier derart linienflüchtiger Reaktionskräfte in einem Punkt i (z. B. in a, b, g), so dürfen diese nach i verschoben werden. Der Punkt i selbst kann sich nach Ermittlung der Reaktionskräfte nicht mehr verschieben. Eine Verdrehung des starren Körpers um diesen Punkt i können aber die beiden dort angreifenden Reaktionskräfte nicht verhindern.

Einen Punkt mit diesen kinematischen Bedingungen (z. B. a in Bild 9.26.I: $\delta s_1 = 0$, $\delta s_2 = 0$, $\delta\varphi \neq 0$) haben wir als Gelenk bezeichnet (vgl. Band 1, Abschnitt A.5., Tafel A.18, Zeile 2). Da der hier vorliegende Punkt i in der Konstruktion nicht als reales Gelenk ausgebildet wird, sondern nur seiner kinematischen Bedingungen wegen für die

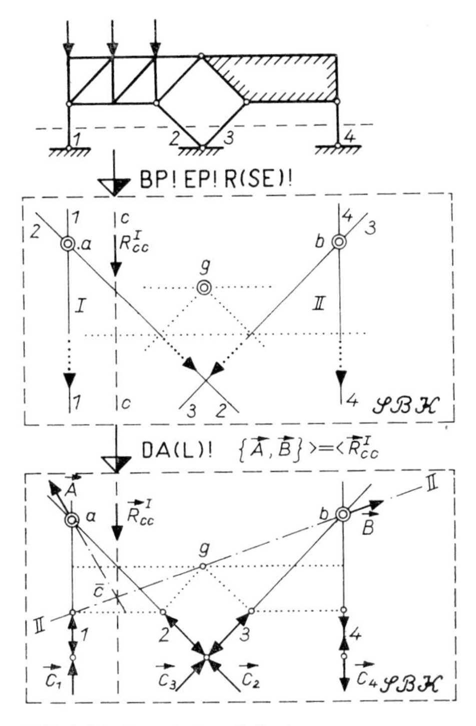

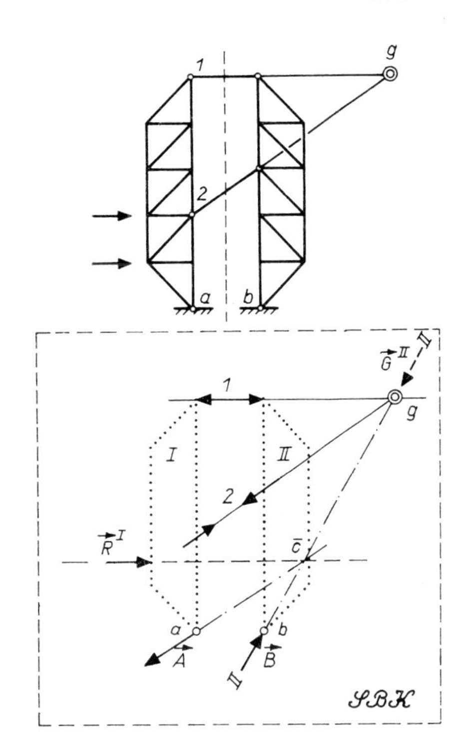

Bild 9.26. Imaginäre Gelenke
I. Imaginäre Stützgelenke
II. Imaginäres Verbindungsgelenk
— Beispiel 1

weitere graphische Ermittlung der Kopplungskräfte von Bedeutung ist, bezeichnen wir ihn als (gedachtes, bildhaft vorgestelltes oder) *imaginäres* Gelenk (lat. imago: Bild, Abbild).

Wir unterscheiden

- imaginäre Stützgelenke,
  Beispiel: Bild 9.26.I und III: *a*, *b*,
- imaginäre Verbindungsgelenke,
  Beispiel: Bild 9.26.II und III: *g*.

Nach Ermittlung der imaginären Gelenke, die in den Bildern 9.26 durch einen Doppelkreis (◎) gekennzeichnet sind, liegt eine Dreigelenkaufgabe vor, die nach Abschnitt 9.3.2. gelöst wird.

Die Bilder 9.26 bedürfen keiner Erläuterung, bemerkt werden muß lediglich zu Bild 9.26.III, daß bei vertikaler Belastung die horizontale Gelenkkraft verschwindet. Die Wirkungslinie $\overline{33}$ der Gelenkkraft in 3 verläuft demnach vertikal und schneidet die Wirkungslinie $\overline{tt}$ der Stabkraft S_t in g. Verschieben wir linienflüchtig am starren befreiten Körper (𝒮ℬ𝒦) (I) V_3 und S_t nach g, so erhalten wir mit $V_g = V_3$ und $H_g = S_t$ die Gelenkkräfte im imaginären Gelenk g, die nunmehr graphisch ermittelt werden können.

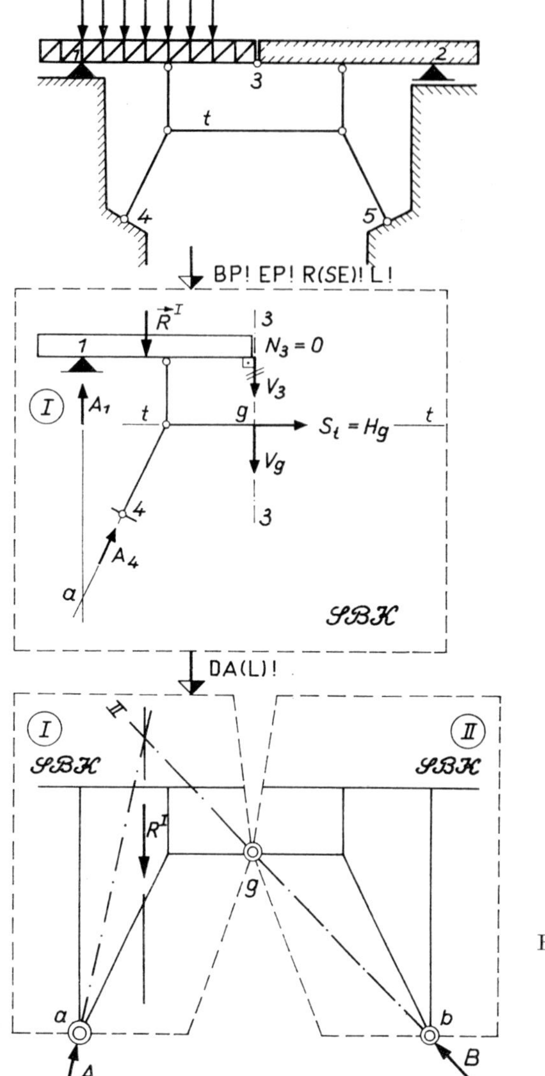

Bild 9.26. Imaginäre Gelenke
III. Imaginäres Verbindungsgelenk
— Beispiel 2

Im Bild 9.26.III ist mit den starren Scheiben (I) und (II) und den imaginären Gelenken a, b und g das lediglich für die Lösung der Aufgabe erforderliche imaginäre Dreigelenksystem angedeutet.

9.7. Nullstellen, Nullbereiche, Nullstäbe

Für Kontrollen, für die qualitative Beurteilung einer Lösung, für Entscheidungen am Tragwerk vor Ort oder für die Wahl des Verfahrens ist das Erkennen der Regionen, in denen einzelne oder alle Schnittgrößen verschwinden, von großem Wert.

9.7.1. Nullstellen

Verschwinden an einer ausgezeichneten Stelle i eine oder mehrere Schnittgrößen, so spricht man von einer *Nullstelle*. Wir unterscheiden (vgl. Bild 9.4.III) die

Längskraftnullstelle	(Längsführung),
Querkraftnullstelle	(Querführung),
Momentennullstelle	(Gelenk),

die einzeln oder kombiniert auftreten können.

Jedes Gelenk ist also gleichzeitig eine Momentennullstelle. Umgekehrt darf man in ein statisches System an jeder Momentennullstelle für die spezielle, vorliegende Belastung gedanklich ein Gelenk anordnen — auch wenn das System dann beweglich wird: für die spezielle, vorliegende Belastung würde es in Ruhe verharren und seine Aufgabe als Tragsystem erfüllen. Die analogen Überlegungen gelten für die übrigen Nullstellen und deren Kombinationen.

Vorgreifend sei angemerkt, daß an jeder Querkraftnullstelle das Moment einen Extremwert annimmt.

9.7.2. Nullbereiche

Verschwinden eine oder mehrere Schnittgrößen längs eines Stababschnittes, so bezeichnet man diesen Abschnitt als *Nullbereich* der entsprechenden Schnittgröße.

Horizontale Gelenkträger mit ebenfalls horizontalen Gleitlinien der beweglichen Lager sind bei ausschließlich vertikaler Belastung über ihre ganze Länge *Längskraftnullbereiche* (Bild 9.27.I).

Querkraftnullbereiche treten in den Stababschnitten auf, in denen die Momentenzustandslinie konstant ist. (Bild 9.27.II: Spalte 1, Zeile 3; Spalte 3, Zeile 5; Spalte 4, Zeilen 4 und 5).

Von besonderem Interesse sind die *nichtbeanspruchten Tragwerksteile*, also die Bereiche, in denen *alle* Schnittgrößen verschwinden.

Nichtbeanspruchte Tragwerksteile treten auf

- außerhalb der Bereiche, die durch ein Gleichgewichtssystem (Beispiele siehe Bild 9.28) beanspruch werden, das
  - bereits durch die Belastung vorgegeben ist (z. B. Bild 9.27.I, Zeile 3 und Bild 9.27.II, Zeile 5),
  - durch die spezielle Anordnung der Belastung in Verbindung mit den aktivierten Stützkräften entsteht (z. B. Bild 9.27.I, Spalte 2, Zeile 6, Bild 9.27.II, Spalte 2, Zeile 4),
- wenn die Belastung schon durch ein Teilsystem aufgenommen werden kann (z. B. Bild 9.27.I, Zeilen 4 und 5, Bild 9.27.II, Zeilen 2 und 3).

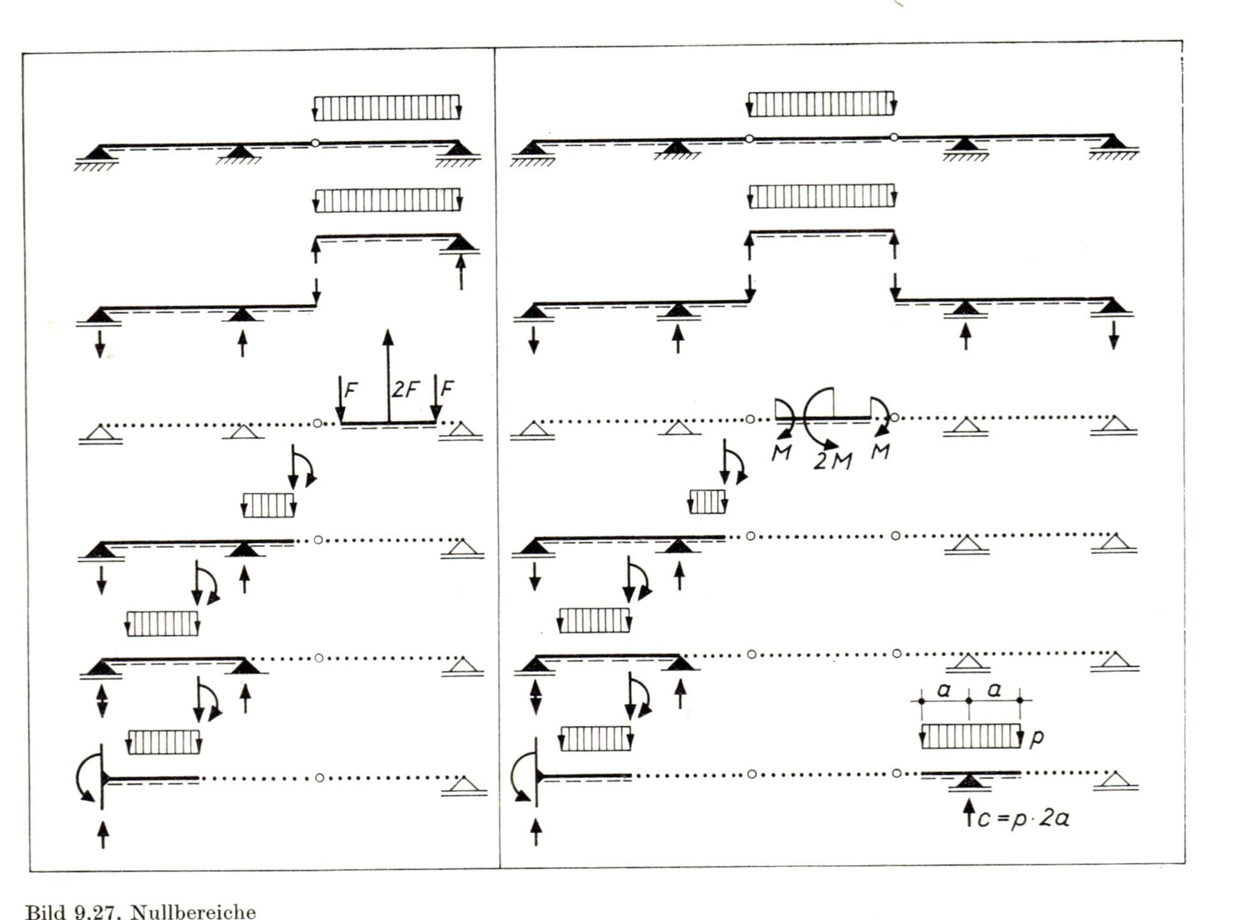

Bild 9.27. Nullbereiche
I. Nullbereiche im Gelenkträger mit gerader Stabachse

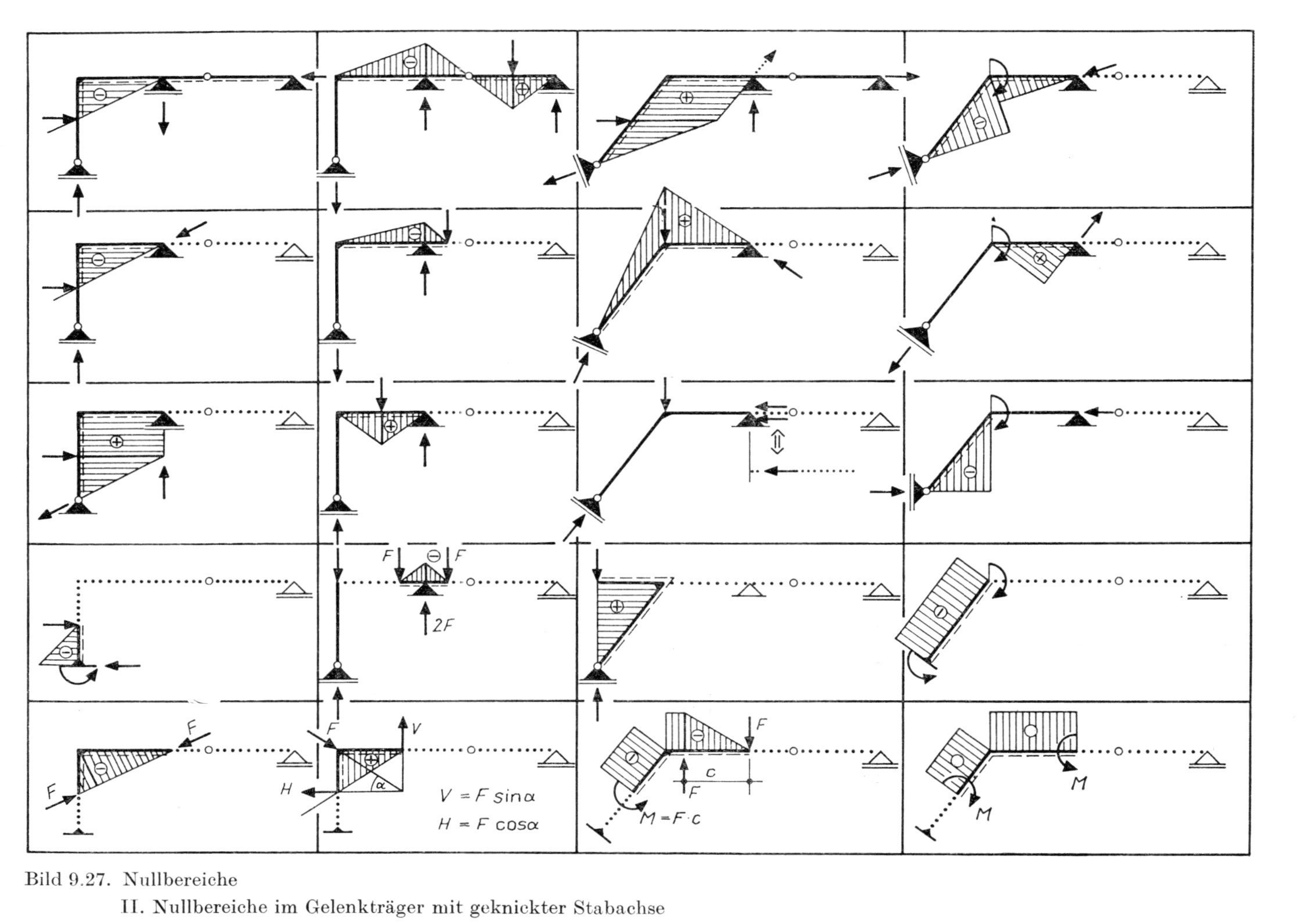

Bild 9.27. Nullbereiche
II. Nullbereiche im Gelenkträger mit geknickter Stabachse

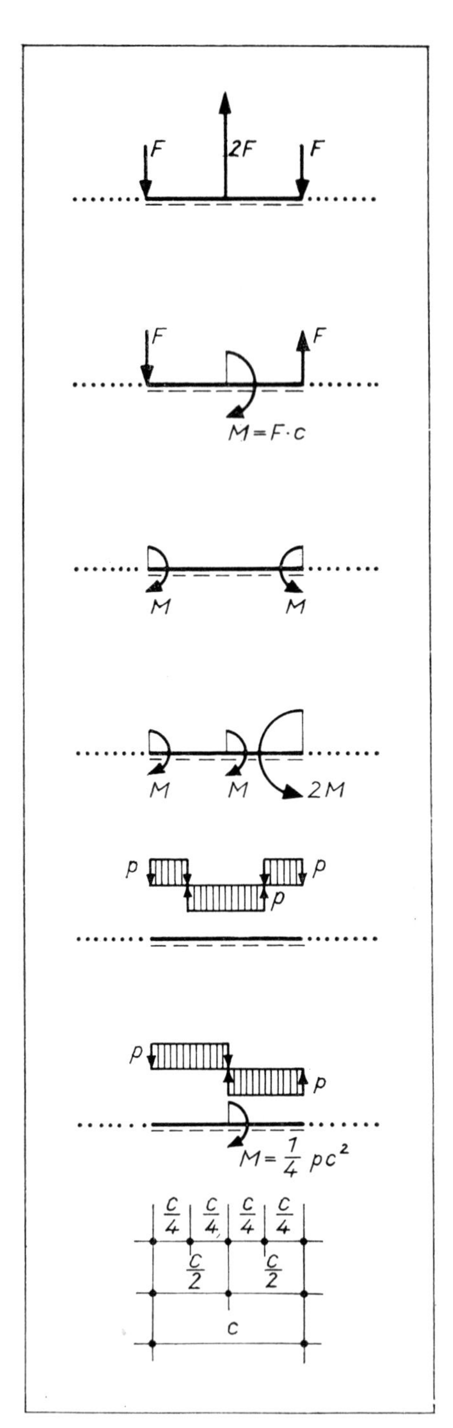

Bild 9.28. Gleichgewichtssysteme

9.7.3. Nullstäbe

Verschwindet in einem Pendelstab die Stabkraft, so bezeichnet man ihn als *Nullstab.*

Nullstäbe werden in Fachwerken zur Stabilisierung oder auch aus ästhetischen Gründen angeordnet. Es ist zweckmäßig, vor der Ermittlung der Stabkräfte in Fachwerken die Nullstäbe zu suchen, weil bei Kenntnis der Nullstäbe die Stabkraftermittlung häufig vereinfacht werden kann. Nullstäbe treten auf

A. bei spezieller Anordnung der Stäbe, (Bild 9.29.I) und zwar

1. an einem unbelasteten Knoten mit zwei Stäben (Zeile 1); (Das Knotenkrafteck kann nur gezeichnet werden, wenn der Knoten belastet ist. Verschwindet die Knotenbelastung, so verschwinden auch die Stabkräfte: Das Knotenkrafteck entartet in einem Punkt.)
2. an einem unbelasteten Knoten mit drei Stäben, von denen zwei kollinear sind (Zeile 2);
   (Das Knotenkrafteck schließt sich nur, wenn die nichtkollineare Stabkraft verschwindet.)
3. an einem belasteten Knoten mit zwei Stäben, wenn die Knotenkraft in Richtung eines Stabes wirkt (Zeile 3);

B. bei spezieller Anordnung der Belastung, und zwar außerhalb der Bereiche, die durch ein Gleichgewichtssystem (Beispiele siehe Bild 9.28) beansprucht werden, das

1. bereits durch die Belastung vorgegeben ist (Bild 9.24.C),
2. durch die spezielle Anordnung der Belastung in Verbindung mit den aktivierten Stützgrößen entsteht (Bild 9.29.II, 9.29.III).

Generell gilt:

- Wandstäbe werden bei parallelgurtigen Fachwerken Nullstäbe, wenn die Projektion der äußeren Kräfte eines Fachwerkteiles senkrecht zur Richtung der Gurte verschwindet (Bilder 9.29.II, 9.29.IV).
- Gurtstäbe werden Nullstäbe, wenn das Moment der äußeren Kräfte eines Fachwerkteiles in bezug auf den Schnittpunkt des Wandstabes mit dem gegenüberliegenden Gurtstab verschwindet.

Bei parallelen Kräften haben in diesem Fall die Zustandslinien eines gedachten Ersatzträgers für die Querkräfte und Momente Nullstellen bzw. Nullbereiche (Bild 9.29.III). Insbesondere

- wird der Wandstab ein Nullstab, wenn die entsprechende Querkraft verschwindet,
- wird der Gurtstab ein Nullstab, wenn das entsprechende Moment verschwindet.

Selbstverständlich können für die Existenz eines Nullstabes mehrere Kriterien gelten.

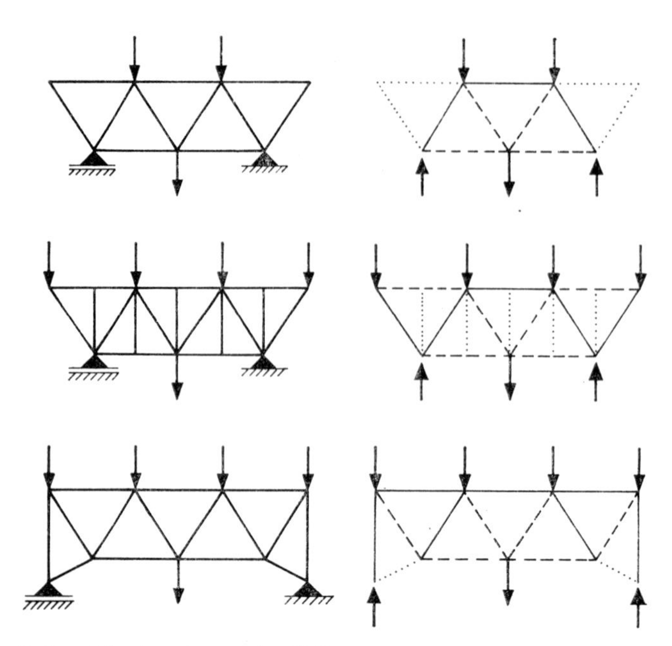

I. Spezielle Anordnung der Stäbe

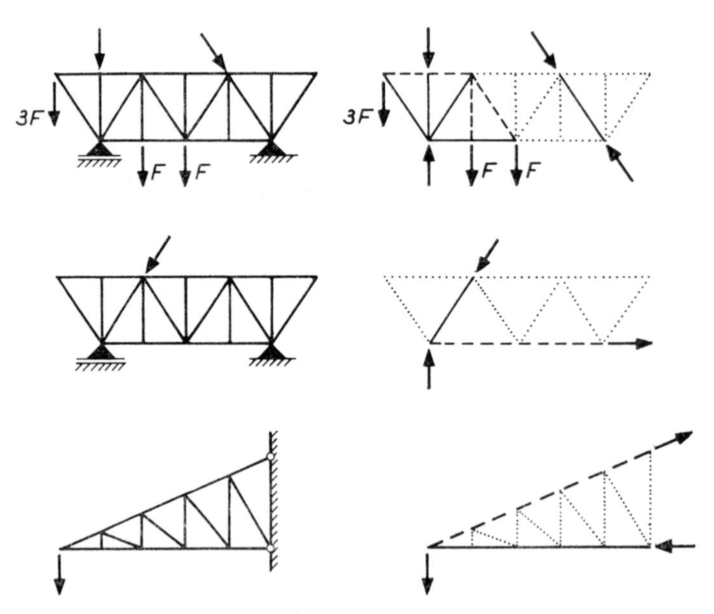

II. Spezielle Anordnung der Belastung

Bild 9.29 Nullstäbe

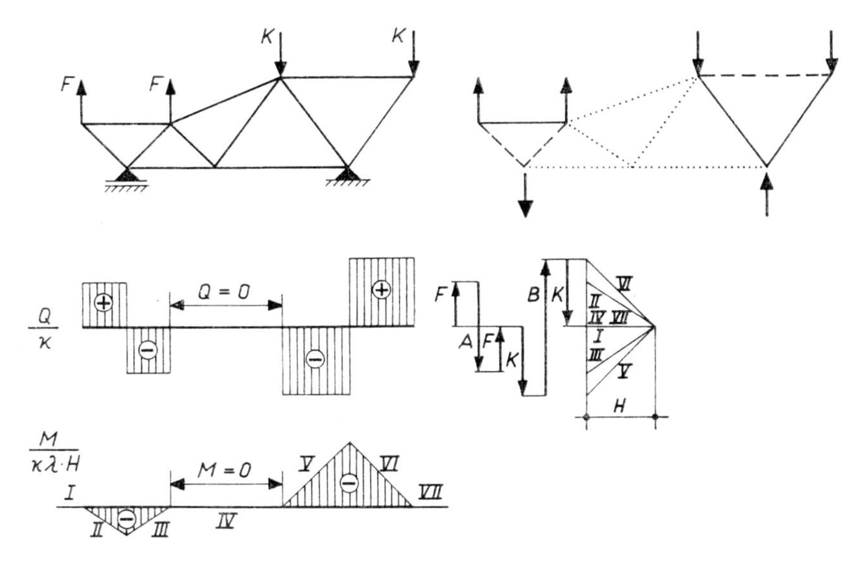

II. Nullbereiche für Querkraft und Moment

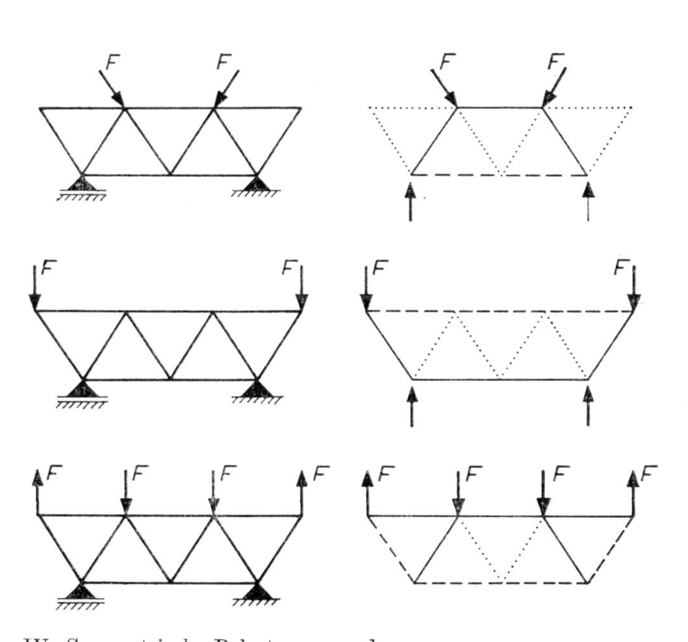

IV. Symmetrische Belastungsanordnung

Bild 9.29. Nullstäbe

9.8. Zusammenfassung

Im Kapitel 9 werden mit Hilfe des Reduktions- **(R!)**, Disduktions- **(D!)**, Conversions- **(C!)**, Transformations- **(T!)** und Adaptionsprozesses **(A!)** auf graphischem Wege Stütz-, Verbindungs- und Schnittgrößen sowie Stabkräfte ermittelt. Grundlage hierfür ist das Gleichgewichtsprinzip (vgl. Bd. 1, Abschnitt A.2.), welches für jedes beliebige Reduktionszentrum das Verschwinden sowohl der Summe der Projektionen als auch der Summe der Momente aller bekannten und unbekannten Kräfte fordert, die am vollständig befreiten Systemteil angreifen.

Das Verschwinden der resultierenden Projektion wird graphisch durch das „*Schließen des Kraftteckes*", das Verschwinden des resultierenden Momentes durch das „*Schließen des Seileckes*" sichtbar.

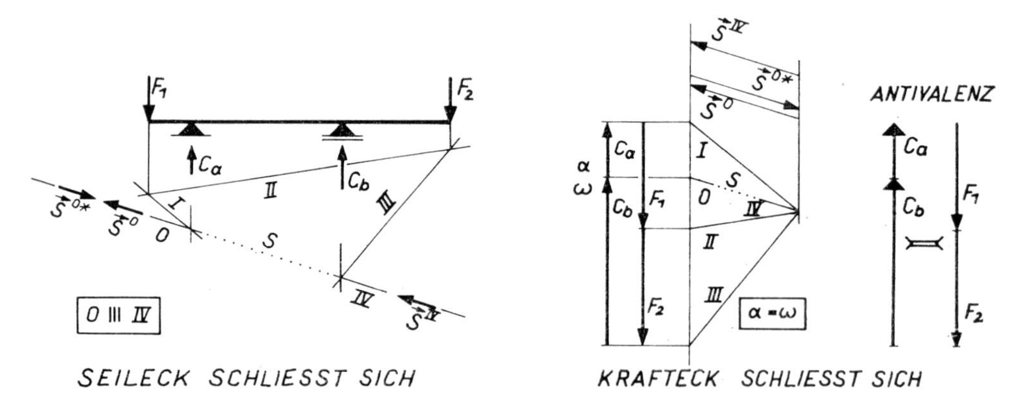

Bild 9.30. Graphische Bedingungen für das Gleichgewicht
- Translation: Krafteck schließt sich
- Rotation: Seileck schließt sich

Das „Schließen des Kraftteckes" ($\alpha = \omega$) läßt sich durch Umkehrung, durch Conversion der Disduktionskräfte — also durch antivalente Disduktion — erreichen. Das „Schließen des Seileckes" erzwingen wir während der antivalenten Disduktion mit Hilfe der Schlußlinie.

Die Gleichgewichtsaufgabe wird also durch antivalente Disduktion gelöst: An einem befreiten Körper läßt sich das System aller angreifenden Kräfte in zwei Teile zerlegen, nämlich in den

Teil 1: Aktionen (bekannte Kräfte) und den
Teil 2: Reaktionen (unbekannte Kräfte).

Diese beiden Teile sind im Falle des Gleichgewichtes antivalent (vgl. Bild 9.30).
Hinweise zur Konstruktion der Zustandslinien für die Schnittgrößen und zur Ermittlung der Stabkräfte sowie Betrachtungen zu den Nullstellen, Nullbereichen und Nullstäben zeigen den Weg für die praktische Nutzung, vor allem für die Veranschaulichung des Beanspruchungszustandes der Tragwerke und für skizzenhafte Kontrollen.

Nachwort

Die in diesem Band vorgestellten graphischen Umformungen und Verknüpfungen von Vektormengen sind dann, wenn wir diese Vektoren als Kräfte deuten, besonders gut geeignet,

- um das für die Lösung mechanischer Aufgaben erforderliche Wechselspiel zwischen Anschauung und Abstraktion systematisch auszubilden und
- um zu zeigen, daß die Lösung einer Aufgabe der Mechanik immer dann ganz einfach wird, wenn wir die gedanklichen Sprünge des Routiniers nicht nachvollziehen, sondern den Lösungsprozeß zunächst in eine lückenlose Folge von Elementarprozessen aufspalten, von denen jeder einzelne axiomatisch begründbar und somit leicht verständlich ist, und danach erst die Zusammenfassung einzelner, aufeinanderfolgender Elementarprozesse zu einem (nun aber verstandenen) Teilprozeß (etwa im Sinne eines Unterprogrammes) vornehmen, um die Lösung effektiv gestalten zu können.

Natürlich wird man mit zunehmender Übung immer seltener die Skizze zum Verständnis des Flußdiagrammes benötigen und immer mehr Elementarprozesse zu einem Teilprozeß zusammenfassen, aber das sollte dem Studierenden selbst überlassen bleiben.
Schon das „Selbstüberlassen“ deutet an, daß das Buch als Wegbereiter zu verstehen ist und der Studierende im individuellen Selbststudium damit arbeiten muß. Er sollte sich die ihm gemäße Denkweise und den ihm gemäßen Algorithmus durch entsprechende Vereinfachung jeweils selbst aufbauen. Das Buch bietet also neben endgültigen Lösungswegen, neben Rezepten, vor allem (dem Geübten zu) ausführliche, (aber) verständliche Beschreibungen, die der jeweils individuellen Kürzung bedürfen.
Dieses Anliegen forderte

- einen streng axiomatischen Aufbau,
- eine Gliederung in Prozesse und
- die Definition von Befehlen, die zur Aktivierung dieser Prozesse nötig sind.

Im folgenden skizzieren wir die Umsetzung dieser drei Forderungen noch einmal zusammenfassend:

Zur graphischen Umformung von Kräftemengen benötigen wir dann, wenn wir im Kräfteraum bleiben wollen, drei Axiome, die jeweils einen Elementarprozeß zulassen, der durch einen Elementarbefehl ausgelöst werden muß. Es sind dies:

(I) **Erstarrungsaxiom** $\Rightarrow$ Erstarrungsprozeß:

+EP! Führe den Erstarrungsprozeß durch!

—EP! Hebe die Erstarrung auf!

(II) **Ergänzungsaxiom** ⇒ Ergänzungsprozeß:

+E! Füge ein Aufhebungspaar hinzu!

—E! Nimm ein Aufhebungspaar hinweg!

(III) **Superpositionsaxiom** ⇒ Superpositionsprozeß:

R! Reduziere (fasse zusammen)!

D! Disduziere (zerlege)!

Der Erstarrungs- und der Ergänzungsprozeß führen zur Linienflüchtigkeit der Kräfte am starren Körper, die über den Befehl

L! Liniiere (verschiebe linienflüchtig)!

in Anspruch genommen werden kann.

Mit Hilfe dieser Elementarprozesse ist der Aufbau längerer Prozesse möglich, die (mit den zulässigen Kürzungen) zu den folgenden bekannten Verfahren führen:

R(L)! Reduziere ein einfaches Komplanarpaar (also zwei in einer Ebene liegende Kräfte, deren Wirkungslinien einen brauchbaren Schnittpunkt haben) mit Inanspruchnahme der Linienflüchtigkeit!

V! Vertiere (wandle um) ein nichteinfaches Komplanarpaar (also ein Komplanarpaar mit nichtbrauchbarem Schnittpunkt der Wirkungslinien) in ein äquivalentes einfaches Komplanarpaar!

B! Bivektorisiere ein komplanares (ebenes) Kräftesystem, d. h., wandle es um in ein äquivalentes Komplanarpaar (also in zwei Kraftvektoren)!

R(MK)! Reduziere ein zentrales komplanares Kräftesystem durch schrittweise Ermittlung der Teilresultierenden je zweier Kräfte **(R(L)!)**, die auch Mittelkräfte **(MK)** genannt werden, in deren Angriffspunkt, dem Mittelkraftpunkt **(MKP)!**

R(MKL)! Reduziere ein komplanares Kräftesystem durch schrittweise Ermittlung der Mittelkräfte **(R(L)!)**, deren Wirkungslinienpolygon Mittelkraftlinie **(MKL)** heißt.

R(SE)! Reduziere ein komplanares Kräftesystem (nach Ergänzung eines Aufhebungspaares durch schrittweise Bivektorisierung **(B!)** und Reduktion des letzten Komplanarpaares **(R(L)!)** mit Hilfe des Seileckes **(SE)!**

D(L)! Disduziere (zerlege) eine Kraft mit Inanspruchnahme der Linienflüchtigkeit in ein äquivalentes einfaches Komplanarpaar (also nach zwei Richtungen, die sich mit der Wirkungslinie der Kraft in einem Punkt (brauchbar) schneiden).

D(SE)! Disduziere eine Kraft mit Hilfe der Schlußlinie **(SL)** des Seileckes **(SE)** in ein äquivalentes nichteinfaches Komplanarpaar (häufig in ein Parallelpaar).

D(CUL)! Disduziere eine Kraft mit Hilfe der CULMANNschen Geraden **(CUL)** in ein äquivalentes komplanares System von genau drei Kräften, deren Wirkungslinien sich nicht in einem Punkt schneiden.

Die Reduktionen führen immer zur Resultierenden, deren Wirkungslinie Zentrallinie genannt wird, oder aber zu einem resultierenden Kräftepaar bzw. einem Aufhebungspaar.

Soll nun das ganze Kräftesystem durch äquivalente Vektoren ersetzt werden, die in einem beliebigen Punkt angreifen, der nicht der Zentrallinie angehört, so ist dies mit Hilfe der bisher formulierten drei Axiome nicht möglich. Wir müssen bei dieser Zielstellung den reinen Kräfteraum verlassen und unsere Umformungen in einem Raum vornehmen, in dem auch Momente auftreten, die wir durch äquivalente, sprunghafte Umwandlung (Mutation) von Kräftepaaren gewinnen. Diese Mutation wird von einem vierten Axiom, dem sogenannten Mutationsaxiom, zugelassen. Den Mutationsprozeß löst der Befehl **M!** aus:

(IV) **Mutationsaxiom** $\Rightarrow$ Mutationsprozeß:

M! Mutiere ein Kräftepaar in ein äquivalentes Moment (und umgekehrt)!

Die oben geforderte Reduktion eines komplanaren Kräftesystems in einem Punkt (Pol), der nicht der Zentrallinie angehört, kann nun mit Hilfe der Mutation durchgeführt werden.

Nach der Reduktion mit Hilfe der Mittelkraftlinie oder des Seileckes liegt die Resultierende in der Zentrallinie (also ein Kraftvektor mit seiner Wirkungslinie) vor. Zunächst erzeugen wir mittels schiefer Parallelprojektion auf der Geraden, die parallel zur Kraftwirkungslinie durch den Pol verläuft, einen neuen Kraftvektor mit dem Angriffspunkt im Pol. Die schiefe Parallelprojektion veranlassen wir durch den Befehl

P! Projiziere.

Den durch diese Projektion entstandenen Vektor nennen wir Projektionsvektor. Danach müssen wir im Pol einen zweiten Kraftvektor ergänzen, der dem Projektionsvektor gegengleich ist, so daß ein Aufhebungspaar entsteht, das auf Grund der Gültigkeit des Ergänzungsaxioms im Pol angeordnet werden darf

(+E!).

Dabei verbleibt der Kraftvektor natürlich auf seiner Wirkungslinie.

Der zweite ergänzte Kraftvektor kann durch Umkehrung (Conversion) des Richtungssinnes des Projektionsvektors konstruiert werden, weshalb wir ihn als Conversionsvektor bezeichnen und dieses Erzeugen und Hinzufügen des Conversionsvektors durch den Befehl

C! Convertiere (kehre Richtungssinn um und füge hinzu)!

aktivieren.

Kraftvektor, Projektionsvektor und Conversionsvektor haben den gleichen Betrag. Anstatt den Projektionsvektor und den Conversionsvektor als Aufhebungspaar anzusehen, darf man natürlich auch den Kraftvektor und den Conversionsvektor als Kräftepaar auffassen und dieses Kräftepaar im Pol in einen Momentenvektor mutieren, so daß nunmehr im Pol neben dem (polaren) Projektionsvektor der (polare) Momentenvektor angreift, die beide — zu einer Größe zusammengefaßt — als Elementarpaar bezeichnet werden und den Kraftvektor äquivalent ersetzen. Auf diese Weise läßt sich für jede linienflüchtige Kraft in jedem beliebigen Pol des starren Körpers ein Elementarpaar substituieren.

Soll nun ein Kräftesystem in einem Punkt reduziert werden, so wählen wir diesen Punkt für jede Kraft als Pol, bezeichnen ihn als Reduktionszentrum, substituieren in diesem Reduktionszentrum für jede Kraft das äquivalente Elementarpaar, superponieren die nun alle gleichzeitig am gleichen Punkt angreifenden Projektionen sowie Momente und erhalten die reduzierte Projektion und das reduzierte Moment, die beide zum Reduktionspaar zusammengefaßt die einfachste äquivalente Darstellung des Kräftesystems bilden.

Mit dieser speziellen Substitution werden wir, wenn sie konsequent für jede Kraft vorgenommen wird, aus dem Raum, in dem es nur linienflüchtige Kräfte gibt, in einen anderen Raum getragen, in dem nur punktgebundene Elementarpaare existieren.

Wir fassen diesen Übergang als Abbildung, als Imagination, auf und lösen ihn durch den folgenden Befehl aus:

Y! Imaginiere (bilde eine Kraft durch Ermittlung ihrer Projektion und ihres Momentes in ein äquivalentes Elementarpaar ab)! (Verzweige eine Kraft in Projektion und Moment!).

Das Symbol **Y** soll durch seine Ver*zweig*ung andeuten, daß aus einer Größe (der Kraft) zwei Größen (die Projektion und das Moment) entstehen. Diese Überlegungen finden wir auch in der analytischen Denkweise wieder, die das Kräftepaar gar nicht in Anspruch nimmt, sondern Projektion und Moment unmittelbar ermittelt.

Den umgekehrten Prozeß nennen wir Zentralisation oder Vereinigung, (weil er das Reduktionspaar eines komplanaren Kräftesystems in dessen Resultierende (Zentralkraft) in der Zentrallinie überführt, also Projektion und Moment zur Kraft vereinigt) und aktivieren ihn durch den Befehl

Z! Zentralisiere! (bilde ein Elementarpaar in die ihr äquivalente linienflüchtige Kraft ab) oder auch
⅄! Vereinige! (Projektion und Moment zur Kraft).

Im Elementarpaarraum kann nun für jedes punktgebundene Elementarpaar in jedem beliebigen anderen Punkt ein äquivalentes Elementarpaar substituiert werden.

Für ein Elementarpaar in i erhalten wir das äquivalente Elementarpaar in k, indem wir

1. für die Projektion in i durch Projektion **(P!)**, Conversion **(C!)** und Mutation **(M!)** das ihr äquivalente Elementarpaar in k substituieren;
2. für das Moment in i durch Projektion **(P!)** das ihr äquivalente Moment in k substituieren;
3. das Moment in k infolge des Projektionsvektors in i und das Moment in k infolge des Momentenvektors in i superponieren (da beide gleichzeitig am gleichen Punkt angreifen).

Diesen Prozeß bezeichnen wir als Substitution und lösen ihn aus durch den Befehl

S! Substituiere (ersetze ein Elementarpaar durch ein äquivalentes Elementarpaar an einem anderen Punkt).

Mit Hilfe der Substitution kann man die folgenden beiden Prozesse ablaufen lassen:

R(S)! Reduziere ein Kräftesystem in einem beliebigen Punkt (durch Ermittlung der Resultierenden mit anschließender Substitution)!

D(S)! Disduziere ein Kräftesystem nach zwei Disduktionslinien für die Verschiebungen eines Punktes und einer Disduktionslinie für die Verdrehung um diesen Punkt (durch Ermittlung der Resultierenden mit anschließender Substitution, z. B. für die Ermittlung der Stützgrößen eines Kragträgers).

Aber auch die graphische rekursive Reduktion läßt sich sowohl von links als auch von rechts durch schrittweise Substitution durchführen:

R(R)! Reduziere rekursiv!

Im Rahmen der graphischen Statik müssen die unbekannten Reaktionen ermittelt werden:

EG: C! Ermittle graphisch die Stützgrößen!
EG: C, V! Ermittle graphisch die Stütz- und Verbindungsgrößen!
EG: M, N, Q! Ermittle graphisch die Schnittgrößen!
EG: S! Ermittle graphisch die Stabkräfte!

Zunächst sind die Wirkungslinien dieser Reaktionsgrößen zu zeichnen. Danach ist

- der Befreiungsprozeß und der Erstarrungsprozeß **(EP!)** durchzuführen **(BP!)**,
- für jeden Teilkörper getrennt die auf ihn einwirkende Teilbelastung zu reduzieren,
- für jeden Teilkörper getrennt die reduzierte Teilbelastung (unter Beachtung der Kopplungsbedingungen) nach den Wirkungslinien der Reaktionen zu disduzieren

(so daß auf jeden Teilkörper nur noch die der Belastung äquivalenten Disduktionsvektoren auf den Wirkungslinien der Reaktionsvektoren einwirken), und schließlich sind

- die gesuchten Reaktionsvektoren durch Conversion der Disduktionsvektoren zu ermitteln, da Gleichgewicht nur bestehen kann, wenn entsprechend dem Wechselwirkungsaxiom (actio = reactio) auf den Wirkungslinien der Reaktionsvektoren Aufhebungspaare liegen, die den vollständig befreiten Körper nicht beschleunigen können.

In der graphischen Statik werden demnach zwei Vektormengen verknüpft: die bekannten Belastungsvektoren und die unbekannten Reaktionsvektoren. Durch die Verknüpfung selbst sind die Gleichgewichtsbedingungen zu erfüllen, die eine Antivalenz dieser beiden Kräftesysteme, eine Antivalenz der Belastung und der Reaktionen, fordern. Zur graphischen Verknüpfung von Kräftemengen benötigen wir in der Statik demnach neben dem Wechselwirkungsaxiom ebenfalls nur die bereits aufgeführten Axiome. Bei der praktischen Anwendung kann dann noch eine Transformation **(T!)** der Reaktionen (Änderung der Richtungen) oder eine Anpassung (Adaption **A!**) an einen speziell vereinbarten positiven Richtungssinn der Reaktionsvektoren (Änderung des Richtungssinnes) auftreten; aber das sind Umformungen, die keiner zusätzlichen Axiome bedürfen. Um die Bedeutung der graphischen Umformungen und Verknüpfungen im Rahmen der Ingenieurausbildung einschätzen zu können, werfen wir noch einen Blick in die Wissenschaftsgeschichte.

Mehr als 200 Jahre standen die Analysis und das Rechnen im Mittelpunkt des mathematischen Interesses, bis zu Beginn des 19. Jahrhunderts das Bemühen wieder stärker wurde, die Geometrie und das Zeichnen in das Blickfeld zu rücken. PONCELET [1] schuf die Geometrie der Lage, die bei den Ingenieuren seiner Zeit deshalb große Beachtung fand, weil sie mit den durch die wachsende Industrie in immer größeren Mengen verfügbaren „langen gewalzten Eisenstäben" neuartige Tragwerksformen vor allem für den Brückenbau zu entwerfen und zu berechnen hatten, für welche die von NAVIER und seinen Nachfolgern entwickelten analytischen Verfahren zu zeitraubend waren. Hinzu kam der Vorteil, den Schnittkraft- und Verformungszustand visuell gewissermaßen entstehen zu sehen und damit auch qualitativ schneller beurteilen zu können.

So entstand um die Mitte des vorigen Jahrhunderts als glückliche Synthese von Geometrie und Mechanik eine neue Disziplin: die „Graphische Statik", als deren Begründer CULMANN in Zürich gilt [2]. Die weitere Entwicklung übernahmen vor allem sein Nachfolger RITTER [3], CREMONA in Mailand [4], LEVY in Paris [5] und MOHR in Dresden [6/7]. Sie wurde gefördert und gepflegt u. a. von MÜLLER-BRESLAU in Hannover und Berlin [8], A. FÖPPL in München [9], SCHLINK in Darmstadt [10] und nimmt mit ihren leistungsfähigen Verfahren noch heute einen geachteten Platz in den Lehrbüchern der klassischen Mechanik ein.

Parallel dazu, etwa um die Mitte des vorigen Jahrhunderts, entwickelten GRASSMANN [11] und HAMILTON [12] die Vektorrechnung, die die Vorteile geometrischer Anschaulichkeit und analytischer Allgemeinheit vereint. Ihr geometrisches Korrelat finden wir in der Liniengeometrie PLÜCKERS [13]. Mit dem Eindringen in die dreidimensionalen Probleme der Mechanik wurde bald erkannt, daß z. B. die Reduktion eines beliebigen räumlichen Kräftesystems zu einer Größe führt, die kein einfacher, liniengebundener Vektor (wie etwa die Resultierende für komplanare Kräftesysteme) ist, sondern etwas Allgemeineres, ein Komplex von Kraft und Kräftepaar oder aber zweier windschiefer Kräfte, wofür man verschiedene Bezeichnungen verwendet: Dyname, Schraube, Linien- oder Stabsumme, Zentralachse usw. Der Veranschaulichung dieser komplizierteren Größe und ihrer Verknüpfungen galten viele Bemühungen der folgenden Jahre. Genannt sei nur die Ausgestaltung der „Schraubentheorie" in geometrischer Richtung von BALL, auf deren Anwendungsmöglichkeiten KLEIN mit großem Nachdruck hingewiesen hat, die „Geometrie der Dynamen" von STUDY, in der die Begriffe Stab, Keil, Motor eingeführt wurden [14], und schließlich der Ausbau der „Motorrechnung" durch v. MISES [15].

Während die einfachen gerichteten mechanischen Größen (Kraft, Impuls, Bahnverschiebung, Bahngeschwindigkeit, Bahnbeschleunigung, Moment, Drehimpuls, Winkelgeschwindigkeit, Winkelbeschleunigung usw.) ihr mathematisches Bild im VEKTOR gefunden haben, kann heute diesen komplexeren gerichteten mechanischen Größen (also der Dyname, der Massenkinemate, der Verrückungs-, Geschwindigkeits-, Beschleunigungskinemate usw.) als korrelierende mathematische Abbildung das ELEMENTARPAAR oder besser der BITOR gegenübergestellt werden.

Durch die Symbiose von Mechanik und Geometrie sind im Verlauf ihrer Geschichte also zwei unterschiedliche Richtungen ausgebaut worden, nämlich

- die Entwicklung leistungsfähiger graphischer Verfahren und
- die Veranschaulichung mechanischer Sachverhalte.

Die Verfahren werden durch die Rechentechnik verdrängt und haben vorwiegend wissenschaftshistorischen Wert. Die Bemühungen um die Veranschaulichung gewinnen aber in wachsendem Maße an Bedeutung, weil sie über das unmittelbare geometrische Sehen das Verständnis für die mechanischen Zusammenhänge fördern und den Weg zur analytischen Denkweise und zur abstrakten Vorstellung bahnen. Daher werden in diesem Buch nur die klassischen Verfahren mitgeteilt, aber alle Möglichkeiten der Veranschaulichung ausgeschöpft.

Das Lösen ebener Aufgaben im Kräfteraum und die Einbeziehung der Momente sind in diesem Sinne als Vorbereitung auf das symbolische und analytische Durchdenken räumlicher Probleme im ELEMENTARPAARraum oder auch im BITORraum anzusehen.

Quellennachweis zum Nachwort

[1] Poncelet, V.: Traité des proprietes projectives des figures, Paris 1822. Weiterentwickelt durch Steiner, Möbius und v. Staudt, Geometrie der Lage, Nürnberg 1847

[2] Culmann, C.: Graphische Statik, Zürich 1864

[3] Ritter, W.: Anwendung der graphischen Statik, Zürich 1888

[4] Cremona, L.: Le figure reciproche nells grafica, Milano 1872

[5] Levy, M.: Le statique graphique et ses applications aux constructions, Paris 1874

[6] Mohr, O.: Abhandlungen aus dem Gebiet der Technischen Mechanik, Verlag von Wilhelm Ernst und Sohn, Berlin 1906

[7] Mohr, O.: Beitrag zur Theorie der Holz- und Eisenkonstruktionen, Hannoversche Zeitschrift 1870, S. 41

[8] Müller-Breslau, H.: Graphische Statik der Baukonstruktionen, Baumgärtners Buchhandlung, Leipzig 1887

[9] Föppl, A.: Vorlesungen über Technische Mechanik, Band II Graphische Statik, Verlag von R. Oldenburg, München und Berlin 1942

[10] Schlink, W.: Technische Statik, Springer-Verlag, Berlin/Göttingen/Heidelberg 1948

[11] Grassmann, H.: Lineare Ausdehnungslehre, Berlin 1844

[12] Hamilton, W.: Lectures on Quaternions, Dublin, 1853, Elements of Quaternions, Dublin 1866

[13] Plücker, I.: Neue Geometrie des Raumes, B. G. Teubner, Leipzig 1869

[14] Study, E.: Geometrie der Dynamen, B. G. Teubner, Leipzig 1903

[15] v. Mises, R.: Motorrechnung, ein neues Hilfsmittel der Mechanik, ZAMM **4** (1924), S. 155

E. Exercitium

Der Begriff ***Studium*** *hat seine sprachliche Wurzel in dem lateinischen Verb* ***studere****, das wörtlich mit* ***sich selbst um etwas bemühen*** *zu übersetzen ist.*

Dieses ***Selbstbemühen*** *muß natürlich* ***zunächst*** *auf die theoretische Fundierung der Problemlösung gerichtet sein. Es spiegelt sich wider einerseits in der unbeirrbaren Suche nach dem axiomatisch eindeutig begründeten und in seinen Einzelschritten widerspruchsfreien Lösungsweg und andererseits in dem möglichst selbständigen Aufbau eines einfachen, übersichtlichen, einprägsamen und effektiven Algorithmus.*

Dieses ***Selbstbemühen*** *muß aber* ***danach*** *mit der gleichen Intensität auf die selbständige Aneignung dieses erarbeiteten Algorithmus zumindest für alle Grundaufgaben gerichtet sein. Wie der Pianist über ein gewisses Repertoire an Etüden für seine täglichen Fingerübungen verfügt, braucht ein Studierender der Mechanik ein Repertoire von Beispiellösungen, um die Vorgehensweise, die qualitativen und quantitativen Kontrollen, die Plausibilitätsprüfungen immer wieder üben zu können, um sich Erfahrung, also einen Blick oder ein Gefühl für die (qualitative) Richtigkeit einer Lösung, anzueignen.*

Dieses Aneignen ist nur durch konzentriertes Üben, durch selbständiges, häufig wiederholtes Durchdenken von Beispielen möglich.

Dabei möge dieser Anhang E eine Hilfe sein, dessen Bezeichnung als ***Exercitium*** *das* ***eigenständige Einüben*** *bereits verstandener Denkwege hervorheben soll.*

Das Exercitium enthält eine Zusammenstellung der

- Stützgrößen,
- Längskräfte,
- Querkräfte und
- Momente sowie der
- Stabkräfte

für die elementaren ebenen Stabtragwerke.

Die Änderung der Schnittgrößen längs der Stabachse wird durch deren

- Zustandslinien

veranschaulicht, während die Änderung der Stabkräfte von Stab zu Stab im

- Cremona-Plan

sichtbar wird.

Der Leser findet deshalb den Schnittgrößenzustand

- des Trägers auf zwei Stützen mit gerader Stabachse,
- des Kragträgers,
- des Trägers auf zwei Stützen mit gerader Stabachse und Kragarm,
- des Trägers auf zwei Stützen mit geknickter Stabachse,

- des Gelenkträgers,
- des Dreigelenkrahmens und
- des Fachwerkträgers,

wobei in die Belastung

- Punktlasten (Einzelkräfte),
- Linienlasten und
- Momente

aufgenommen worden sind.

Insgesamt wird eine Auswahl von 160 Beispielen vorgelegt, wobei in 76 leicht überschaubaren Fällen auf quantitative Angaben verzichtet worden ist. Hin und wieder werden durch angedeutete Hilfslinien Konstruktionshinweise gegeben (Lage von Teilresultierenden, Tangente, usw.). Eine Übersicht vermitteln die Tafeln E.1 bis E.7.

Dieses Material unterstützt im Selbstudium

1. die Übung der Verfahren sowie
2. die Kontrolle der Lösung

und zeigt

3. die Vereinfachung des Lösungsweges sowie
4. die Veranschaulichung des Schnittgrößenzustandes.

Darüber hinaus dient es für die Lösung von Aufgaben in nachfolgenden Disziplinen (z. B. im Rahmen der konstruktiven Bemessung)

5. als Wissensspeicher.

Die folgenden Betrachtungen zeigen dies auf.

E.1. Die Übung der Verfahren

Stützgrößen

Die Ermittlung der Stützgrößen wird mit Hilfe des **KRÄFTEDREIECKES** in (1), (2) und (3) gezeigt, während **SEILECK** und **SCHLUSSLINIE** in (4) bis (8), (54), (55) und (133) angewendet werden.

Längskräfte, Querkräfte, Momente

Die Konstruktion der Zustandslinien für die Längs- und Querkräfte durch **PROJEKTION AUS DEM KRÄFTEPLAN** lassen die Beispiele (1) bis (9), (43), (44), (54) und (55) erkennen. Daneben kann die Ermittlung der Momentenzustandslinie mit Hilfe des **SEILECKES** in (1) bis (8), (43), (44), (54), (55) verfolgt werden, während hierfür die Benutzung der **MITTELKRAFTLINIE** in (1), (2), (3), (107), (108), (111) und (112) angedeutet wird.

Einspannmomente (Stützmomente)

Auch die Widerspiegelung des Einspannmomentes als **Kräftepaar** wird in (43) und (44) noch einmal vorgeführt. In (143) bis (146) und (153) bis (160) sind Einspannmomente enthalten.

Stabkräfte

Für die Ermittlung der Stabkräfte nach CULMANN findet der Leser zwei Beispiele in (133) und (136). Den gesamten Stabkraftzustand veranschaulichen schließlich die CREMONA-**PLÄNE** in (131) bis (134) und (136) bis (140).

E.2. Die Kontrolle des Lösungsweges

Stabkräfte

Zerlegen wir ein Fachwerk in zwei Teile, so müssen die an jedem Fachwerksteil angreifenden Knotenlasten und Stabkräfte ein geschlossenes **KRÄFTEPOLYGON** bilden.

Schneiden wir z. B. in (135) während des Befreiungsprozesses die Wandstäbe durch, um das Gleichgewicht des Obergurtes zu prüfen, so entsteht als befreites Fachwerksteil der Obergurt, auf den seine Knotenlasten und die Wandstabkräfte einwirken. Verfolgen wir ausschließlich diese Kräfte im CREMONA-Plan oder zeichnen wir sie in einem gesonderten Kräfteplan heraus, so entsteht ein **KRÄFTEPOLYGON**, das sich schließen muß, da Gleichgewicht auch an diesem befreiten Fachwerksteil herrscht. Analoge Überlegungen gelten für die CREMONA-Lösung (Kräftepolygon F_1, A, O_2, D_2, U_2 in (136)).

Schnittgrößen

Beim Studium der rekursiven Reduktion haben wir festgestellt (Abschnitt 8.5.3.2.1.), daß an der Angriffsstelle von Einzelkräften die Projektionsfunktion einen Sprung, die Momentenfunktion dagegen einen Knick hat, und in der Fußnote S. 77 finden wir den ergänzenden Hinweis, daß am Angriffspunkt des Momentes auch die Momentenfunktion springt.

Dabei springt die Projektionsfunktion um den Betrag der Kraft bzw. um den Betrag der Projektion und die Momentenfunktion um den Betrag des Momentes.

Die gleichen Überlegungen gelten natürlich auch für die Zustandslinien der Schnittgrößen:

- Ein SPRUNG tritt auf
  - an derjenigen Stelle der *Längskraftzustandslinie*, an der eine Kraft- bzw. Projektionskomponente (z. B. auch eine Stützkraftkomponente) in Richtung der Stabachse angreift, sowie am Knick der Stabachse infolge der Transformation von Längs- und Querkraft

    (Beispiele: (1), (2), (3), (63) bis (66), (68), (69), (71) bis (73), (77), (107) bis (128) und (130),

– an derjenigen Stelle der *Querkraftzustandslinie,* an der eine Kraft- bzw. Projektionskomponente (z. B. auch eine Stützkraftkomponente) quer zur Stabachse angreift, sowie am Knick der Stabachse infolge der Transformation von Längs- und Querkraft

(wegen der Stützkräfte nahezu alle Beispiele außer (39), (47), (70), (76), (94), (129)),

– an derjenigen Stelle der *Momentenzustandslinie,* an der ein Moment (z. B. auch ein Stützmoment = Einspannmoment) angreift

(Beispiele: (9) bis (14), (43) bis (62), (69) bis (71), (76), (80), (81), (84), (86), (88), (90), (92), (94), (97), (100), (103), (106), (109), (122) bis (124), (128) bis (130)).

- Ein KNICK tritt auf

– an derjenigen Stelle der *Momentenzustandslinie,* an der eine Kraft- bzw. Projektionskomponente (z. B. auch eine Stützkraftkomponente) quer zur Stabachse angreift bzw. an der die Querkraftzustandslinie springt (wegen der Stützkräfte nahezu alle Beispiele, außer (39), (47), (70), (76), (94) und (129)),

– an derjenigen Stelle der *Querkraftzustandslinie,* an der die Linienlast quer zur Stabachse (z. B. auch am Anfang oder Ende) springt

(Beispiele: (19) bis (23), (25) bis (31), (33) bis (39), (42), (49) bis (52), (59) bis (62), (72) bis (74), (77), (79), (82), (96), (99), (102), (105), (111) bis (118)).

Anmerkung: Geht die Linienlastordinate gegen Null, so geht auch das Maß der Steigung der Querkraftzustandslinie gegen Null, d. h., die Tangente an die Querkraftzustandslinie verläuft parallel zur Stabachse. Dieser Sachverhalt wird gern zur Konstruktion der Querkraftzustandslinie benutzt:

(vgl. z. B. (21) bis (24), (26), (27), (29), (30), (32), (33), (35), (36), (40) bis (42), (51) bis (53).

Drehen wir die Stabachse in die Horizontale und tragen wir danach generell die Ordinaten der Querkraftzustandslinie positiv nach oben, diejenigen der Momentenzustandslinie dagegen positiv nach unten ab, so springt die Querkraftzustandslinie im Richtungssinn der Kraft- bzw. Projektionskomponente (z. B. auch in Richtung der Stützkraft), während die Momentenzustandslinie an der gleichen Stelle einen Knick mit dem gleichen Richtungssinn erhält, d. h.

Punktlast (Einzelkraft, Einzelprojektion) mit der Pfeilspitze nach unten (oben) bedingt Querkraftsprung nach unten (oben) und Momentenknick mit der Spitze nach unten (oben).

Ganz analog bedingt eine

Linienlast mit der Pfeilspitze nach unten (oben) eine Abnahme (Zunahme) der Querkraftordinaten und ein Durchhängen (Aufwölben) der Momentenzustandslinie. (Das ist in allen Linienlastfällen, besonders gut aber in den Beispielen (34) bis (39) und (42) sowie (51) bis (53) zu erkennen.)

Vergleicht man die Zustandslinien, so fällt auf, daß immer dann, wenn wir von links nach rechts vorwärtsschreiten (z. B. in (45) und (50)) für die Stelle x

- die Querkraftordinate gleich ist dem Anfangswert (z. B. der Stützkraft), vermindert um den Inhalt der Belastungsfunktion (Linienlast) bis zur Stelle x,
- die Momentenordinate gleich ist dem Anfangswert (z. B. dem Stützmoment, das in (45) und (50) negativ ist), vermehrt um den Inhalt der Fläche unter der Querkraftzustandslinie bis zur Stelle x,

und daß das Maß der Steigung an der Stelle x

- der Momentenzustandslinie gleich ist der positiven Ordinate der Querkraftzustandslinie an der gleichen Stelle x (z. B. (19), (20)).
- der Querkraftzustandslinie gleich ist der negativen Ordinate der Belastungsfunktion (Linienlast) ebenfalls an der gleichen Stelle x (z. B. (19), (20)).

Offensichtlich besteht also zwischen Linienlast, Querkraft- und Momentenzustandslinie ein *differentialer Zusammenhang*, der im folgenden analytisch gesucht werden soll.

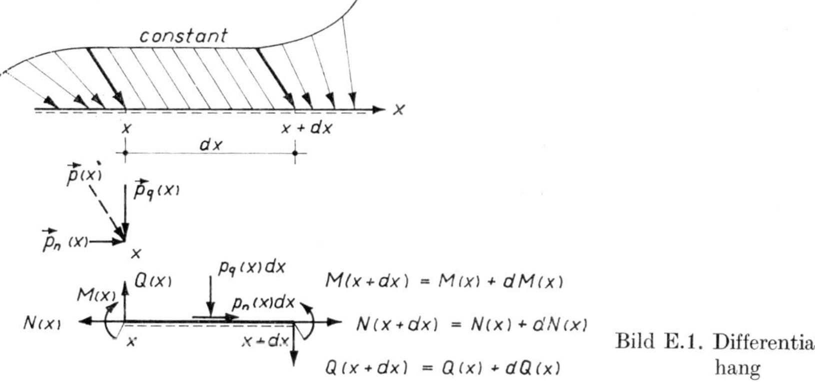

Bild E.1. Differentialer Zusammenhang

Mit diesem Ziel betrachten wir ein differentiales Stabelement (s. Bild E1) von der Länge dx, wobei dx so klein sein soll, daß die Linienplast $p(x)$ in diesem Bereich mit hinreichender Genauigkeit konstant gesetzt werden kann.

Für $0 \leqq u \leqq \mathrm{d}x$ gilt dann

$$\boldsymbol{p}(u) = \boldsymbol{p}(x) = \boldsymbol{p}(x + \mathrm{d}x) \qquad : \text{const.} \tag{E.1}$$

Die Zerlegung der Linienlastkomponente in Richtung der Stabachse ($\boldsymbol{p}_n$) und quer zu ihr ($\boldsymbol{p}_q$) ergibt

$$\boldsymbol{p}(x) = \boldsymbol{p}_n(x) + \boldsymbol{p}_q(x). \tag{E.2}$$

Die Reduktion des konstanten Linienlastabschnittes im Bereich dx führt in dessen Mittelpunkt zu den folgenden beiden Komponenten der Reduktionsprojektion

$$\boldsymbol{p}(x) \cdot \mathrm{d}x = \boldsymbol{p}_n(x)\,\mathrm{d}x + \boldsymbol{p}_q(x)\,\mathrm{d}x. \tag{E.3}$$

Für das befreite differentiale Stabelement gelten die Gleichgewichtsbedingungen

$$(\sum \boldsymbol{P})_{nn} \overset{!}{=} \boldsymbol{0}: \boxed{\rightarrow} \; - N(x) + N(x + \mathrm{d}x) + p_n(x)\,\mathrm{d}x = 0\,, \tag{E.4}$$

$$(\sum \boldsymbol{P})_{qq} \overset{!}{=} \boldsymbol{0}: \boxed{\downarrow} \; - Q(x) + Q(x + \mathrm{d}x) + p_q(x)\,\mathrm{d}x = 0\,, \tag{E.5}$$

$$(\sum \boldsymbol{M})_{x+\mathrm{d}x} \overset{!}{=} \boldsymbol{0}: \boxed{\curvearrowleft} \; - M(x) + M(x + \mathrm{d}x) - Q(x) \cdot \mathrm{d}x + p_q(x)\,\mathrm{d}x \cdot \frac{\mathrm{d}x}{2} = 0\,. \tag{E.6}$$

Wir entwickeln die Funktionen an der Stelle $(x + \mathrm{d}x)$ nach Taylor und brechen die Reihen jeweils nach dem linearen Glied ab, d. h., wir vernachlässigen alle Terme, in denen $\mathrm{d}x$ quadratisch ist oder mit einem noch höheren Exponenten (als 2) behaftet ist. Konsequenterweise müssen wir nun auch den Belastungsanteil

$$\frac{1}{2} \cdot p_q(x) \cdot \mathrm{d}x^2 \tag{E.7}$$

unterdrücken. Die Gleichgewichtsbedingungen nehmen dann die folgende Form an:

$$-N(x) + N(x) + \mathrm{d}N(x) + p_n(x)\,\mathrm{d}x = 0\,, \tag{E.8}$$

$$-Q(x) + Q(x) + \mathrm{d}Q(x) + p_q(x)\,\mathrm{d}x = 0, \tag{E.9}$$

$$-M(x) + M(x) + \mathrm{d}M(x) - Q(x)\,\mathrm{d}x = 0\,. \tag{E.10}$$

Daraus ergeben sich die Differentialgleichungen

$$\frac{\mathrm{d}N(x)}{\mathrm{d}x} = -p_n(x)\,, \tag{E.11}$$

$$\frac{\mathrm{d}Q(x)}{\mathrm{d}x} = -p_q(x)\,, \tag{E.12}$$

$$\frac{\mathrm{d}M(x)}{\mathrm{d}x} = +Q(x)\,. \tag{E.13}$$

Durch nochmaliges Differenzieren der Differentialgleichung für $M(x)$ erhalten wir schließlich die gesuchten differentialen Beziehungen zwischen Linienlast, Querkraft- und Momentenzustandslinie:

$$\frac{\mathrm{d}^2M(x)}{\mathrm{d}x^2} = \frac{\mathrm{d}Q(x)}{\mathrm{d}x} = -p_q(x)\,. \tag{E.14}$$

Integrieren wir nun diese Differentialgleichungen vom Anfangswert $x = a$ bis zum variablen Endwert x, so erhalten wir mit der Integrationsvariablen u:

$$N(x) = N(a) - \int\limits_{u=a}^{x} p_n(u)\,\mathrm{d}u\,, \tag{E.15}$$

$$Q(x) = Q(a) - \int_{u=a}^{x} p_q(u)\,\mathrm{d}u\,, \tag{E.16}$$

$$M(x) = M(a) + \int_{u=a}^{x} Q(u)\,\mathrm{d}u\,, \tag{E.17}$$

wobei $N(a)$, $Q(a)$, $M(a)$ die Schnittgrößen am Anfangswert repräsentieren, die auch aus den Funktionen $N(x)$, $Q(x)$, $M(x)$ für $x = a$ wieder erhalten werden. Durch partielle Integration von $M(x)$ erhalten wir außerdem

$$M(x) = M(a) + [u \cdot Q(u)]_{u=a}^{u=x} - \int_{u=a}^{x} u \frac{\mathrm{d}Q}{\mathrm{d}u}\,\mathrm{d}u$$

$$= M(a) + x \cdot Q(x) - a \cdot Q(a) + \int_{u=a}^{x} u \cdot p_q(u)\,\mathrm{d}u$$

$$= M(a) + x\left[Q(a) - \int_{u=a}^{x} p_q(u)\,\mathrm{d}u\right] - aQ(a) + \int_{u=a}^{x} up_q(u)\,\mathrm{d}u\,,$$

$$M(x) = M(a) + (x - a)\,Q(a) - \int_{u=a}^{x} (x - u)\,p_q(u)\,\mathrm{d}u\,. \tag{E.18}$$

Die Gleichgewichtsbetrachtungen am differentialen Stabelement bestätigen also die phänomenologisch erkannten Beziehungen zwischen den Funktionen Linienlast $p_q(x)$, Querkraft $Q(x)$ und Moment $M(x)$ und zeigen auch den Zusammenhang zwischen $p_n(x)$ und $N(x)$ auf.

Sie lassen die folgenden Kontrollen zu:

a) Kontrolle des Funktionsgrades

Es entstehen

- $Q(x)$ durch Integration von $p_q(x) = p(x)$ und
- $M(x)$ durch Integration von $Q(x)$

bzw.

- $Q(x)$ durch Differentiation von $M(x)$ und
- $p(x)$ durch Differentiation von $Q(x)$.

Ist also $p(x)$ ein Polynom n-ten Grades, so ist $Q(x)$ ein Polynom $(n + 1)$-ten Grades und $M(x)$ ein Polynom $(n + 2)$-ten Grades

$$\int \ldots \mathrm{d}x \;\Bigg\downarrow \left|\begin{array}{c} p(x) \\ Q(x) \\ M(x) \end{array}\right| \Bigg\uparrow \quad \frac{\mathrm{d}\ldots}{\mathrm{d}x} \quad \text{z. B.} \quad \left|\begin{array}{c|l} 0 & \text{const} \\ \text{const} & \text{linear} \\ \text{linear} & \text{quadratisch}\,. \end{array}\right. \tag{E.19}$$

b) *Vorzeichen des Funktionszuwachses*

Ist $p(x)$ positiv (also nach unten gerichtet), so nimmt $Q(x)$ ab (der Zuwachs ist negativ) und umgekehrt. Ist $Q(x)$ positiv, so nimmt $M(x)$ zu und umgekehrt. (Die Momentenzustandslinie hat die Form eines Seiles, das durch die Punkt- und Linienlasten belastet wird.)

c) *Flächeninhalt-Ordinate-Anstieg*

Die bereits erwähnten Beziehungen (E.16), (E.17) und (E.12), (E.13) lassen sich besonders leicht prüfen:

Querkraftordinate = Anfangswert (z. B. Stützkraft) – Linienlastfläche
Momentenordinate = Anfangswert (z. B. Stützmoment) + Querkraftfläche

und

Querkraftanstieg = negative Linienlastordinate,
Momentenanstieg = positive Querkraftordinate.

Ist die Linienlastordinate Null, so ist in diesem Punkt die Tangente an die Querkraftzustandslinie horizontal (genauer: parallel zur Stabachse). Dies fällt bei der Belastung nur mit Punktlasten sofort ins Auge, wird aber auch zur Konstruktion der Querkraftzustandslinie benutzt, wenn die Linienlast mit der Ordinate Null beginnt oder endet (z. B. in (21) bis (24), (26), (27), (29), (30), (32), (33), (35), (36), (40) bis (42), (51) bis (53)).
Ist – wie im Beispiel (21) – (mit der Stützkraft B auch) die Querkraftordinate (z. B. Q_2) und außerdem die darüberliegende Linienlastordinate (z. B. p) bekannt, so ist auch das Maß der Steigung der Querkraftzustandslinie in diesem Punkt bekannt: Es errechnet sich mit der (noch unbekannten) Ankathete a zu

$$|p| = \frac{|Q|}{|a|}, \quad \text{woraus sich} \quad |a| = \frac{|Q|}{|p|}$$

leicht ablesen läßt. Mit der Ordinate $|Q|$ und dem Abstand $|a|$ ist aber die Tangente an die Querkraftzustandslinie an dieser Stelle bestimmt.
Drei Beispiele mögen dies belegen:

	(21)	(22)	(23)
$\|p\|$	p	p	p
$\|Q_2\|$	$\frac{p \cdot l}{3}$	$\frac{pl}{4}$	$\frac{5pl}{12}$
a	$\frac{l}{3}$	$\frac{l}{4}$	$\frac{5l}{12}$

,

In den Beispielen (26), (27), (29), (30), (32), (33), (35), (36), (51) bis (53) ist davon Gebrauch gemacht. Die gleichen Überlegungen gelten natürlich, wenn die übereinander angeordneten Ordinaten der Momenten- und Querkraftzustandslinien bekannt sind, z. B. in

	(49)	(52)	(53)
$\|Q_1\|$	$p \cdot l$	$\frac{p \cdot l}{2}$	$\frac{p \cdot l}{2}$
$\|M_1\|$ bzw. $\|M_2\|$	$\frac{p \cdot l^2}{2}$	$\frac{pl^2}{3}$	$\frac{pl^2}{4}$
a	$\frac{l}{2}$	$\frac{2}{3} l$	$\frac{l}{2}$

Sind aber zwei Tangenten an eine Funktion bekannt, so läßt sich die Funktion selbst leicht einzeichnen.

d) Symmetrie – Antimetrie

Ist das System symmetrisch und die Belastung symmetrisch (antimetrisch), so ist die Querkraftzustandslinie antimetrisch (symmetrisch), die Momentenzustandslinie dagegen wieder symmetrisch (antimetrisch)

System	Belastung	Q	M
symmetrisch	symmetrisch	antimetrisch	symmetrisch
symmetrisch	antimetrisch	symmetrisch	antimetrisch

Vgl. z. B.: (6), (8), (13), (15) bis (19), (24), (32) bis (42), (67), (70), (71), (73), (74), (75), (83) bis (86) (ersetzt man die Momente durch äquivalente Kräftepaare, so lassen sich Symmetrie und Antimetrie besser erkennen), (91) bis (94), (114), (115), (118) bis (124), (127).

e) Nullstellen und Extremwerte (Bild E2)

Die Querkraft ist Null z. B.

- in der Querführung eines Stabtragwerkes,
- am Kragarmende, wenn keine Punktlast angreift,

  Beispiele: (47) bis (53), (56), (58), (59), (61), (62),

- bei symmetrischen Stabtragwerken und symmetrischer Belastung im Schnittpunkt der Bezugslinie mit Symmetrieachse.

  Beispiele: (6), (16) bis (19), (24), (32), (33), (37) bis (41), (67), (70), (72) (74), (75), (83), (85), (91), (94), (114), (118), (120) (122), (123), (127).

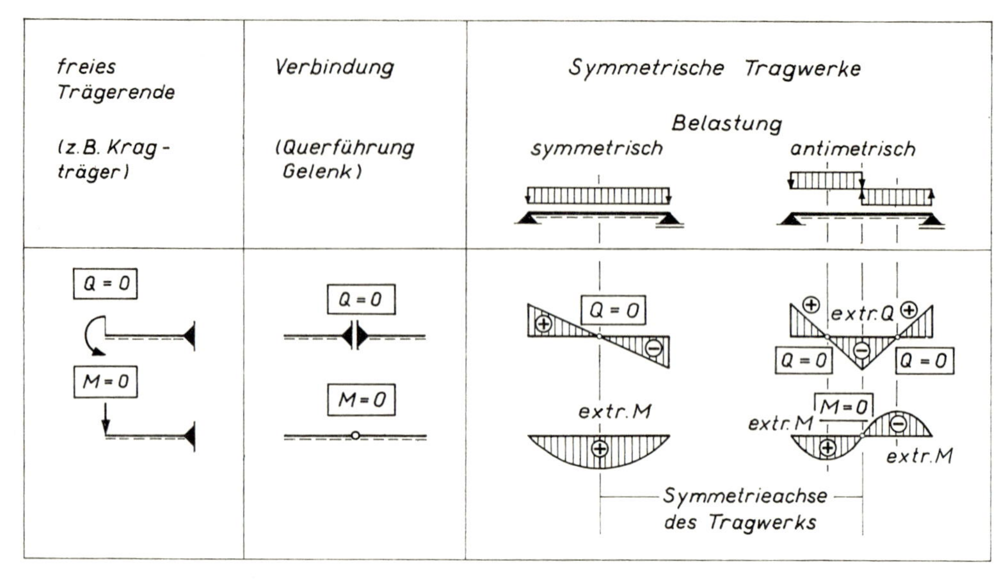

Bild E.2

Das Moment ist Null z. B.

- im Gelenk eines Stabtragwerkes,

  Beispiele:

  — Gelenke am festen bzw. beweglichen Auflager:

  (1) bis (42), (54) bis (130), (141) bis (154), (158) bis (160),

  — Verbindungsgelenke zwischen zwei Stäben:

  (78) bis (130), (149), (152) bis (155),

- am Kragarmende, wenn kein Moment angreift,

  Beispiele: (43) bis (46), (48) bis (55), (59) bis (62), (156), (157),

- bei symmetrischen Stabtragwerken und antimetrischer Belastung im Schnittpunkt der Bezugslinie mit der Symmetrieachse,

  Beispiele: (8), (12), (15) Lastfall II, (17) Lastfall II, (34) bis (36), (38), (42), (71), (84), (86), (92), (93), (115), (119), (121), (124).

Die Querkraftzustandslinie hat einen (relativen) Extremwert

- unter der Nullstelle der Linienlast,

  Beispiele: (36), (42),

- an den Stellen, an denen die Linienlast Null wird oder das Vorzeichen wechselt,

  Beispiele: (19) bis (42), (49) bis (53), (59) bis (62), (72) bis (74), (79), (96), (99), (102), (105), (111) bis (118),

- bei symmetrischen Stabtragwerken und antimetrischer Belastung im Schnittpunkt mit der Symmetrieachse,

  Beispiele: (8), (13), (15) Lastfall II, (17) Lastfall II, (28), (34) bis (36), (38), (42), (71), (84), (86), (92), (93).

Die Momentenzustandslinie hat einen Extremwert

- unter der Nullstelle der Querkraftzustandslinie,

  Beispiele: (19) bis (42), (60) bis (62), (96), (102), (105), (111) bis (118),

- an den Stellen, an denen die Querkraft Null wird oder das Vorzeichen wechselt,

  Beispiele: (1) bis (9), (14) Lastfall I, (15) bis (42),

- bei symmetrischen Stabtragwerken und symmetrischer Belastung im Schnittpunkt der Bezugslinie mit der Symmetrieachse,

  Beispiele: (6), (16), (18); (19), (37); (24), (32), (33), (39) bis (41), (75), (83), (114), (127); (63), (67), (70), (74).

E.3. Die Vereinfachung des Lösungsweges

Die gewonnenen Erkenntnisse lassen sich natürlich auch zur Vereinfachung des Lösungsweges heranziehen. Wir unterscheiden im wesentlichen drei Vorgehensweisen:

a) die Aufspaltung der Belastung in Teile (Lastfälle, deren Lösung bekannt ist) mit anschließender Superposition,
b) den äquivalenten Ersatz der Belastung (Äquivalenzlasten = Ersatzlasten) mit anschließender Korrektur, und schließlich
c) den äquivalenten Ersatz der Aufgabe durch Einführung eines Ersatzsystems mit Lastfällen und anschließender Superposition.

Betrachten wir einige Beispiele getrennt für diese drei Vorgehensweisen:

a) Lastfälle — Superposition

- Aufspaltung der Belastung in die Elemente (Kräfte, Momente),

  Beispiele: (9), (14),

- Aufspaltung der Belastung in symmetrische und antimetrische Anteile,

  Beispiel: (15),

- Aufspaltung der Belastung in bekannte Teilaufgaben

  Beispiele: (15) bis (18),

b) Äquivalenzlasten (Ersatzlasten) – Korrektur

- Kräftepaar ⇔ Moment,

  Beispiele: (9), (14), (43), (44), (128),

  Linienlast ⇔ Punktlasten,

  Beispiele: (19), (21) bis (42), (49) bis (53), (59) bis (61), (79), (96), (102), (105), (111), (112),

c) Ersatzsystem – Lastfälle – Superposition,

Beispiele (62), (82).

E.4. Die Veranschaulichung des Schnittgrößenzustandes

Der Vergleich der Zustandslinien für das gleiche System bei unterschiedlicher Belastung läßt das Zusammenspiel von p_n und N bzw. p_q, Q und M sowie die Änderung von N bzw. Q und M bei einer Änderung von p_n bzw. p_q deutlich werden. Man vergleiche beispielsweise (16), (17) und (18); (25), (26) und (27); (28), (29) und (30); (19), (31) und (34); (19), (32) und (33), (141) bis (146).

Die Cremona-Pläne lassen die Umwandlung der Diagonalzugstäbe in Diagonaldruckstäbe bei Änderung ihrer Neigung (131), (134); (132), (135) und das Abnehmen des Betrages dieser Stabkräfte bei Vollbelastung zur Mitte des Fachwerkes hin ((131), (134), (137), (139)) deutlich erkennen. Ebenso sieht man, wie der Betrag der Obergurt- und Untergurtstabkräfte zur Mitte hin anwächst, wie die Wandstabkräfte im unbelasteten Fachwerksteil (erklärbar durch die konstanten Querkräfte an einem gedachten Ersatzträger) die gleiche Größe beibehalten ((132), (135), (136), (138), (140)) und wie sich die Stabkräfte des Obergurtes bei veränderlicher Gurtneigung ändern (136). Fachwerk (133) zeigt die Einbettung der Culmann-Lösung in den Cremona-Plan, und Fachwerk (135) läßt das geschlossene Krafteck für die Wandstabkräfte und die Knotenlasten des Obergurtes bei einem Horizontalschnitt durch das Fachwerk erkennen.

Die Stützung und Verbindung kann als Führung oder Gelenk ausgebildet sein. Ihren Einfluß auf die Momentenzustandslinie zeigen die Beispiele (141) bis (160).

E.5. Wissensspeicher

E.5.1. Wissensspeicher – Übersicht

Die Übersichtstafeln E.1 bis E.7 dienen dem schnellen Auffinden der einzelnen Beispiele. Sie sollen den Studierenden anregen, weitere Beispiele zu ergänzen, vor allem aber durch weitere vergleichende Betrachtungen weitere Zusammenhänge zu finden.

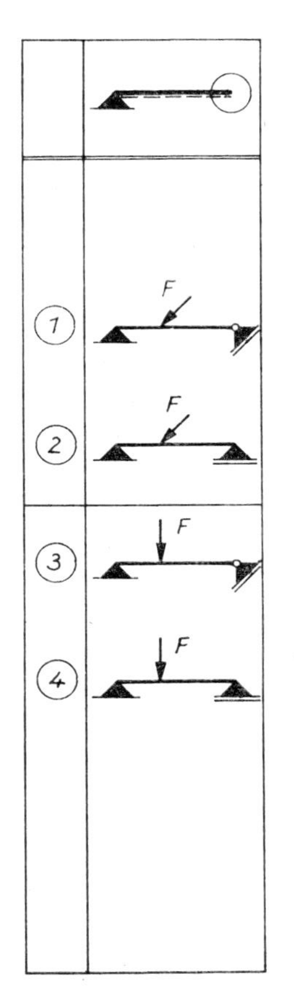
1
2
3
4
F

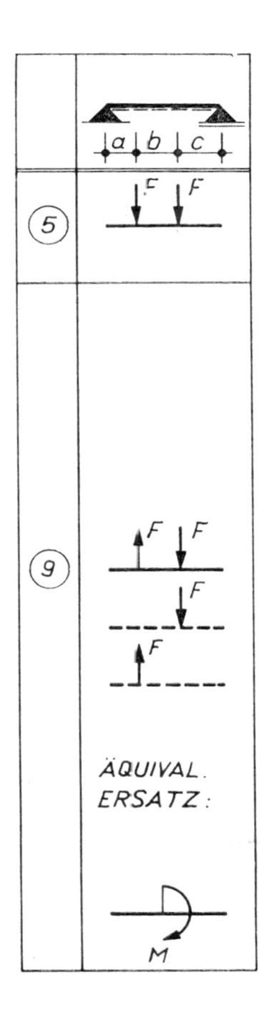
5
9
a
b
c
F
ÄQUIVAL.
ERSATZ:
M

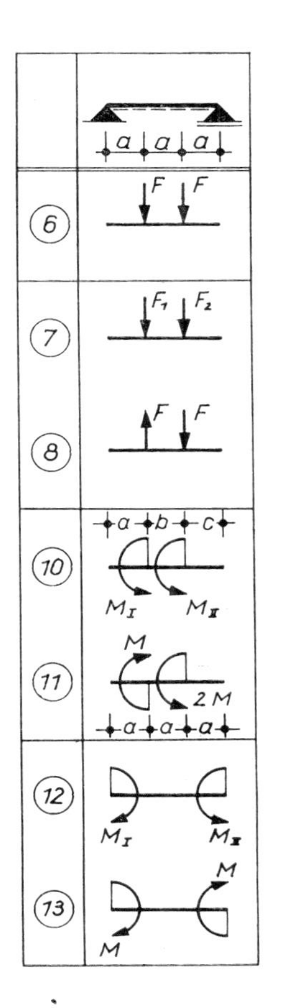
6
7
8
10
11
12
13
a
b
c
F
F_1
F_2
M_I
M_{II}
M
2M

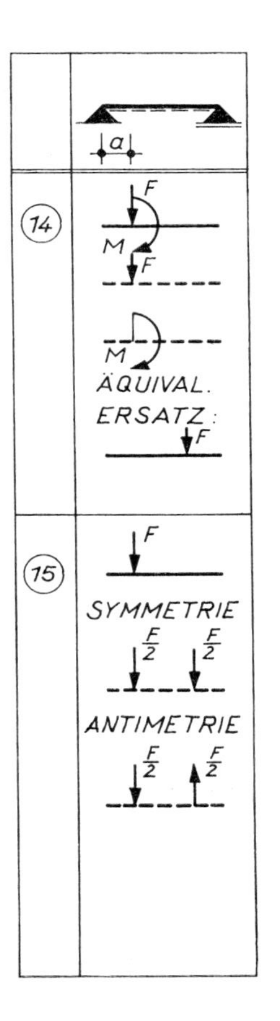
14
15
a
F
M
ÄQUIVAL.
ERSATZ:
SYMMETRIE
ANTIMETRIE
$\frac{F}{2}$

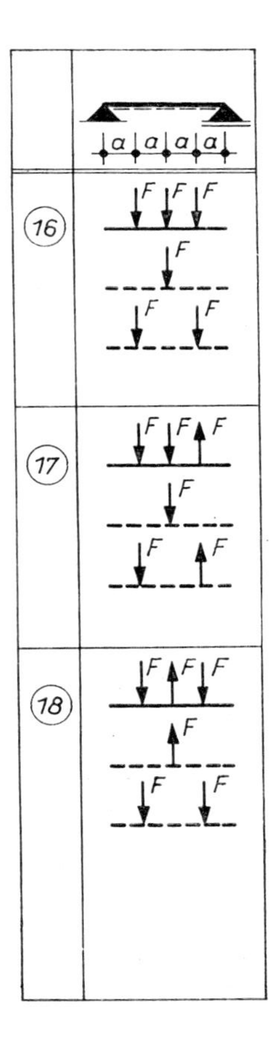
16
17
18
a
F

Tafel E.1

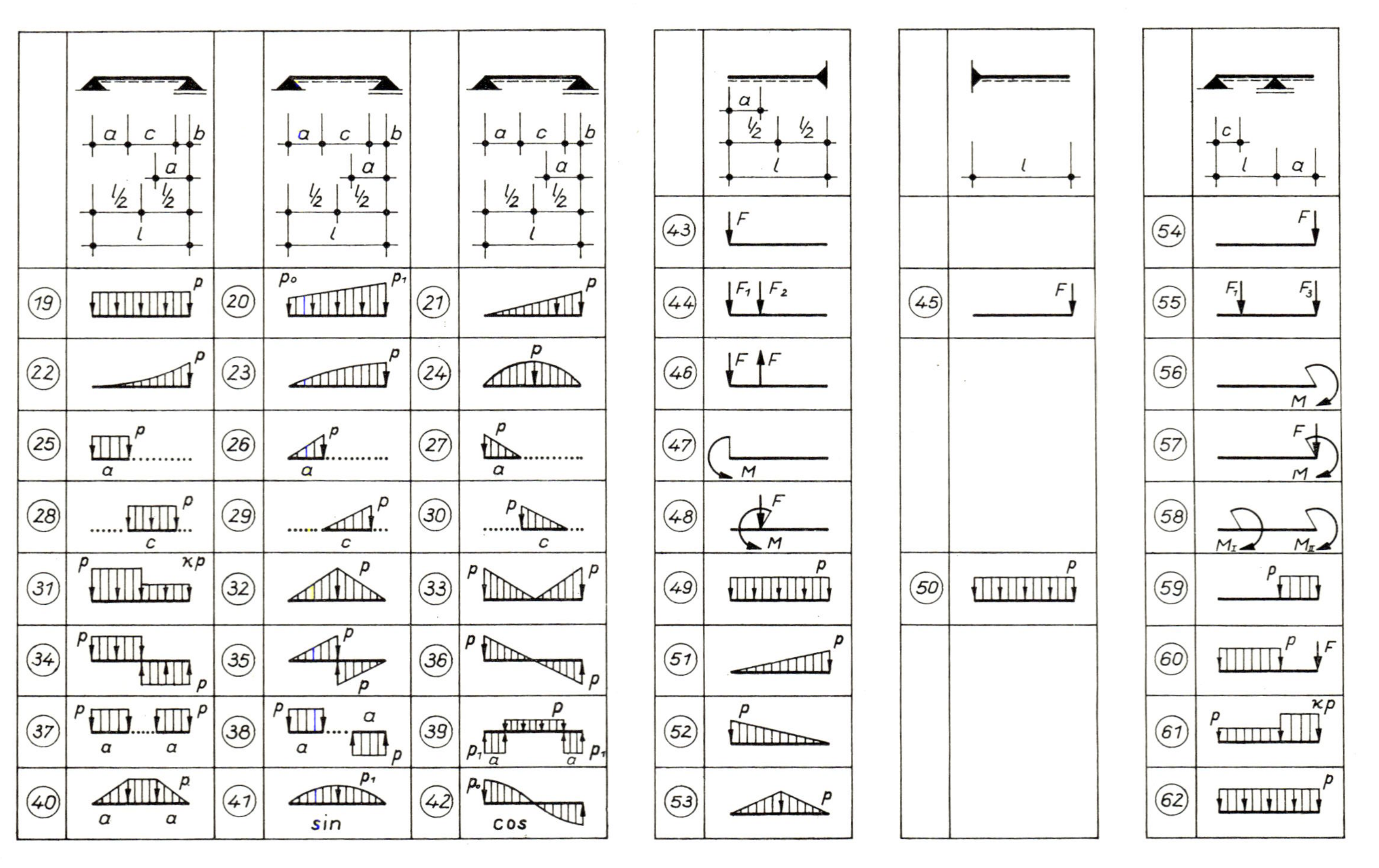
19
20
21
22
23
24
25
26
27
28
29
30
31
32
33
34
35
36
37
38
39
40
41
42
43
44
45
46
47
48
49
50
51
52
53
54
55
56
57
58
59
60
61
62
sin
cos

Tafel E.2

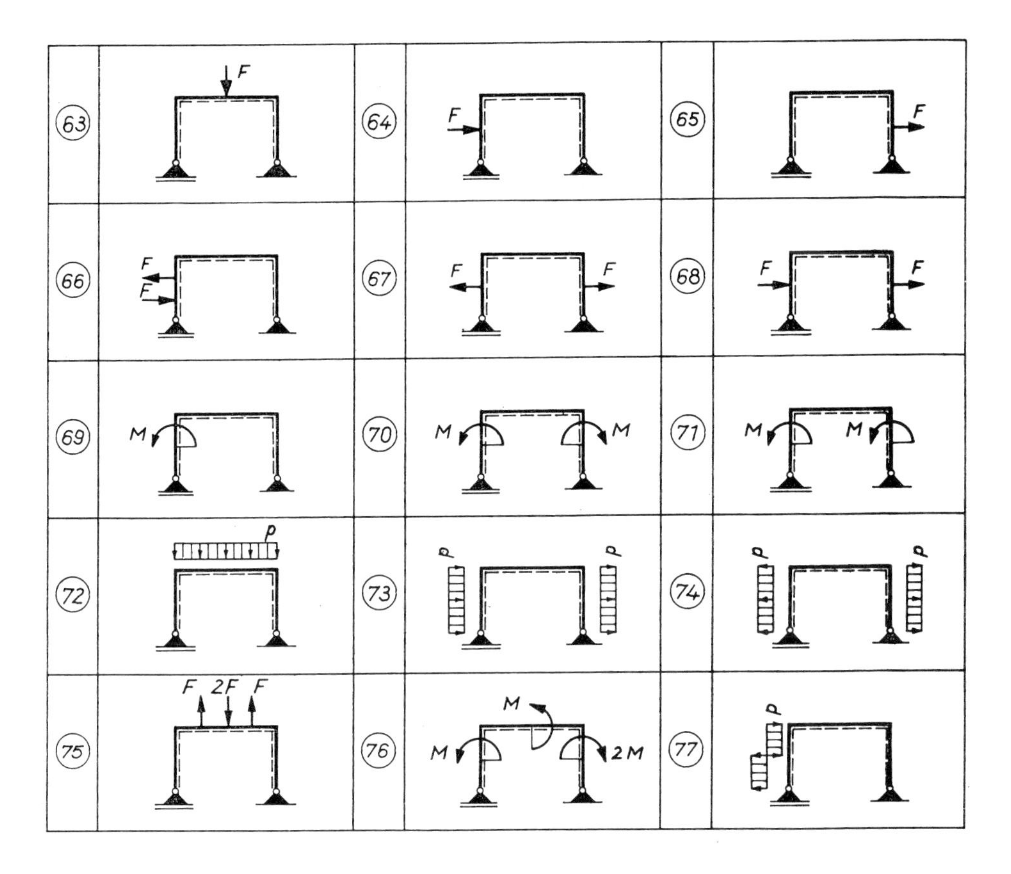
63
F
64
F
65
F
66
F
F
67
F
F
68
F
F
69
M
70
M
M
71
M
M
72
p
73
p
p
74
p
p
75
F
2F
F
76
M
M
2M
77
p

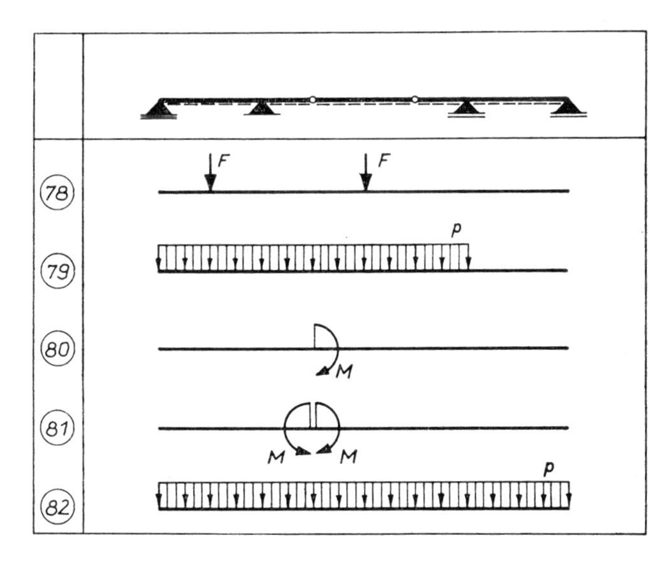
78
F
F
79
p
80
M
81
M
M
82
p

Tafel E.3

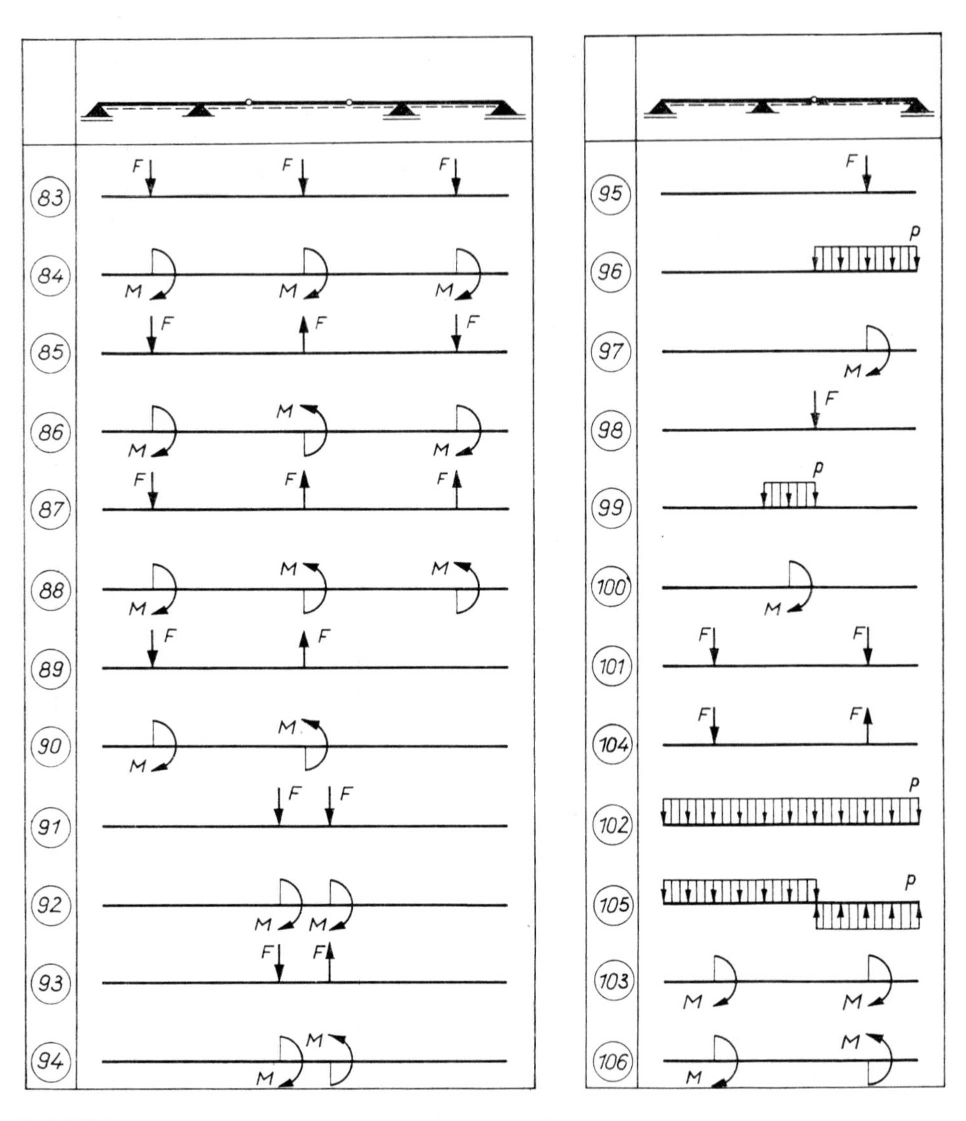
83
84
85
86
87
88
89
90
91
92
93
94
95
96
97
98
99
100
101
104
102
105
103
106
F
M
p

Tafel E.4

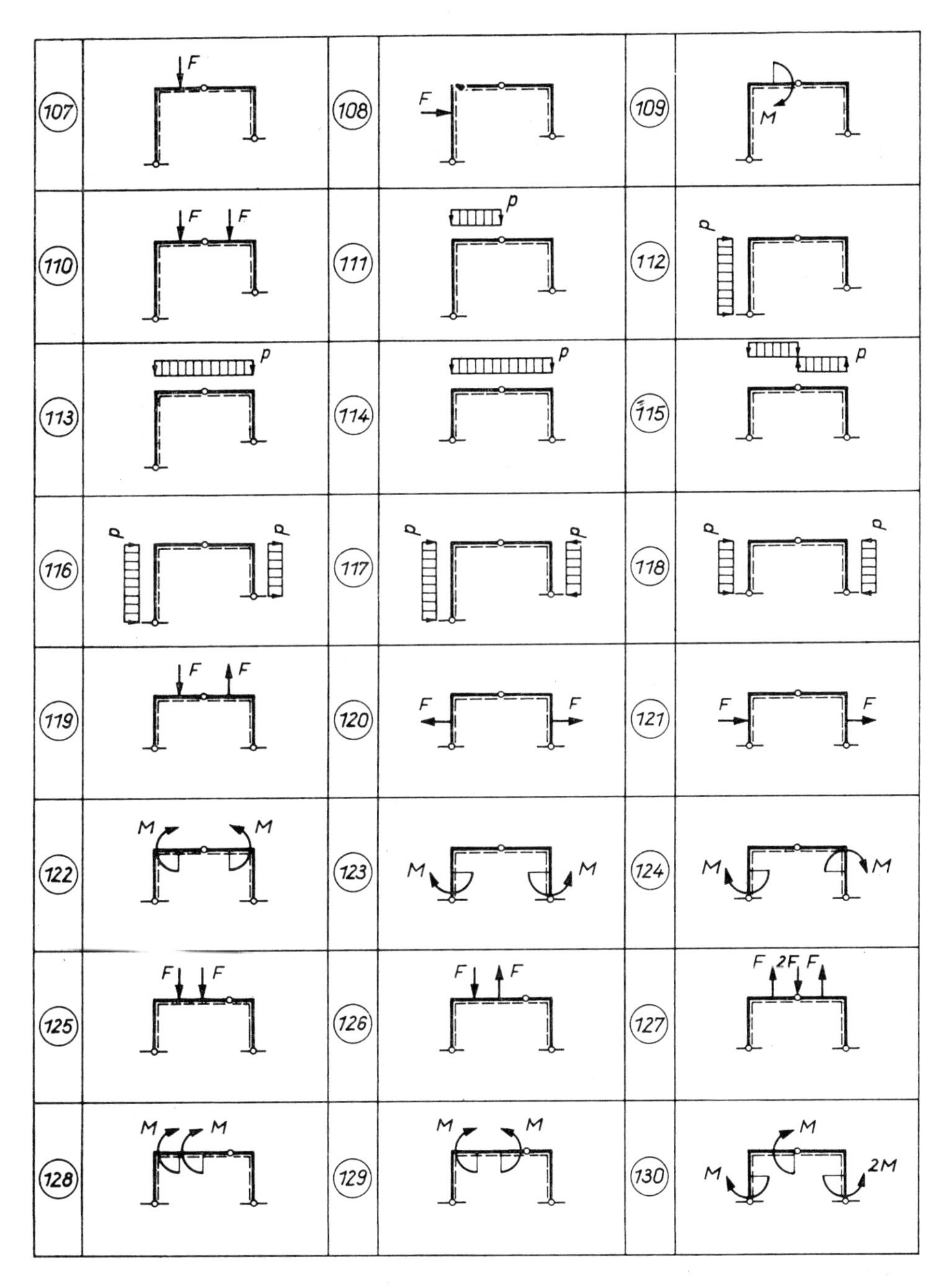
107
F
108
F
109
M
110
F
F
111
p
112
p
113
p
114
p
115
p
116
p
p
117
p
p
118
p
p
119
F
F
120
F
F
121
F
F
122
M
M
123
M
M
124
M
M
125
F
F
126
F
F
127
F
2F
F
128
M
M
129
M
M
130
M
M
2M

Tafel E.5

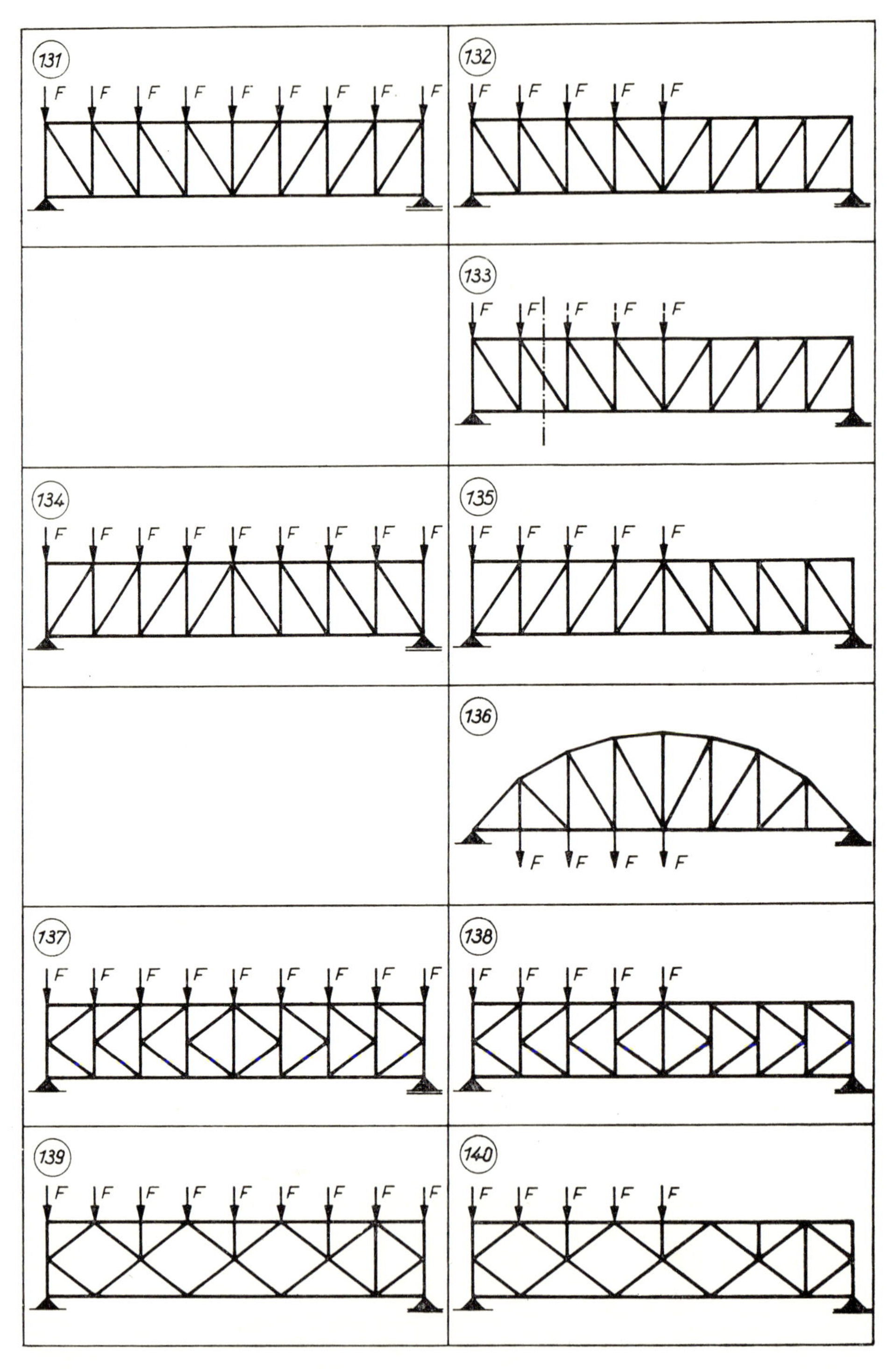
131
F
F
F
F
F
F
F
F
F
132
F
F
F
F
F
133
F
F
F
F
F
134
F
F
F
F
F
F
F
F
F
135
F
F
F
F
F
136
F
F
F
F
137
F
F
F
F
F
F
F
F
F
138
F
F
F
F
F
139
F
F
F
F
F
F
F
F
F
140
F
F
F
F
F

Tafel E.6

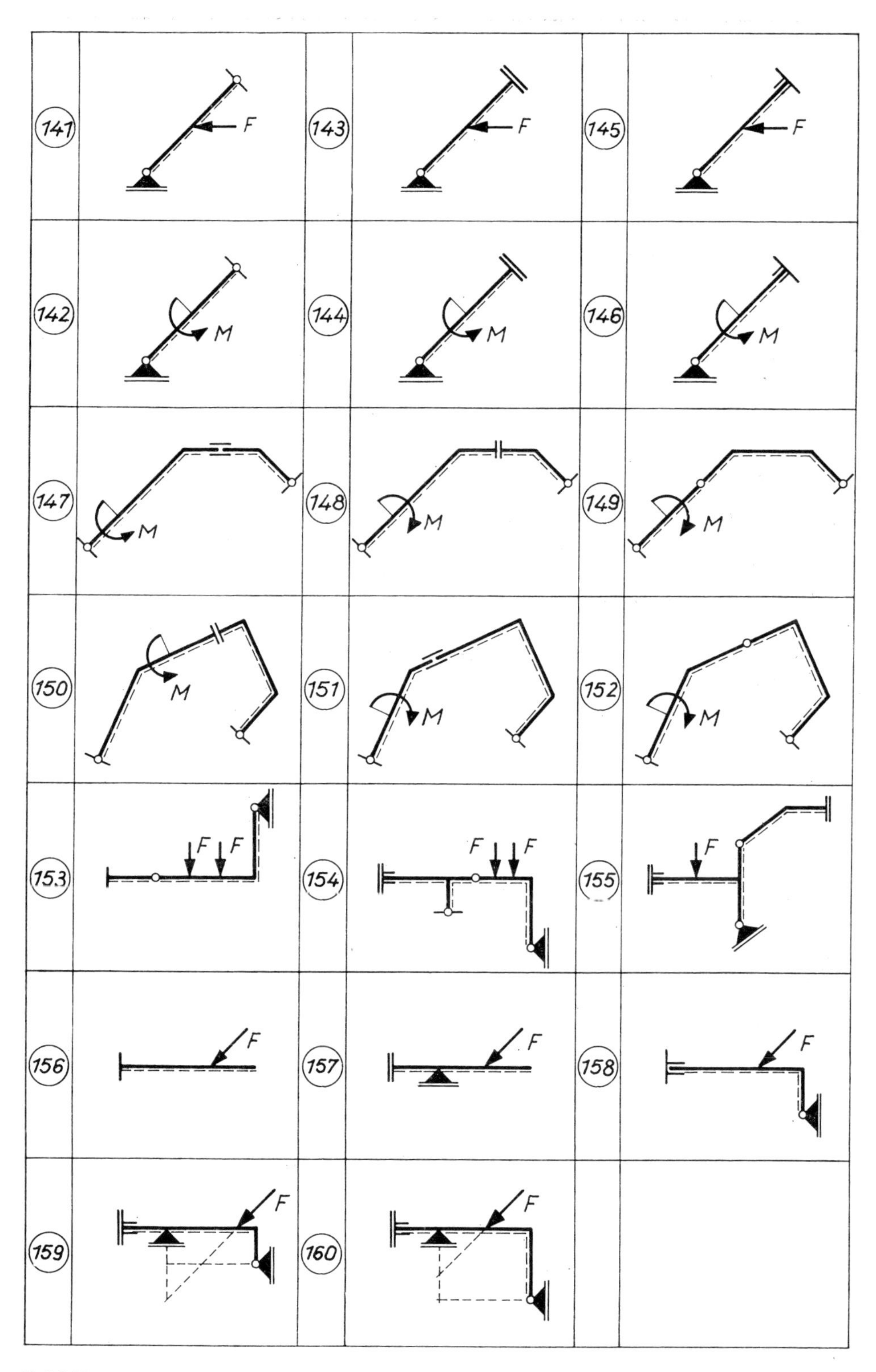
141
F
143
F
145
F
142
M
144
M
146
M
147
M
148
M
149
M
150
M
151
M
152
M
153
F
F
154
F
F
155
F
156
F
157
F
158
F
159
F
160
F

Tafel E.7

E.5.2. Wissensspeicher — Beispiele

Im folgenden findet der Leser die Zustandslinien für die

- Längskräfte,
- Querkräfte und
- Momente

sowie die

- Stabkräfte

für die in den Übersichtstafeln E.1 bis E.7 zusammengestellten 160 Tragsysteme, teilweise mit quantitativen Angaben, teils nur in ihrem qualitativen Verlauf.

Gestrichelte Linien (z. B. Tangenten oder Sprünge unter Äquivalenzlasten) sollen die gedankliche graphische Konstruktion erleichtern.

Die Beispiele können als Kontrolle für eigenständiges Üben, zum Studium von Zusammenhängen (z. B. Änderungen der Schnittgrößen bei Änderungen von System oder Belastung) und natürlich zum Nachschlagen dienen.

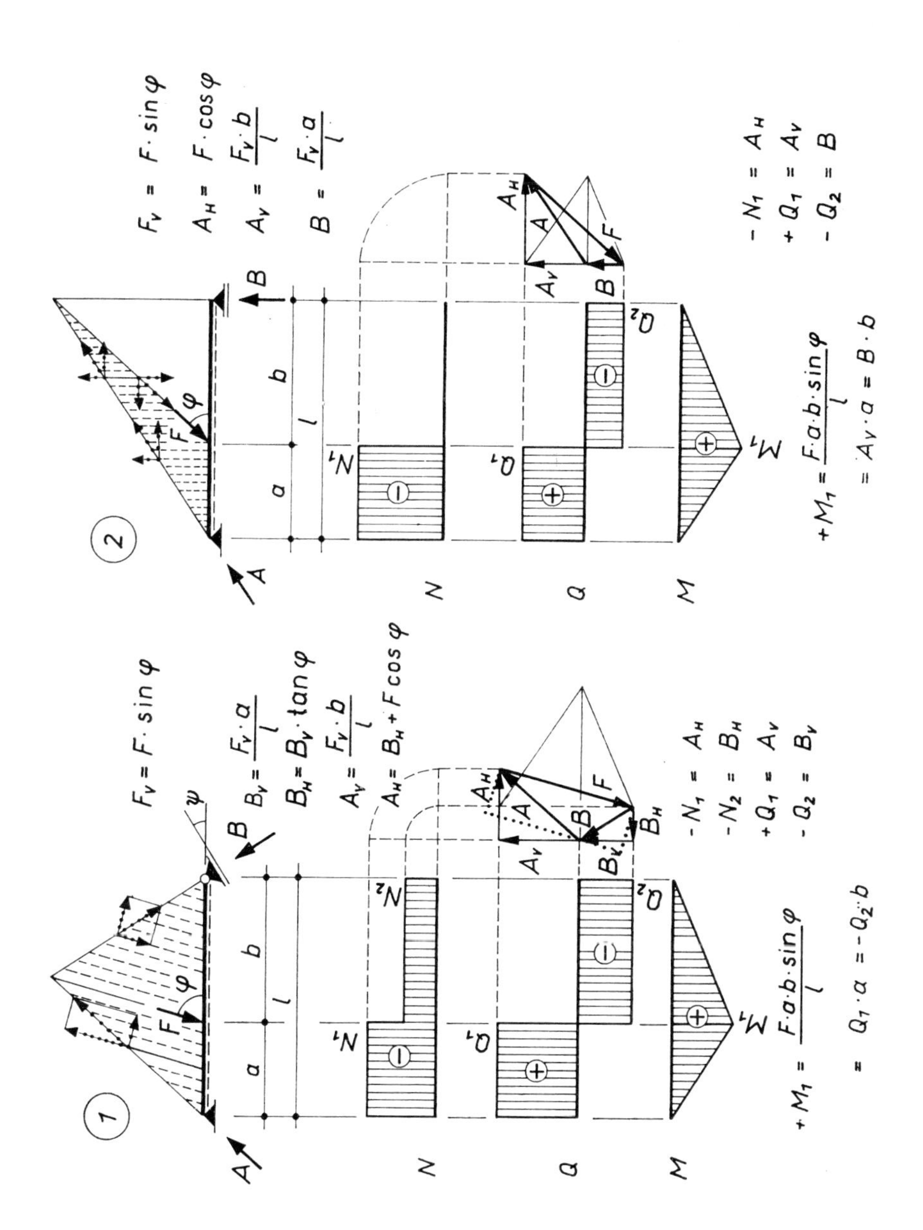
1
2
F_v = F · sin φ
B_v = F_v · a / l
B_H = B_v · tan φ
A_v = F_v · b / l
A_H = B_H + F cos φ
-N_1 = A_H
-N_2 = B_H
+Q_1 = A_v
-Q_2 = B_v
+M_1 = F·a·b·sin φ / l
= Q_1 · a = -Q_2 · b
F_v = F · sin φ
A_H = F · cos φ
A_v = F_v · b / l
B = F_v · a / l
-N_1 = A_H
+Q_1 = A_v
-Q_2 = B
+M_1 = F·a·b·sin φ / l
= A_v · a = B · b
N
Q
M

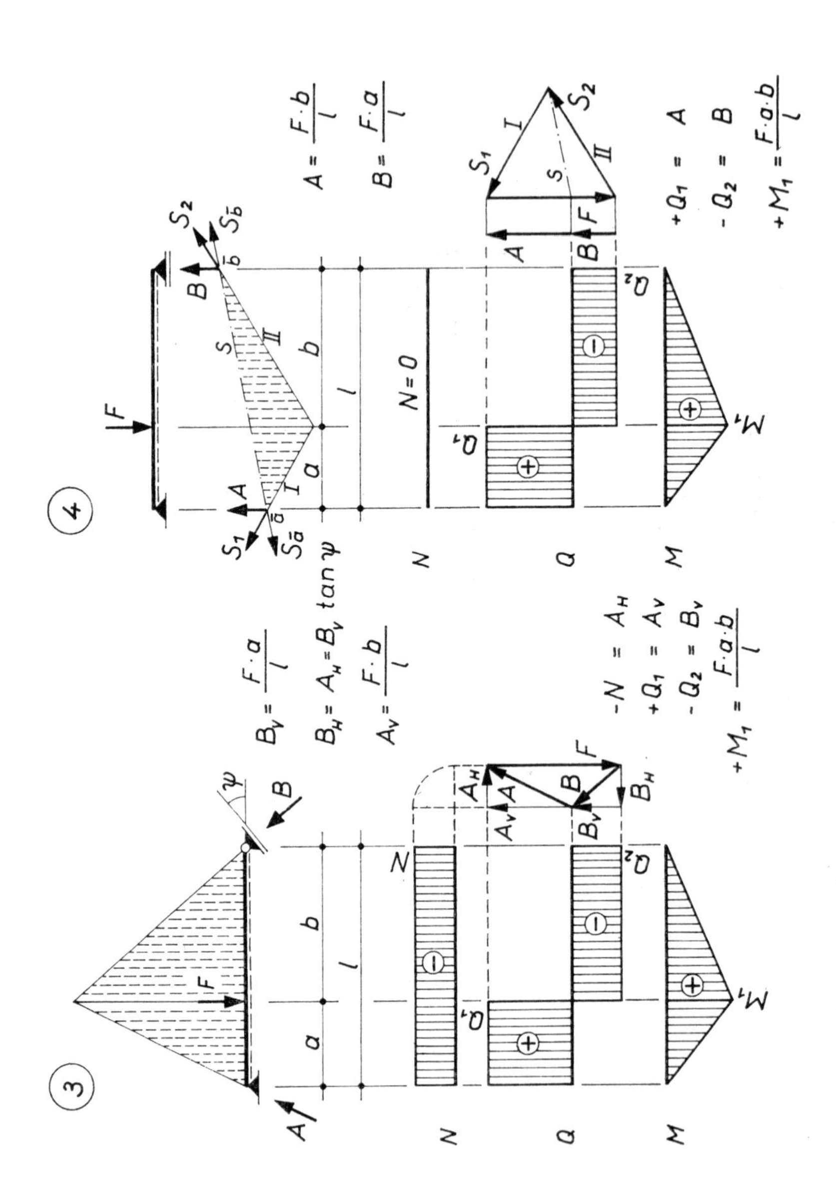
3
4
N
Q
M
a
b
l
F
A
B
ψ
$B_V = \frac{F \cdot a}{l}$
$B_H = A_H = B_V \tan\psi$
$A_V = \frac{F \cdot b}{l}$
$-N = A_H$
$+Q_1 = A_V$
$-Q_2 = B_V$
$+M_1 = \frac{F \cdot a \cdot b}{l}$
N = 0
S_1
S_2
I
II
S
$A = \frac{F \cdot b}{l}$
$B = \frac{F \cdot a}{l}$
$+Q_1 = A$
$-Q_2 = B$
$+M_1 = \frac{F \cdot a \cdot b}{l}$

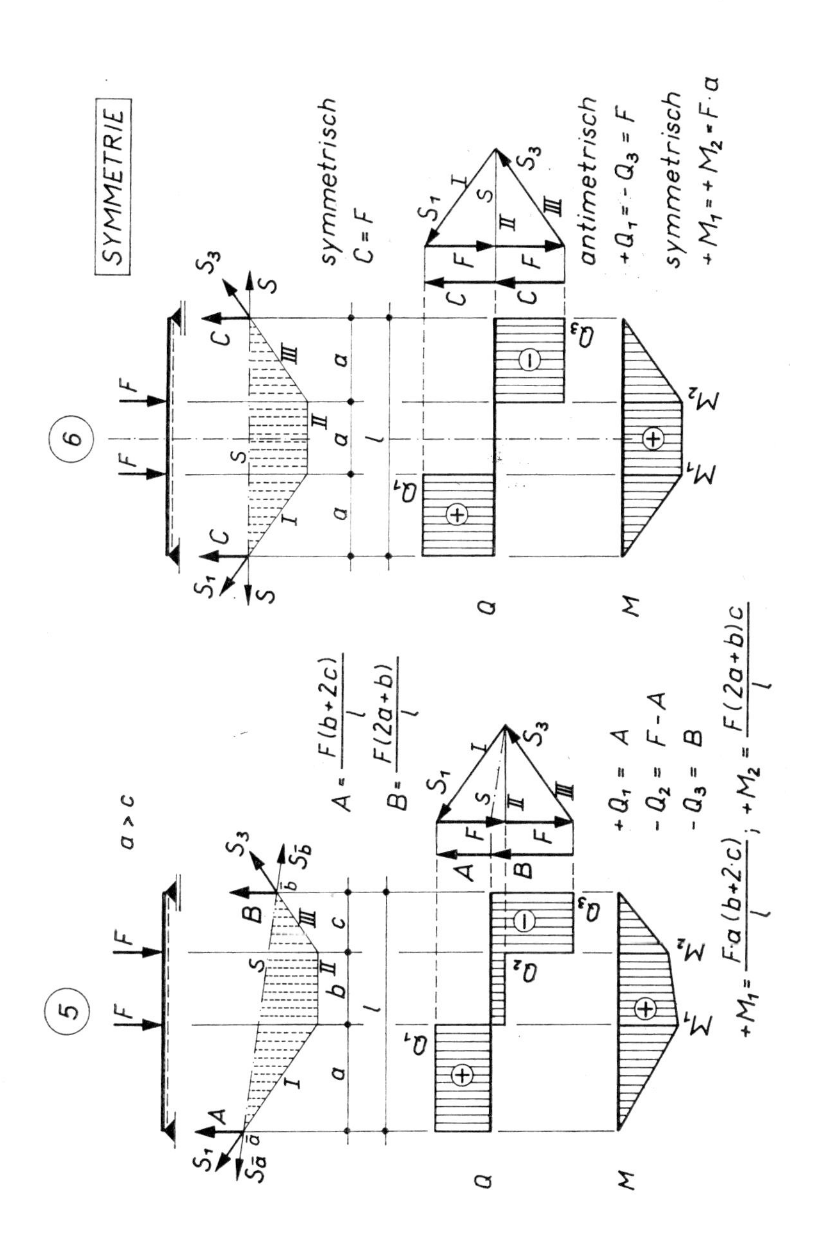
SYMMETRIE
5
a > c
A = F(b+2c)/l
B = F(2a+b)/l
+Q1 = A
-Q2 = F-A
-Q3 = B
+M1 = F·a(b+2·c)/l ; +M2 = F(2a+b)c/l
6
symmetrisch
C = F
antimetrisch
+Q1 = -Q3 = F
symmetrisch
+M1 = +M2 = F·a

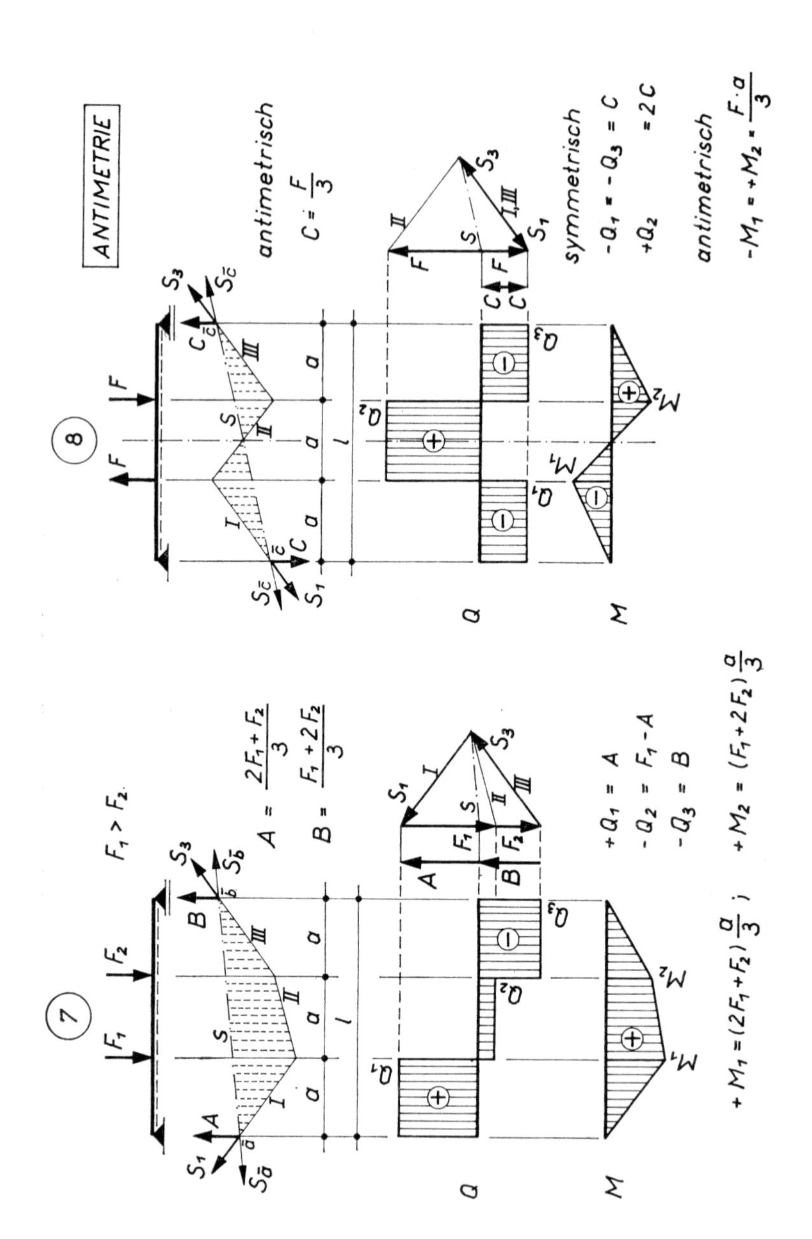
ANTIMETRIE
7
F1 > F2
A = (2F1 + F2)/3
B = (F1 + 2F2)/3
+Q1 = A
-Q2 = F1 - A
-Q3 = B
+M1 = (2F1 + F2) a/3 ; +M2 = (F1 + 2F2) a/3
Q
M
8
antimetrisch
C = F/3
symmetrisch
-Q1 = -Q3 = C
+Q2 = 2C
antimetrisch
-M1 = +M2 = F·a/3

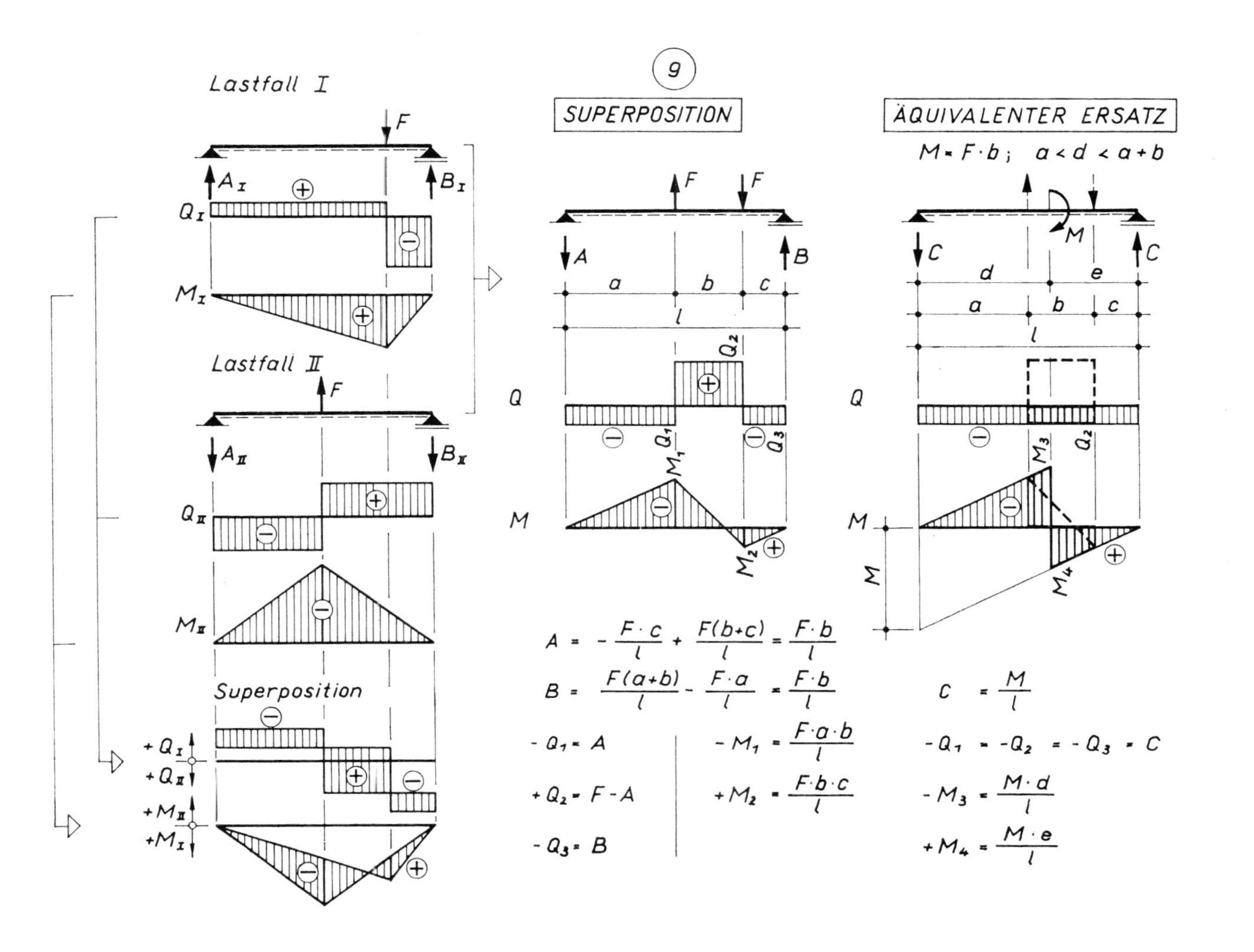
Lastfall I
Lastfall II
Superposition
9
SUPERPOSITION
ÄQUIVALENTER ERSATZ
M = F·b; a < d < a+b
A = - F·c/l + F(b+c)/l = F·b/l
B = F(a+b)/l - F·a/l = F·b/l
- Q1 = A
+ Q2 = F - A
- Q3 = B
- M1 = F·a·b/l
+ M2 = F·b·c/l
C = M/l
- Q1 = - Q2 = - Q3 = C
- M3 = M·d/l
+ M4 = M·e/l

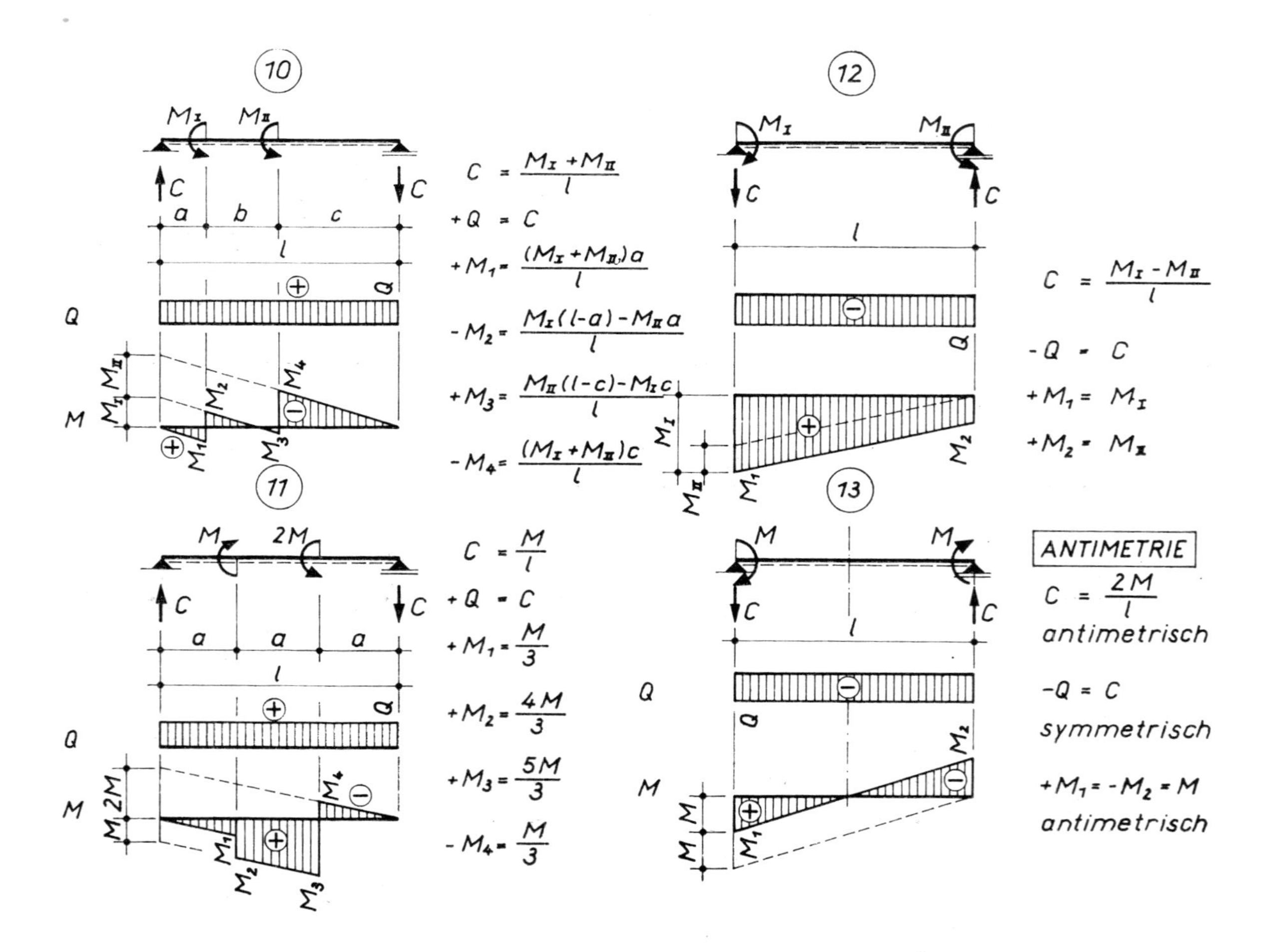
10
C = (M_I + M_II)/l
+Q = C
+M_1 = (M_I + M_II)a/l
-M_2 = (M_I(l-a) - M_II a)/l
+M_3 = (M_II(l-c) - M_I c)/l
-M_4 = (M_I + M_II)c/l
11
C = M/l
+Q = C
+M_1 = M/3
+M_2 = 4M/3
+M_3 = 5M/3
-M_4 = M/3
12
C = (M_I - M_II)/l
-Q = C
+M_1 = M_I
+M_2 = M_II
13
ANTIMETRIE
C = 2M/l
antimetrisch
-Q = C
symmetrisch
+M_1 = -M_2 = M
antimetrisch

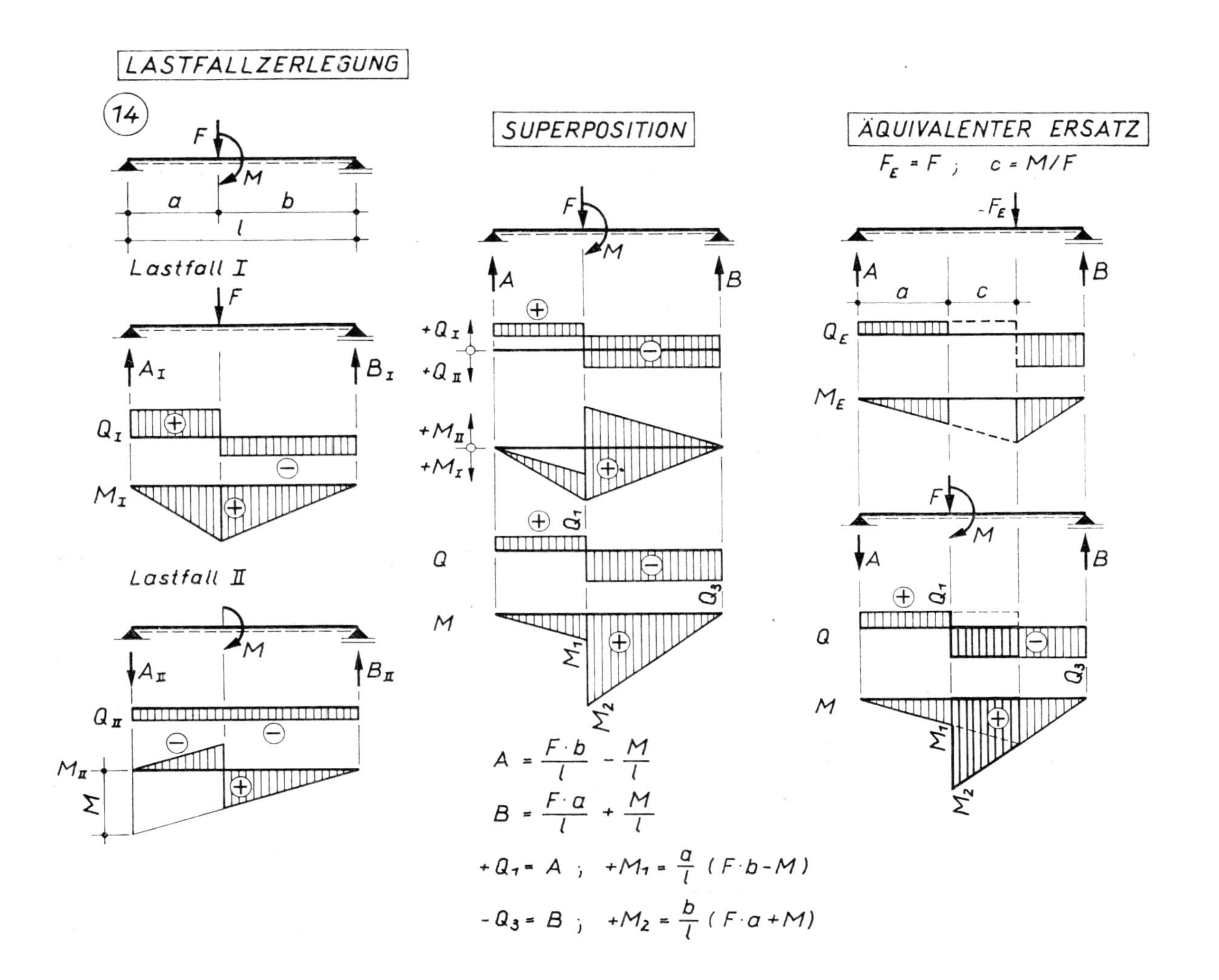
LASTFALLZERLEGUNG
14
F
M
a
b
l
Lastfall I
F
A_I
B_I
Q_I
M_I
Lastfall II
M
A_{II}
B_{II}
Q_{II}
M_{II}
M
SUPERPOSITION
F
M
A
B
$+Q_I$
$+Q_{II}$
$+M_{II}$
$+M_I$
Q_1
Q
Q_3
M
M_1
M_2
$A = \frac{F \cdot b}{l} - \frac{M}{l}$
$B = \frac{F \cdot a}{l} + \frac{M}{l}$
$+Q_1 = A \; ; \quad +M_1 = \frac{a}{l}\,(F \cdot b - M)$
$-Q_3 = B \; ; \quad +M_2 = \frac{b}{l}\,(F \cdot a + M)$
ÄQUIVALENTER ERSATZ
$F_E = F \; ; \quad c = M/F$
$-F_E$
A
B
a
c
Q_E
M_E
F
M
A
B
Q_1
Q
Q_3
M
M_1
M_2

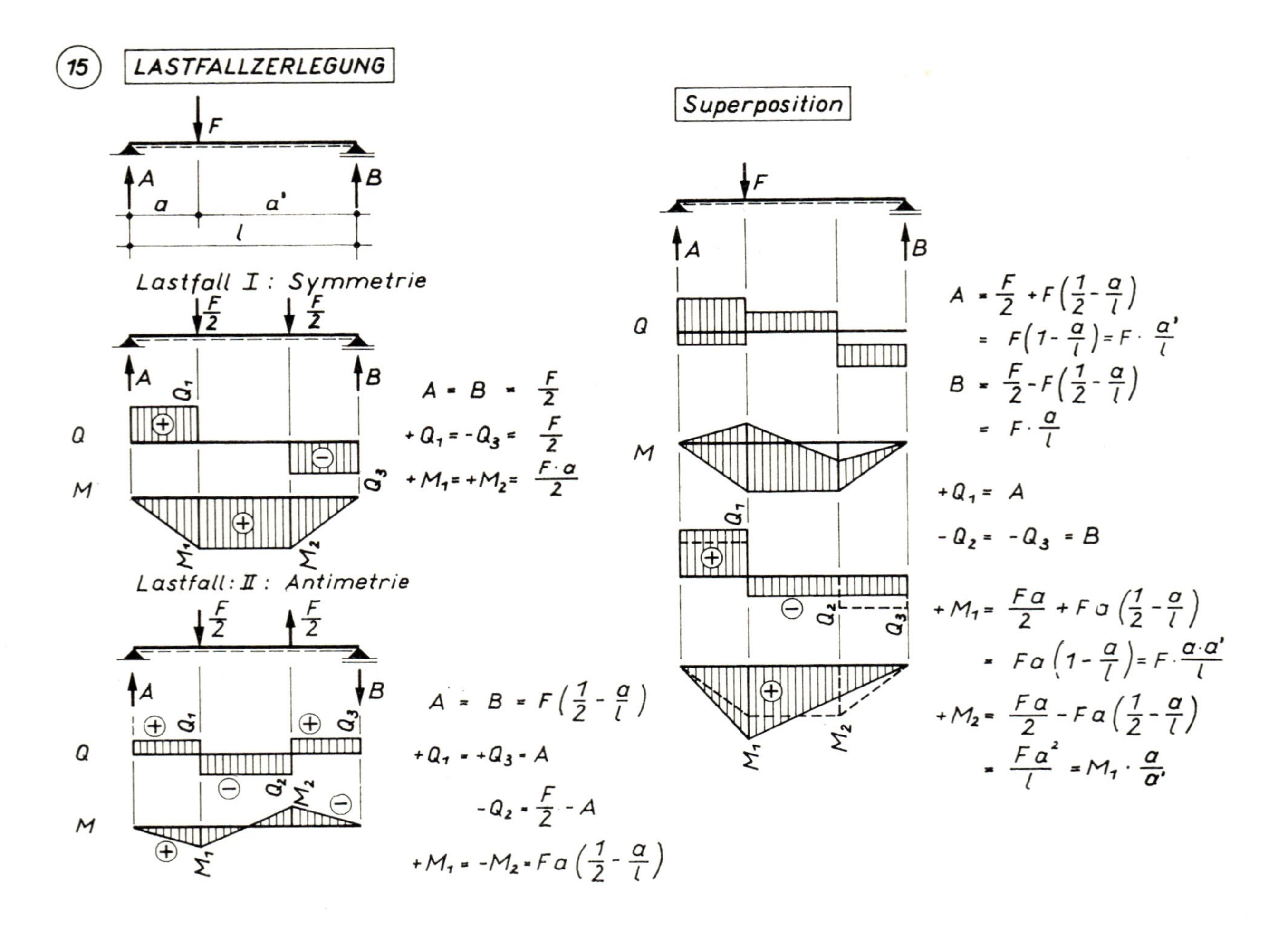
15
LASTFALLZERLEGUNG
Lastfall I : Symmetrie
Lastfall: II : Antimetrie
Superposition
A = B = F/2
+Q1 = -Q3 = F/2
+M1 = +M2 = F·a/2
A = B = F(1/2 - a/l)
+Q1 = +Q3 = A
-Q2 = F/2 - A
+M1 = -M2 = Fa(1/2 - a/l)
A = F/2 + F(1/2 - a/l)
= F(1 - a/l) = F · a'/l
B = F/2 - F(1/2 - a/l)
= F · a/l
+Q1 = A
-Q2 = -Q3 = B
+M1 = Fa/2 + Fa(1/2 - a/l)
= Fa(1 - a/l) = F · a·a'/l
+M2 = Fa/2 - Fa(1/2 - a/l)
= Fa²/l = M1 · a/a'

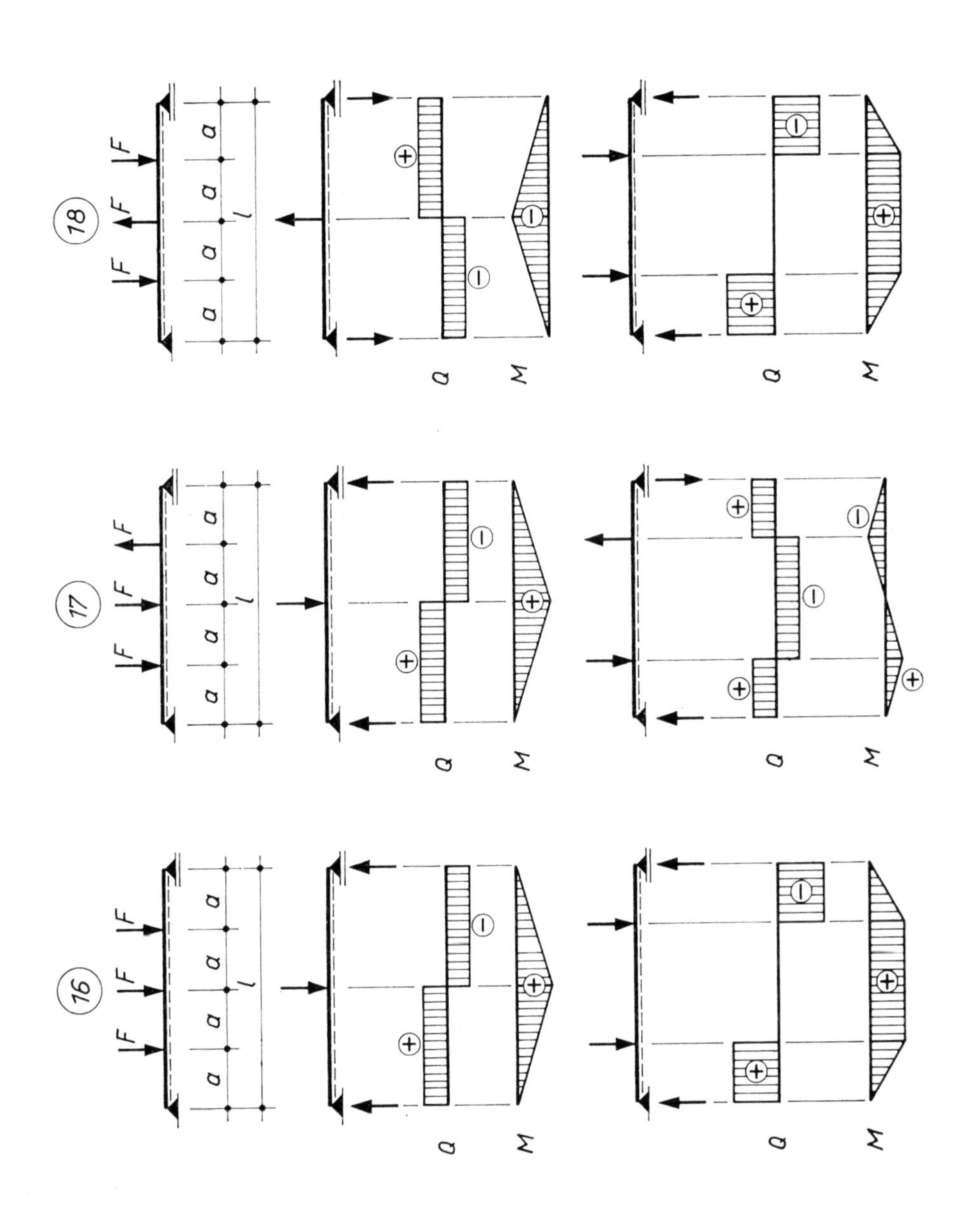
18
17
16
F
a
l
Q
M

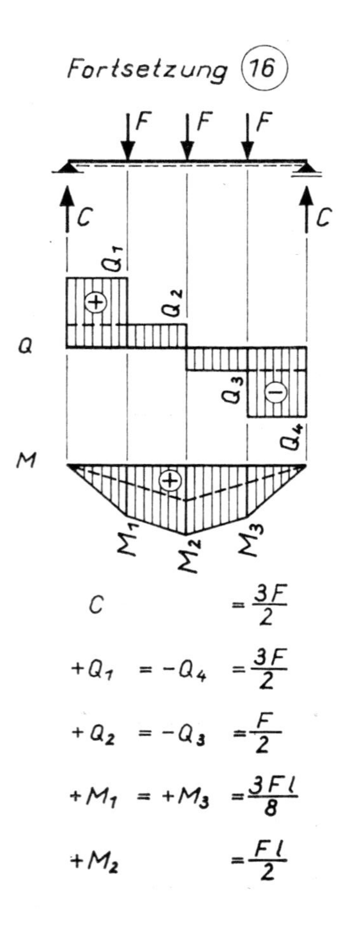

$C = \frac{3F}{2}$

$+Q_1 = -Q_4 = \frac{3F}{2}$

$+Q_2 = -Q_3 = \frac{F}{2}$

$+M_1 = +M_3 = \frac{3Fl}{8}$

$+M_2 = \frac{Fl}{2}$

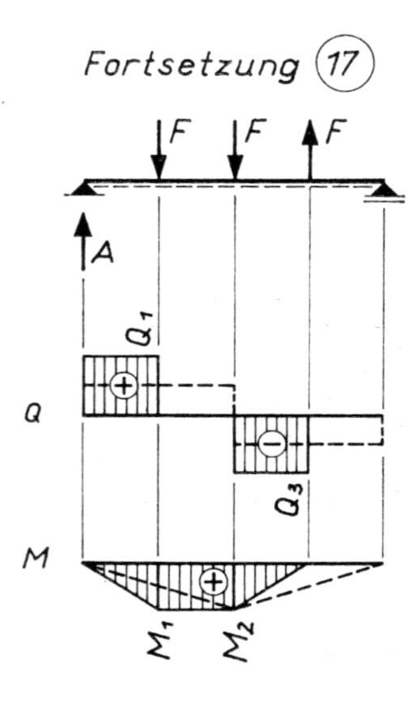

$A = F$

$+Q_1 = -Q_3 = F$

$+M_1 = +M_2 = \frac{Fl}{4}$

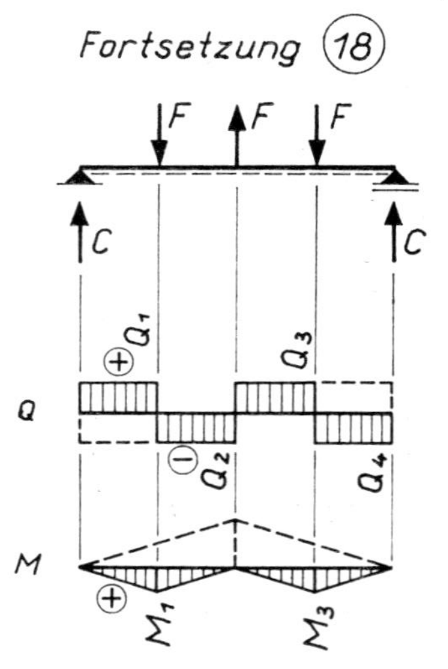

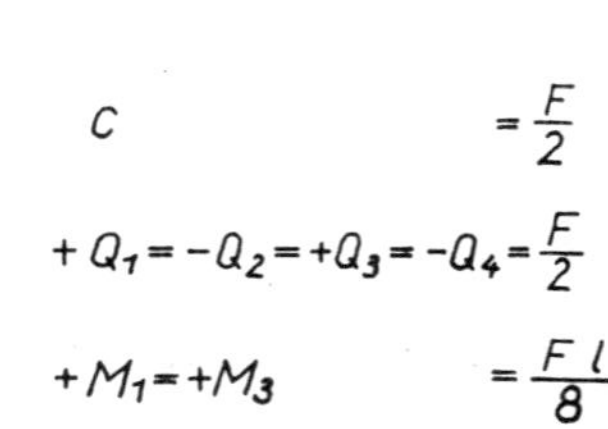

$C = \frac{F}{2}$

$+Q_1 = -Q_2 = +Q_3 = -Q_4 = \frac{F}{2}$

$+M_1 = +M_3 = \frac{Fl}{8}$

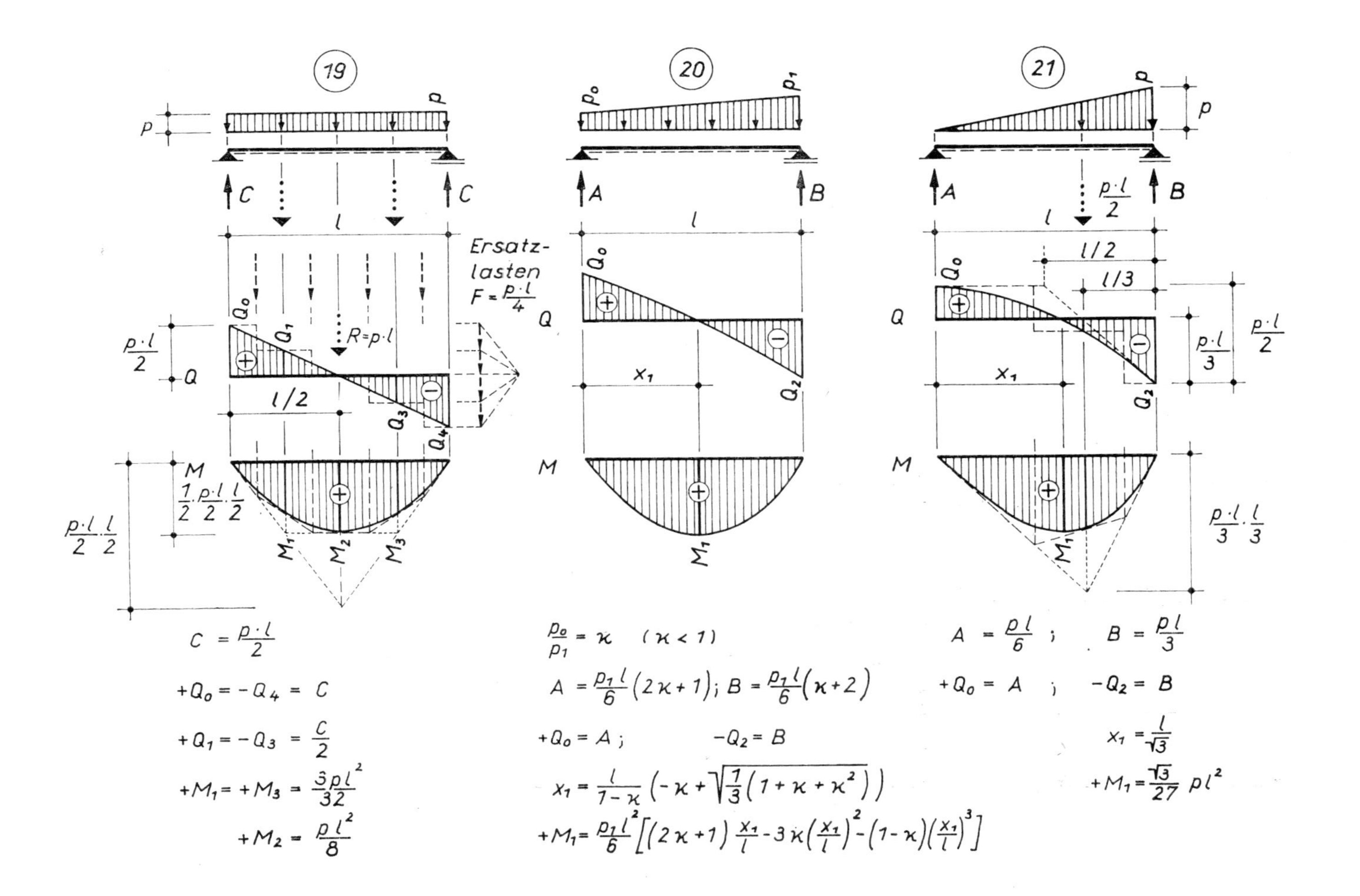
19
20
21
p
p_0
p_1
C
A
B
l
Ersatz-
lasten
$F = \frac{p \cdot l}{4}$
$R = p \cdot l$
$\frac{p \cdot l}{2}$
Q
M
Q_0
Q_1
Q_2
Q_3
Q_4
$l/2$
$l/3$
x_1
M_1
M_2
M_3
$\frac{1}{2} \cdot \frac{p \cdot l}{2} \cdot \frac{l}{2}$
$\frac{p \cdot l}{2} \cdot \frac{l}{2}$
$\frac{p \cdot l}{3}$
$\frac{p \cdot l}{3} \cdot \frac{l}{3}$
$C = \frac{p \cdot l}{2}$
$+Q_0 = -Q_4 = C$
$+Q_1 = -Q_3 = \frac{C}{2}$
$+M_1 = +M_3 = \frac{3pl^2}{32}$
$+M_2 = \frac{pl^2}{8}$
$\frac{p_0}{p_1} = \varkappa \quad (\varkappa < 1)$
$A = \frac{p_1 l}{6}(2\varkappa + 1); \; B = \frac{p_1 l}{6}(\varkappa + 2)$
$+Q_0 = A; \quad -Q_2 = B$
$x_1 = \frac{l}{1-\varkappa}\left(-\varkappa + \sqrt{\frac{1}{3}(1 + \varkappa + \varkappa^2)}\right)$
$+M_1 = \frac{p_1 l^2}{6}\left[(2\varkappa + 1)\frac{x_1}{l} - 3\varkappa\left(\frac{x_1}{l}\right)^2 - (1-\varkappa)\left(\frac{x_1}{l}\right)^3\right]$
$A = \frac{pl}{6}; \quad B = \frac{pl}{3}$
$+Q_0 = A; \quad -Q_2 = B$
$x_1 = \frac{l}{\sqrt{3}}$
$+M_1 = \frac{\sqrt{3}}{27} pl^2$

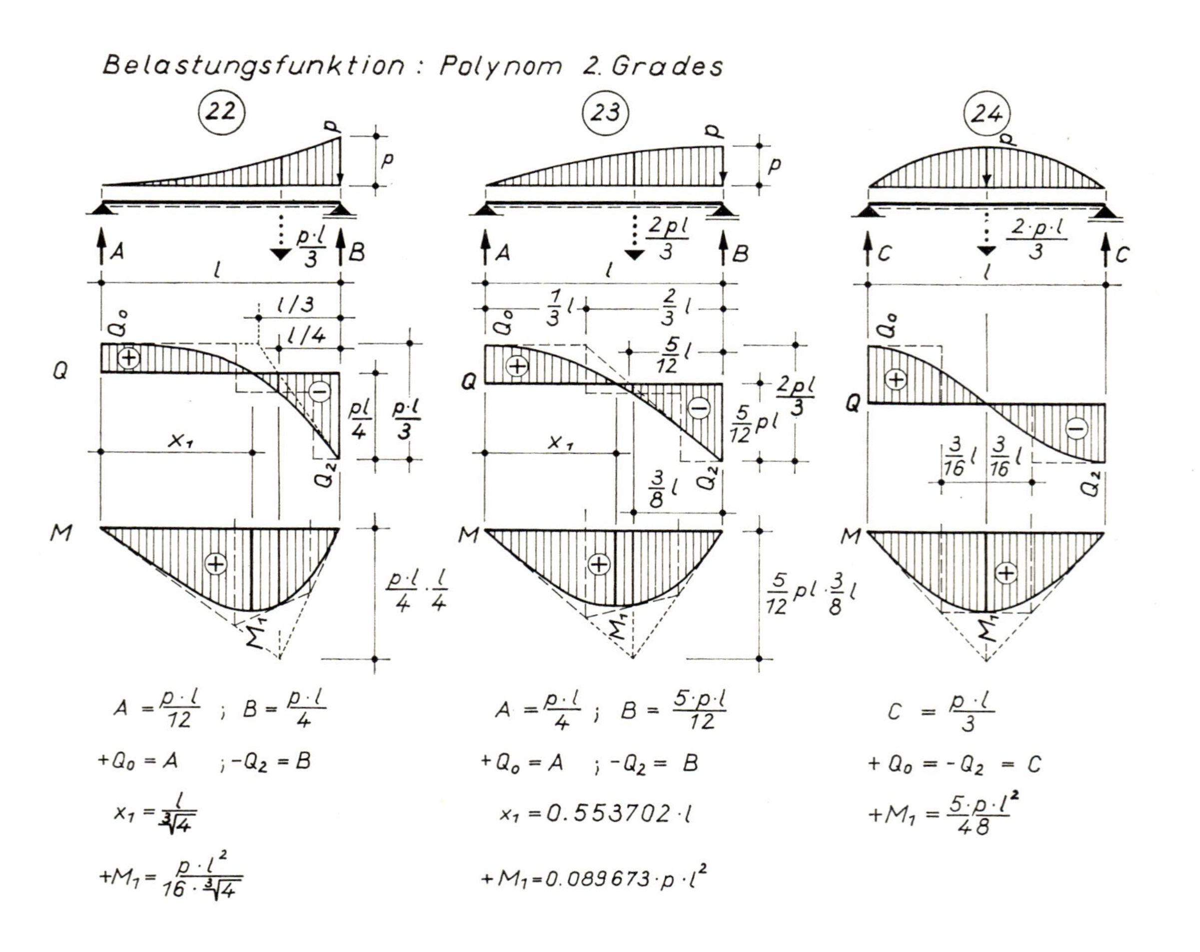

Belastungsfunktion : Polynom 2. Grades
22
23
24
A = p·l/12 ; B = p·l/4
+Q0 = A ; -Q2 = B
x1 = l/∛4
+M1 = p·l²/(16·∛4)
A = p·l/4 ; B = 5·p·l/12
+Q0 = A ; -Q2 = B
x1 = 0.553702·l
+M1 = 0.089673·p·l²
C = p·l/3
+Q0 = -Q2 = C
+M1 = 5·p·l²/48

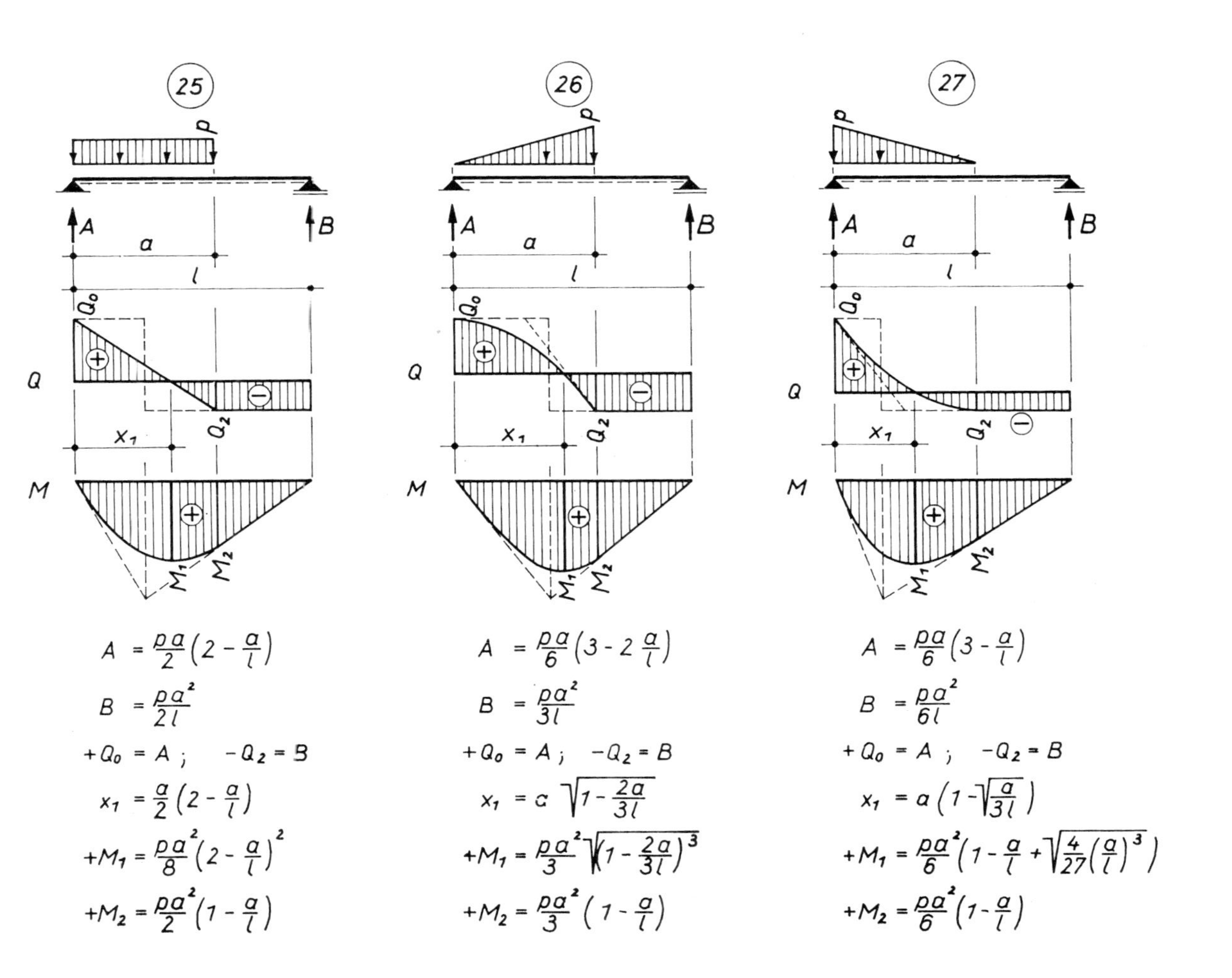
25
p
A
B
a
l
Q_0
Q
Q_2
x_1
M
M_1
M_2
$A = \frac{pa}{2}\left(2 - \frac{a}{l}\right)$
$B = \frac{pa^2}{2l}$
$+Q_0 = A \; ; \quad -Q_2 = B$
$x_1 = \frac{a}{2}\left(2 - \frac{a}{l}\right)$
$+M_1 = \frac{pa^2}{8}\left(2 - \frac{a}{l}\right)^2$
$+M_2 = \frac{pa^2}{2}\left(1 - \frac{a}{l}\right)$
26
$A = \frac{pa}{6}\left(3 - 2\frac{a}{l}\right)$
$B = \frac{pa^2}{3l}$
$+Q_0 = A \; ; \quad -Q_2 = B$
$x_1 = c\sqrt{1 - \frac{2a}{3l}}$
$+M_1 = \frac{pa^2}{3}\sqrt{\left(1 - \frac{2a}{3l}\right)^3}$
$+M_2 = \frac{pa^2}{3}\left(1 - \frac{a}{l}\right)$
27
$A = \frac{pa}{6}\left(3 - \frac{a}{l}\right)$
$B = \frac{pa^2}{6l}$
$+Q_0 = A \; ; \quad -Q_2 = B$
$x_1 = a\left(1 - \sqrt{\frac{a}{3l}}\right)$
$+M_1 = \frac{pa^2}{6}\left(1 - \frac{a}{l} + \sqrt{\frac{4}{27}\left(\frac{a}{l}\right)^3}\right)$
$+M_2 = \frac{pa^2}{6}\left(1 - \frac{a}{l}\right)$

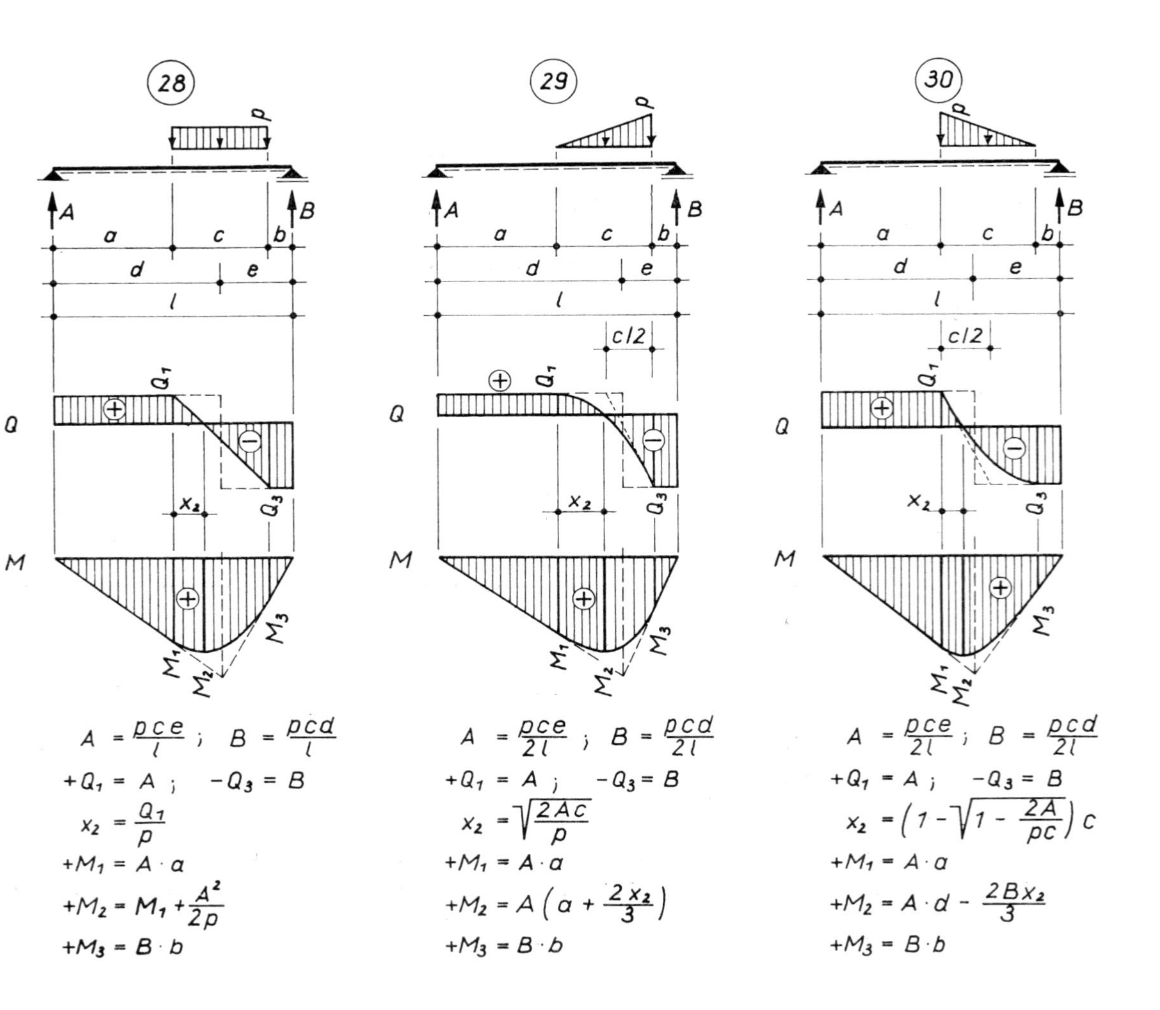
28
29
30
A = pce/l ; B = pcd/l
+Q1 = A ; −Q3 = B
x2 = Q1/p
+M1 = A · a
+M2 = M1 + A²/2p
+M3 = B · b
A = pce/2l ; B = pcd/2l
+Q1 = A ; −Q3 = B
x2 = √(2Ac/p)
+M1 = A · a
+M2 = A (a + 2x2/3)
+M3 = B · b
A = pce/2l ; B = pcd/2l
+Q1 = A ; −Q3 = B
x2 = (1 − √(1 − 2A/pc)) c
+M1 = A · a
+M2 = A · d − 2Bx2/3
+M3 = B · b

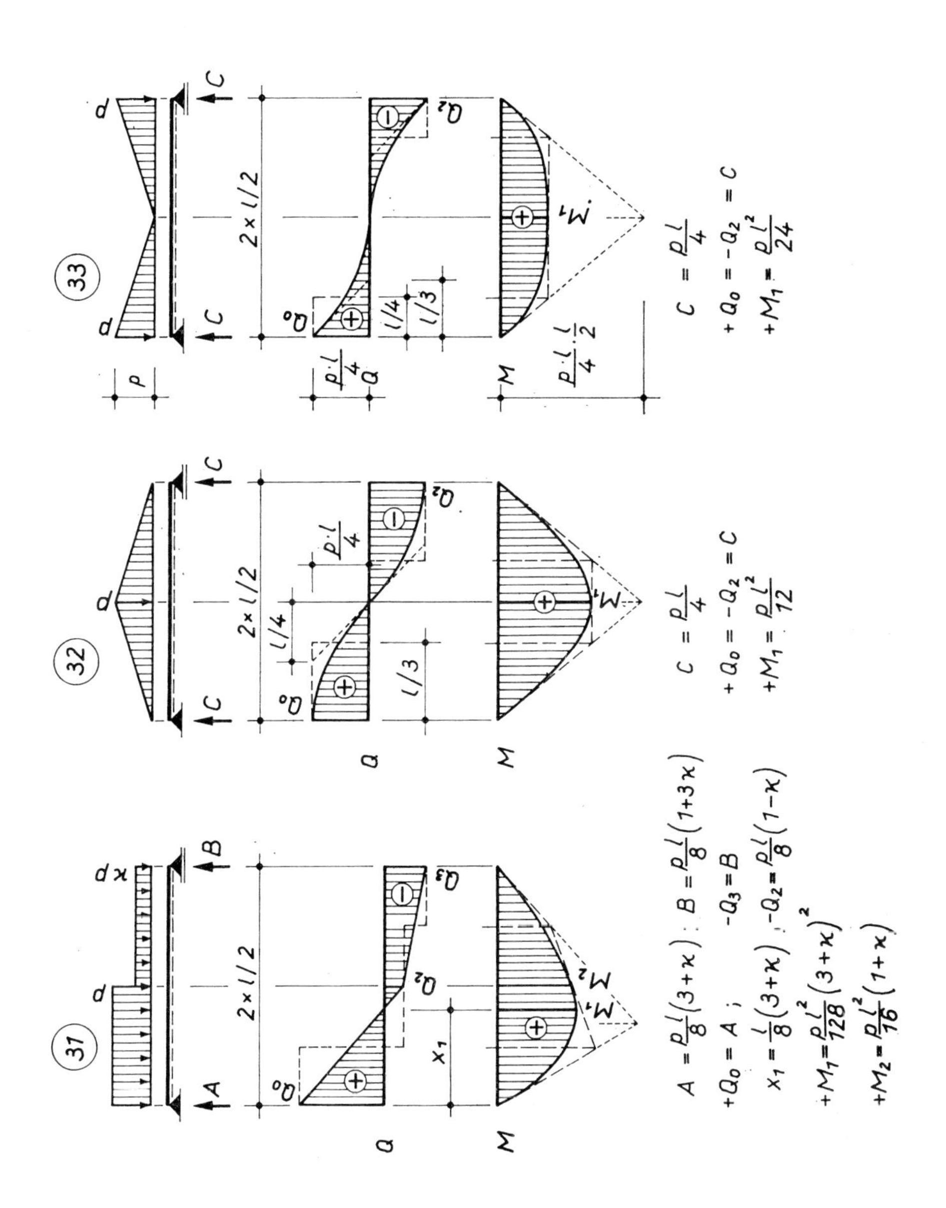
31
32
33
p
κp
2 × l/2
A
B
C
Q
M
Q_0
Q_2
Q_3
M_1
M_2
x_1
l/4
l/3
$\frac{p \cdot l}{4}$
$\frac{p \cdot l}{4} \cdot \frac{l}{2}$
$A = \frac{pl}{8}(3+\varkappa)$; $B = \frac{pl}{8}(1+3\varkappa)$
$+Q_0 = A$; $-Q_3 = B$
$x_1 = \frac{l}{8}(3+\varkappa)$; $-Q_2 = \frac{pl}{8}(1-\varkappa)$
$+M_1 = \frac{pl^2}{128}(3+\varkappa)^2$
$+M_2 = \frac{pl^2}{16}(1+\varkappa)$
$C = \frac{pl}{4}$
$+Q_0 = -Q_2 = C$
$+M_1 = \frac{pl^2}{12}$
$C = \frac{pl}{4}$
$+Q_0 = -Q_2 = C$
$+M_1 = \frac{pl^2}{24}$

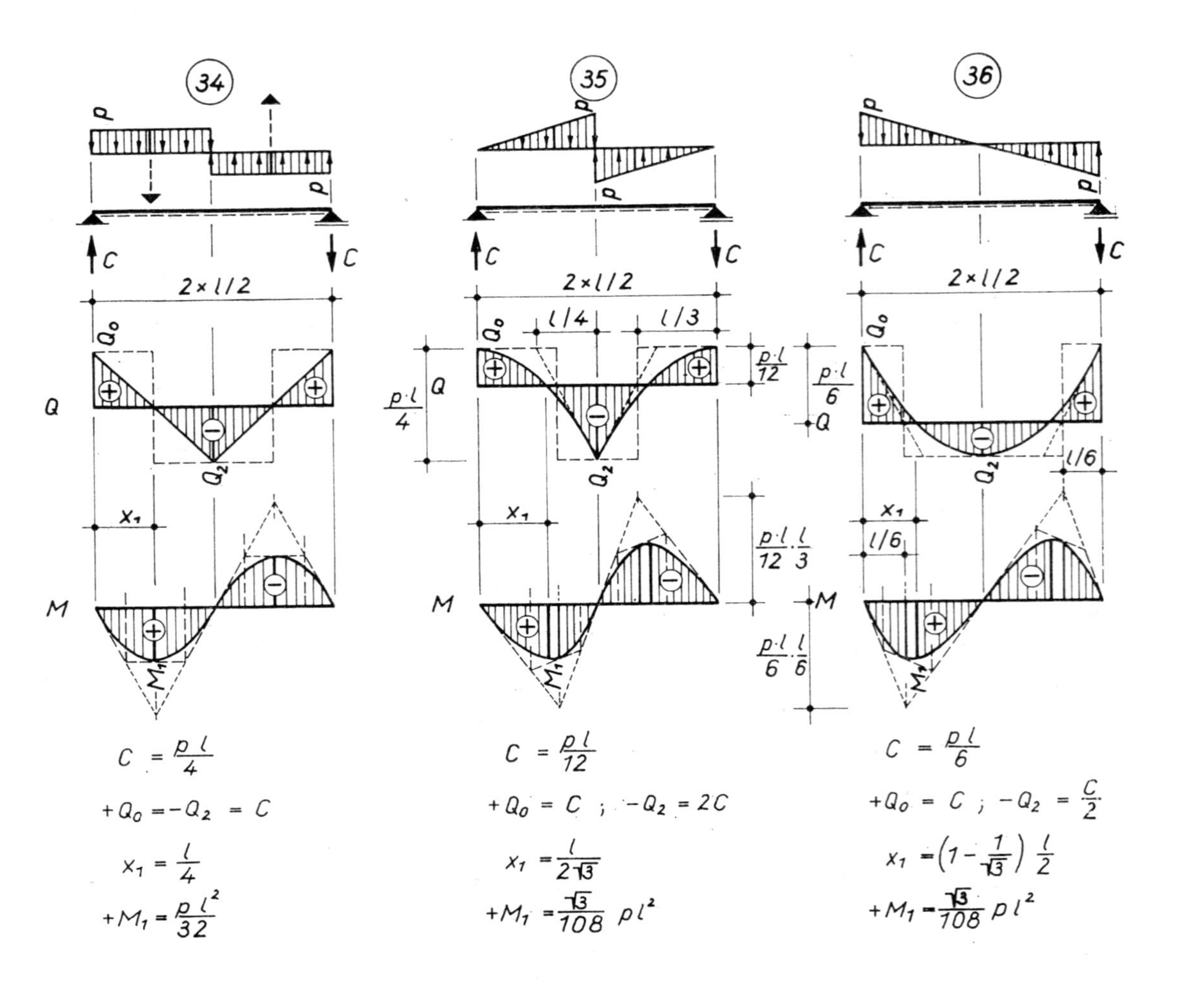
34
35
36
p
C
2×l/2
Q0
Q
Q2
x1
M
M1
l/4
l/3
p·l/4
p·l/12
p·l/6
l/6
p·l/12 · l/3
p·l/6 · l/6
C = p l/4
+Q0 = −Q2 = C
x1 = l/4
+M1 = p l²/32
C = p l/12
+Q0 = C ; −Q2 = 2C
x1 = l/2√3
+M1 = √3/108 p l²
C = p l/6
+Q0 = C ; −Q2 = C/2
x1 = (1 − 1/√3) l/2
+M1 = √3/108 p l²

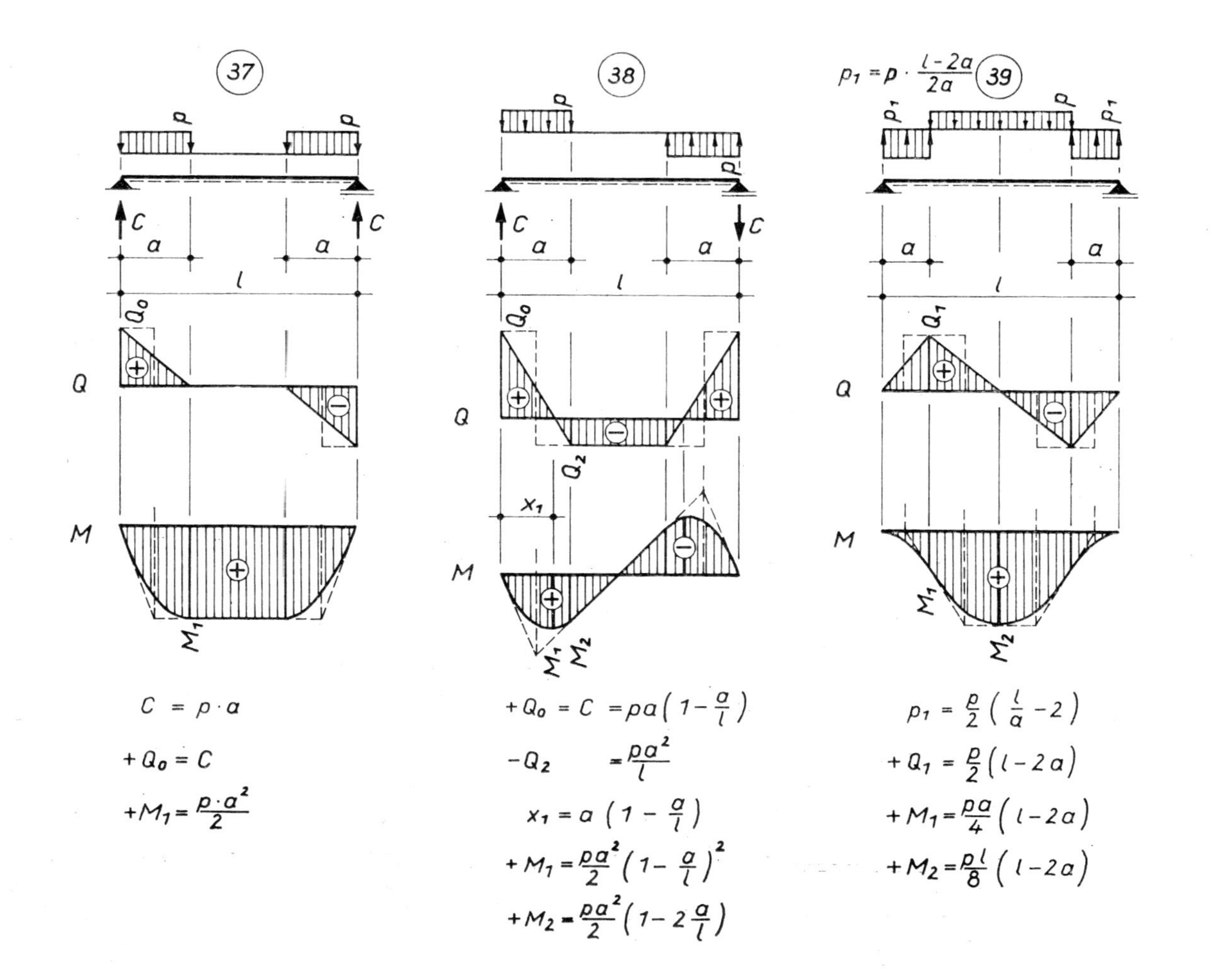
37
p
p
C
C
a
l
a
Q
Q0
M
M1
C = p · a
+Q0 = C
+M1 = p·a²/2
38
p
p
C
C
a
l
a
Q
Q0
Q2
x1
M
M1
M2
+Q0 = C = pa(1 − a/l)
−Q2 = pa²/l
x1 = a(1 − a/l)
+M1 = pa²/2 (1 − a/l)²
+M2 = pa²/2 (1 − 2 a/l)
p1 = p · (l − 2a)/2a
39
p1
p
p1
a
l
a
Q
Q1
M
M1
M2
p1 = p/2 (l/a − 2)
+Q1 = p/2 (l − 2a)
+M1 = pa/4 (l − 2a)
+M2 = pl/8 (l − 2a)

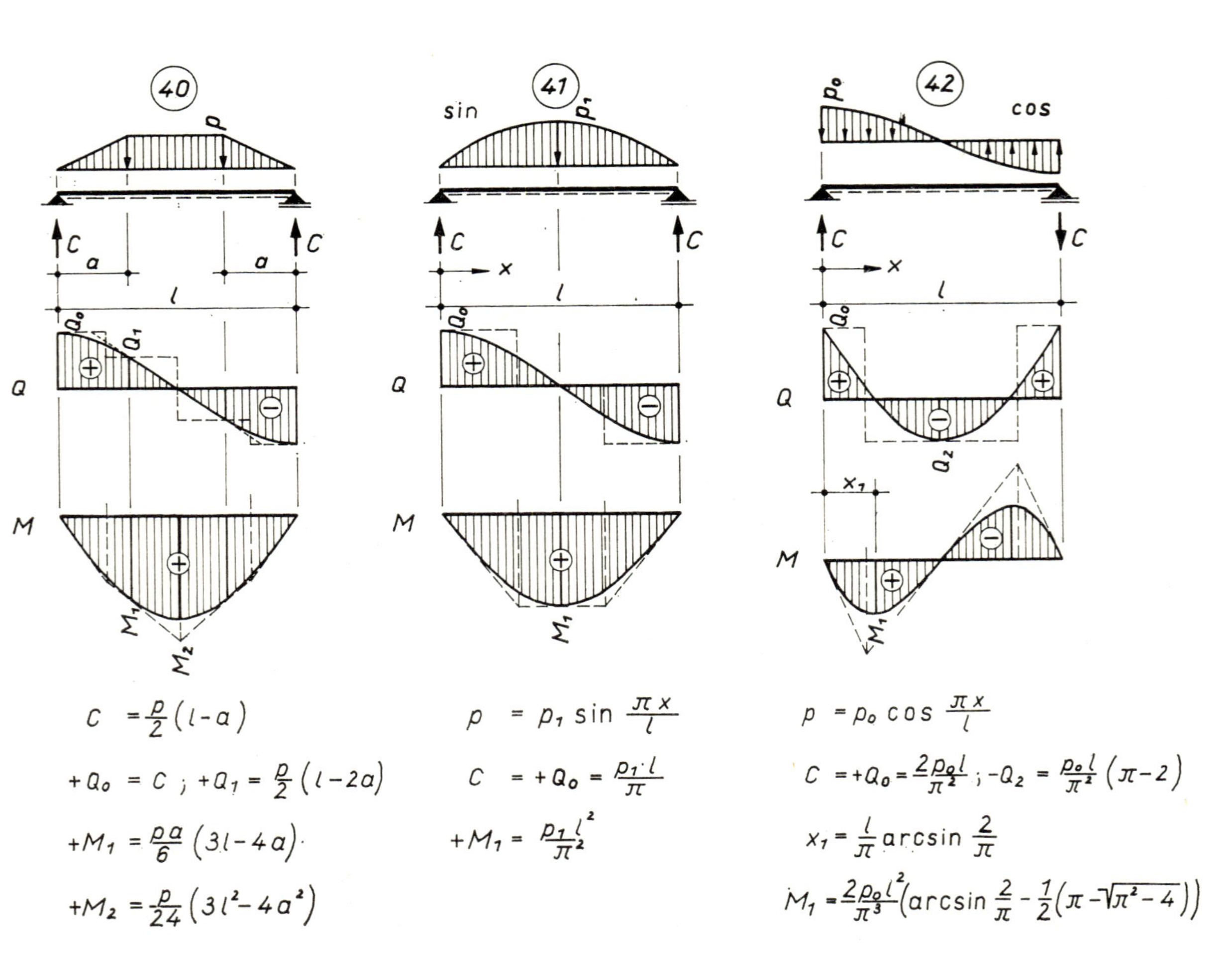
40
41
42
sin
cos
p
p_1
p_0
C
a
x
l
Q_0
Q_1
Q_2
Q
M
M_1
M_2
x_1
$C = \frac{p}{2}(l-a)$
$+Q_0 = C\ ;\ +Q_1 = \frac{p}{2}(l-2a)$
$+M_1 = \frac{pa}{6}(3l-4a)$
$+M_2 = \frac{p}{24}(3l^2-4a^2)$
$p = p_1 \sin \frac{\pi x}{l}$
$C = +Q_0 = \frac{p_1 \cdot l}{\pi}$
$+M_1 = \frac{p_1 l^2}{\pi^2}$
$p = p_0 \cos \frac{\pi x}{l}$
$C = +Q_0 = \frac{2 p_0 l}{\pi^2}\ ;\ -Q_2 = \frac{p_0 l}{\pi^2}(\pi - 2)$
$x_1 = \frac{l}{\pi} \arcsin \frac{2}{\pi}$
$M_1 = \frac{2 p_0 l^2}{\pi^3}\left(\arcsin \frac{2}{\pi} - \frac{1}{2}\left(\pi - \sqrt{\pi^2 - 4}\right)\right)$

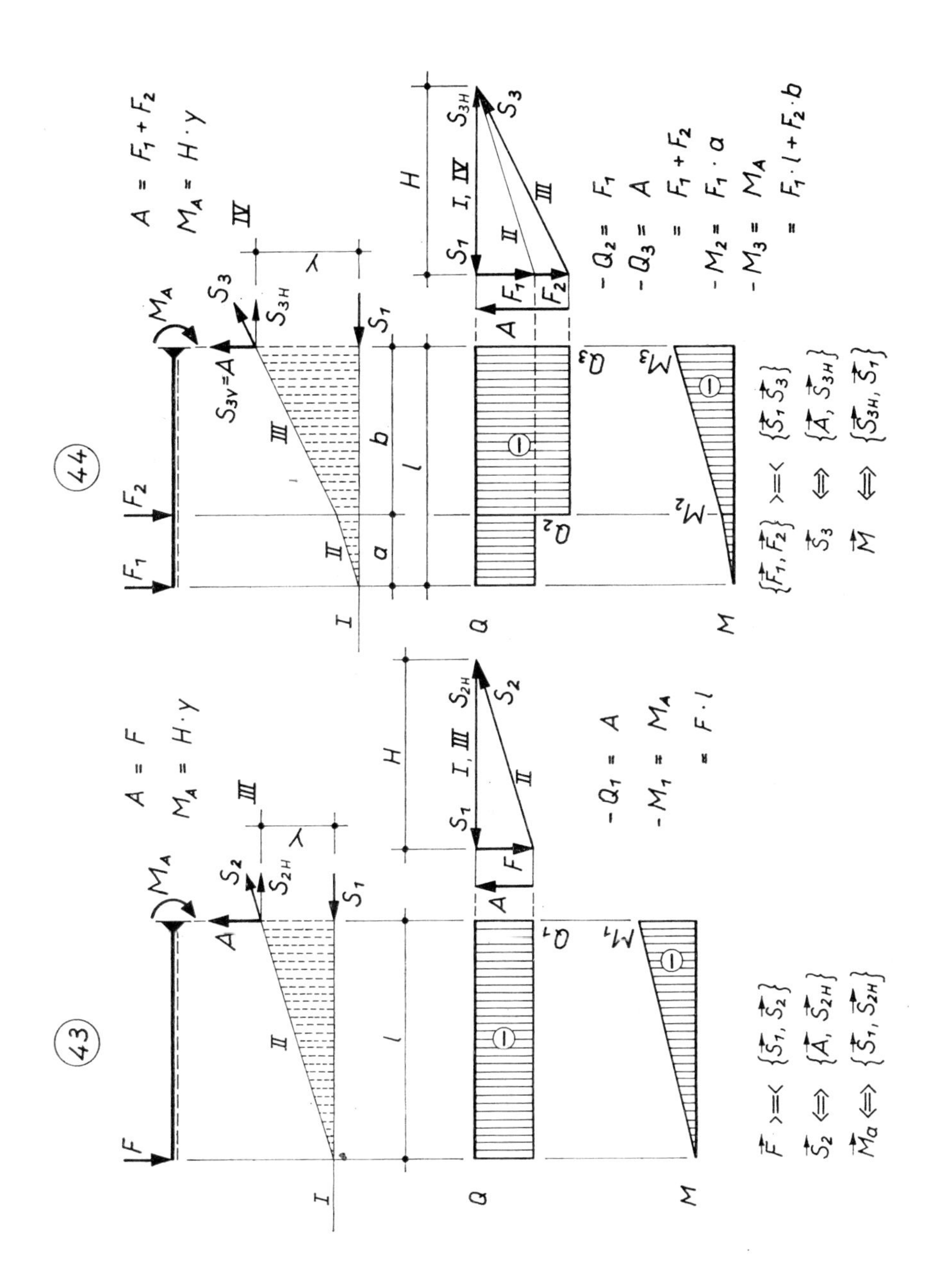
43
A = F
M_A = H·y
- Q_1 = A
- M_1 = M_A
= F·l
44
A = F_1 + F_2
M_A = H·y
- Q_2 = F_1
- Q_3 = A
= F_1 + F_2
- M_2 = F_1·a
- M_3 = M_A
= F_1·l + F_2·b

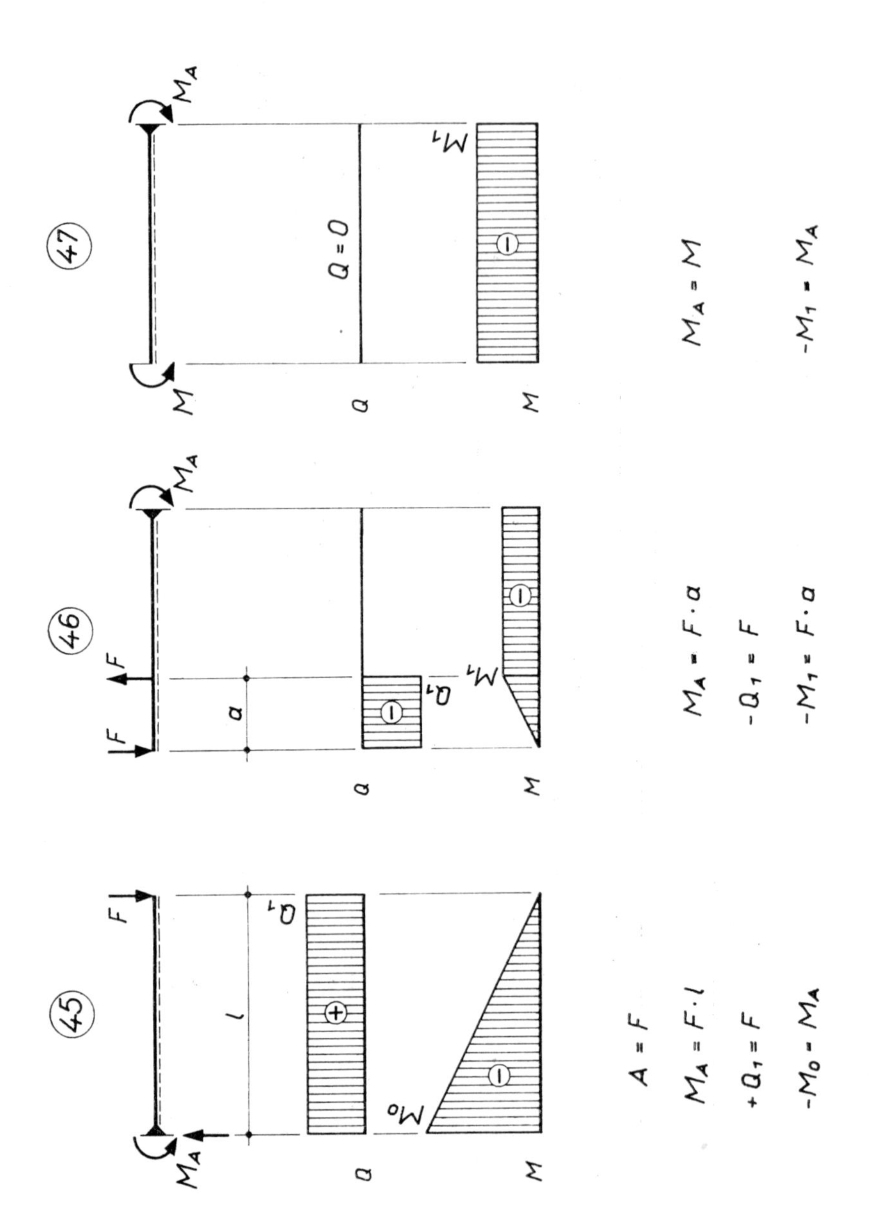
45
M_A
F
l
Q
M
Q_1
M_0
$A = F$
$M_A = F \cdot l$
$+Q_1 = F$
$-M_0 = M_A$
46
F
F
a
M_A
Q
M
Q_1
M_1
$M_A = F \cdot a$
$-Q_1 = F$
$-M_1 = F \cdot a$
47
M
M_A
Q
M
$Q = 0$
M_1
$M_A = M$
$-M_1 = M_A$

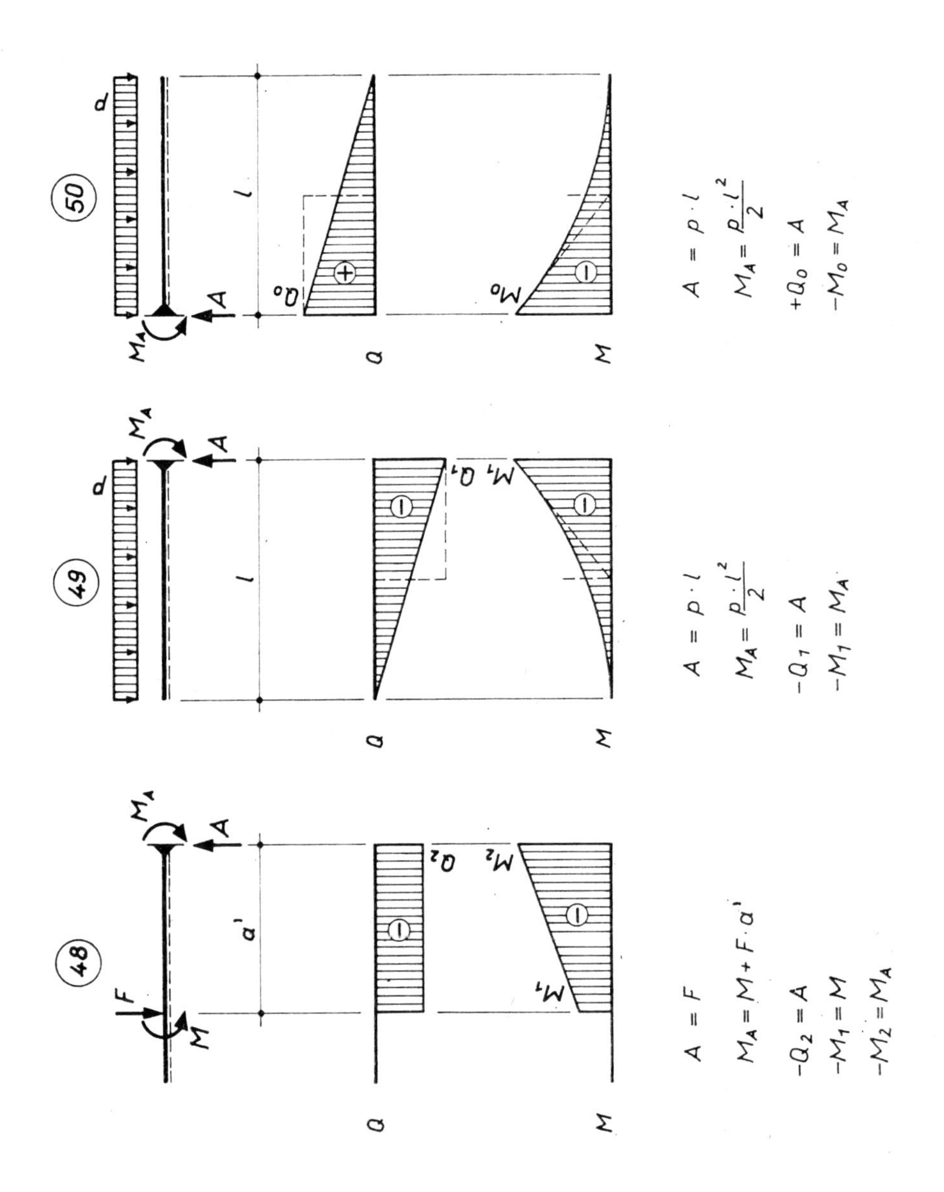
50
49
48
A = p · l
M_A = p · l²/2
+Q_0 = A
−M_0 = M_A
A = p · l
M_A = p · l²/2
−Q_1 = A
−M_1 = M_A
A = F
M_A = M + F · a'
−Q_2 = A
−M_1 = M
−M_2 = M_A

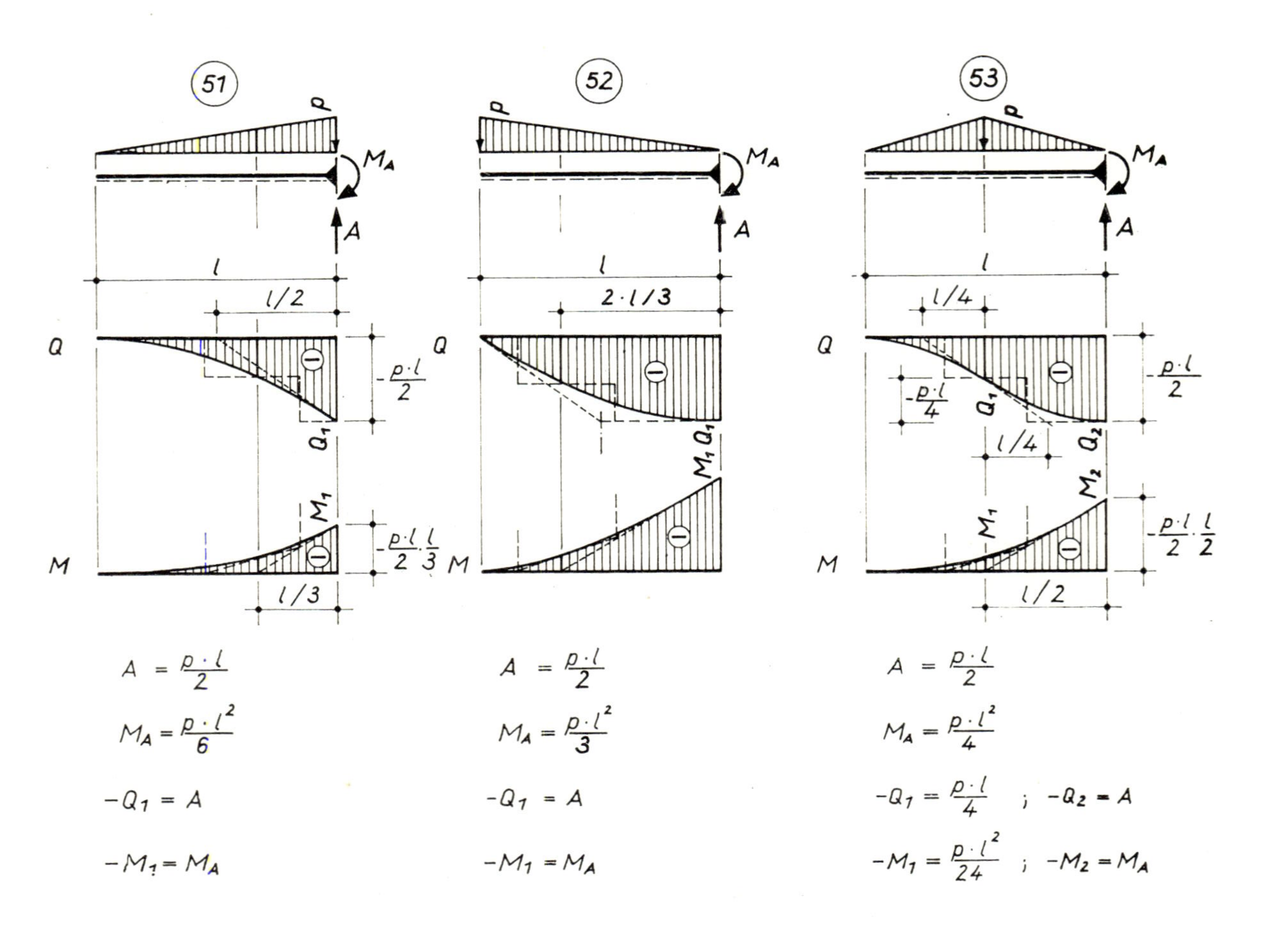

51
52
53
p
M_A
A
l
l/2
2·l/3
l/4
l/3
Q
M
Q_1
Q_2
M_1
M_2
M_1 Q_1
-p·l/2
-p·l/4
-p·l/2·l/3
-p·l/2·l/2
A = p·l/2
M_A = p·l²/6
−Q_1 = A
−M_1 = M_A
A = p·l/2
M_A = p·l²/3
−Q_1 = A
−M_1 = M_A
A = p·l/2
M_A = p·l²/4
−Q_1 = p·l/4 ; −Q_2 = A
−M_1 = p·l²/24 ; −M_2 = M_A

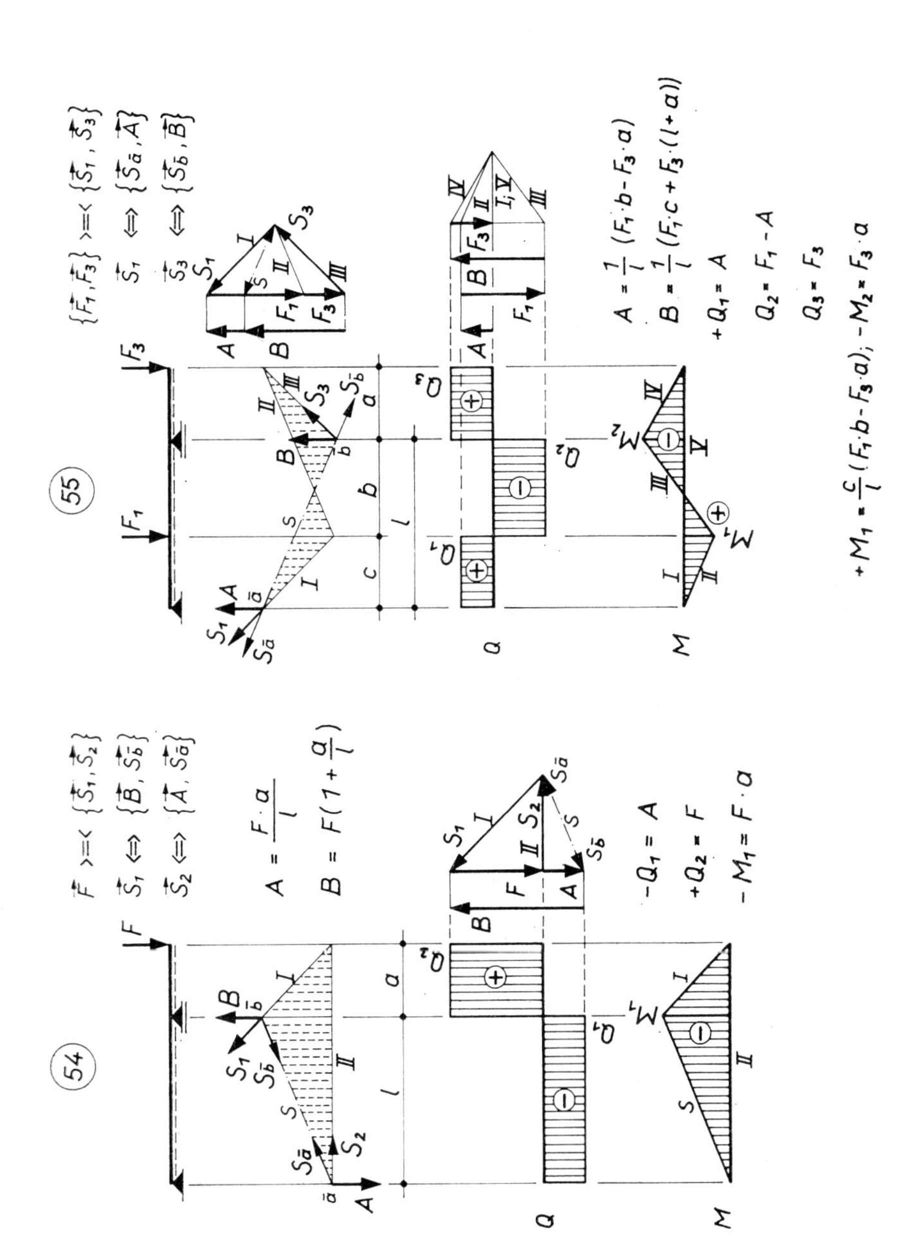

54
$\vec{F}$ >=< $\{\vec{S}_1, \vec{S}_2\}$
$\vec{S}_1 \Leftrightarrow \{\vec{B}, \vec{S}_{\bar{b}}\}$
$\vec{S}_2 \Leftrightarrow \{\vec{A}, \vec{S}_{\bar{a}}\}$
$A = \frac{F \cdot a}{l}$
$B = F(1 + \frac{a}{l})$
$-Q_1 = A$
$+Q_2 = F$
$-M_1 = F \cdot a$
55
$\{\vec{F}_1, \vec{F}_3\}$ >=< $\{\vec{S}_1, \vec{S}_3\}$
$\vec{S}_1 \Leftrightarrow \{\vec{S}_{\bar{a}}, \vec{A}\}$
$\vec{S}_3 \Leftrightarrow \{\vec{S}_{\bar{b}}, \vec{B}\}$
$A = \frac{1}{l}(F_1 \cdot b - F_3 \cdot a)$
$B = \frac{1}{l}(F_1 \cdot c + F_3 \cdot (l + a))$
$+Q_1 = A$
$Q_2 = F_1 - A$
$Q_3 = F_3$
$+M_1 = \frac{c}{l}(F_1 \cdot b - F_3 \cdot a)$; $-M_2 = F_3 \cdot a$
Q
M

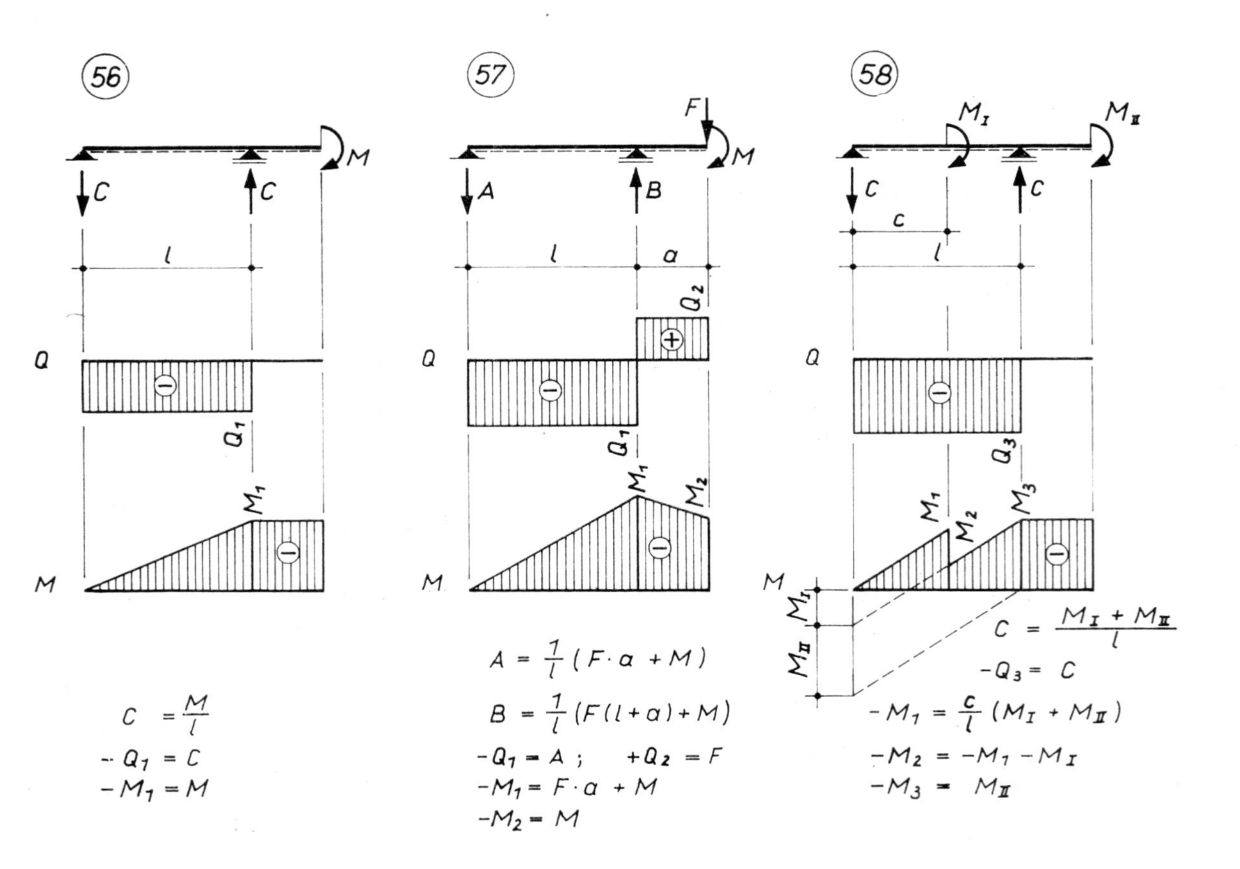
56
57
58
F
M
M_I
M_{II}
C
A
B
c
l
a
Q
M
Q_1
Q_2
Q_3
M_1
M_2
M_3
$C = \frac{M}{l}$
$-Q_1 = C$
$-M_1 = M$
$A = \frac{1}{l}(F \cdot a + M)$
$B = \frac{1}{l}(F(l+a) + M)$
$-Q_1 = A$; $+Q_2 = F$
$-M_1 = F \cdot a + M$
$-M_2 = M$
$C = \frac{M_I + M_{II}}{l}$
$-Q_3 = C$
$-M_1 = \frac{c}{l}(M_I + M_{II})$
$-M_2 = -M_1 - M_I$
$-M_3 = M_{II}$

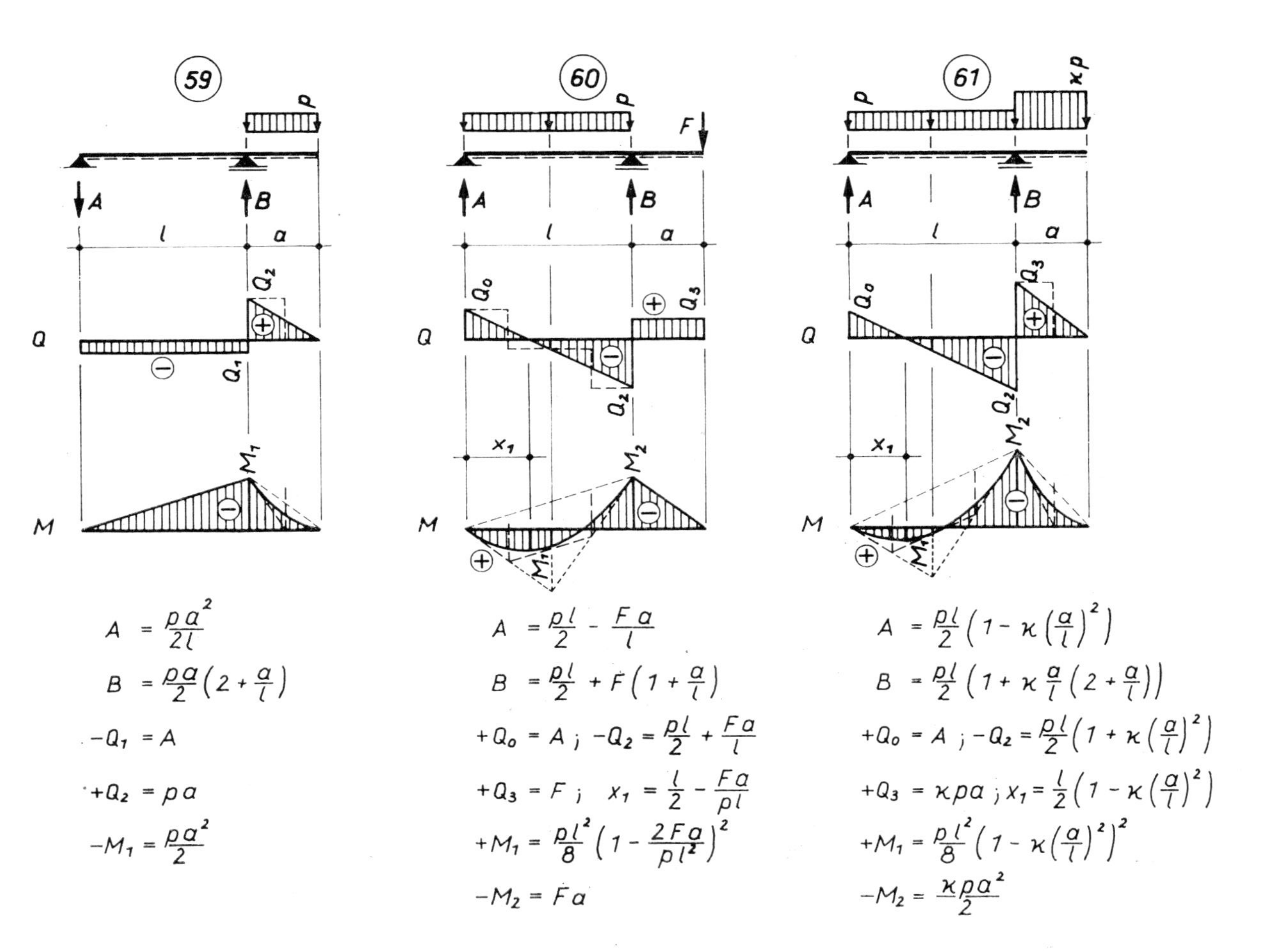
59
$A = \frac{pa^2}{2l}$
$B = \frac{pa}{2}\left(2 + \frac{a}{l}\right)$
$-Q_1 = A$
$+Q_2 = pa$
$-M_1 = \frac{pa^2}{2}$
60
$A = \frac{pl}{2} - \frac{Fa}{l}$
$B = \frac{pl}{2} + F\left(1 + \frac{a}{l}\right)$
$+Q_0 = A \; ; \; -Q_2 = \frac{pl}{2} + \frac{Fa}{l}$
$+Q_3 = F \; ; \; x_1 = \frac{l}{2} - \frac{Fa}{pl}$
$+M_1 = \frac{pl^2}{8}\left(1 - \frac{2Fa}{pl^2}\right)^2$
$-M_2 = Fa$
61
$A = \frac{pl}{2}\left(1 - \varkappa\left(\frac{a}{l}\right)^2\right)$
$B = \frac{pl}{2}\left(1 + \varkappa\frac{a}{l}\left(2 + \frac{a}{l}\right)\right)$
$+Q_0 = A \; ; \; -Q_2 = \frac{pl}{2}\left(1 + \varkappa\left(\frac{a}{l}\right)^2\right)$
$+Q_3 = \varkappa pa \; ; \; x_1 = \frac{l}{2}\left(1 - \varkappa\left(\frac{a}{l}\right)^2\right)$
$+M_1 = \frac{pl^2}{8}\left(1 - \varkappa\left(\frac{a}{l}\right)^2\right)^2$
$-M_2 = \frac{\varkappa pa^2}{2}$

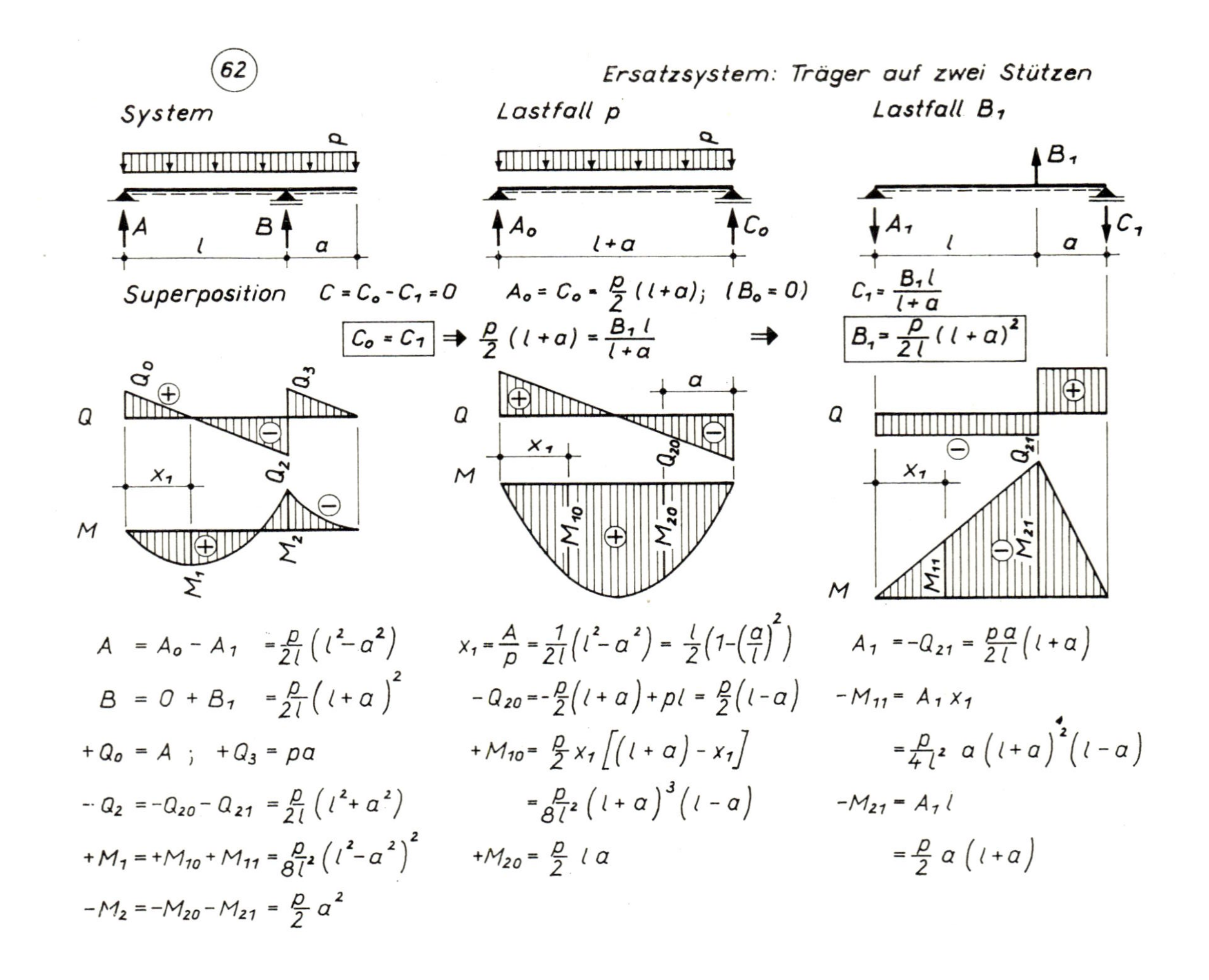
62
Ersatzsystem: Träger auf zwei Stützen
System
Lastfall p
Lastfall B1
p
A
B
l
a
A0
C0
l+a
B1
A1
C1
Superposition C = C0 - C1 = 0
A0 = C0 = p/2 (l+a); (B0 = 0)
C1 = B1 l/(l+a)
C0 = C1 ⇒ p/2 (l+a) = B1 l/(l+a) ⇒
B1 = p/(2l) (l+a)²
Q
M
Q0
Q3
Q2
x1
M1
M2
Q20
M10
M20
Q21
M11
M21
A = A0 - A1 = p/(2l) (l² - a²)
B = 0 + B1 = p/(2l) (l+a)²
+Q0 = A ; +Q3 = pa
-Q2 = -Q20 - Q21 = p/(2l) (l² + a²)
+M1 = +M10 + M11 = p/(8l²) (l² - a²)²
-M2 = -M20 - M21 = p/2 a²
x1 = A/p = 1/(2l) (l² - a²) = l/2 (1 - (a/l)²)
-Q20 = -p/2 (l+a) + pl = p/2 (l-a)
+M10 = p/2 x1 [(l+a) - x1]
= p/(8l²) (l+a)³ (l-a)
+M20 = p/2 l a
A1 = -Q21 = pa/(2l) (l+a)
-M11 = A1 x1
= p/(4l²) a (l+a)² (l-a)
-M21 = A1 l
= p/2 a (l+a)

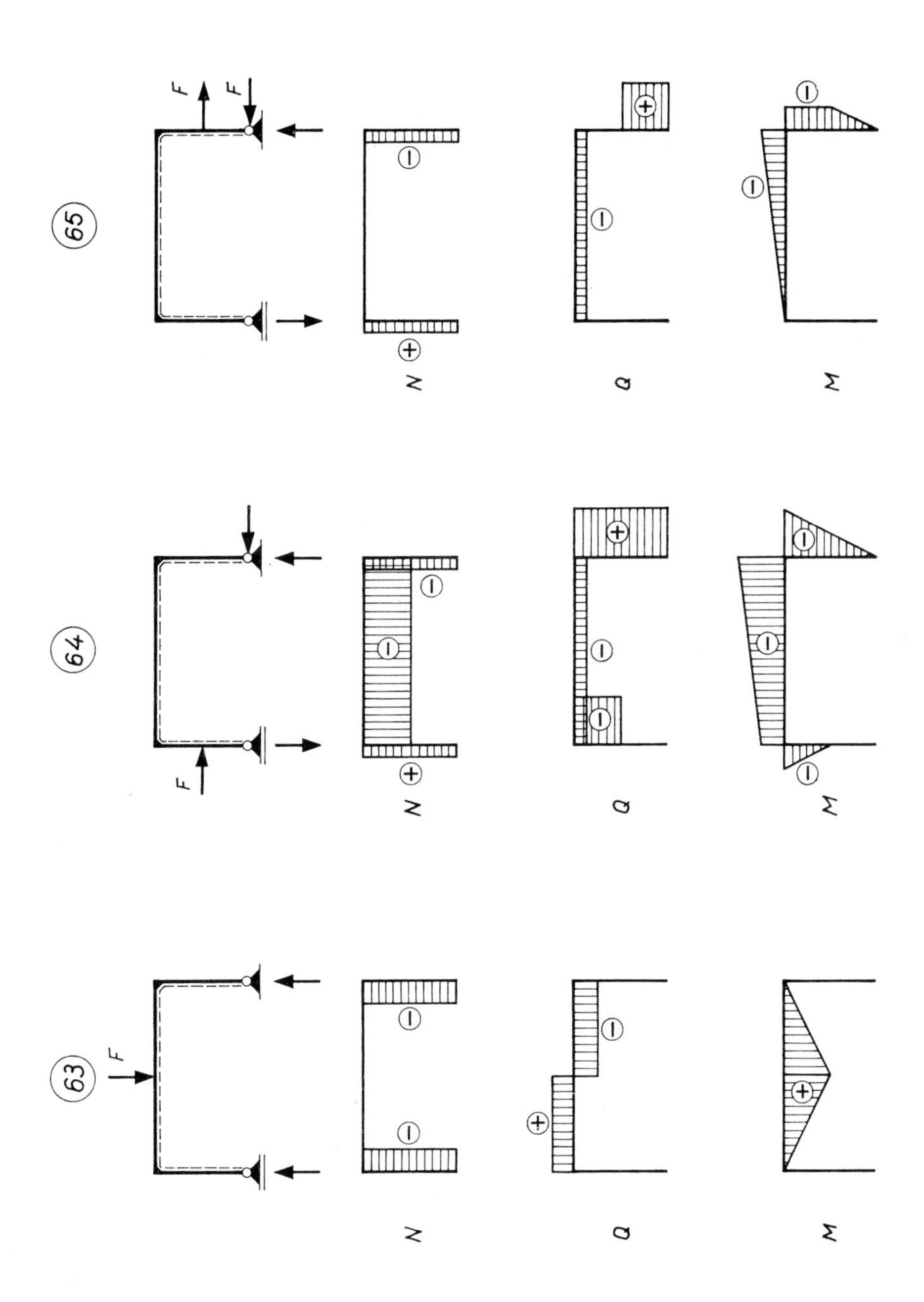
65
64
63
F
N
Q
M

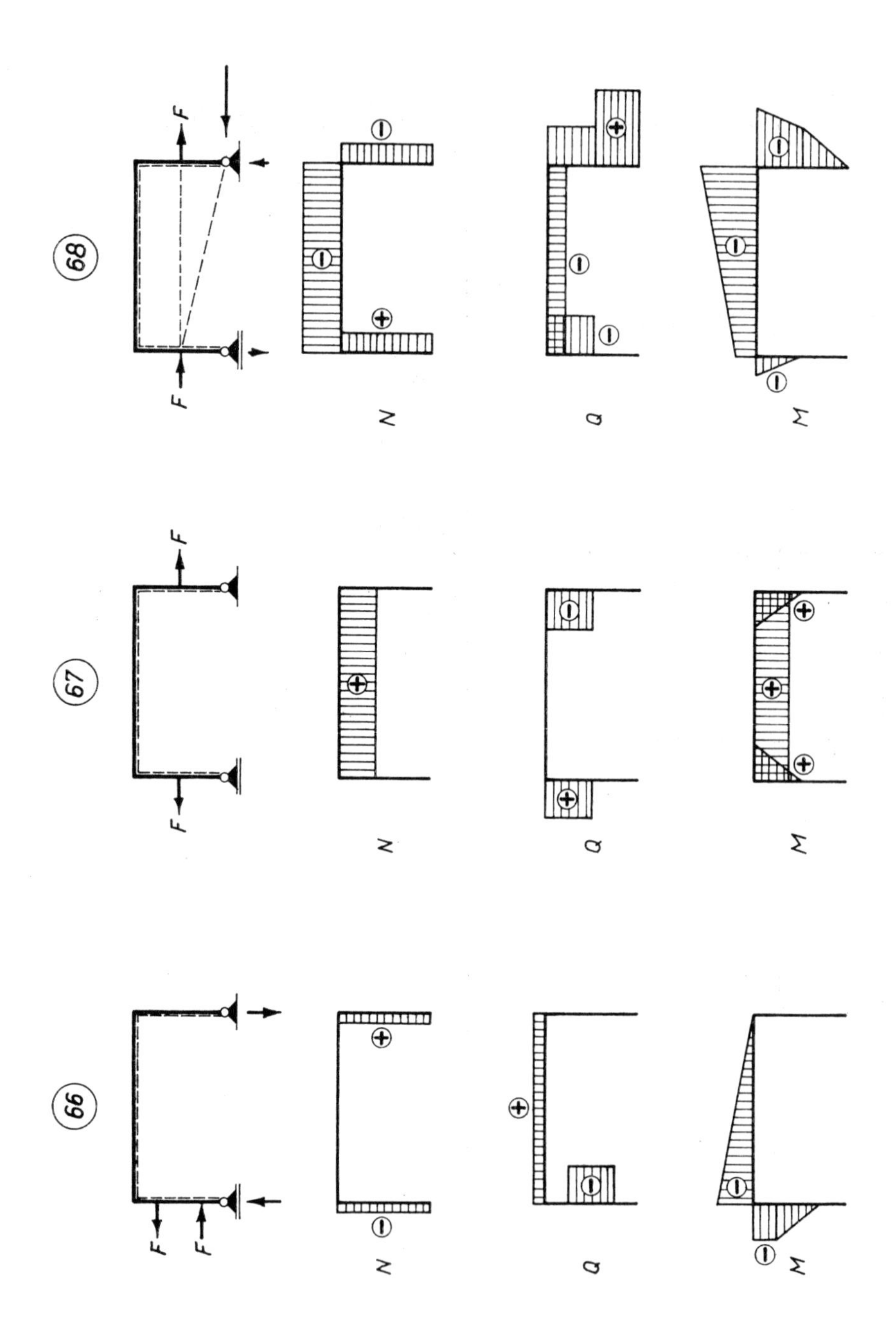
66
67
68
F
N
Q
M

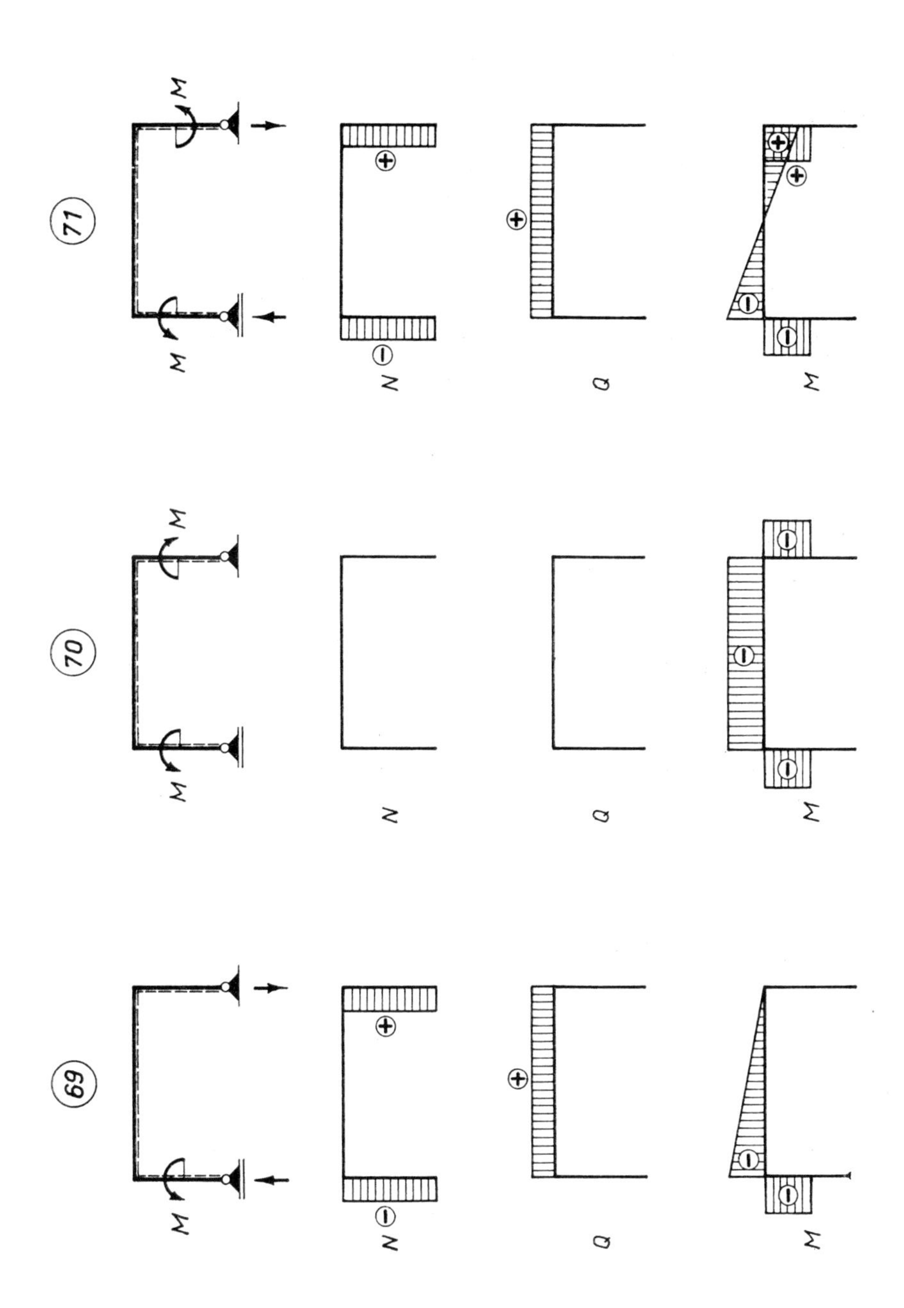
71
M
M
N
Q
M
70
M
M
N
Q
M
69
M
N
Q
M

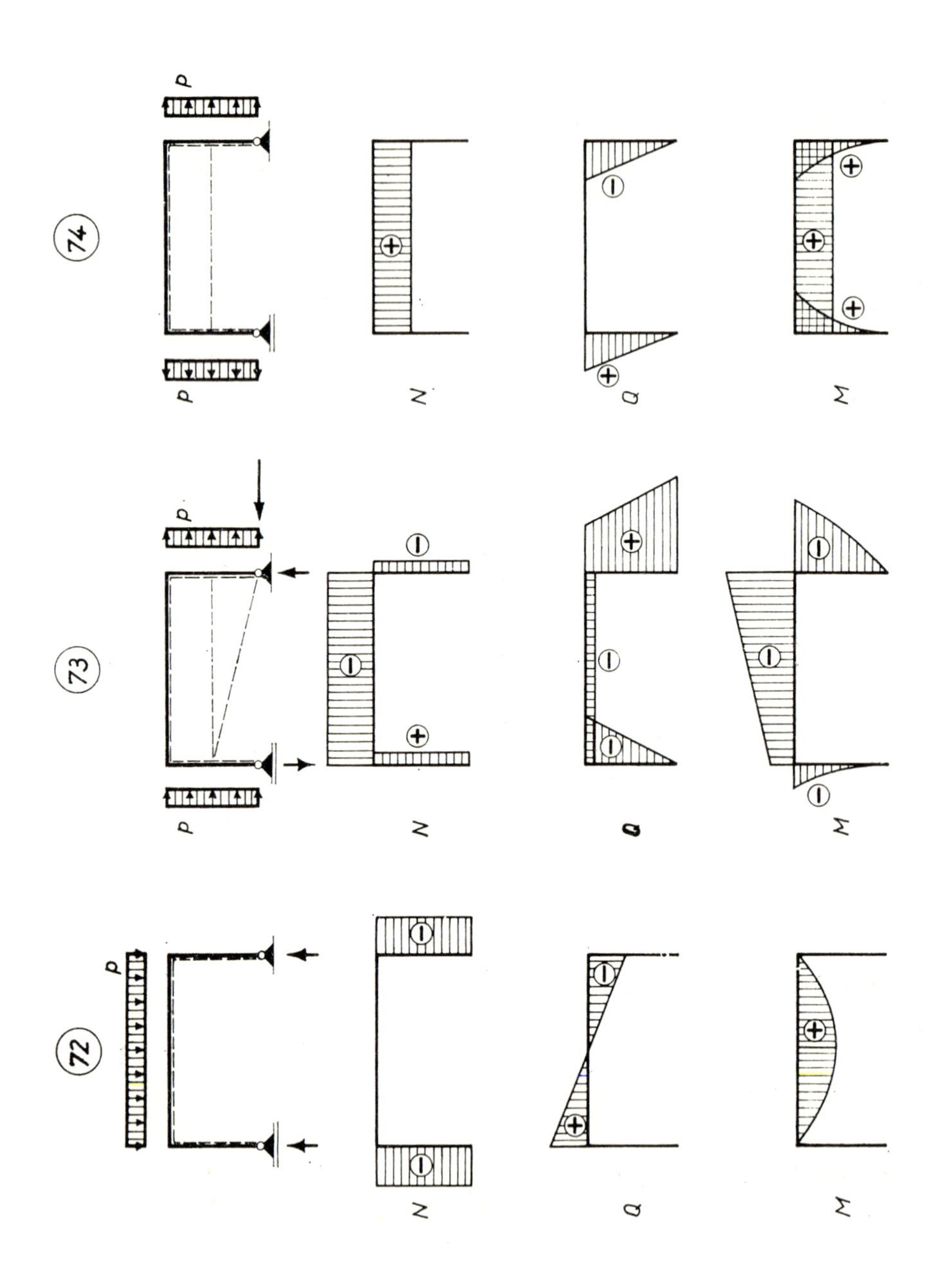
74
p
p
N
Q
M
73
p
p
N
Q
M
72
p
N
Q
M

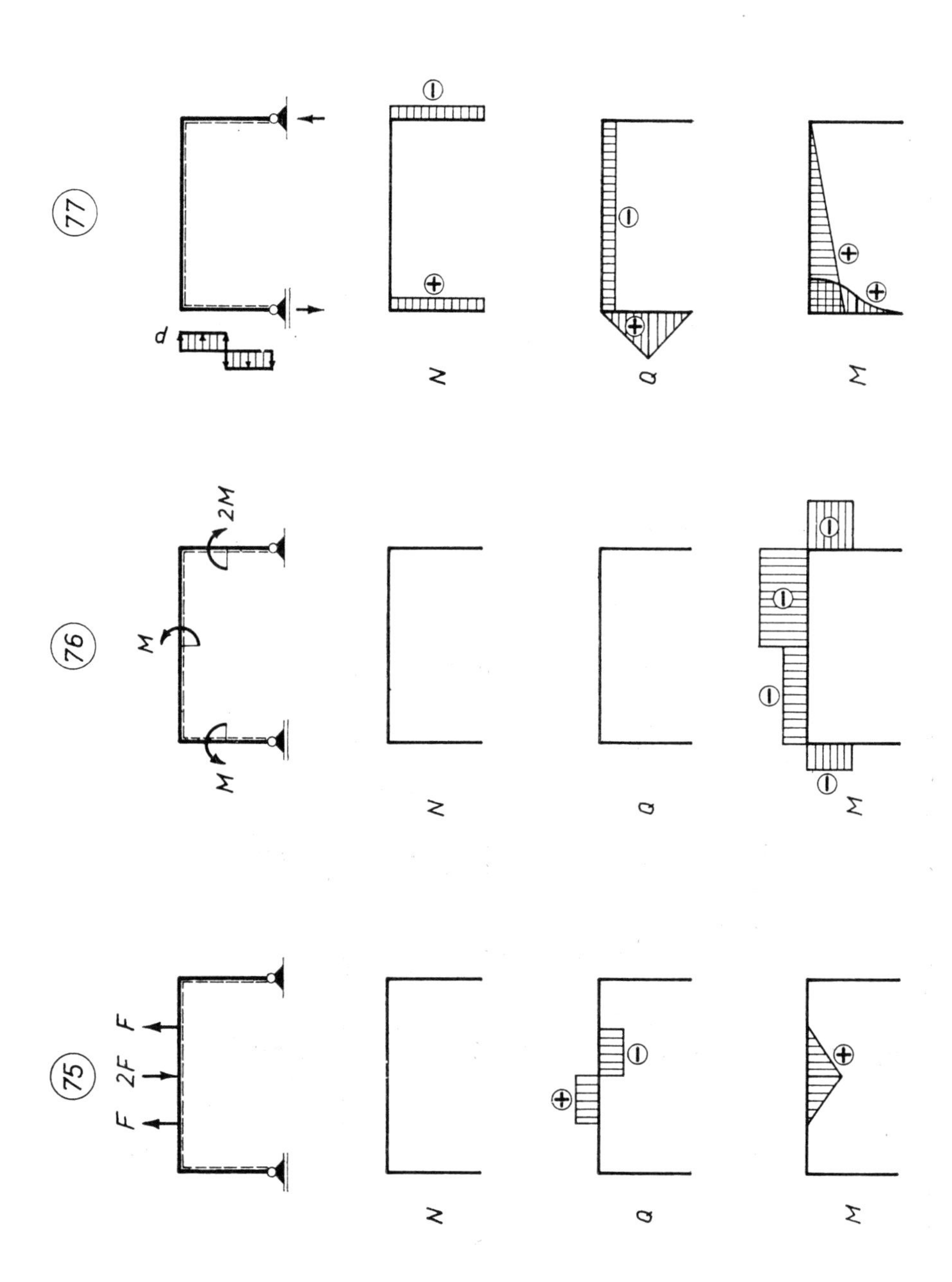
77
p
N
Q
M
76
2M
M
M
N
Q
M
75
F
2F
F
N
Q
M

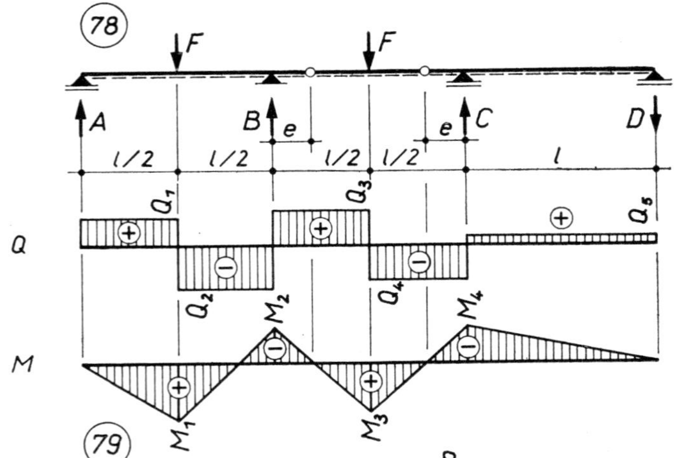

78

$$\eta = \frac{e}{l}$$

$A = \frac{F}{2}(1-\eta)$ $\qquad C = \frac{F}{2}(1+\eta)$

$B = \frac{F}{2}(2+\eta)$ $\qquad D = \frac{F}{2}\eta$

$+Q_1 = \frac{F}{2}(1-\eta)$ $\qquad +Q_3 = -Q_4 = \frac{F}{2}$

$-Q_2 = \frac{F}{2}(1+\eta)$ $\qquad +Q_5 = \frac{F}{2}\eta$

$+M_1 = \frac{Fl}{4}(1-\eta)$ $\qquad -M_2 = -M_4 = \frac{Fl}{2}\eta$

$+M_3 = \frac{Fl}{4}(1-2\eta)$

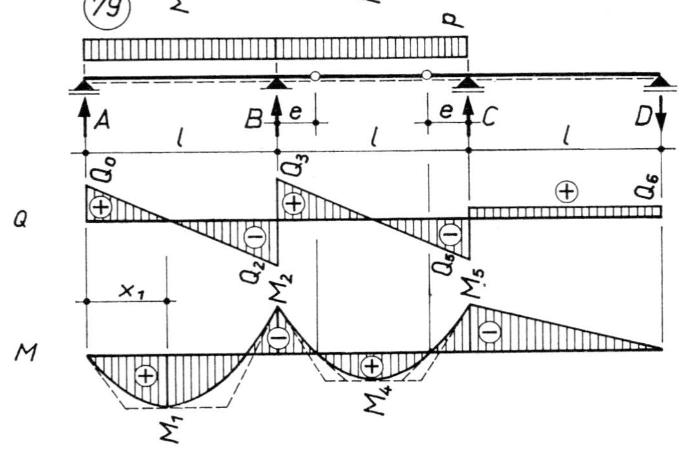

79

$A = \frac{pl}{2}(1-\eta+\eta^2)$ $\qquad C = \frac{pl}{2}(1+\eta-\eta^2)$

$B = \frac{pl}{2}(2+\eta-\eta^2)$ $\qquad D = \frac{pl}{2}(\eta-\eta^2)$

$+Q_0 = A$ $\qquad +Q_3 = -Q_5 = \frac{pl}{2}$

$-Q_2 = \frac{pl}{2}(1+\eta-\eta^2)$ $\qquad +Q_6 = D$

$x_1 = \frac{l}{2}(1-\eta+\eta^2)$ $\qquad +M_4 = \frac{pl^2}{8}(1-2\eta)^2$

$+M_1 = \frac{pl^2}{8}(1-\eta+\eta^2)^2$ $\qquad -M_2 = -M_5 = \frac{pl^2}{2}(\eta-\eta^2)$

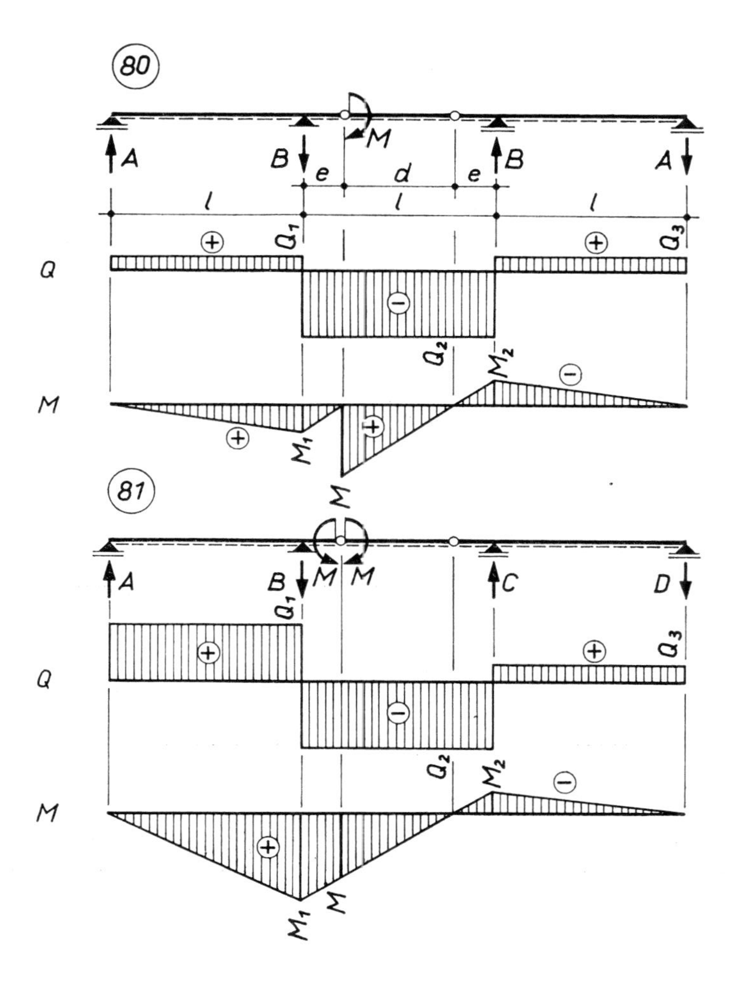

DIFFERENTIALGLEICHUNG
DER MOMENTENFUNKTION

Aus Randwert und Strahlensatz:

$$+M_1 = -M_2 = \frac{M}{d} \cdot e$$

Aus Anstieg:

$$+Q_1 = +Q_3 = \frac{M}{d} \cdot \eta \; ; \quad -Q_2 = \frac{M}{d}$$

Aus Knick (Sprung der Querkraft:

$$A = Q_1 \; ; \quad B = Q_1 - Q_2 = \frac{M}{d}(1+\eta)$$

$$+M_1 = \frac{M}{d}(l-e) \qquad -M_2 = \frac{M}{d} \cdot e$$

$$+Q_1 = \frac{M}{d}(1-\eta) \qquad +Q_3 = \frac{M}{d} \cdot \eta$$

$$-Q_2 = \frac{M}{d}$$

$$A = Q_1 \qquad D = Q_3$$

$$B = \frac{M}{d}(2-\eta) \qquad C = \frac{M}{d}(1+\eta)$$

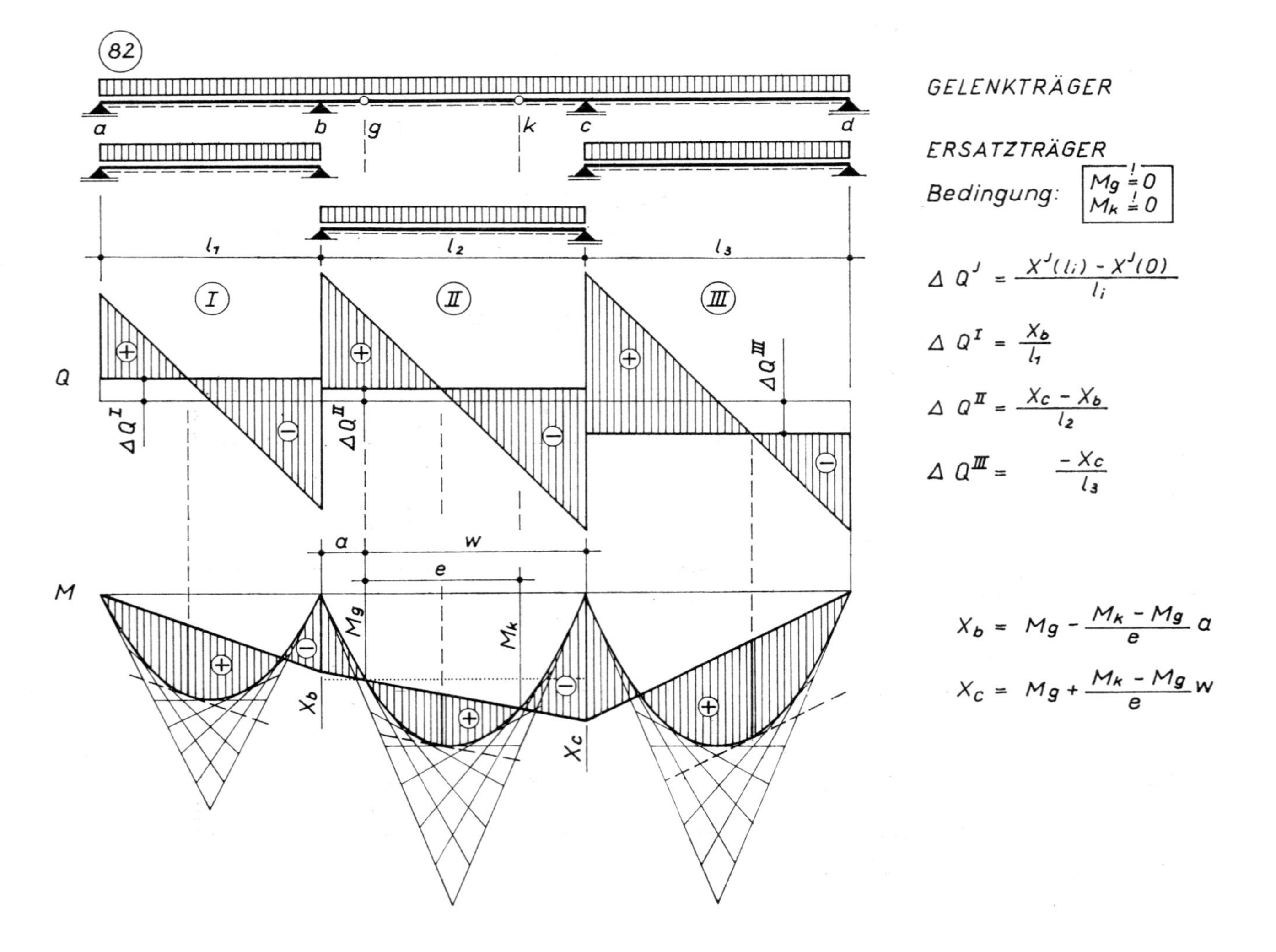
82
a b g k c d
GELENKTRÄGER
ERSATZTRÄGER
Bedingung: $M_g \overset{!}{=} 0$, $M_k \overset{!}{=} 0$
l_1 l_2 l_3
I II III
Q
ΔQ^I ΔQ^{II} ΔQ^{III}
$\Delta Q^J = \frac{X^J(l_i) - X^J(0)}{l_i}$
$\Delta Q^I = \frac{X_b}{l_1}$
$\Delta Q^{II} = \frac{X_c - X_b}{l_2}$
$\Delta Q^{III} = \frac{-X_c}{l_3}$
a w e
M
M_g M_k X_b X_c
$X_b = M_g - \frac{M_k - M_g}{e} a$
$X_c = M_g + \frac{M_k - M_g}{e} w$

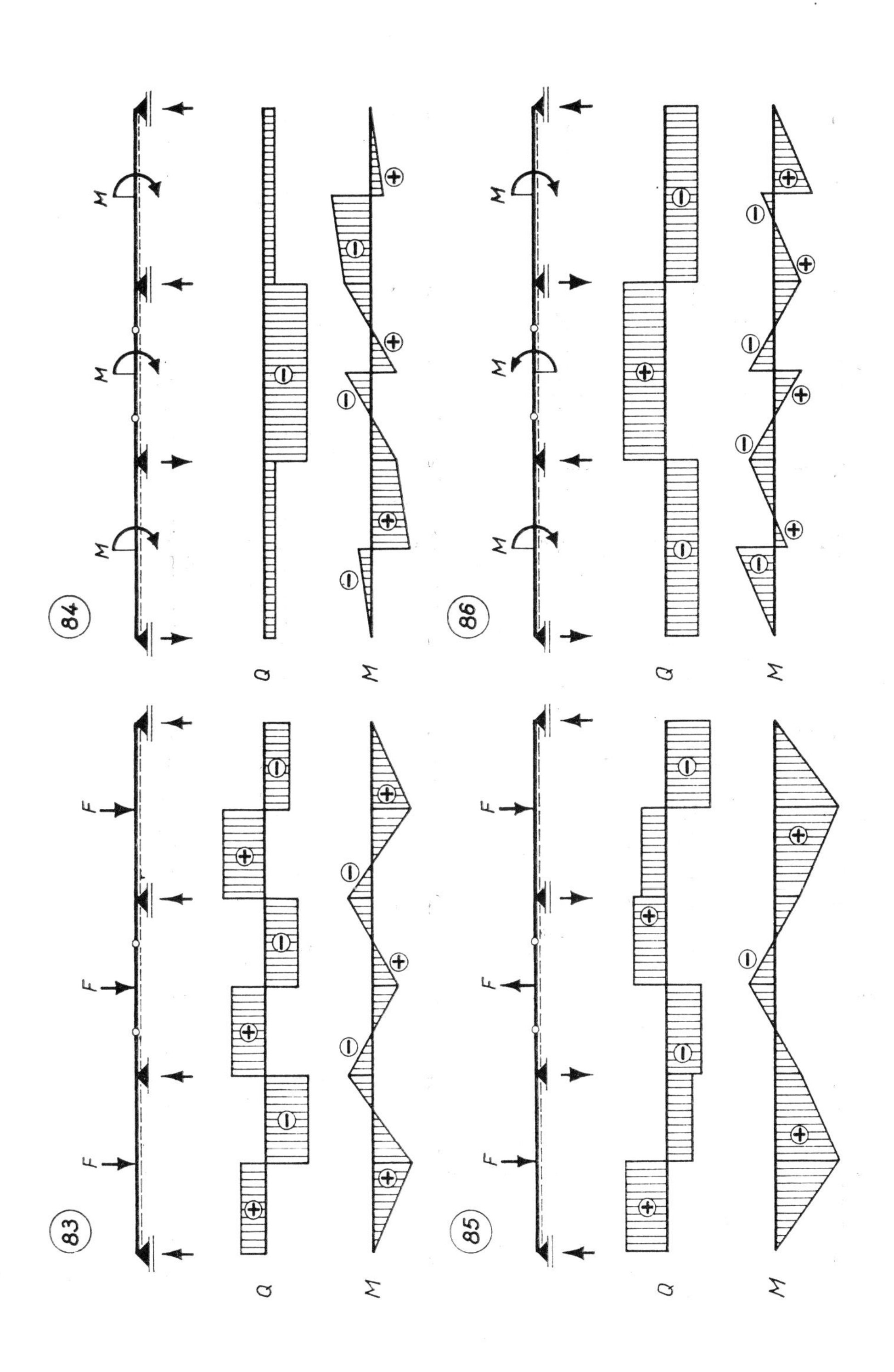
83
84
85
86
F
M
Q

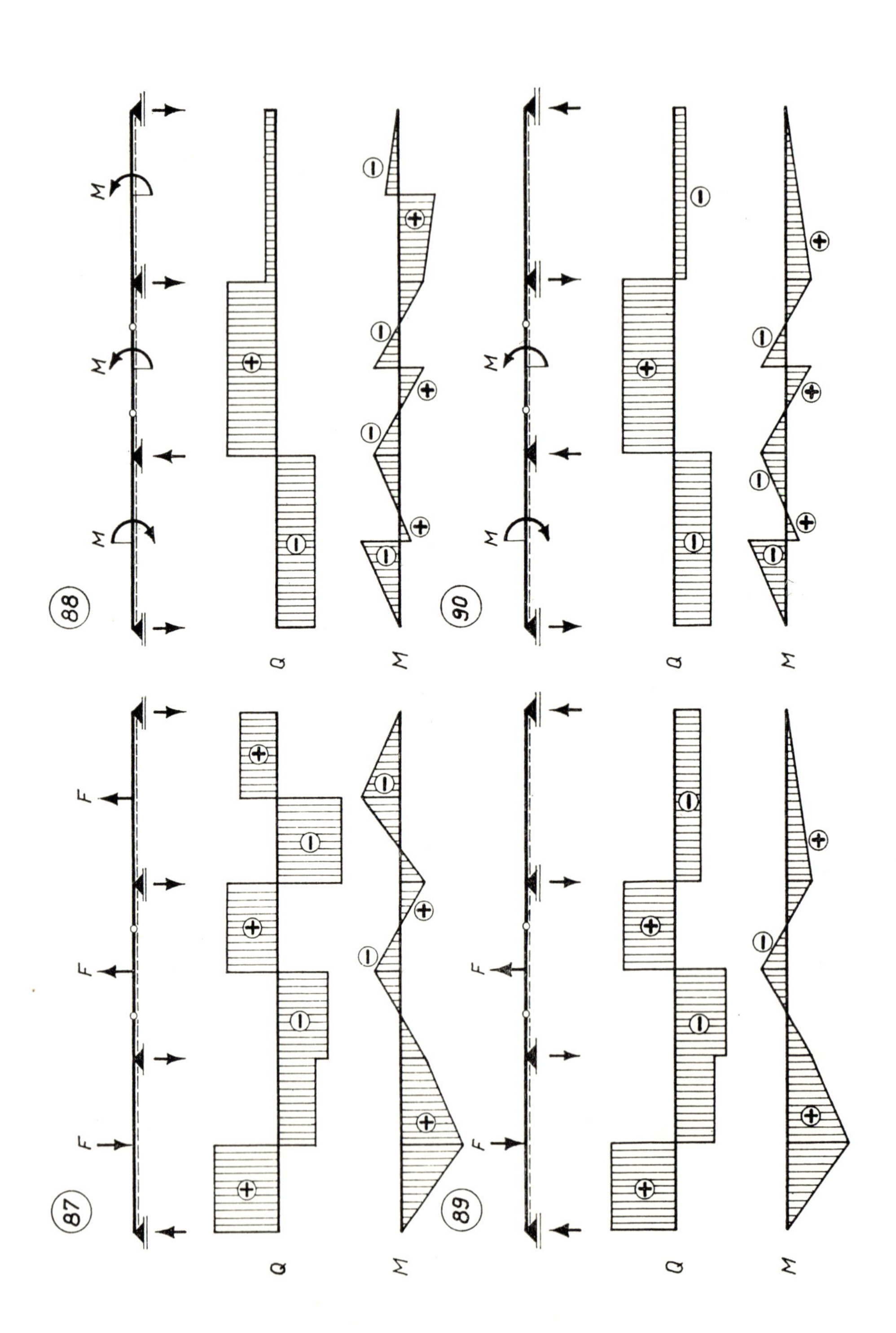
87
F
F
F
Q
M
88
M
M
M
Q
M
89
F
F
Q
M
90
M
M
Q
M

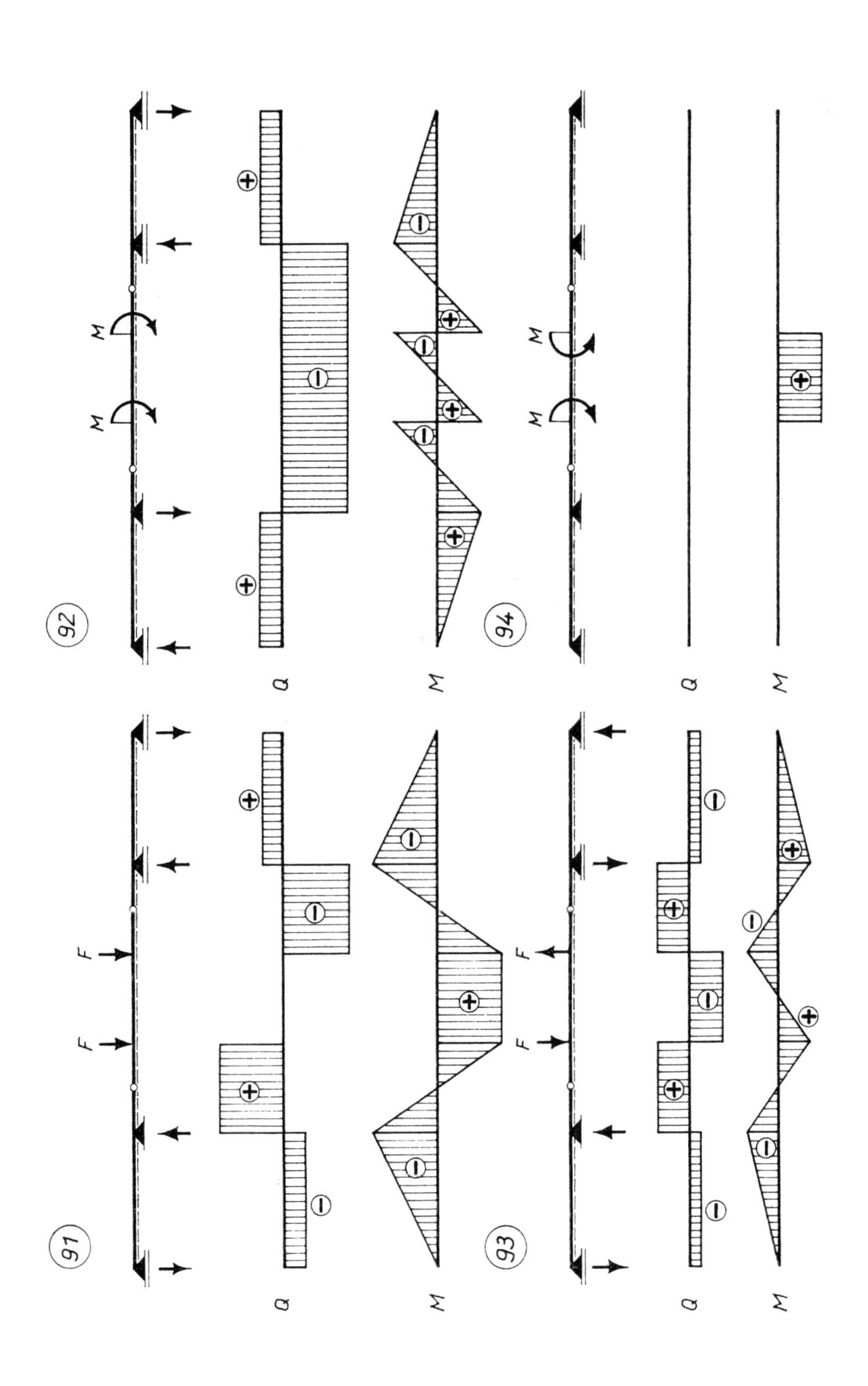

91
F
F
Q
M
92
M
M
Q
M
93
F
F
Q
M
94
M
M
Q
M

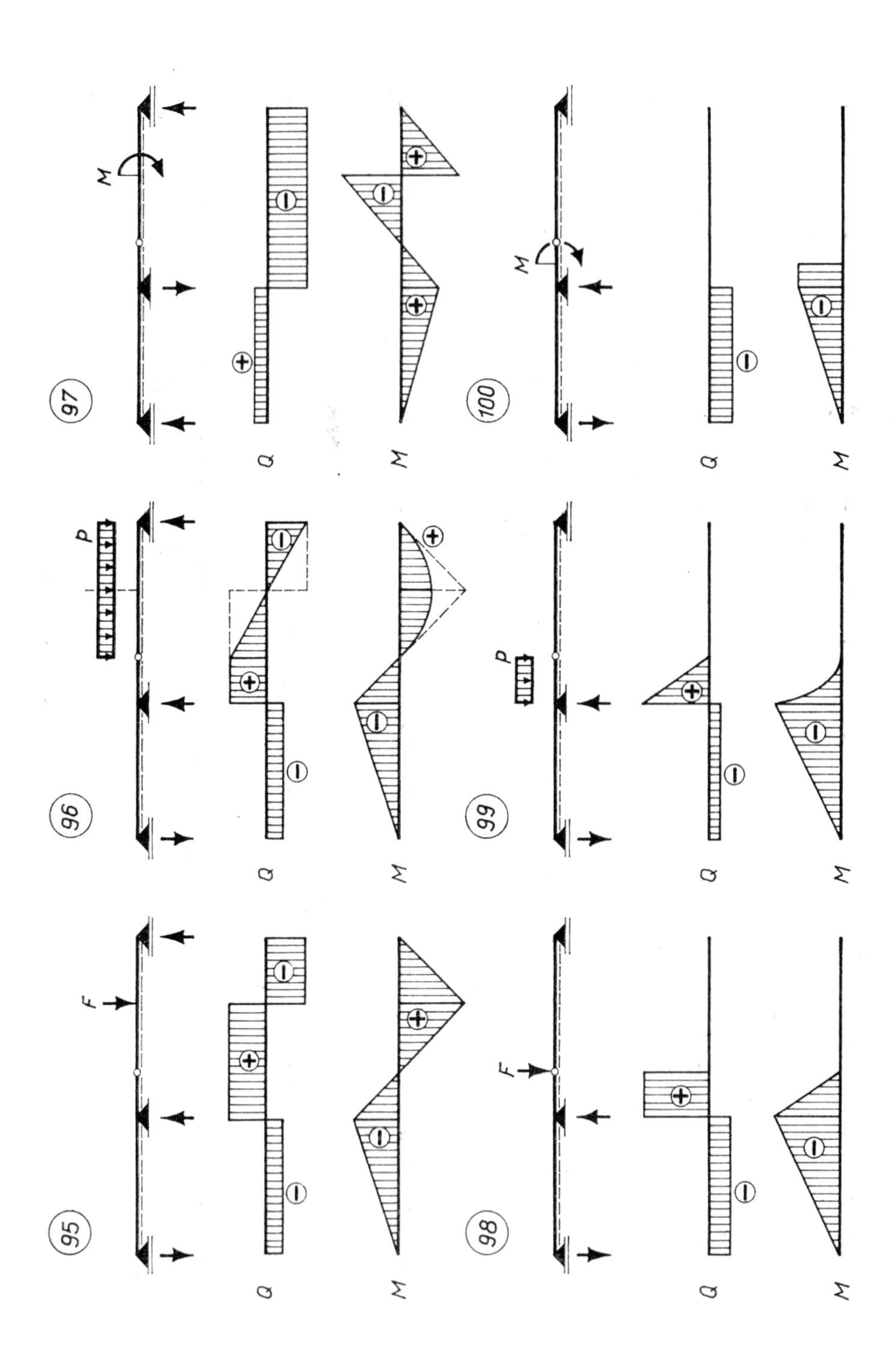
95
F
Q
M
96
p
Q
M
97
M
Q
M
98
F
Q
M
99
p
Q
M
100
M
Q
M

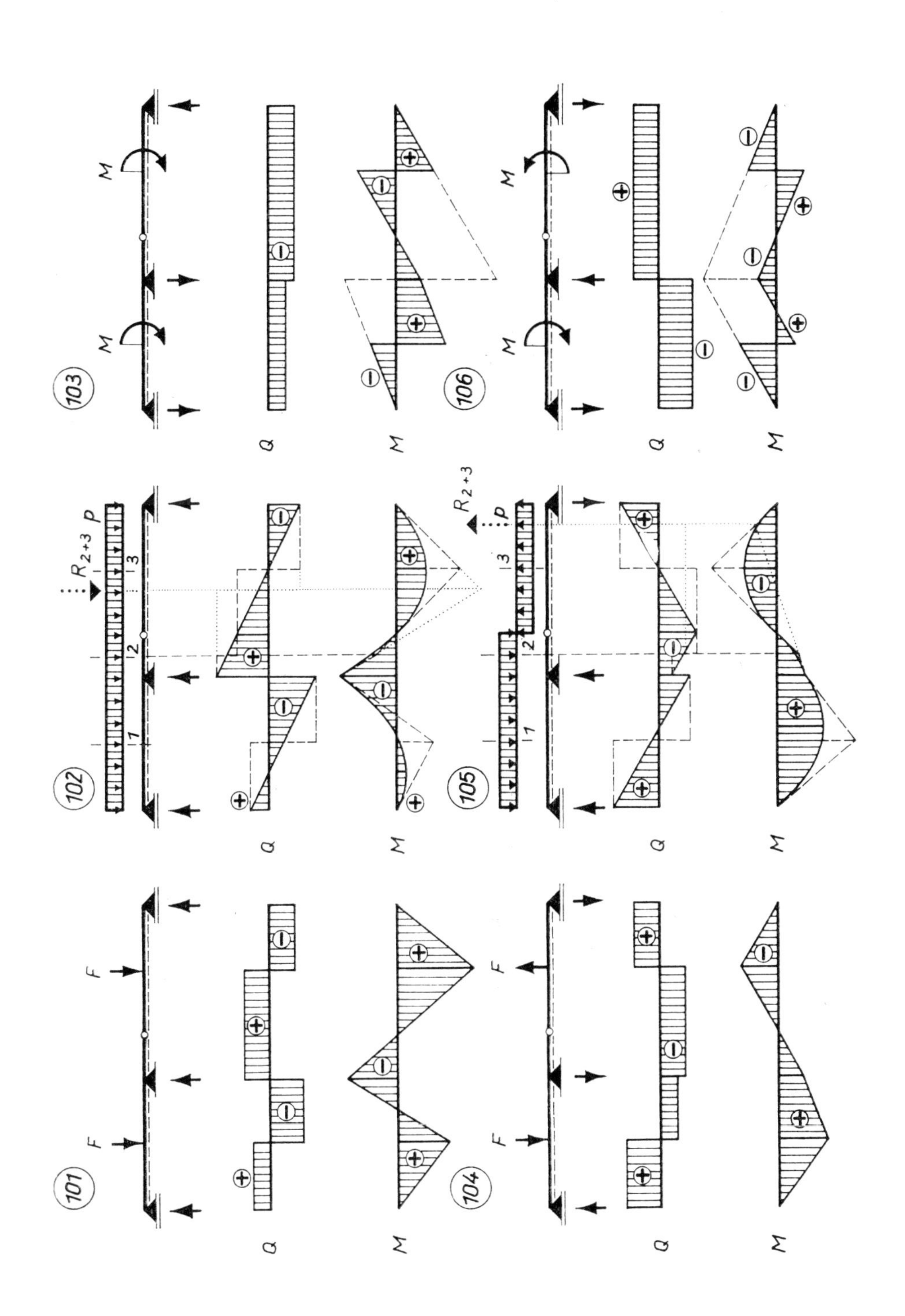
101
F
F
Q
M
102
R_{2+3}
p
1
2
3
Q
M
103
M
M
Q
M
104
F
F
Q
M
105
R_{2+3}
p
1
2
3
Q
M
106
M
M
Q
M

107

F
h
k
H
B
H
A
c
d
a
b
N
N_1
N_4
N_5
Q
Q_3
Q_1
Q_4
Q_5

108

F
h
c
A
C
k
B
C
a
b
N
N_2
N_4
N_5
Q
Q_1
Q_2
Q_4
Q_5

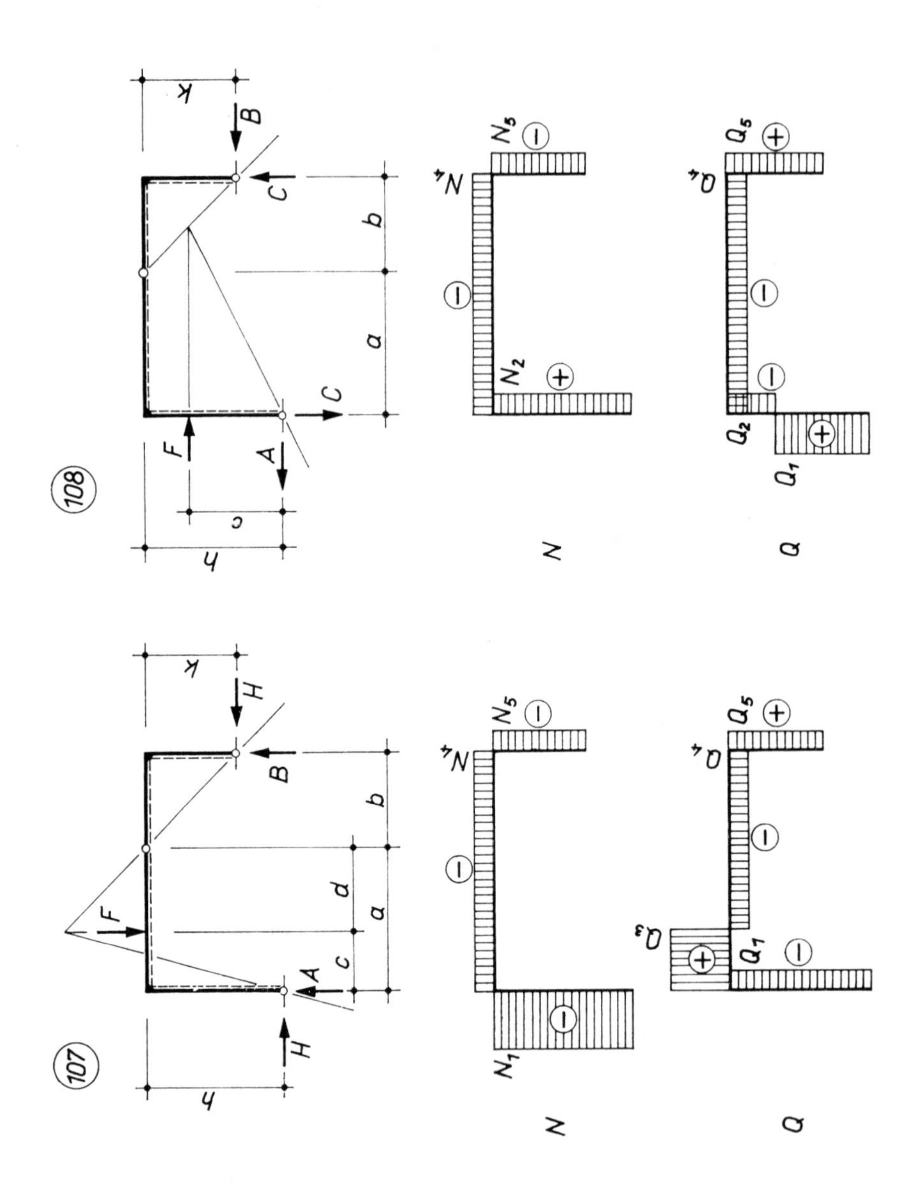

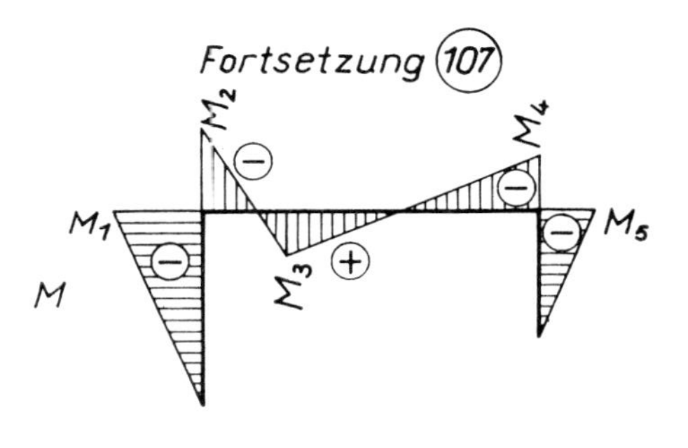

$\Delta = ak + bh$

$H = \frac{1}{\Delta}\, b\, c\, F$

$B = H\, \frac{k}{b}$

$A = -B + F$

$-N_1 = A$	$-Q_1 = H$
$-N_4 = H$	$+Q_3 = A$
$-N_5 = B$	$-Q_4 = B$
	$+Q_5 = H$

$-M_1 = -M_2 = H \cdot h$

$+M_2 = B \cdot d$

$-M_4 = -M_5 = H \cdot k$

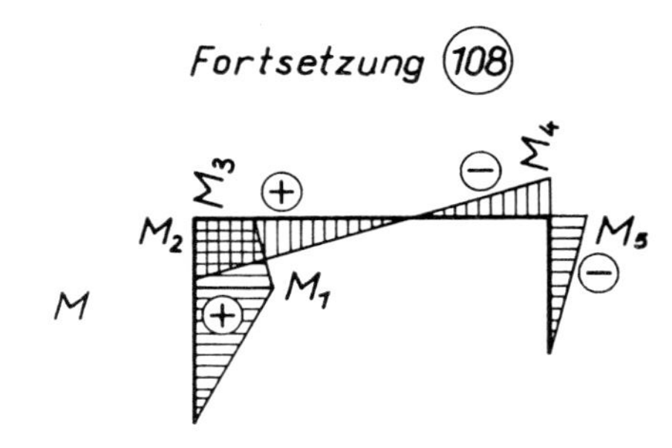

$\Delta = ak + bh$

$C = \frac{1}{\Delta}\, c\, k\, F$

$B = C\, \frac{b}{k}$

$A = -B + F$

$+N_2 = C$	$+Q_1 = A$
$-N_4 = B$	$-Q_2 = B$
$-N_5 = C$	$-Q_4 = C$
	$+Q_5 = B$

$+M_1 = A \cdot c$

$+M_2 = +M_3 = C \cdot a$

$-M_4 = -M_5 = B \cdot k$

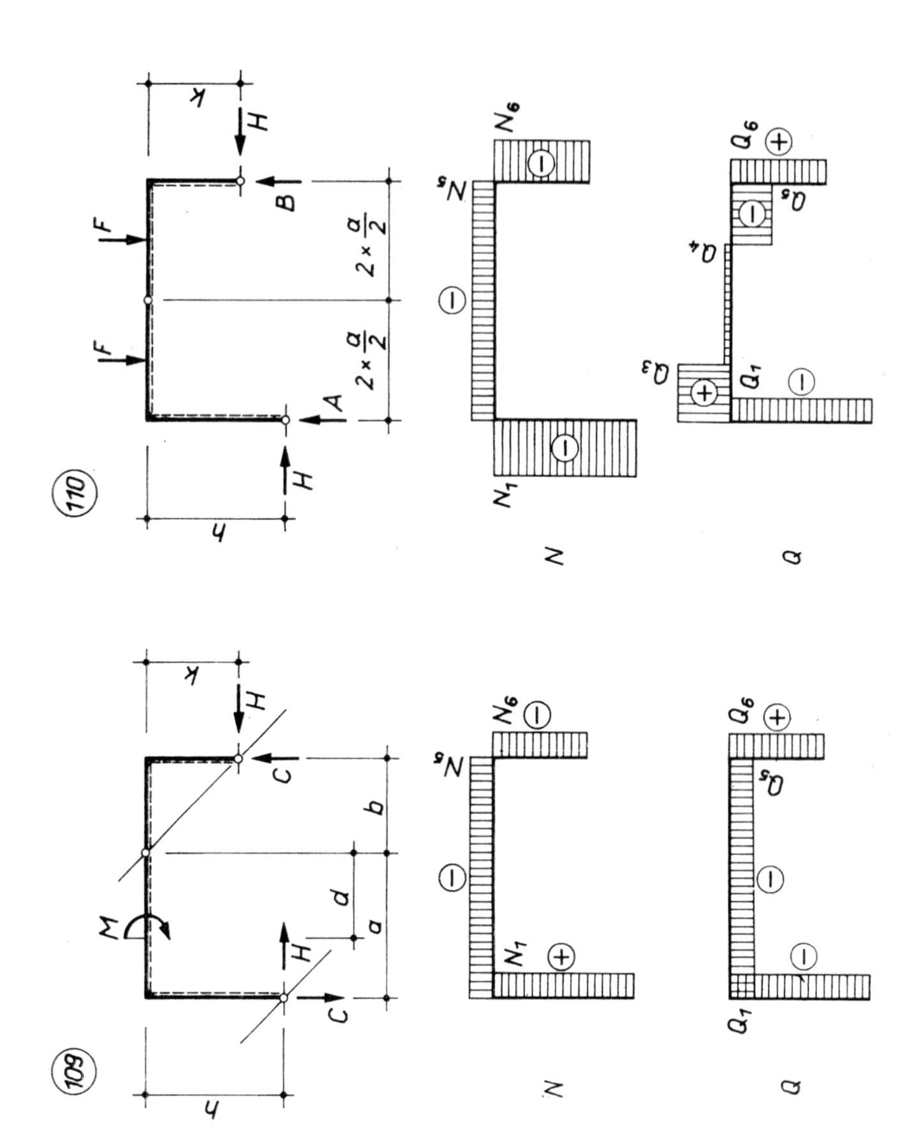
110
109
F
F
H
B
A
C
M
H
h
k
a
b
d
$2 \times \frac{a}{2}$
N_1
N_5
N_6
Q_1
Q_3
Q_4
Q_5
Q_6
N
Q

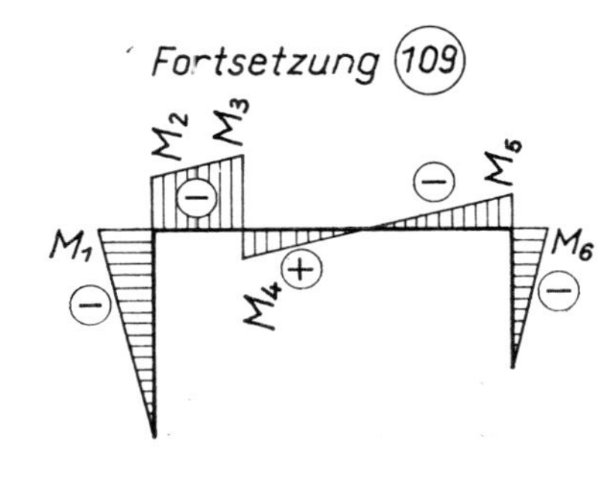

$$\Delta = ak + bh$$

$$H = \frac{1}{\Delta} \cdot bM$$

$$C = H \cdot \frac{k}{b}$$

$$+N_1 = -N_6 = C$$

$$-N_5 = H$$

$$-Q_1 = +Q_6 = H$$

$$-Q_5 = C$$

$$-M_1 = -M_2 = H \cdot h$$

$$+M_4 = C \cdot d$$

$$-M_3 = M - M_4$$

$$-M_5 = -M_6 = H \cdot k$$

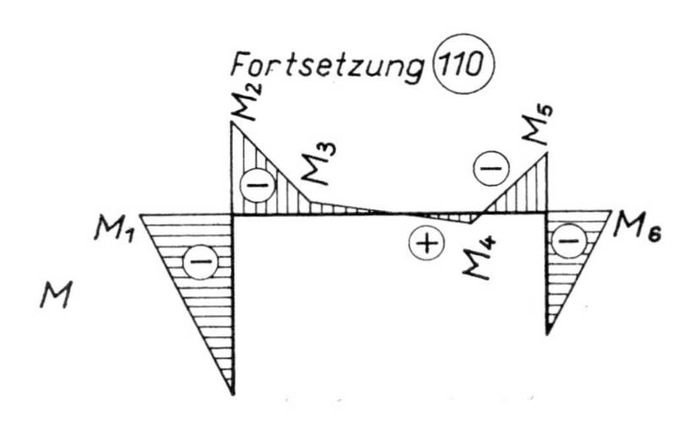

$$\Delta = a(h + k)$$

$$H = \frac{1}{\Delta} \cdot a^2 F$$

$$A = H \cdot \frac{h}{a} + \frac{F}{2}$$

$$B = -A + 2F$$

$$-N_1 = A \qquad -Q_1 = +Q_6 = H$$

$$-N_5 = H \qquad +Q_3 = A$$

$$-N_6 = B \qquad +Q_4 = A - F$$

$$-Q_5 = B$$

$$-M_1 = -M_2 = H \cdot h$$

$$-M_3 = +M_4 = (A - F) \cdot \frac{a}{2}$$

$$-M_5 = -M_6 = H \cdot k$$

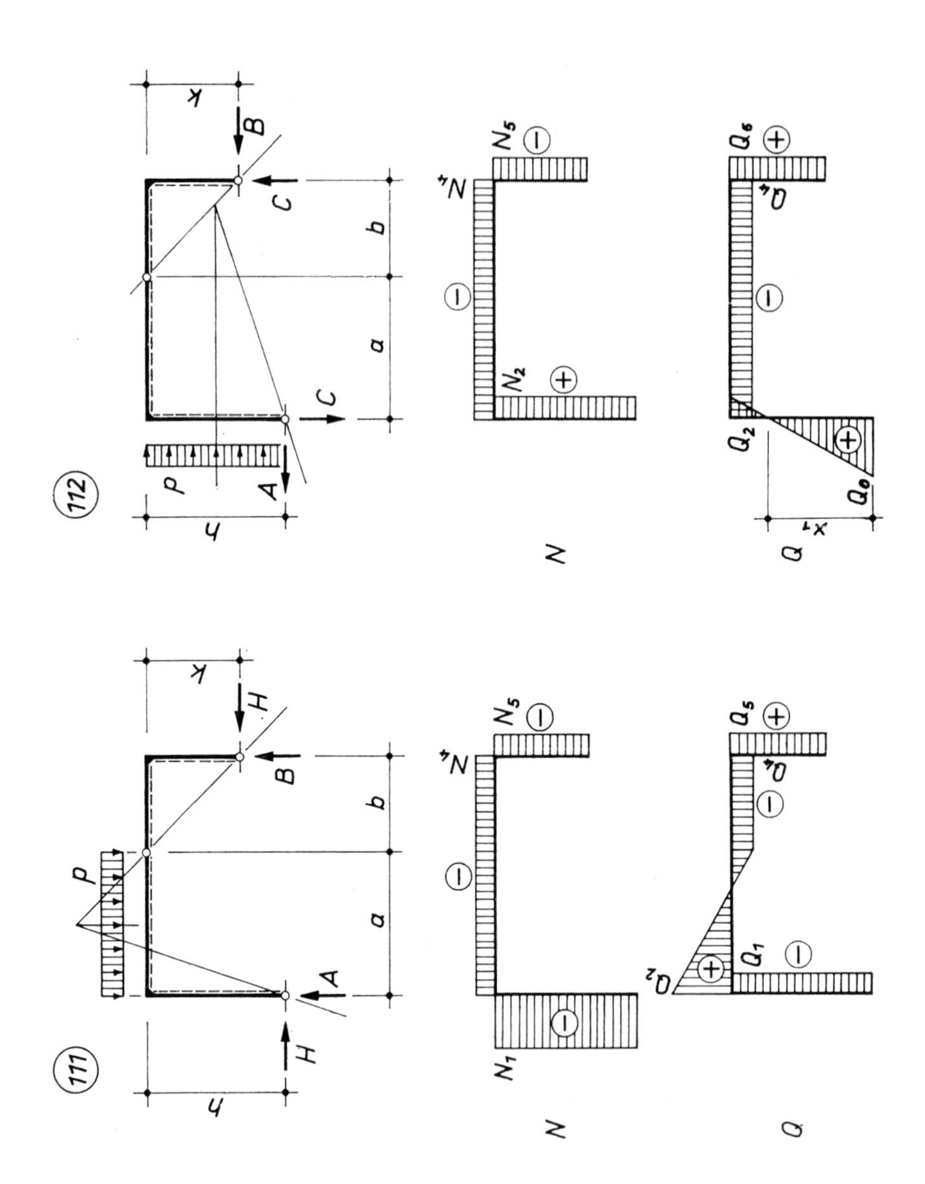
111
112
N
Q

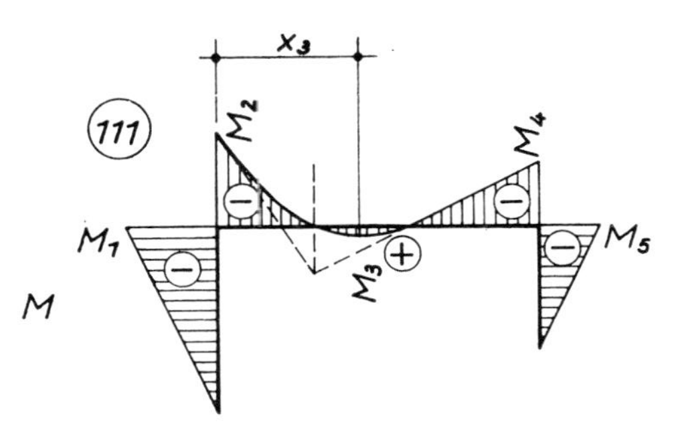

$$\Delta = ak + bh$$

$$H = \frac{1}{\Delta} \cdot \frac{a^2 b p}{2}$$

$$B = H \frac{k}{b}$$

$$A = -B + ap$$

$-N_1 = A$ $-Q_1 = H$

$-N_4 = H$ $+Q_2 = A$

$-N_5 = B$ $-Q_4 = B$

$+Q_5 = H$

$-M_1 = -M_2 = H \cdot h$

$+M_3 = \frac{B^2}{2p}$ $x_3 = \frac{A}{p}$

$-M_4 = -M_5 = H \cdot k$

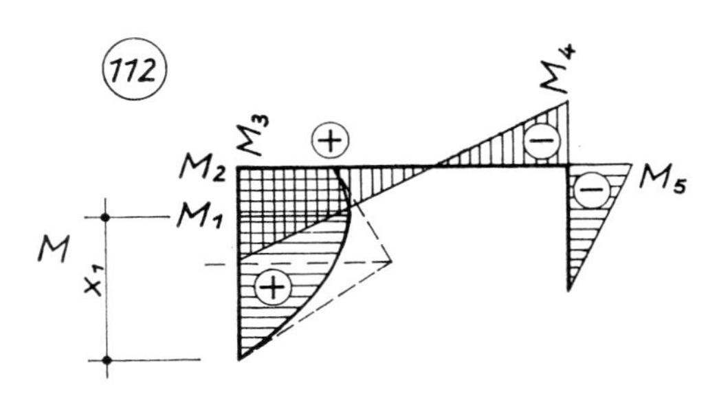

$$\Delta = ak + bh$$

$$C = \frac{1}{\Delta} \cdot \frac{h^2 k p}{2}$$

$$B = C \cdot \frac{b}{k}$$

$$A = -B + hp$$

$+N_2 = C$ $+Q_0 = A$

$-N_4 = B$ $-Q_2 = B$

$-N_5 = C$ $-Q_4 = C$

$+Q_5 = B$

$+M_1 = \frac{A^2}{2p}$ $x_1 = \frac{A}{p}$

$+M_2 = +M_3 = C \cdot a$

$-M_4 = -M_5 = B \cdot k$

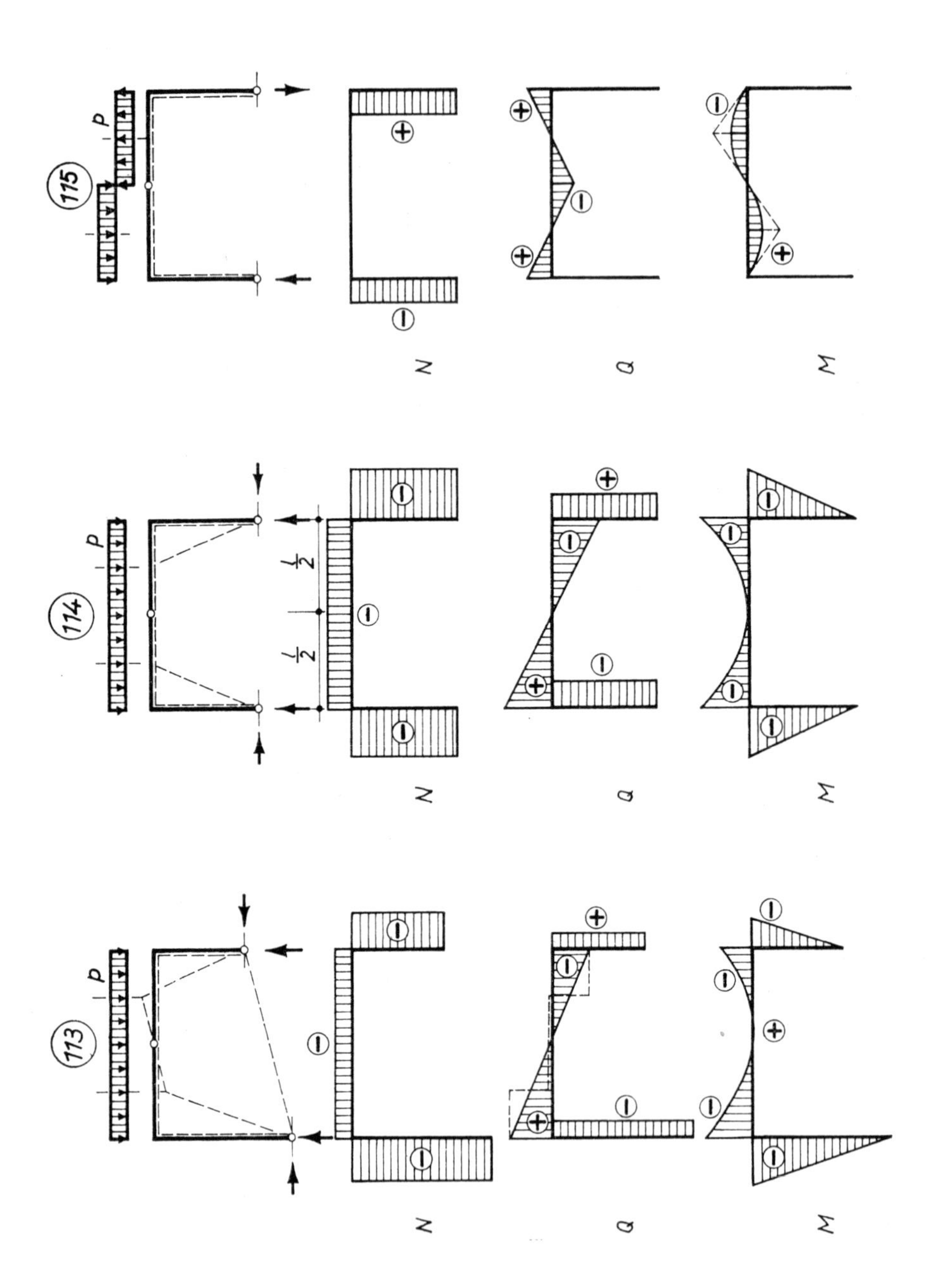

115
114
113
p
N
Q
M

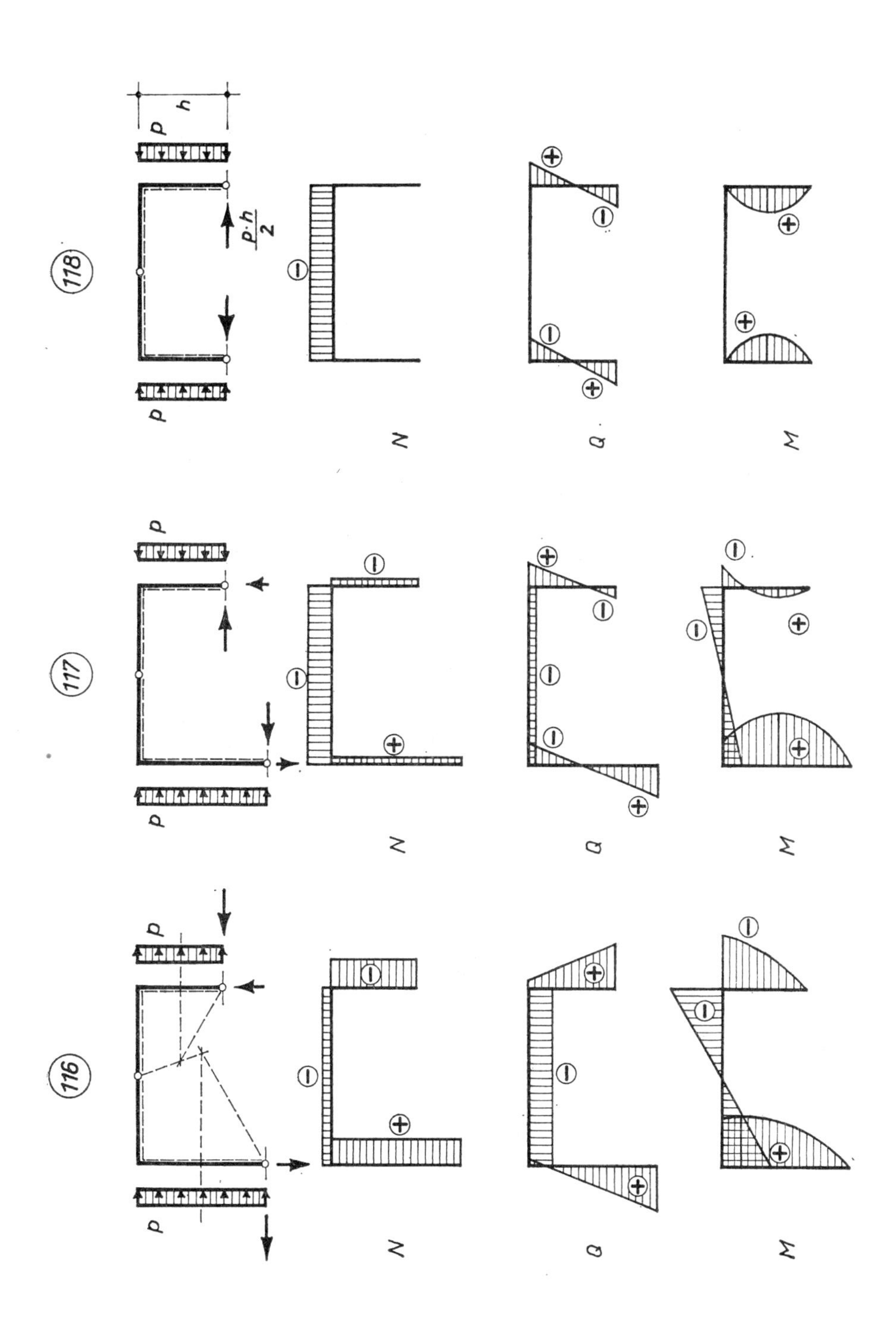
116
117
118
p
h
$\frac{p \cdot h}{2}$
N
Q
M

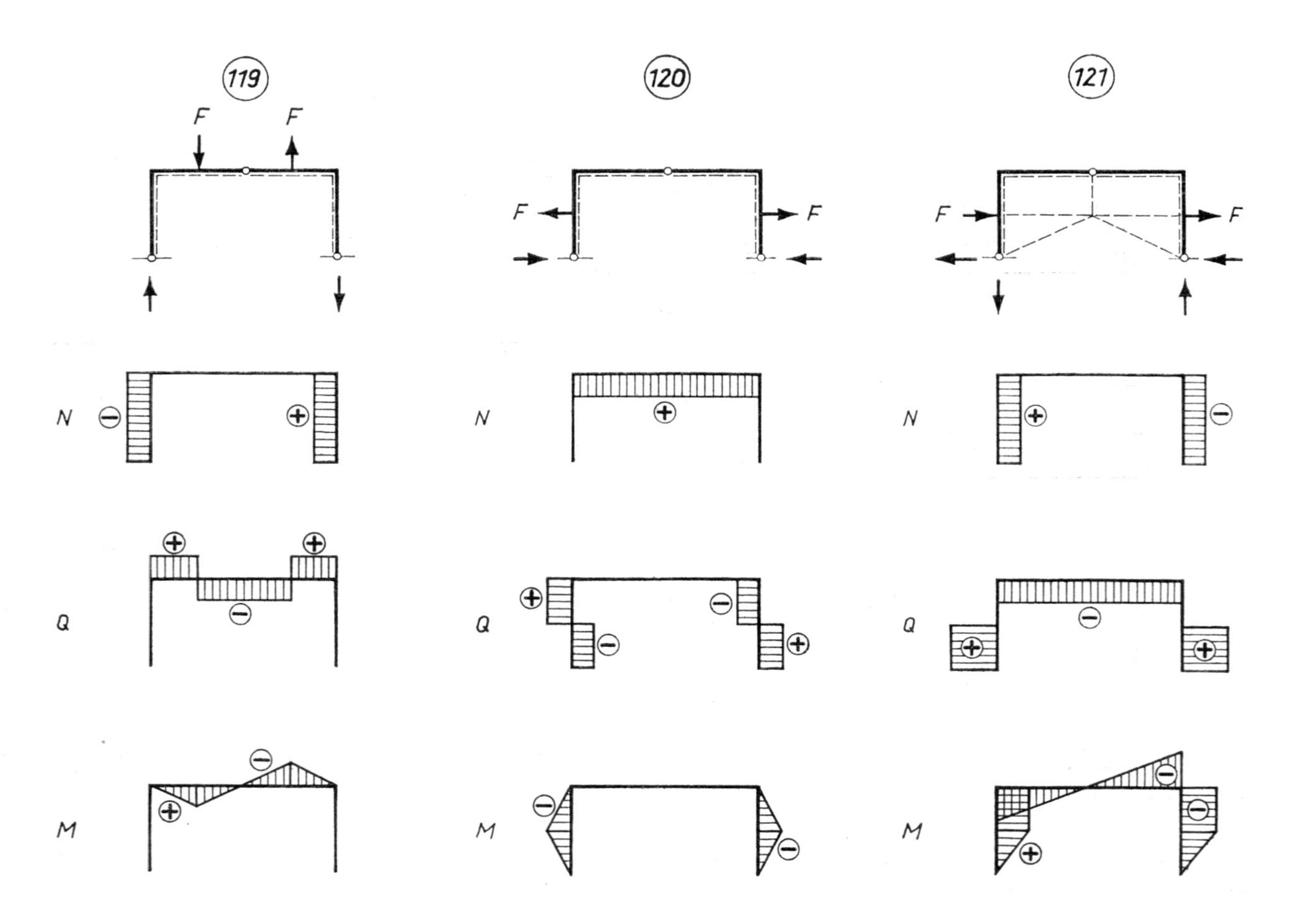
119
120
121
F
F
F
F
F
F
N
Q
M
N
Q
M
N
Q
M

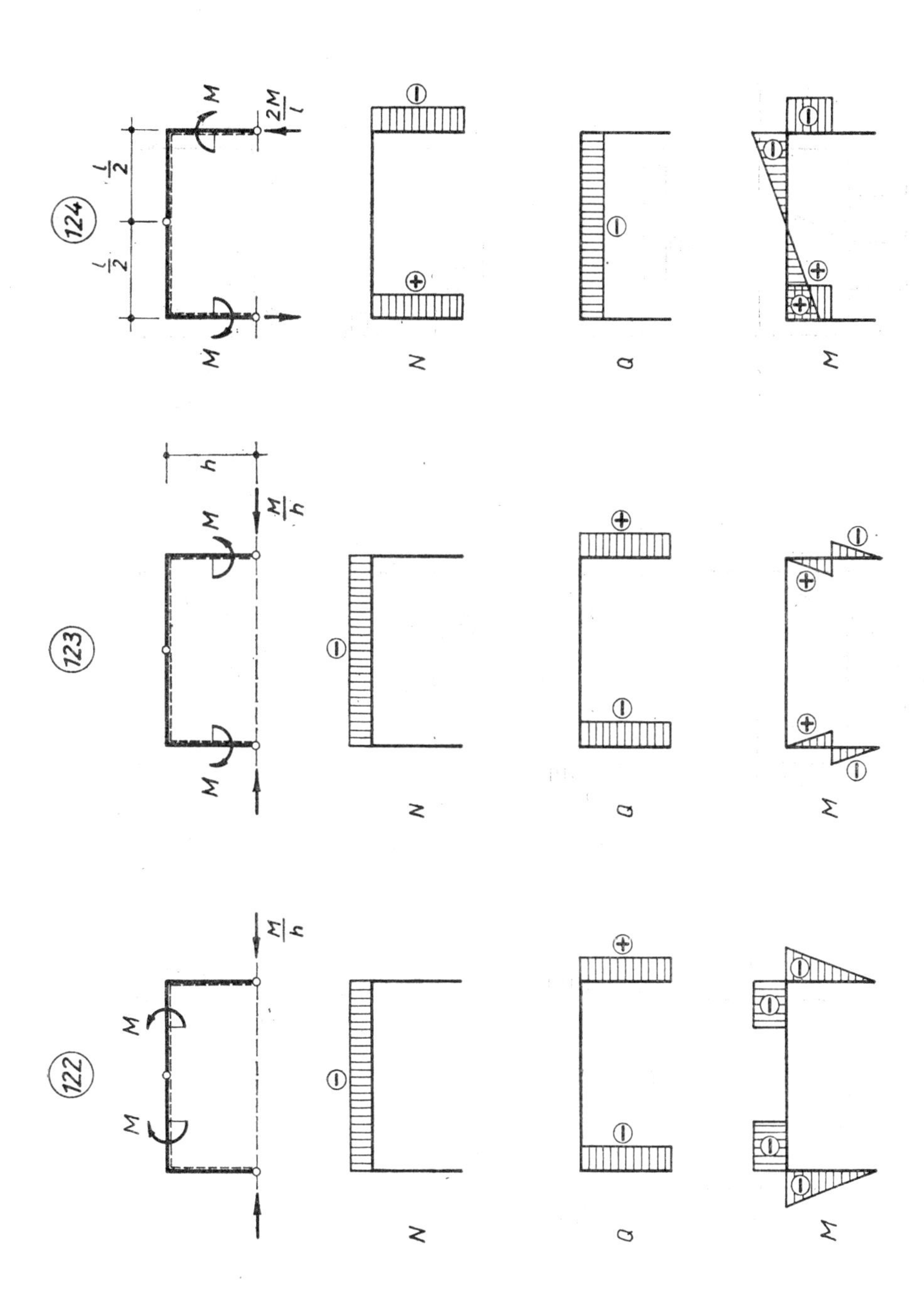

124
l/2
l/2
M
2M/l
N
Q
M
123
h
M
M/h
N
Q
M
122
M
M/h
N
Q
M

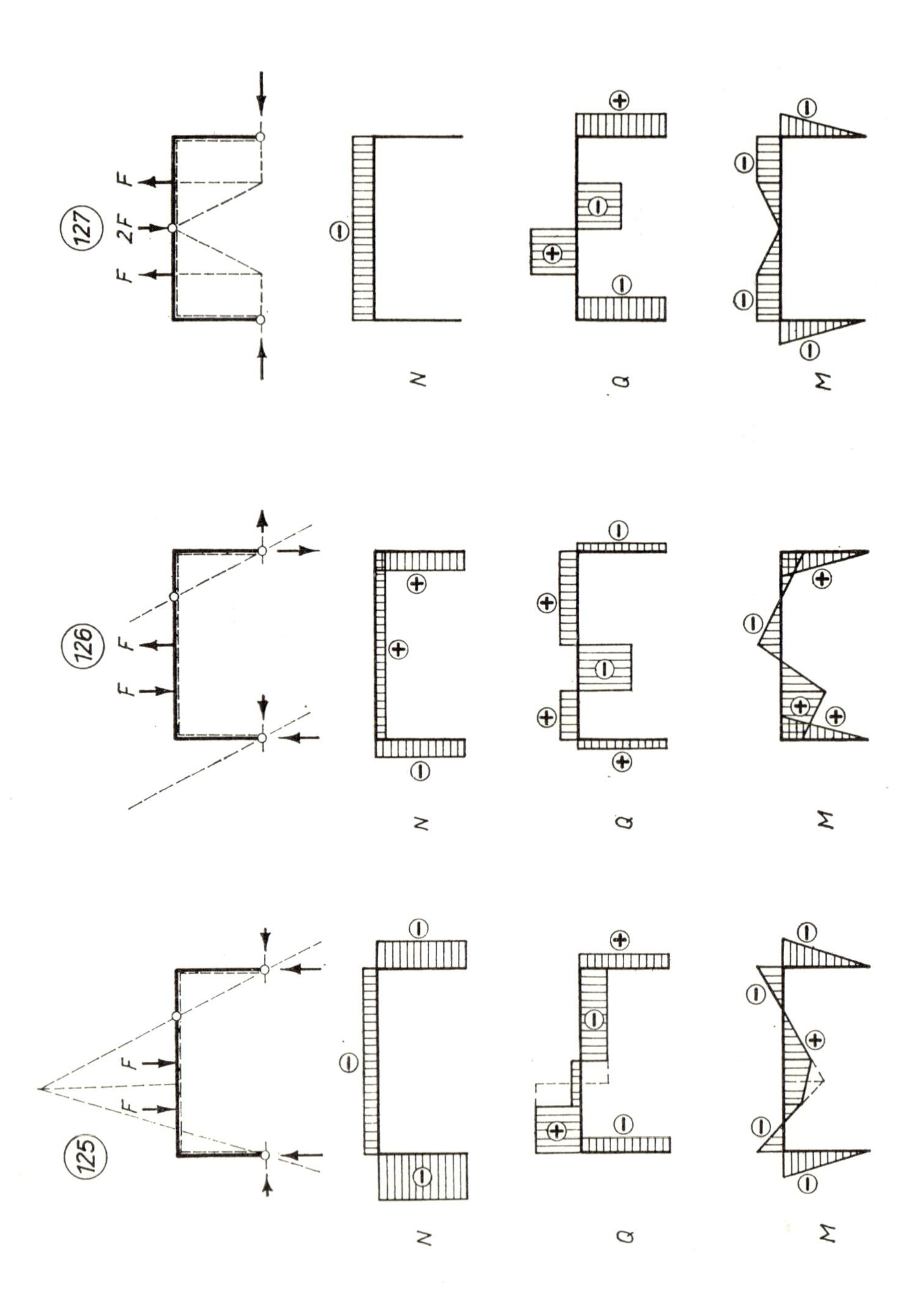
125
F
F
N
Q
M
126
F
F
N
Q
M
127
F
2F
F
N
Q
M

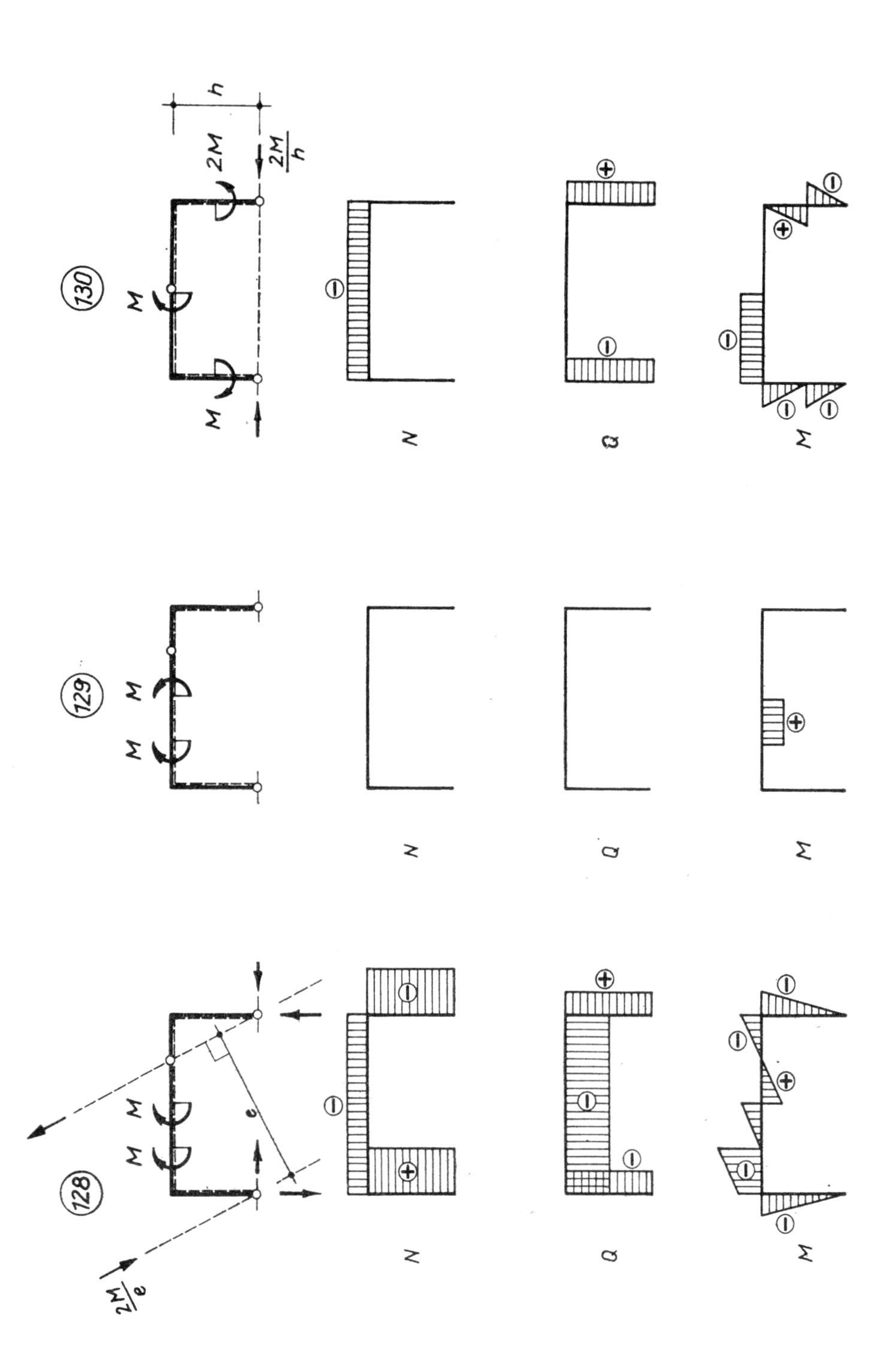
128
129
130
M
2M
h
e
N
Q

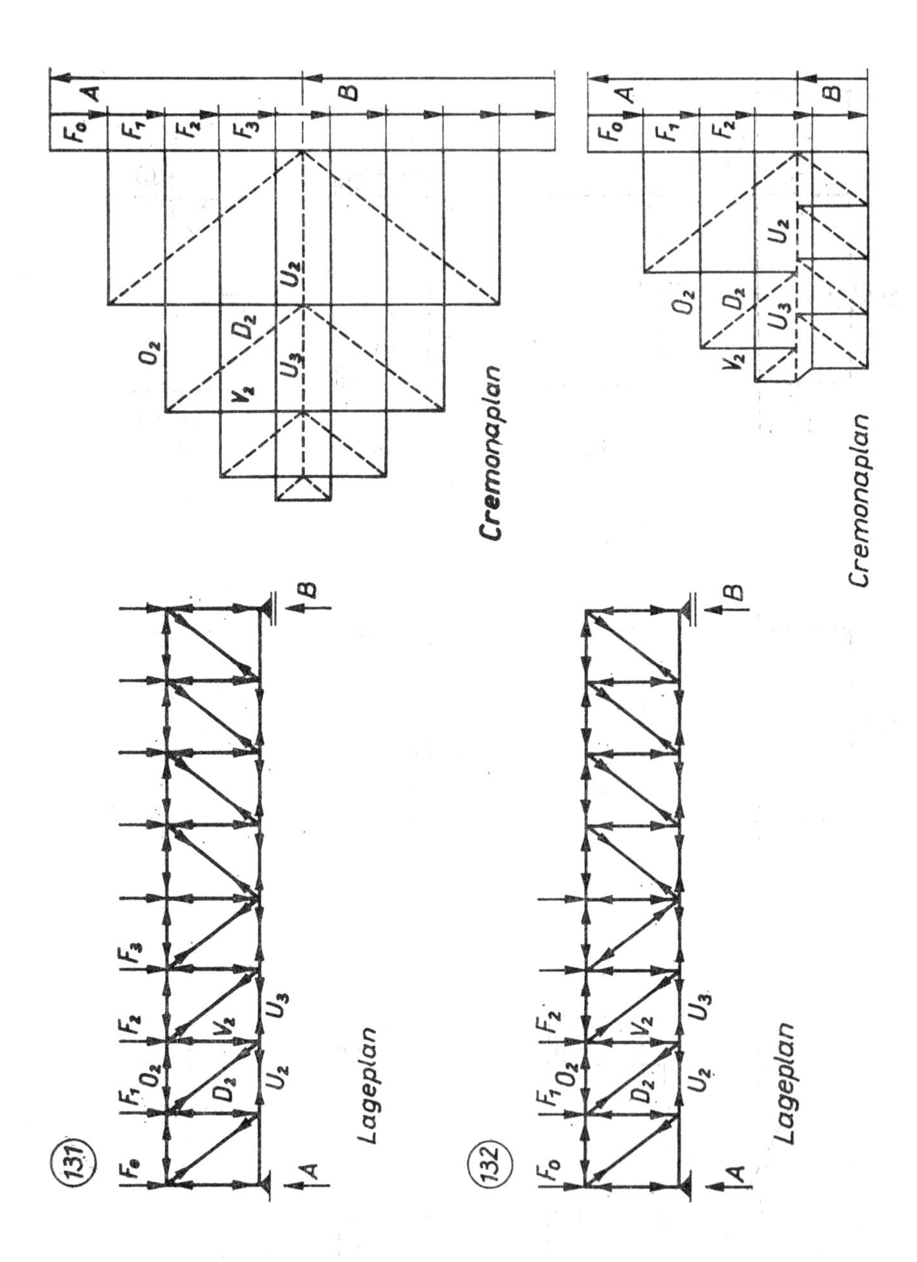
131
Lageplan
Cremonaplan
132
Lageplan
Cremonaplan
A
B
F₀
F₁
F₂
F₃
O₂
D₂
V₂
U₂
U₃

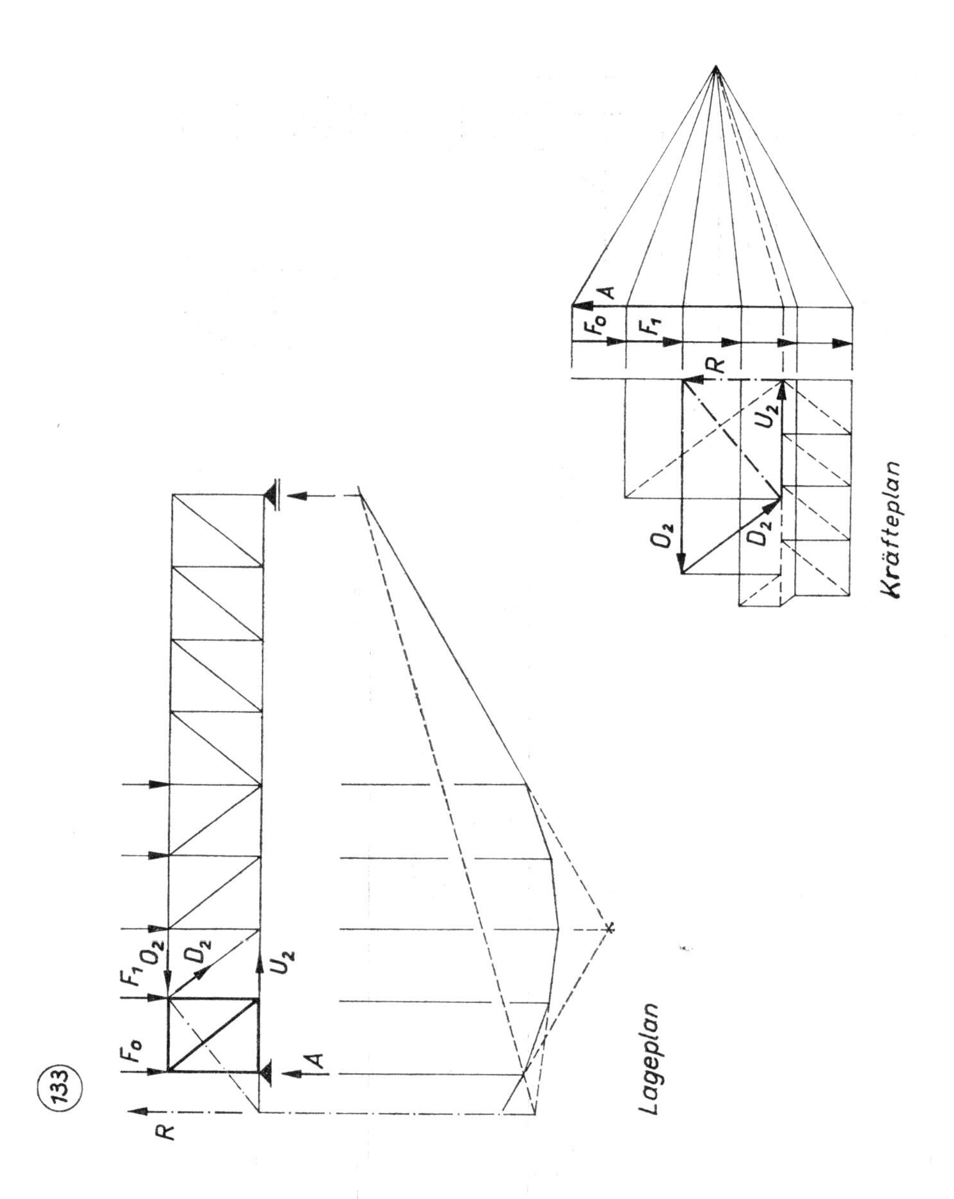
133
F_o
F_1
O_2
D_2
U_2
A
R
Lageplan
Kräfteplan

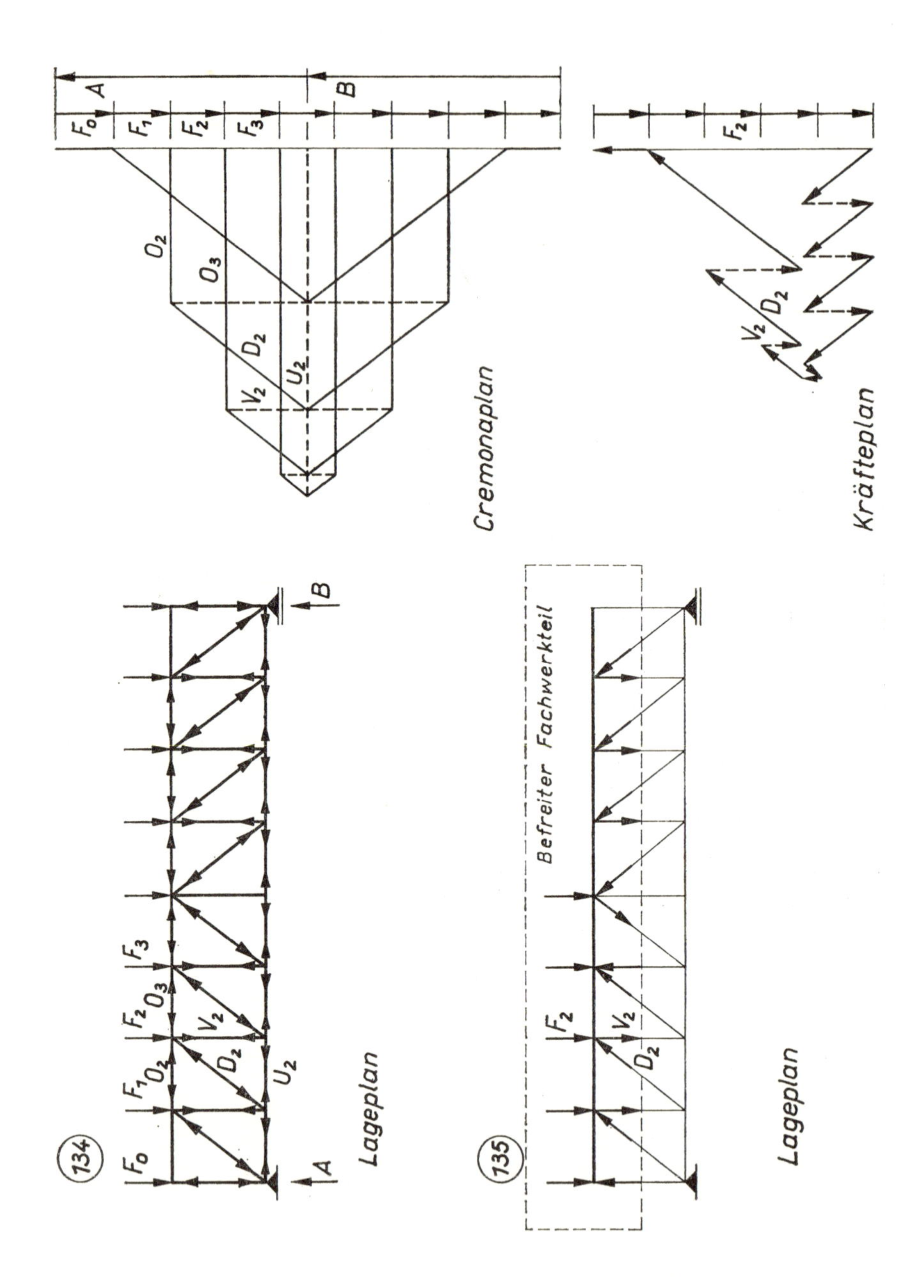
134
Lageplan
Cremonaplan
135
Befreiter Fachwerkteil
Lageplan
Kräfteplan

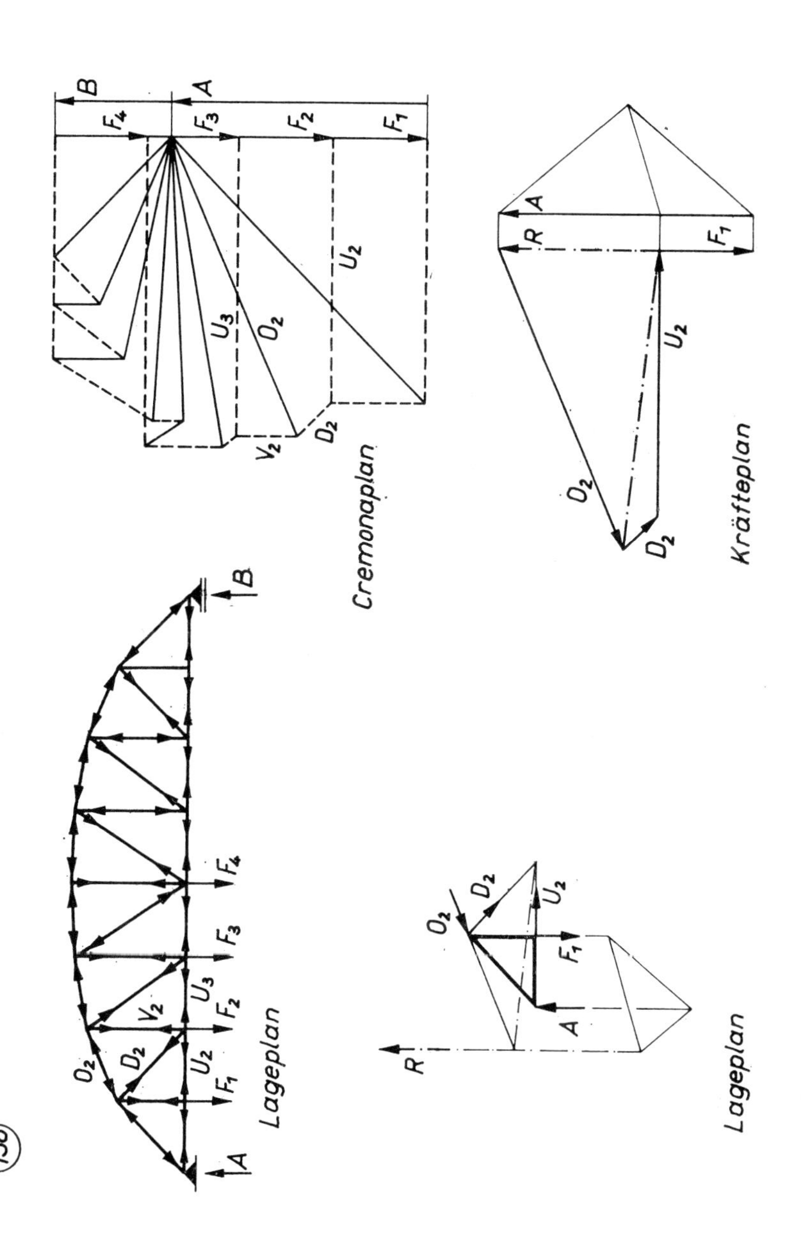

136
Lageplan
Cremonaplan
Kräfteplan
Lageplan
A
B
F_1
F_2
F_3
F_4
O_2
D_2
V_2
U_2
U_3
R

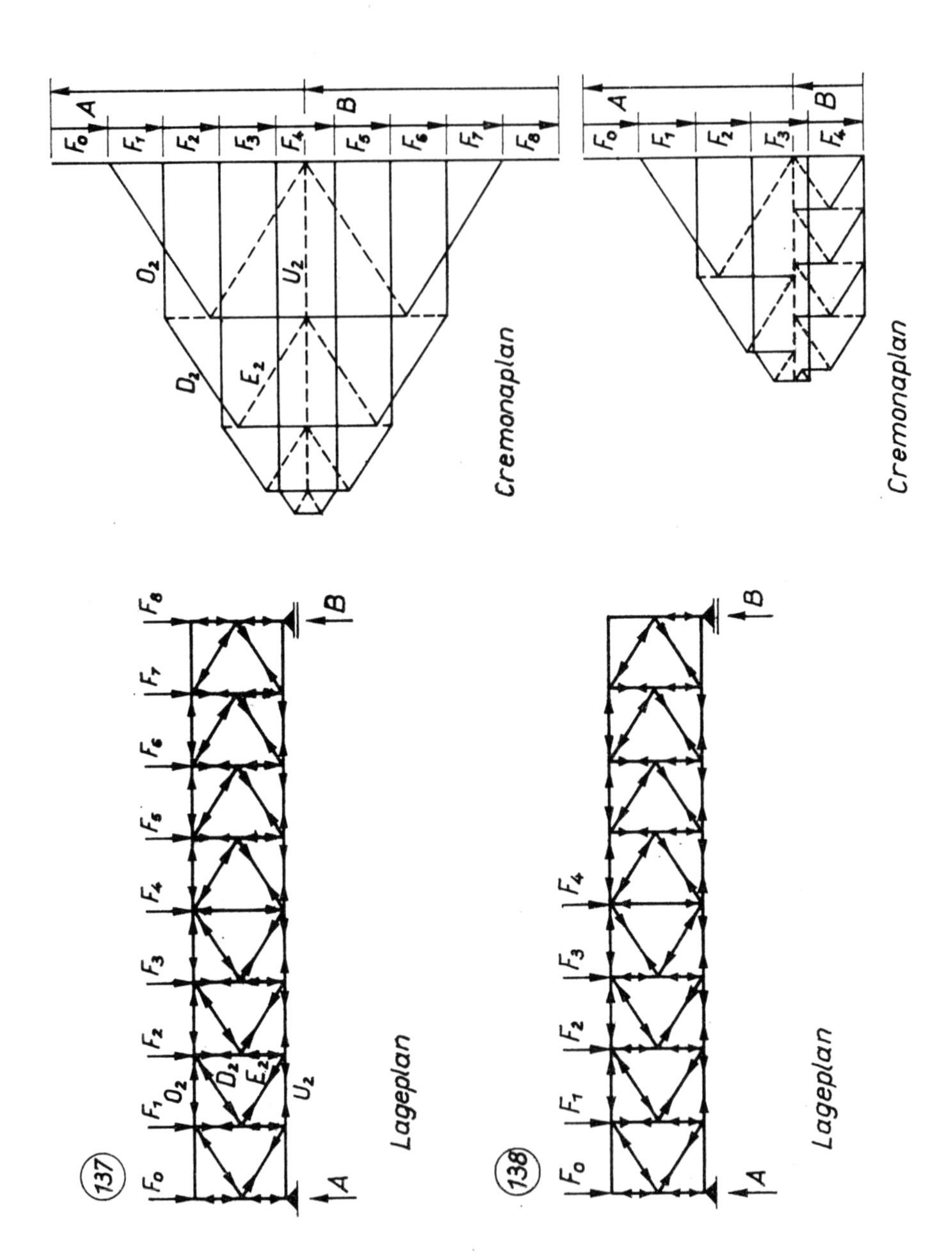
137
Lageplan
Cremonaplan
138
Lageplan
Cremonaplan

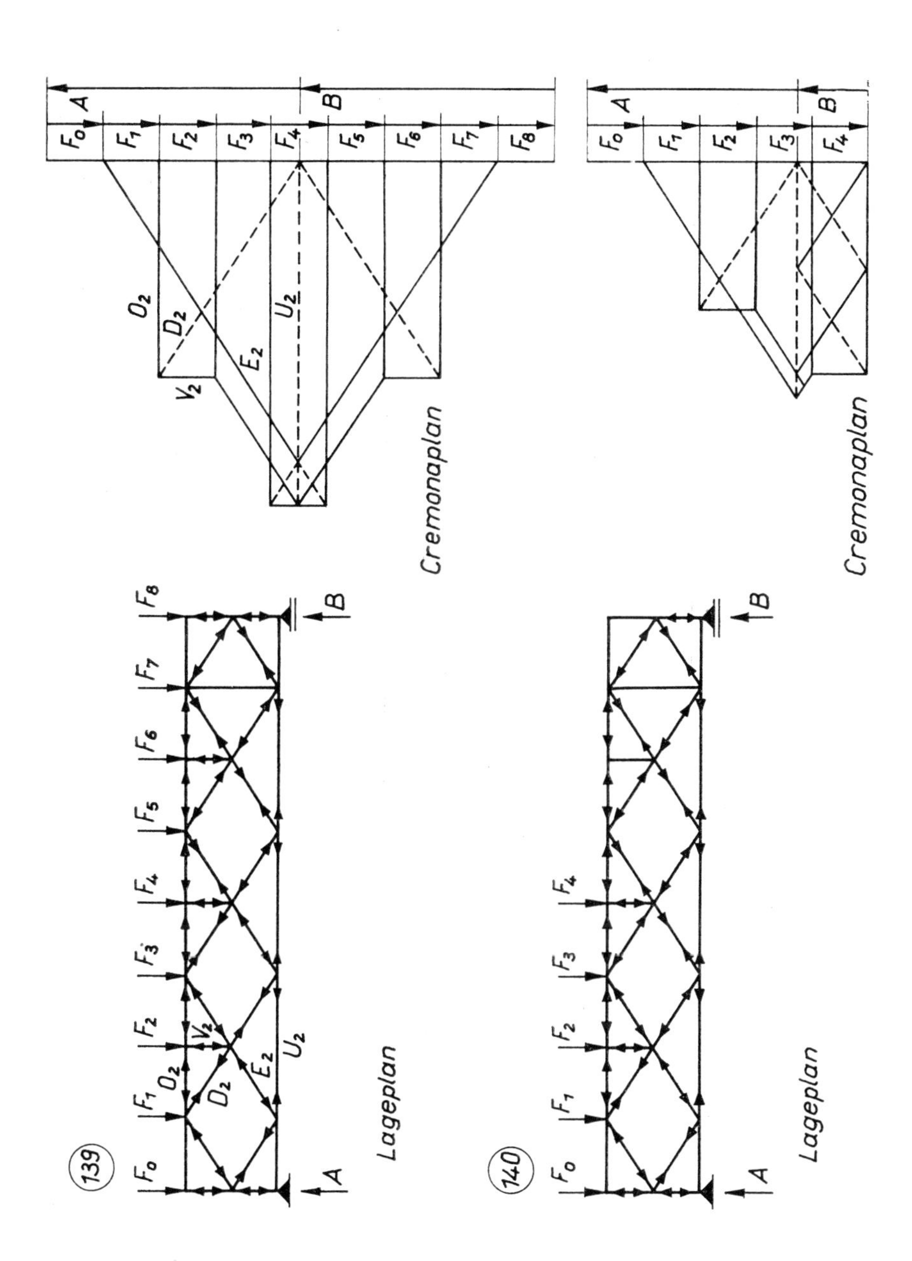
139
Lageplan
Cremonaplan
F_0 F_1 F_2 F_3 F_4 F_5 F_6 F_7 F_8
A
B
O_2
D_2
V_2
E_2
U_2
140
Lageplan
Cremonaplan

EINFLUSS DER STÜTZUNG (LÄNGS-, QUERFÜHRUNG, GELENK) AUF DIE MOMENTENZUSTANDSLINIE

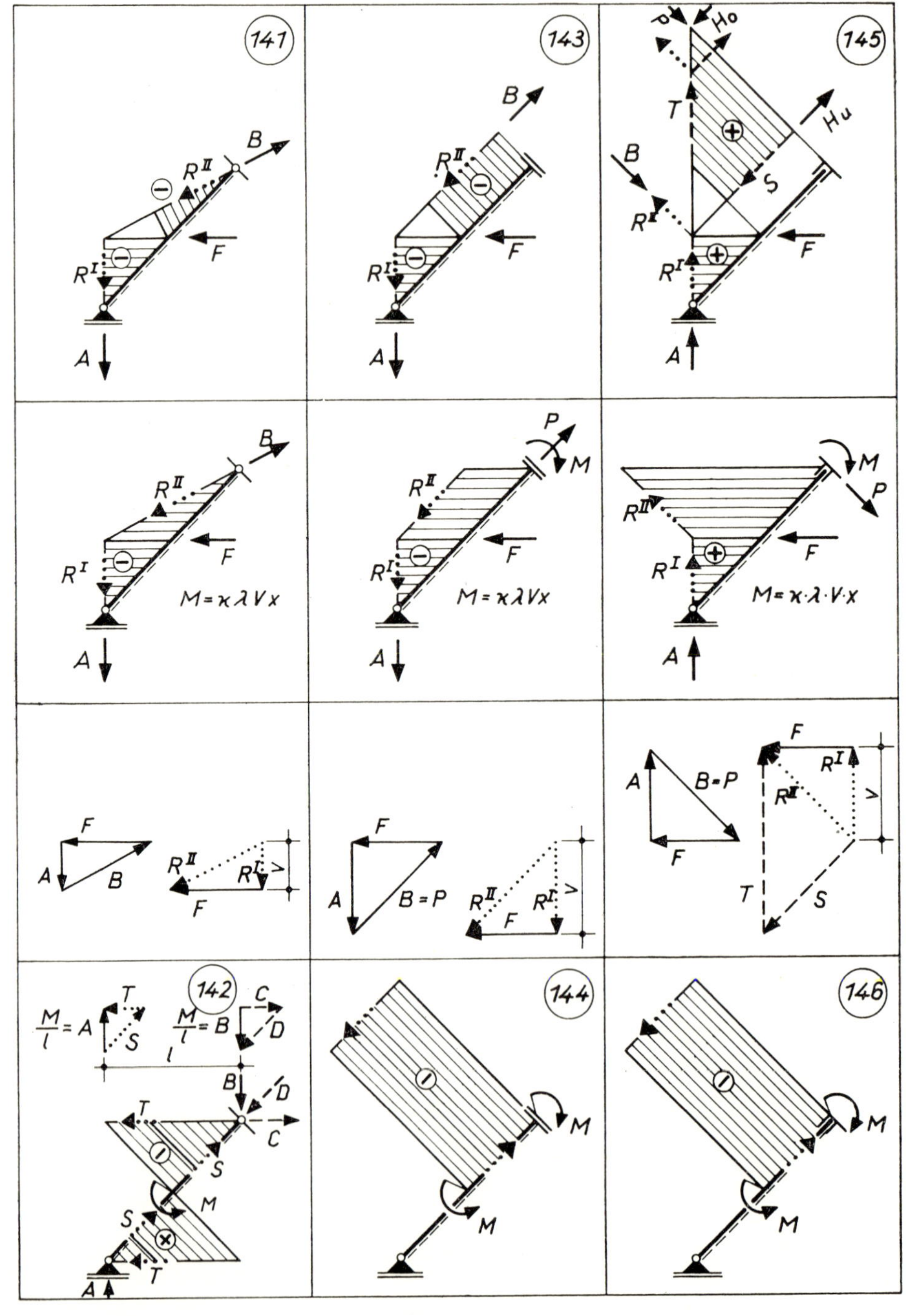

EINFLUSS DER VERBINDUNG (LÄNGS-, QUERFÜHRUNG UND GELENK) AUF DIE MOMENTENZUSTANDSLINIE

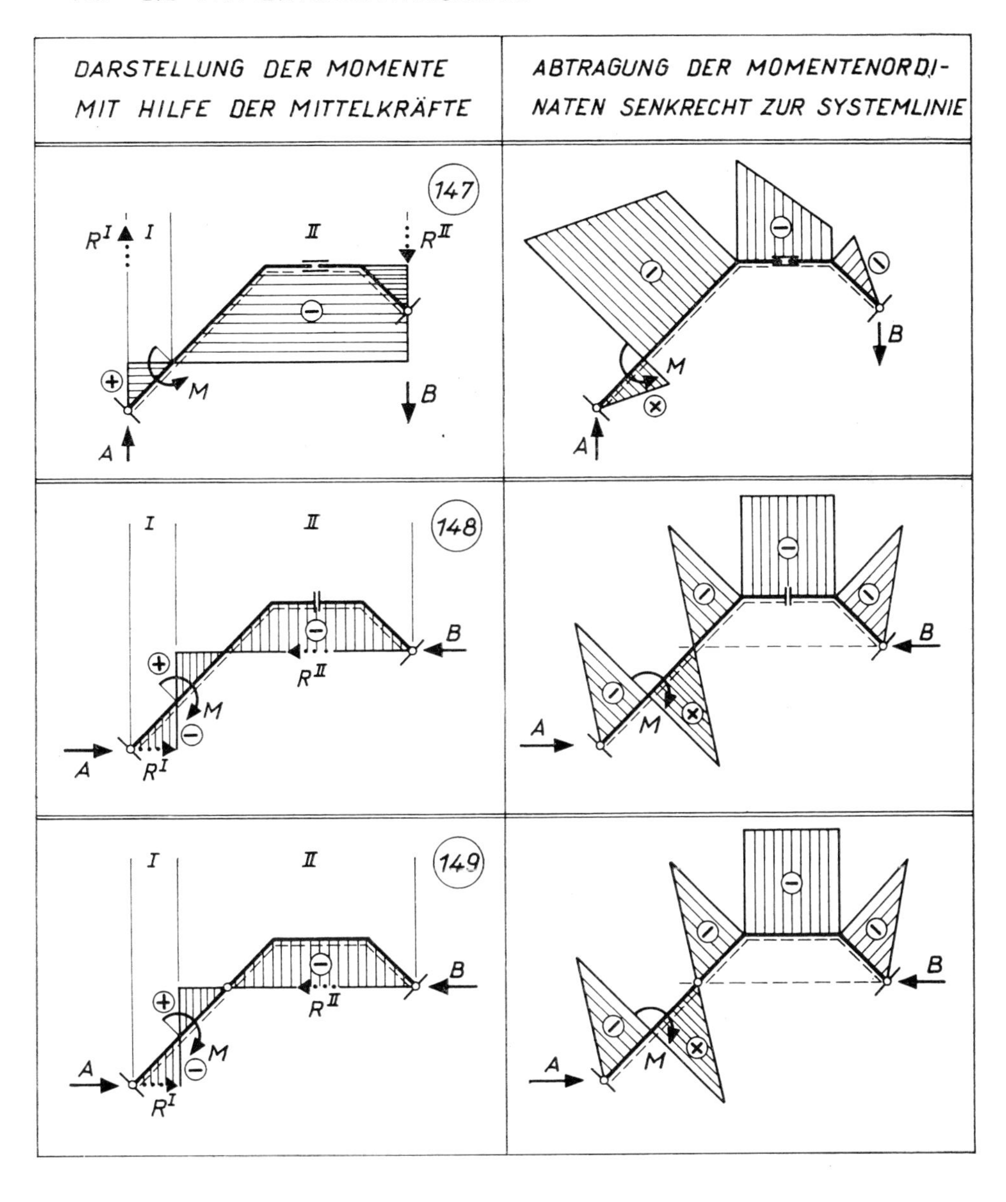

EINFLUSS DER VERBINDUNG (LÄNGS-, QUERFÜHRUNG UND GELENK) AUF DIE MOMENTENZUSTANDSLINIE

DARSTELLUNG DER MOMENTE MIT HILFE DER MITTELKRÄFTE	ABTRAGUNG DER MOMENTENORDINATEN SENKRECHT ZUR SYSTEMLINIE
(150)	
(151)	
(152)	

EINFLUSS FESTER UND VERSCHIEBLICHER EINSPANNUNGEN AUF DIE MOMENTENZUSTANDSLINIE

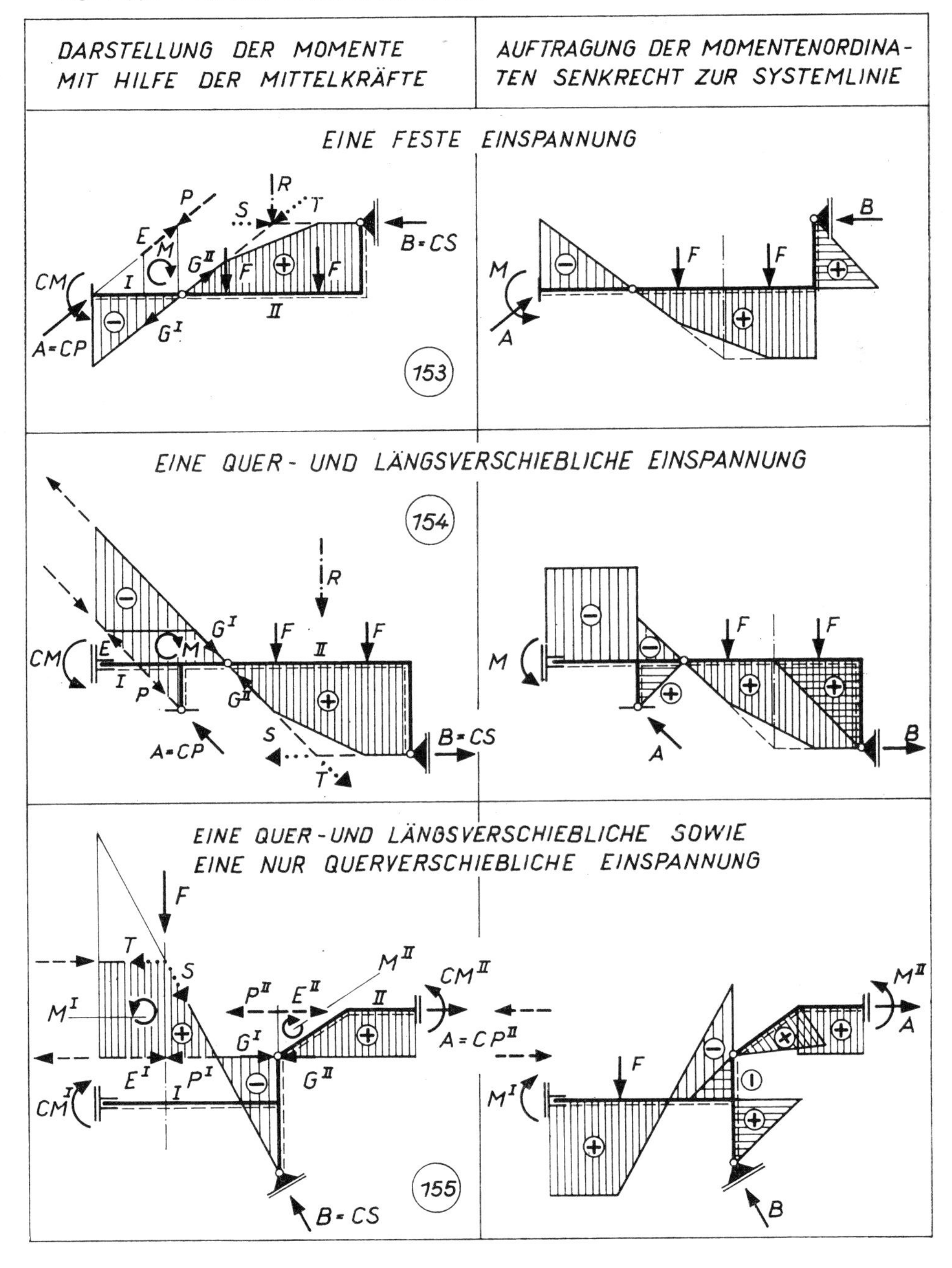

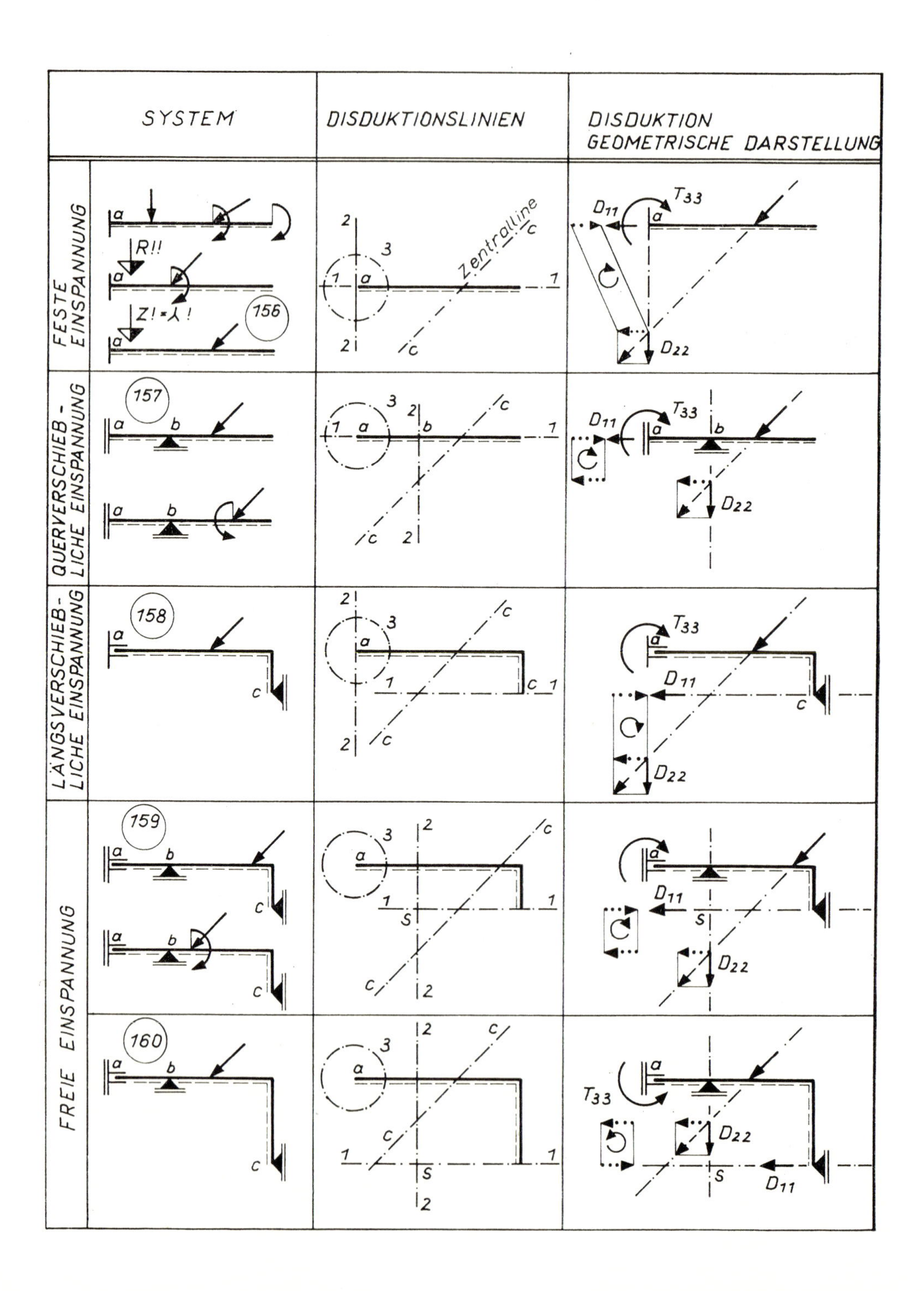
SYSTEM
DISDUKTIONSLINIEN
DISDUKTION
GEOMETRISCHE DARSTELLUNG
FESTE
EINSPANNUNG
R!!
Z! = λ!
156
Zentralline
T33
D11
D22
QUERVERSCHIEB-
LICHE EINSPANNUNG
157
LÄNGSVERSCHIEB-
LICHE EINSPANNUNG
158
FREIE EINSPANNUNG
159
160
a
b
c
1
2
3
S

VEREINFACHTES FLUSSDIAGRAMM FÜR DISDUKTION	ORDINATEN DER MOMENTENZUSTANDSLINIE MITTELKRAFTLINIE	SENKRECHT ZUR SYSTEMLINIE
$Z! = \lambda!$ $L!$, $D! \Rightarrow D_{22}$ } $D(L)!$ $E! \Rightarrow D_{11}$, $M! \Rightarrow T_{33}$ } $Y!$ } $S!$	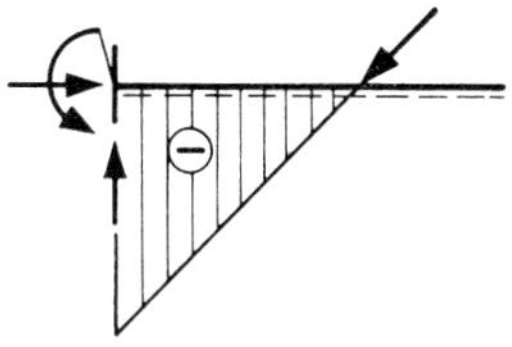	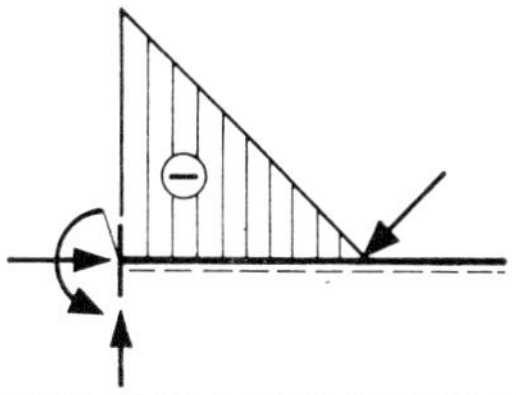
$L!$, $D! \Rightarrow D_{22}$ } $D(L)!$ $+E! \Rightarrow D_{11}$, $M! \Rightarrow T_{33}$ } $Y!$	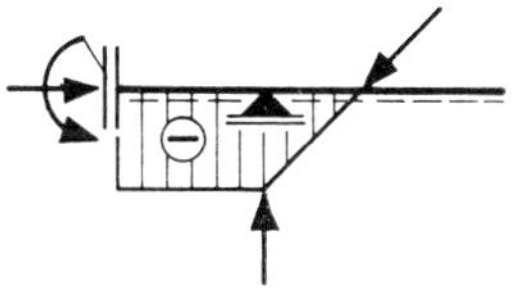	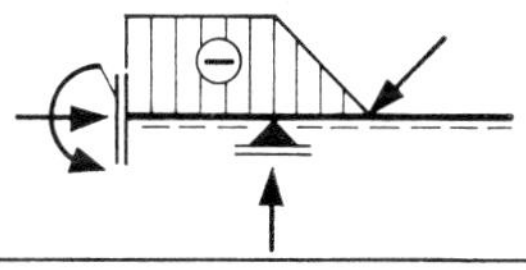
$L!$, $D! \Rightarrow D_{22}$ } $D(L)!$ $+E! \Rightarrow D_{11}$, $M! \Rightarrow T_{33}$ } $Y!$	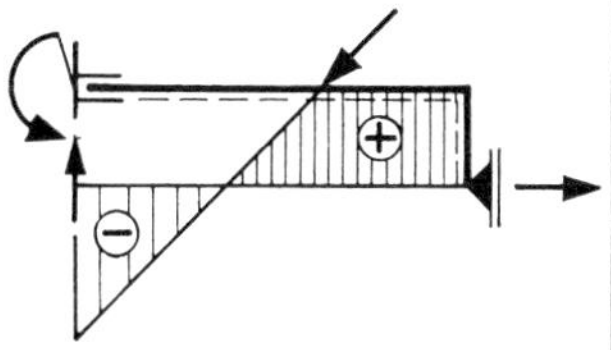	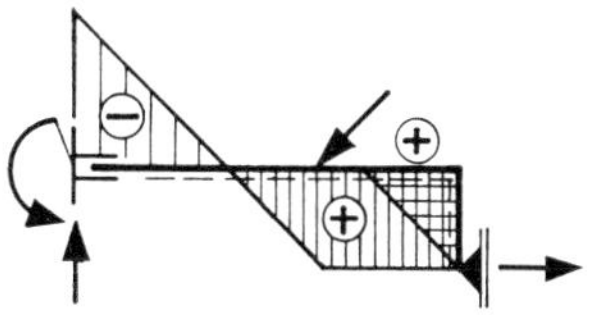
$L!$, $D! \Rightarrow D_{22}$ } $D(L)!$ $+E! \Rightarrow D_{11}$, $M! \Rightarrow T_{33}$ } $Y!$	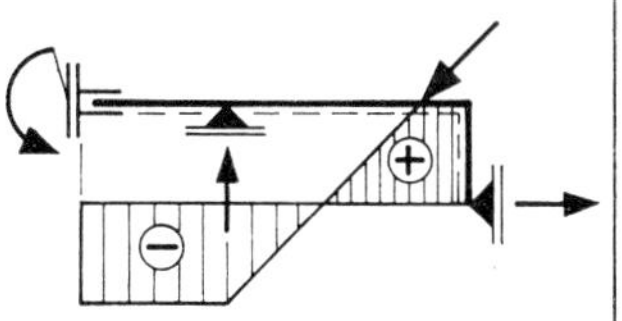	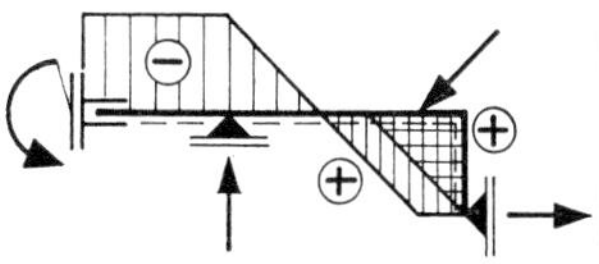
$L!$, $D! \Rightarrow D_{22}$ } $D(L)!$ $+E! \Rightarrow D_{11}$, $M! \Rightarrow T_{33}$ } $Y!$	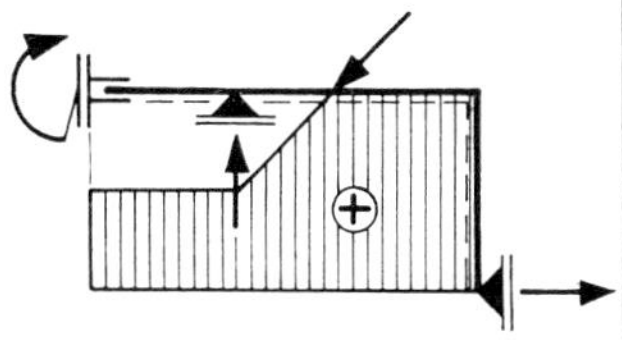	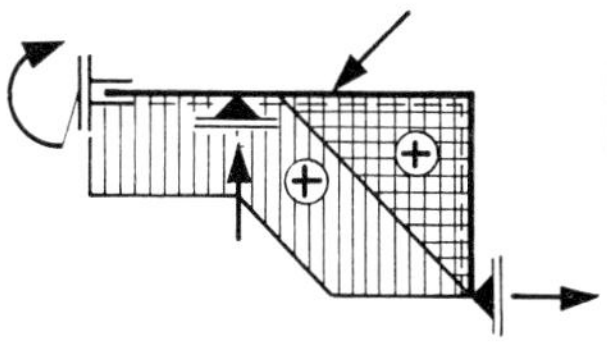

Sachverzeichnis